中国地质大学(武汉)珠宝学院 GIC 系列丛书

宝石琢型设计及加工工艺学

(第二版)

周汉利　谢　媛　陈瑞虎　编著

图书在版编目(CIP)数据

宝石琢型设计及加工工艺学 / 周汉利,谢媛,陈瑞虎编著. -- 2版. --武汉：中国地质大学出版社有限责任公司,2024.9. --ISBN 978-7-5625-5944-3

Ⅰ.TS933.3

中国国家版本馆 CIP 数据核字第 2024P6S485 号

宝石琢型设计及加工工艺学(第二版)		周汉利　谢　媛　陈瑞虎 **编著**	
责任编辑：张玉洁　张　琰	选题策划：张　琰　张玉洁		责任校对：武慧君

出版发行：中国地质大学出版社(武汉市洪山区鲁磨路388号)　　　　邮政编码：430074
电　　话：(027)67883511　　传　　真：67883580　　E-mail：cbb@cug.edu.cn
经　　销：全国新华书店　　　　　　　　　　　　　　　　　　　　http://cugp.cug.edu.cn

开本：787mm×1092mm 1/16　　　　　　　　　　　　字数：468千字　　印张：20.5
版次：2007年9月第1版　2024年9月第2版　　　　　　印次：2024年9月第1次印刷
印刷：湖北金港彩印有限公司
ISBN 978-7-5625-5944-3　　　　　　　　　　　　　　　　　　　　　定价：78.00元

如有印装质量问题请与印刷厂联系调换

前 言

宝石琢型设计及加工工艺学,作为宝石学的重要分支,是一门集艺术、科学于一身的学科。它侧重于研究宝石的切磨和设计,旨在通过精湛的工艺和创造性的设计,最大限度地展现宝石的美观和价值。该学科研究内容涵盖:琢型的定义、分类与光学、美学;设计原理及方法,包括光学设计、美学设计、定向和定位设计及保重设计;计算机辅助设计在琢型设计中的应用;加工工艺,包括宝石切割、研磨、抛光、检查与修整;加工机械与工具,如常用的切割机、研磨机、抛光机,以及激光技术和数控切磨机;宝石材料的特性与工艺要求及加工技术;等等。

本书自 2007 年首次出版以来,凭借其体系完整、内容丰富的特点,深得业内人士和教育界好评,被广泛采用为珠宝类专业教学的首选教材或参考书,为本学科的人才培养和知识普及作出了重要贡献。

然而,科技的飞速发展和审美趋势的演变,推动着宝石琢型设计与加工工艺的持续创新。因此,本教材的修订再版势在必行,以反映行业的最新进展。应中国地质大学出版社之邀,作者对第一版内容进行了全面修订,以全彩印刷形式呈现,书名更新为《宝石琢型设计及加工工艺学(第二版)》。

与第一版相比,本教材在以下方面进行了优化。

(1) 近年宝石琢型的发展与新款琢型的涌现,促使我们将"宝石琢型的演化及发展"内容独立出来,作为第二章。全书由原来的八章扩展至九章,结构更加合理。

(2) 为了适应全彩印刷的要求,对所有宝石琢型图进行了填色处理,并大幅增加宝石成品与原石的彩色图片,使教材更具视觉美感,内容呈现更加直观。

(3) 精减了部分难以理解且实用性不强的内容,如第一版中"标准圆钻琢型角度和比例的数理推导方法",以及其他过时的信息。

(4) 增加了多款近年流行的新款圆钻琢型,如"十心十箭琢型""Love100 琢型""九心一花琢型""玫瑰心语琢型",以及部分新款花式钻石琢型和彩色宝石琢型,同时对部分常见宝石的设计及加工要领进行了更新。

(5) 为适应现代设计趋势,教材大幅增加了宝石琢型计算机辅助设计内容,不仅深入介绍了经典 GemCad 软件的使用方法,还新增了 GemRay 和 Gem Cut Studio 两款软件的操作指南。

(6) 本教材积极响应"互联网+教育"趋势,配备了 22 集教学视频,内容涵盖 GemCad、GemRay、Gem Cut Studio 实操教学及宝石加工实操教学。这些数字化资源以二维码形式附于教材封面勒口处,便于学生扫码学习,获得更全面、直观、高效的学习体验。

本教材的编写团队由周汉利教授、谢媛博士及陈瑞虎副教授组成。第一章、第二章、第三章、第四章第一至二节、第五章、第六章、第七章、第八章第一至四节、第九章均由周汉利撰写,第四章第三节、第八章第五节由谢媛撰写。GemCad 和 GemRay 实操教学视频由周汉利制作,Gem Cut Studio 实操教学视频由谢媛制作,宝石加工实操教学视频由陈瑞虎实况录制。全书及视频均由周汉利统稿,确保内容质量。

本书的改编和出版,得益于中国地质大学(武汉)珠宝学院 GIC 系列教材建设项目的经费支持,珠宝学院尹作为院长和薛宝山书记的鼎力相助,以及中国地质大学出版社张玉洁老师的辛勤工作。此外,台湾几何宝石精研工作室的胡乃尹、SABAI ONE TRADING 公司的孙聪、安徽卡萨珠宝贸易有限公司的陶丞建和杨昕,以及深圳市飞博尔珠宝科技公司、梧州市海创机械设备科技有限公司、广州卓的宝玉石机械有限公司等,为本书提供了部分设备信息和图片资料。在此,向所有支持及参与本书出版的同仁致以最深的谢意!

编著者

2024 年 8 月

本书实操教学视频一览表

（扫描封面前勒口二维码即可观看）

视频类别	视频界面示例	视频编号及名称
1. GemCad 实操教学视频 （相关内容见第四章第一节）		1-1 GemCad 软件界面及用途 1-2 标准圆形明亮琢型的设计 1-3 椭圆形明亮琢型的设计 1-4 蛋形明亮琢型的设计 1-5 心形明亮琢型的设计 1-6 橄榄形明亮琢型的设计 1-7 祖母绿琢型的设计
2. GemRay 实操教学视频 （相关内容见第四章第二节）		2-1 GemRay 软件简介 2-2 GemRay 使用方法
3. Gem Cut Studio 实操教学视频 （相关内容见第四章第三节）		3-1 Gem Cut Studio 软件界面介绍 3-2 Gem Cut Studio 基本工具的操作方法 3-3 标准圆形明亮琢型操作实例 3-4 公主方琢型操作实例
4. 宝石加工实操教学视频 （相关内容见第七章第三节、 第八章第三节、第八章第四节）		4-1 弧面型宝石加工工艺流程 4-2 刻面型宝石加工工艺流程 4-3 用机械手加工标准圆钻琢型 4-4 用机械手加工祖母绿琢型 4-5 用八角手加工标准圆钻琢型 4-6 用八角手加工椭圆形明亮琢型 4-7 用八角手加工橄榄形明亮琢型 4-8 用八角手加工梨形明亮琢型 4-9 用八角手加工双玫瑰琢型

目 录

第一章 宝石琢型的概念和分类 ……………………………………………………… (1)
  第一节 宝石琢型的概念 ………………………………………………………………… (1)
    一、宝石琢型的含义 …………………………………………………………………… (1)
    二、宝石琢型的各部分名称 …………………………………………………………… (1)
    三、宝石琢型的三要素 ………………………………………………………………… (1)
  第二节 宝石琢型的分类及其特点 ……………………………………………………… (3)
    一、弧面琢型 …………………………………………………………………………… (3)
    二、刻面琢型 …………………………………………………………………………… (5)
    三、珠琢型 ……………………………………………………………………………… (23)
    四、异型及雕件 ………………………………………………………………………… (24)

第二章 宝石琢型的演化及发展 …………………………………………………… (26)
  第一节 刻面琢型的演化历史 …………………………………………………………… (26)
    一、尖琢型 ……………………………………………………………………………… (26)
    二、桌式琢型 …………………………………………………………………………… (28)
    三、玫瑰琢型 …………………………………………………………………………… (29)
    四、明亮琢型 …………………………………………………………………………… (30)
    五、花式琢型 …………………………………………………………………………… (32)
  第二节 现代宝石琢型的发展状况 ……………………………………………………… (33)
    一、圆形明亮琢型的切工改良 ………………………………………………………… (33)
    二、花式琢型的创新及流行 …………………………………………………………… (37)
    三、计算机在宝石琢型设计中的应用 ………………………………………………… (39)

第三章 宝石琢型的设计原理及方法 ……………………………………………… (41)
  第一节 宝石琢型的光学设计 …………………………………………………………… (41)
    一、刻面型宝石的光学效果 …………………………………………………………… (41)
    二、琢型角度和比例对宝石光学效果的影响 ………………………………………… (45)
    三、琢型角度和比例的一般设计方法 ………………………………………………… (47)
  第二节 刻面宝石琢型的形美设计 ……………………………………………………… (49)
    一、质美与形美的概念 ………………………………………………………………… (49)
    二、宝石琢型的形美设计法则 ………………………………………………………… (50)

第三节　宝石琢型的定向和定位设计 ………………………………………… (53)
　　一、刻面宝石琢型的定向和定位设计 ………………………………………… (53)
　　二、弧面宝石琢型的定向和定位设计 ………………………………………… (59)

第四章　宝石琢型计算机辅助设计 ……………………………………… (63)
第一节　GemCad 宝石琢型设计 ………………………………………………… (63)
　　一、GemCad 软件概述 ………………………………………………………… (63)
　　二、GemCad 基本用法——以圆形明亮琢型为例 …………………………… (64)
　　三、圆形明亮琢型的变型设计 ………………………………………………… (76)
　　四、祖母绿琢型的设计 ………………………………………………………… (83)
第二节　GemRay 宝石琢型渲染 ………………………………………………… (91)
　　一、GemRay 软件简介 ………………………………………………………… (91)
　　二、GemRay 使用方法 ………………………………………………………… (91)
第三节　Gem Cut Studio 宝石琢型设计 ………………………………………… (97)
　　一、软件概述 …………………………………………………………………… (97)
　　二、菜单功能介绍 ……………………………………………………………… (98)
　　三、高级功能介绍 ……………………………………………………………… (109)
　　四、Gem Cut Studio 切磨工作原理 …………………………………………… (114)
　　五、宝石琢型设计操作实例 …………………………………………………… (127)

第五章　宝石加工的基本方法和原理 …………………………………… (139)
第一节　锯　切 …………………………………………………………………… (139)
　　一、宝石的锯切机理 …………………………………………………………… (139)
　　二、宝石锯切的方式和技术要领 ……………………………………………… (140)
第二节　琢　磨 …………………………………………………………………… (140)
　　一、宝石的琢磨机理 …………………………………………………………… (140)
　　二、影响宝石琢磨的主要因素 ………………………………………………… (142)
　　三、宝石细磨的技术要领 ……………………………………………………… (142)
第三节　抛　光 …………………………………………………………………… (143)
　　一、宝石的抛光机理 …………………………………………………………… (143)
　　二、影响宝石抛光的主要因素 ………………………………………………… (146)
　　三、宝石抛光中的常见技术问题及处理方法 ………………………………… (151)

第六章　宝石加工常用磨料、磨具及辅材 ……………………………… (153)
第一节　磨　料 …………………………………………………………………… (153)
　　一、磨料的基本特性 …………………………………………………………… (153)
　　二、磨料的粒度分级与适用范围 ……………………………………………… (153)

三、常用磨料的性能和特点 …… (155)
四、常用抛光剂的性能和特点 …… (157)
第二节 磨具 …… (159)
一、锯片 …… (159)
二、砂轮 …… (160)
三、磨盘 …… (161)
四、抛光盘 …… (161)
第三节 辅材 …… (163)
一、冷却液 …… (163)
二、胶黏剂 …… (163)
三、清洗剂 …… (164)

第七章 弧面型宝石加工工艺 …… (165)
第一节 弧面型宝石的设计 …… (165)
一、弧面型宝石的选料 …… (165)
二、弧面型宝石的设计 …… (165)
第二节 弧面型宝石加工设备 …… (167)
一、研磨设备 …… (167)
二、抛光工具 …… (168)
三、弧面型宝石加工全流程解析 …… (169)
四、特殊弧面型宝石的加工方法 …… (173)

第八章 刻面型宝石加工工艺 …… (174)
第一节 刻面型宝石的设计 …… (174)
一、宝石原料的审查及分选 …… (174)
二、刻面型宝石的设计原则 …… (174)
第二节 刻面型宝石的加工设备 …… (175)
一、切割设备 …… (175)
二、成型设备 …… (176)
三、研磨抛光设备 …… (177)
第三节 刻面型宝石加工全流程解析 …… (181)
一、刻面型宝石加工工艺流程 …… (181)
二、刻面型宝石加工工序概述 …… (181)
第四节 常见刻面宝石琢型的加工方法 …… (186)
一、用机械手刻面机加工法 …… (186)
二、用八角手刻面机加工法 …… (193)
第五节 数控技术在宝石加工中的应用 …… (200)

一、便携式"梦想家"宝石研磨机……………………………………(201)
　　二、高精度宝石刻面研磨机…………………………………………(202)
　　三、一体化数控宝石研磨机…………………………………………(202)
　　四、自动宝石切磨抛光机……………………………………………(204)
　　五、数控宝石加工兼教学设备………………………………………(205)
　　六、数控雕刻设备……………………………………………………(206)

第九章　常见宝石的设计及加工要领………………………………………(208)
　第一节　红宝石和蓝宝石…………………………………………………(208)
　　一、材料性质…………………………………………………………(208)
　　二、工艺要求…………………………………………………………(209)
　　三、宝石设计…………………………………………………………(209)
　　四、加工要领…………………………………………………………(212)
　第二节　绿柱石……………………………………………………………(215)
　　一、材料性质…………………………………………………………(215)
　　二、工艺要求…………………………………………………………(217)
　　三、宝石设计…………………………………………………………(217)
　　四、加工要领…………………………………………………………(219)
　第三节　金绿宝石…………………………………………………………(222)
　　一、材料性质…………………………………………………………(222)
　　二、工艺要求…………………………………………………………(223)
　　三、宝石设计…………………………………………………………(223)
　　四、加工要领…………………………………………………………(225)
　第四节　碧玺………………………………………………………………(227)
　　一、材料性质…………………………………………………………(227)
　　二、工艺要求…………………………………………………………(228)
　　三、宝石设计…………………………………………………………(229)
　　四、加工要领…………………………………………………………(231)
　第五节　橄榄石……………………………………………………………(233)
　　一、材料性质…………………………………………………………(233)
　　二、工艺要求…………………………………………………………(234)
　　三、宝石设计…………………………………………………………(234)
　　四、加工要领…………………………………………………………(235)
　第六节　石榴石……………………………………………………………(238)
　　一、材料性质…………………………………………………………(238)
　　二、工艺要求…………………………………………………………(239)
　　三、宝石设计…………………………………………………………(239)

四、加工要领 …………………………………………………………………… (240)

第七节　尖晶石 ……………………………………………………………………… (243)
　　一、材料性质 …………………………………………………………………… (243)
　　二、工艺要求 …………………………………………………………………… (244)
　　三、宝石设计 …………………………………………………………………… (245)
　　四、加工要领 …………………………………………………………………… (245)

第八节　锆石 ………………………………………………………………………… (248)
　　一、材料性质 …………………………………………………………………… (248)
　　二、工艺要求 …………………………………………………………………… (249)
　　三、宝石设计 …………………………………………………………………… (250)
　　四、加工要领 …………………………………………………………………… (251)

第九节　托帕石 ……………………………………………………………………… (256)
　　一、材料性质 …………………………………………………………………… (256)
　　二、工艺要求 …………………………………………………………………… (258)
　　三、宝石设计 …………………………………………………………………… (258)
　　四、加工要领 …………………………………………………………………… (260)

第十节　长石 ………………………………………………………………………… (262)
　　一、材料性质 …………………………………………………………………… (262)
　　二、工艺要求 …………………………………………………………………… (265)
　　三、宝石设计 …………………………………………………………………… (266)
　　四、加工要领 …………………………………………………………………… (268)

第十一节　水晶 ……………………………………………………………………… (270)
　　一、材料性质 …………………………………………………………………… (271)
　　二、工艺要求 …………………………………………………………………… (272)
　　三、宝石设计 …………………………………………………………………… (273)
　　四、加工要领 …………………………………………………………………… (274)

第十二节　欧泊 ……………………………………………………………………… (277)
　　一、材料性质 …………………………………………………………………… (277)
　　二、工艺要求及品种分类 ……………………………………………………… (279)
　　三、宝石设计 …………………………………………………………………… (280)
　　四、加工要领 …………………………………………………………………… (280)

第十三节　黑曜岩 …………………………………………………………………… (282)
　　一、材料性质 …………………………………………………………………… (282)
　　二、工艺要求及品种分类 ……………………………………………………… (283)
　　三、宝石设计 …………………………………………………………………… (285)
　　四、加工要领 …………………………………………………………………… (285)

第十四节　虎睛石 …………………………………………………………………… (286)

一、材料性质 ………………………………………………………… (286)
　　二、工艺要求 ………………………………………………………… (287)
　　三、宝石设计 ………………………………………………………… (287)
　　四、加工要领 ………………………………………………………… (288)
第十五节　翡　翠 ………………………………………………………… (289)
　　一、材料性质 ………………………………………………………… (289)
　　二、工艺要求 ………………………………………………………… (290)
　　三、宝石设计 ………………………………………………………… (294)
　　四、加工要领 ………………………………………………………… (295)
第十六节　绿松石 ………………………………………………………… (296)
　　一、材料性质 ………………………………………………………… (296)
　　二、工艺要求 ………………………………………………………… (296)
　　三、宝石设计 ………………………………………………………… (297)
　　四、加工要领 ………………………………………………………… (298)
第十七节　青金石 ………………………………………………………… (299)
　　一、材料性质 ………………………………………………………… (299)
　　二、工艺要求 ………………………………………………………… (299)
　　三、宝石设计 ………………………………………………………… (300)
　　四、加工要领 ………………………………………………………… (301)
第十八节　孔雀石 ………………………………………………………… (301)
　　一、材料性质 ………………………………………………………… (301)
　　二、工艺要求 ………………………………………………………… (302)
　　三、宝石设计 ………………………………………………………… (302)
　　四、加工要领 ………………………………………………………… (303)
第十九节　琥　珀 ………………………………………………………… (304)
　　一、材料性质 ………………………………………………………… (304)
　　二、工艺要求 ………………………………………………………… (305)
　　三、宝石设计 ………………………………………………………… (305)
　　四、加工要领 ………………………………………………………… (306)
第二十节　珊　瑚 ………………………………………………………… (307)
　　一、材料性质 ………………………………………………………… (307)
　　二、工艺要求 ………………………………………………………… (309)
　　三、设计要领 ………………………………………………………… (309)
　　四、加工要领 ………………………………………………………… (310)

主要参考文献 …………………………………………………………………… (311)

第一章 宝石琢型的概念和分类

第一节 宝石琢型的概念

一、宝石琢型的含义

所谓宝石琢型,是指宝石的造型,即宝石原石经过琢磨后所呈现的式样,也称宝石的切工或款式。

宝石琢型的种类繁多,可分为刻面琢型、弧面琢型、珠琢型、异型及雕件四大类,其中刻面型宝石的设计和加工最为复杂,也是宝石琢型设计及加工中最重要的研究内容。

二、宝石琢型的各部分名称

不同种类的宝石琢型,其形状构成有一定差别。下面仅以标准圆形明亮琢型为例,说明刻面宝石琢型的几何构成及各部分名称(图1-1)。

刻面宝石琢型一般可分为冠部、腰棱、亭部3个部分。

冠部:指琢型腰棱以上的部分,一般由台面、冠主面(即冠部主刻面)、星刻面和上腰面等刻面构成。

腰棱:即琢型的腰部。穿过腰棱的假想平面称为腰棱平面,它理论上平行于台面并将琢型分隔成冠部和亭部。腰棱平面的形状简称腰形,它是对宝石琢型进一步分类和命名的主要依据。宝石腰形有圆形、椭圆形、梨形、心形、方形等。

亭部:指琢型腰棱以下的部分,主要由亭主面(即亭部主刻面)、下腰面以及底小面(或底尖)构成。

三、宝石琢型的三要素

在刻面宝石琢型设计和加工中,一般采用琢型比例、琢型角度和圆周分度3种参数来表示琢型的形状特征和各个刻面的具体位置,笔者将这3种参数归纳为"琢型三要素"。

(1)琢型比例。琢型比例也称切磨比例,指琢型各部分之间的相对比例,但通常以腰棱平面直径作为比例基数,用百分数来表示。如图1-2所示,圆形明亮琢型各部分比例关系,包括台宽比、冠高比、腰厚比、亭深比等,均以腰部圆形水平面的平均直径为比例基

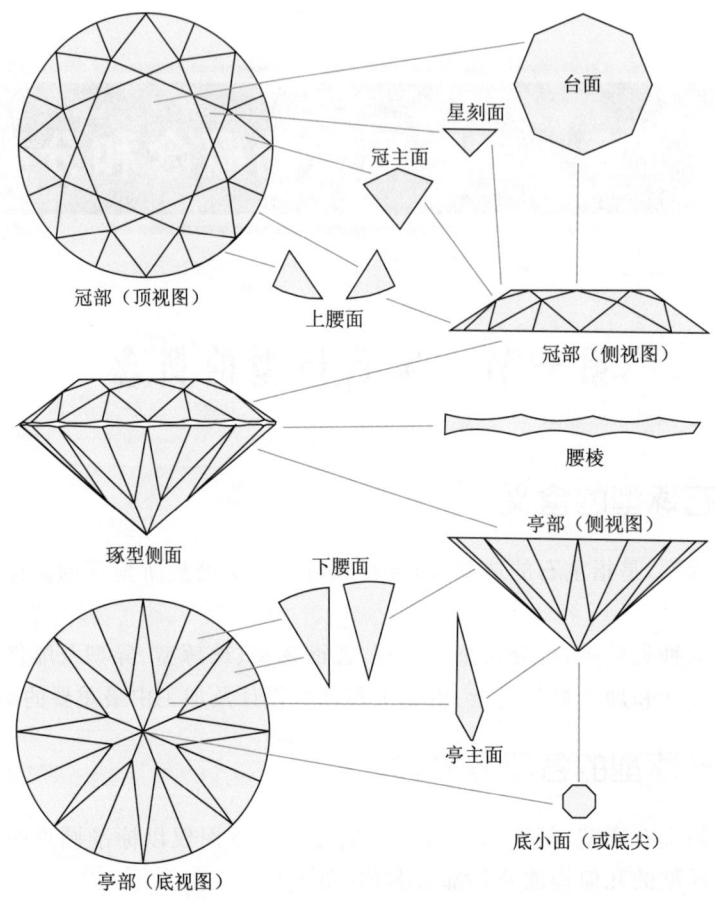

图 1-1　标准圆形明亮琢型的几何构成及各部分名称

数。但对于腰形为椭圆形、橄榄形、梨形、长方形等的琢形来说,腰部存在长、短轴,则一般以腰部短轴的长度为比例基数。

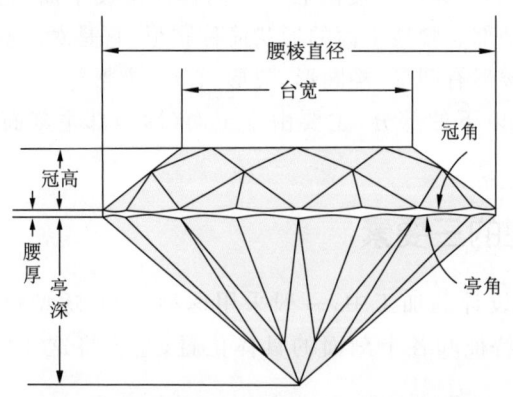

图 1-2　圆形明亮琢型切工比例要素示意图

(2) 琢型角度。琢型角度也称切磨角度,指琢型的各个刻面与腰棱平面之间的夹角。

以圆形明亮琢型为例，冠部角度包括冠主面角（简称冠角）、星刻面角和上腰面角，亭部角度包括亭主面角（简称亭角）和下腰面角。琢形角度的单位通常用度（°），有时为了更精确，也用分（′）。

（3）圆周分度。圆周分度也称分度指数，指琢型的各个刻面在琢型圆周上的分布方位。圆周面平行于琢型腰棱平面，圆周分度轮常用64分度，有时也用96、72、48、32等分度。

从理论上讲，利用琢型角度和圆周分度两项数据，可以在三维空间内精确指示或控制各个刻面在琢型上的具体位置。

第二节　宝石琢型的分类及其特点

随着科学技术的发展和人们对美的不断追求，目前宝石的琢型式样繁多，常见的琢型归纳起来可分为四大类：弧面琢型、刻面琢型、珠琢型、异型及雕件。

一、弧面琢型

弧面琢型（Cabochon cut）简称弧面型，是指表面凸起、截面呈流线型且具有一定对称性的宝石琢型，其应用十分广泛。具有此种琢形的宝石又称为凸面型宝石、凸圆宝石、蛋圆宝石或素面宝石，其底面可以是平的或弯曲的，抛光的或不抛光的。弧面型具有加工方便、易于镶嵌、能充分体现宝石颜色、相对于其他琢型能保持较大质量等优点，主要用于不透明和半透明，或具有特殊光学效应（如变彩、猫眼、星光等效应），或含有较多包裹体、裂隙等宝石材料的加工。弧面型宝石一般按其腰棱形状或截面形状进行分类。

1. 按腰棱形状分类

根据腰棱的形状，弧面型宝石可分为圆形、椭圆形、橄榄形、心形、长方形、正方形、八角形、垫形、十字形、垂体形（包含梨形和水滴形）及随形等（图1-3）。

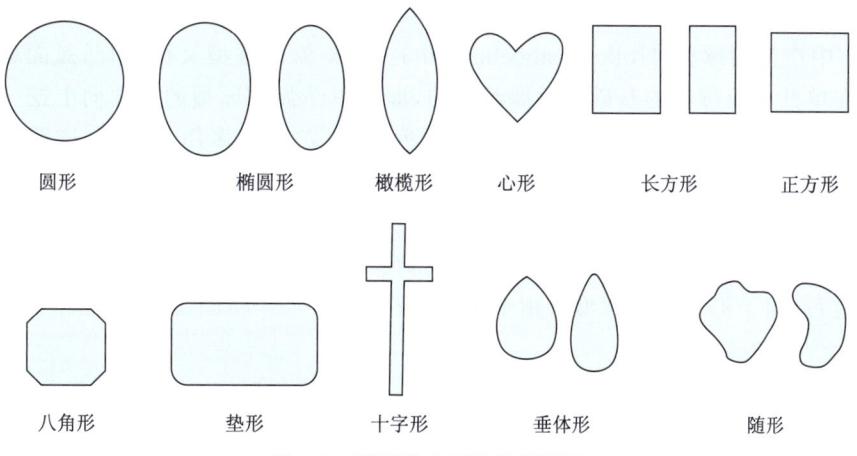

图1-3　弧面型宝石的常见腰形

2. 按截面形状分类

根据截面形状可将弧面型宝石划分为单凸弧面琢型、双凸弧面琢型、扁平双凸弧面琢型、中空弧面琢型和顶凹弧面琢型。

(1) 单凸弧面琢型(Single cabochon cut)。单凸弧面琢型顶部呈上凸的弧面，底部为抛光或未抛光的平面。按顶部凸起的高度与其底部尺寸的比例可将其划分为高凸(high dome)、中凸(medium dome)和低凸(low dome)弧面琢型。高凸弧面琢型的高度与底面宽度之比为 1∶1.5 或大于该值；中凸弧面琢型的高度与底面宽度之比为 1∶2.5；低凸弧面琢型的高度与底面宽度之比为 1∶3.5 或小于该值(图 1-4)。

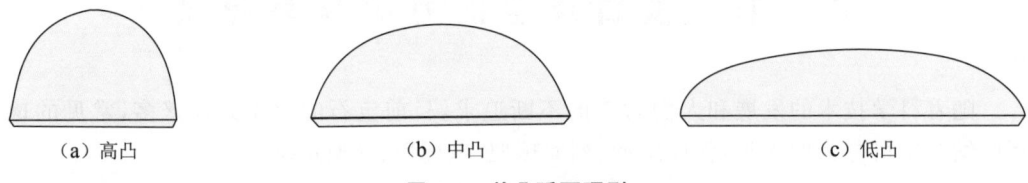

(a) 高凸　　　　　　　　(b) 中凸　　　　　　　　(c) 低凸

图 1-4　单凸弧面琢型

(2) 双凸弧面琢型(Double cabochon cut)。双凸弧面琢型上、下两面均向外凸起，但顶面凸起高度大于底面(图 1-5)。星光宝石、猫眼石、月光石多采用此琢型。最好的式样为白果型，上凸较高，较饱满，下凸较小，优质高档翡翠常用此琢型。

(3) 扁平双凸弧面琢型(Lentil cabochon cut)。扁平双凸弧面琢型的上、下面均向外凸起，且其高度相同、较低，整个外形呈扁豆状(图 1-6)。欧泊有时采用此琢型。

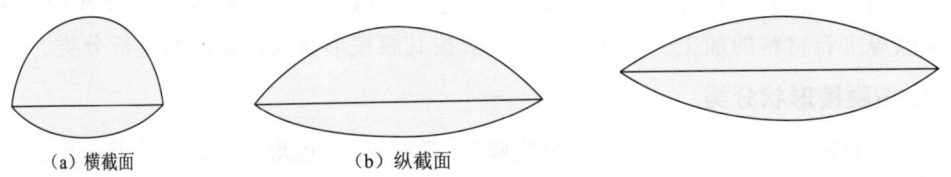

(a) 横截面　　　　　　(b) 纵截面

图 1-5　双凸弧面琢型　　　　　　　　　图 1-6　扁平双凸弧面琢型

(4) 中空弧面琢型(Hollow cabochon cut)。中空弧面琢型又称"凹凸弧面琢型"，该琢型是在单凸弧面琢型的基础上发展起来的，即从单凸弧面琢型的底部向上挖一个空心凹面，以增加深色宝石的透明度，且能改善颜色(图 1-7)。它多用于色深、透明度较低的宝石，如翡翠。

(5) 顶凹弧面琢型(Concave cabochon cut)。顶凹弧面琢型也是在单凸弧面琢型的基础上发展起来的，即从单凸弧面琢型的顶部向下挖一个空心凹面，以便在其上镶一颗贵重的宝石(图 1-8)。这种琢型常用于拼合宝石。

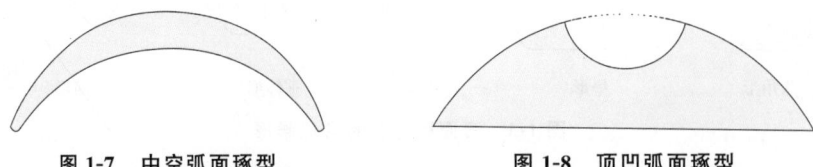

图 1-7　中空弧面琢型　　　　　　　　图 1-8　顶凹弧面琢型

二、刻面琢型

刻面琢型(Faceted cut)简称刻面型,是指由许多刻面按一定的规则排列,组成具有一定几何形态的对称多面体的宝石琢型。刻面琢型的式样很多,根据其形状特点和刻面的组合方式,可进一步将其划分为四大类:明亮琢型、玫瑰琢型、花式琢型和混合琢型。刻面琢型适用于所有的透明宝石(无色或有色),其优点是能够充分展示宝石的体色、火彩、亮度和闪烁程度。

(一) 明亮琢型

明亮琢型(Brilliant cut)是刻面琢型中最常见的一种类型,该类琢型的刻面从中心向外呈放射状排列,按照规定的比例磨成不同的大小和形状,使进入宝石的光很少从亭部漏出,以增加其亮度。明亮琢型中最常见的是标准圆形明亮琢型,此外还有腰形为椭圆形、梨形、橄榄形、心形、垫形等的变型(图1-9),但这些变型通常被归类为花式琢型,将在后面的内容中介绍。

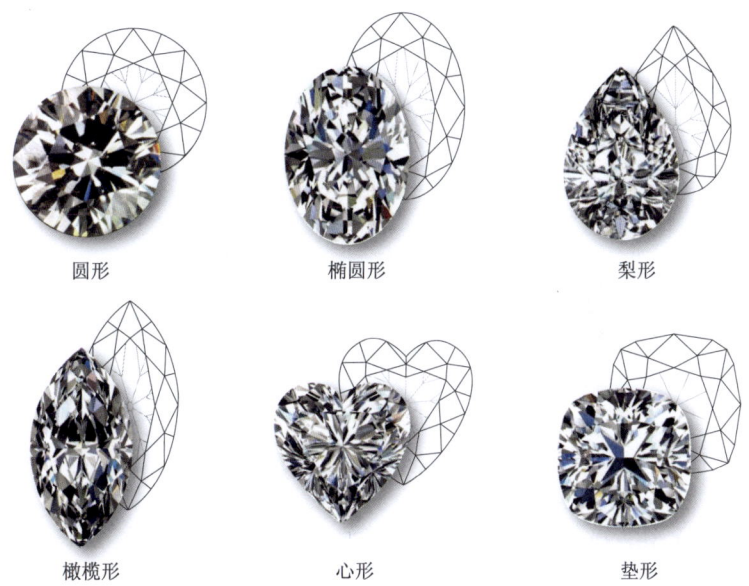

图1-9 圆形明亮琢型及其他常见变型

1. 圆形明亮琢型(Round brilliant cut)

该琢型腰棱的轮廓为圆形。标准的圆形明亮琢型有57或58个刻面,冠部由33个刻面组成。最中心的大型刻面为台面;紧靠台面周围的是8个三角形的星刻面;再向外是8个风筝形的刻面,称"冠主面"或"风筝面";紧靠腰棱的是16个三角形的上腰面。亭部由24个或25个(如有底小面)刻面组成。正对16个上腰面,在腰棱之下有16个三角形的下腰面;介于下腰面之间的是一直延伸到底部的8个尖菱形的亭主面。底部一般为尖状,但为了避免亭部破损,有时会加磨出1个与台面平行的极小刻面,即底小面。对于钻石,圆形明亮琢型已有几种被认为是能较好地显示亮度、火彩并保持最大质量的理论比例,如美国理想琢型(American ideal cut)、艾普洛琢型(Eppler cut)、国际钻石委员会[①]琢型(IDC cut)及斯堪的纳维亚琢型(Scandinavian. cut)等。圆形明亮琢型有许多变型。例如,刻面数仍为57~58个,但腰棱轮廓变为梨形、心形、马眼形等;又如,腰棱轮廓仍为圆形,但刻面数少于57个或多于58个。

(1)美国理想琢型。该琢型也称"美国明亮琢型"(American brilliant cut),其加工比例和刻面角度由美国人亨利·摩斯(Henry Morse)及其他的加工者推出。与标准圆形明亮琢型相比,该琢型的台面宽度较小,只占整个宝石的1/3,而冠高较大,约为亭深的2/3。在紧靠台面的四周增加了8个刻面,使冠部风筝面的数目增加,致使冠部刻面达到40个(除台面外)[图1-10(a)]。到1919年,马歇尔·托尔可夫斯基(Marcel Tolkowsky)对该琢型的比例和角度进行了计算,认为它是一种"理想的琢型",可最大限度地体现钻石的亮度,但质量损失稍大。需要指出的是,目前很多教科书上所说的美国明亮琢型或托尔可夫斯基琢型[图1-10(b)],与亨利最初推出的琢型相比已有很大的变化,其标准比例如下:台宽比为53%,冠高比为16.2%,冠角为34°30′,亭深比为43.1%,亭角为40°45′。

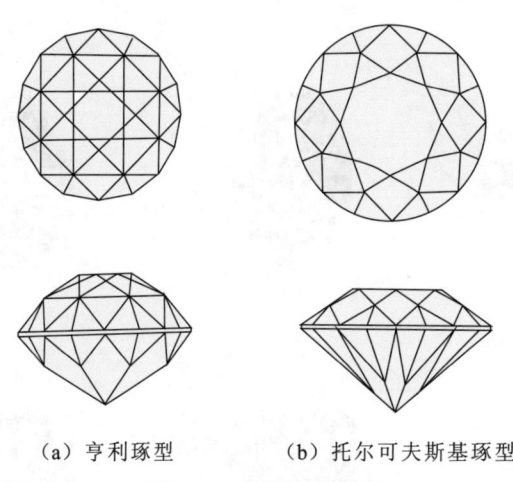

(a)亨利琢型　　　(b)托尔可夫斯基琢型

图1-10　美国理想琢型

(2)艾普洛琢型。该琢型由德国人艾普洛(W. F. Eppler)在1949年设计发明,是在托尔可夫斯基琢型的基础上演化而来的。该琢型的台面稍大(台宽比为56%),因而其冠部较浅(冠高比为14.4%),冠角较小(33°10′)。目前在欧洲,品质较好的钻石多加工成这种琢型,它也叫实用完美琢型(Practical fine cut)或欧洲完美琢型(European fine cut)。

(3)国际钻石委员会琢型。该琢型由国际钻石委员会设计推出,其台宽比为56%~66%,冠角为30°~37°,冠高比为11%~15%,亭角为39°40′~42°10′,亭深比为41%~45%。

---

① 国际钻石委员会:是由世界钻石交易所联合会和国际钻石生产商协会指定的联合委员会,英文全称为International Diamond Commission,简称IDC。

(4) 斯堪的纳维亚琢型。该琢型于1970年由Herbert Tillander和斯堪的纳维亚钻石委员会设计推出,其台宽比为57.5%,冠角为34°30′,冠高比为14.6%,亭角为40°45′,亭深比为43.1%。

2. 老单明亮琢型(Old single brilliant cut)

老单明亮琢型是一种古老的明亮琢型,具有八边形腰棱,故又称八边琢型。其冠部有8个斜刻面和1个台面,亭部有8个斜刻面,偶尔有底小面。它常用于0.05ct以下的小钻石(图1-11)。

3. 单明亮琢型(Single brilliant cut)

单明亮琢型也是一种老式的明亮琢型,但它具有圆形的腰棱(图1-12)。冠部有1个台面和8个斜刻面,亭部有8个斜刻面,少见底小面。该琢型也常用于0.05ct以下的小钻石。

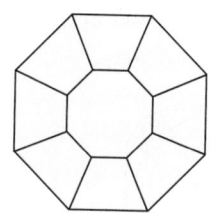 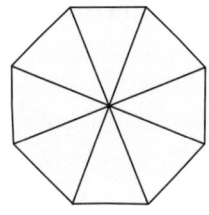 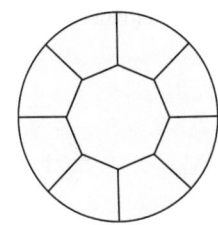 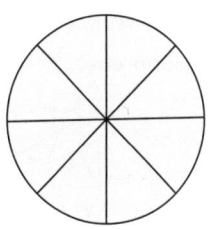

图1-11 老单明亮琢型　　　　　　　　　图1-12 单明亮琢型

4. 双明亮琢型(Double brilliant cut)

双明亮琢型大约在1615年出现,是应当时法国红衣主教马扎林(Cardinal Mazarin)的要求而设计出来的,故又称为马扎林琢型(Mazarin cut)。其腰棱轮廓为垫形,共有34个刻面,包括16个冠部刻面、16个亭部刻面、1个台面和1个底小面。该琢型有两种变型:一是英国方形琢型(English square cut),具有八边形的台面和腰棱;二是英国星形琢型(English star cut),具有明显的角状冠部刻面和变化的亭部刻面。

(1) 英国方形琢型。该琢型有一个八边形的台面,四周有8个三角形的刻面,其间夹有另外8个三角形的刻面(其底构成腰棱);在亭部同样有8个三角形刻面和4个大的等腰梯形刻面,并在底部相交于一点(或4个大的五边形刻面相交于一个底小面),总共有30个刻面(加上台面和底小面),冠部比亭部浅。这种琢型可最大限度地体现火彩,但由于刻面数较少,亮度较弱(图1-13)。

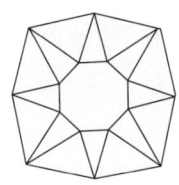 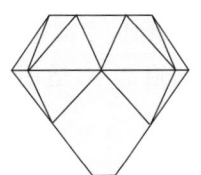 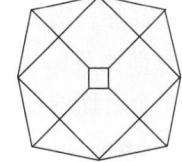

图1-13 英国方形琢型

(2) 英国星形琢型。该琢型在某些方面与英国方形琢型相同。不同的是其亭部刻面为 4 个三角形刻面和 4 个等腰梯形刻面,从腰棱向下直接延伸到底小面(图 1-14)。

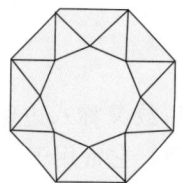 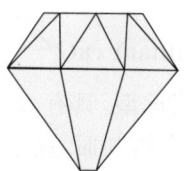 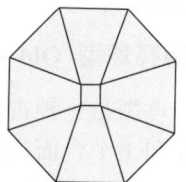

图 1-14　英国星形琢型

5. 三明亮琢型(Triple brilliant cut)

三明亮琢型是明亮琢型的一种变型,在 17 世纪出现,腰棱呈近方形或垫形,其特点是冠部高、台面小、亭部深、底小面大(图 1-15),也叫老矿(工)琢型[Old mine(r) cut]和帕鲁兹琢型(Peruzzi cut)。它有两种主要的变型,即巴西琢型(Brazilian cut)和里斯本琢型(Lisbon cut)。

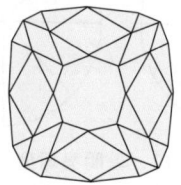 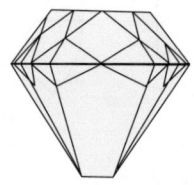 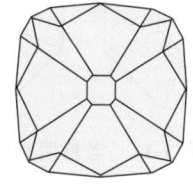

图 1-15　三明亮琢型

(1) 巴西琢型。其特点是在三明亮琢型的底小面四周多出 8 个刻面(图 1-16)。

(2) 里斯本琢型。其特点是在三明亮琢型的基础上,沿平行于腰棱的方向将冠部和亭部的每个主刻面都分裂成两个刻面(图 1-17)。

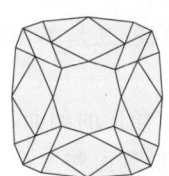  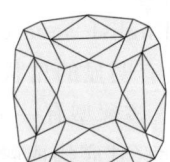 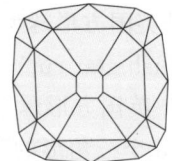

图 1-16　巴西琢型　　　　　　　　　图 1-17　里斯本琢型

6. 瑞士琢型(Swiss cut)

该琢型的冠部除台面外,有 16 个刻面,亭部也有 16 个刻面,故被称为"16/16 琢型"(图 1-18)。其冠部比英国星形琢型的冠部小,适用于小的宝石。瑞士琢型也指具有 24 个冠部刻面和 1 个台面的任何琢型。

7. 古典欧洲琢型(Old European cut)

该琢型是最早的圆形明亮琢型,其腰棱轮廓为圆形,特点是台面很小,冠部较高,亭部较深(图 1-19)。有人误认为它与三明亮琢型相同。

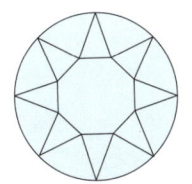 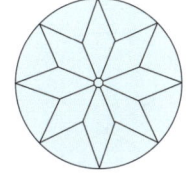 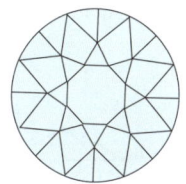 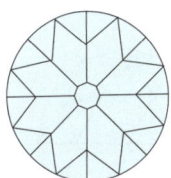

图 1-18　瑞士琢型　　　　　　　　　图 1-19　古典欧洲琢型

(二) 玫瑰琢型

玫瑰琢型(Rose cut)是刻面琢型的一种,可能起源于印度,15 世纪由威尼斯工匠引进欧洲。18 世纪,玫瑰琢型曾被广泛地应用于钻石加工业,但由于不利于宝石火彩和亮度的展示,目前它仅用于小颗钻石、锆石和石榴石的加工。从正面看,该琢型形似一朵盛开的玫瑰花,故而得名。其主要特点是,上部由多个规则的三角形刻面组成,通常呈两排分布,这些刻面向上交于一点构成拱顶,而下部或仅是一个大而平的底面,或是由与上部(冠部)对称的刻面组成。腰部轮廓通常为圆形,也有六边形、八边形、盾形、舟形等多种形状。玫瑰琢型主要适用于厚度较小的板状、尖角状宝石晶体或晶体碎块。其优点是可以最大限度地保持质量,缺点是亮度和火彩较弱。

(1) 荷兰玫瑰琢型(Dutch rose cut)。荷兰玫瑰琢型是玫瑰琢型的基本形态。它具有一个平坦的十二边形的底面,两排呈水平分布的刻面:上面一排(冠部)有 6 个刻面(称星刻面),相交于一点;下面一排有 18 个刻面,6 个尖点向下,其间夹有 12 个成对的刻面,它们沿腰棱分布(图 1-20)。在理想的情况下,该琢型的高度为其直径的一半,因此,与其他玫瑰琢型相比,其外形更尖。该琢型常用于加工小钻石,用作彩色主石的边石。

(2) 半荷兰玫瑰琢型(Half-Dutch rose cut)。半荷兰玫瑰琢型的底面光滑平坦,轮廓为六边形,冠部为尖拱形,由 18 个三角形刻面组成(图 1-21)。

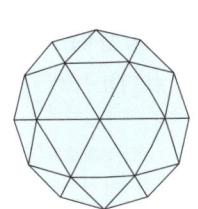 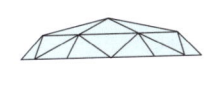 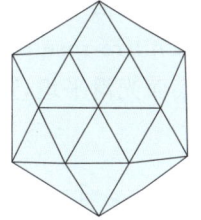 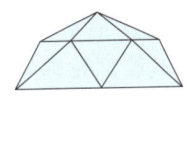

图 1-20　荷兰玫瑰琢型　　　　　　　图 1-21　半荷兰玫瑰琢型

(3) 双荷兰玫瑰琢型(Double-Dutch rose cut)。双荷兰玫瑰琢型又称"玫瑰补偿琢型"(Rose recoupee cut),其外形与标准的玫瑰琢型相同,但它有一个十二边的底面,此外,它有 36 个刻面。这 36 个刻面呈两排分布,上排有 12 个三角形刻面,组成一个扁平的锥体,下排有 24 个等腰三角形刻面,其中 12 个刻面的底边与上排刻面相连,另外的 12 个刻面的底边组成腰棱(图 1-22)。这种琢型的高度比标准玫瑰琢型的高度要大。

（4）六刻面玫瑰琢型(Six-facet rose cut)。六刻面玫瑰琢型的腰部轮廓通常为圆形。由6个较大的刻面向上交于一点构成拱形的冠部，还有一个光滑平坦的底面(图1-23)。

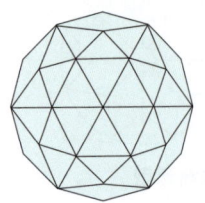
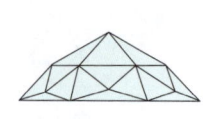
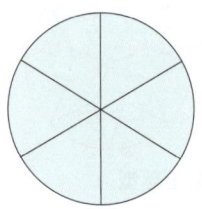
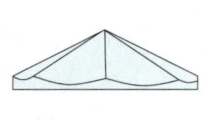

图1-22　双荷兰玫瑰琢型　　　　　　　　图1-23　六刻面玫瑰琢型

（5）六边形玫瑰琢型(Hexagonal rose cut)。六边形玫瑰琢型指腰部轮廓为六边形的六刻面玫瑰琢型，由6个三角形刻面向上交于一点构成拱形的冠部，还有一个光滑平坦的底面(图1-24)。

（6）安特卫普玫瑰琢型(Antwerp rose cut)。安特卫普玫瑰琢型也称为伯雷班玫瑰琢型(Brabant rose cut)，于1880年前后在安特卫普设计推出。该琢型较扁平，有24个刻面，呈两排分布，上排有6个三角形刻面，下排有18个三角形刻面。但更多的情况是加工成12个刻面，也呈两排分布，上排有6个三角形刻面，组成一个低的六方锥，下排有6个等腰梯形刻面(图1-25)。

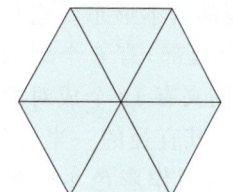
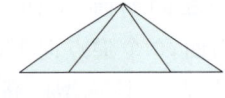
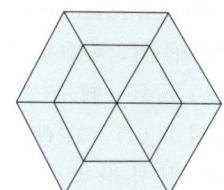
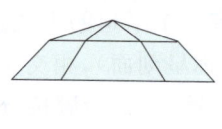

图1-24　六边形玫瑰琢型　　　　　　　　图1-25　安特卫普玫瑰琢型

（7）三刻面玫瑰琢型(Three-facet rose cut)。三刻面玫瑰琢型是一种老式的玫瑰琢型，其腰部轮廓为圆形，底面光滑平坦，冠部由3个刻面组成，且相交于一点(图1-26)。

（8）盾形玫瑰琢型(Chiffre rose cut)。盾形玫瑰琢型是三刻面玫瑰琢型的一个变型，其腰部轮廓呈盾形，底面光滑平坦，冠部由3个刻面组成，且相交于一点(图1-27)。

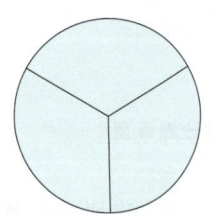
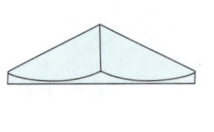
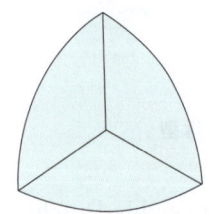
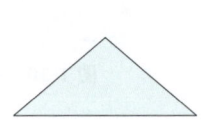

图1-26　三刻面玫瑰琢型　　　　　　　　图1-27　盾形玫瑰琢型

(9) 舟(船)形玫瑰琢型(Boat-shaped rose cut)。舟(船)形玫瑰琢型的腰部轮廓为椭圆形,底面光滑平坦,冠部呈尖拱形,通常由 24 个三角形刻面组成(图 1-28)。

(10) 十字玫瑰琢型(Cross rose cut)。十字玫瑰琢型底面光滑平坦,轮廓为八边形,其上为 8 个窄长的梯形刻面。冠部呈拱形,由 8 个相交于一点的菱形刻面和 8 个三角形刻面组成(图 1-29)。

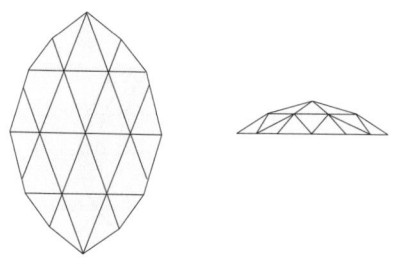

图 1-28　舟(船)形玫瑰琢型

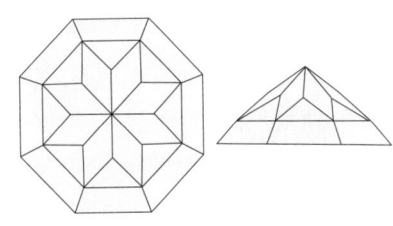

图 1-29　十字玫瑰琢型

(11) 双玫瑰琢型(Double rose cut)。双玫瑰琢型是一种老款式,由两个荷兰玫瑰琢型底-底相对结合而成。其腰部轮廓为圆形,无台面和底尖,具 48 个三角形刻面(图 1-30)。著名的佛罗伦萨(Florentine)钻和桑西(Sancy)钻即加工成这种琢型。在 19 世纪和 20 世纪早期,该琢型常用于吊坠和耳环。

(12) 垂滴玫瑰琢型(Pendeloque rose cut)。垂滴玫瑰琢型的外形呈梨形(圆底尖顶),有一个平坦的底面,无台面,通常有 24 个刻面,呈 4 排分布,顶排和底排为 5 个刻面,中间两排分别有 7 个刻面。有时这种琢型也加工成双玫瑰琢型,即由两个这种琢型底-底相接而成。

(13) 水滴形玫瑰琢型(Briolette rose cut)。水滴形玫瑰琢型是双玫瑰琢型的一种拉长变型,无台面或底刻面,为水滴形,具尖顶圆底。该琢型有 3 种变型:①整个宝石的表面由 4~7 排小的三角形刻面覆盖,相交于顶点的刻面拉长;②两个多边形锥状体底-底相连,锥状体的底构成腰棱,腰棱以上的刻面拉长,与腰棱相邻的刻面呈三角形,三角形刻面之上的刻面呈菱形,相交于顶点;腰棱以下的刻面较短,也呈三角形,其下的刻面呈菱形;③与第二种变型的外形相同,由多边形的锥状体相连组成,但在腰棱之上有两排拉长的三角形刻面,腰棱之下有两排较小的三角形刻面(图 1-31)。

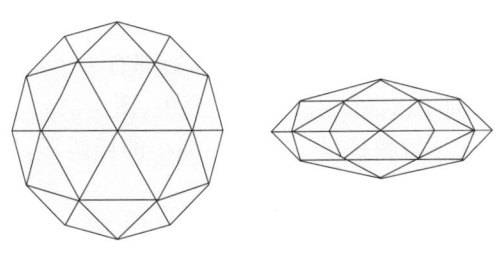

图 1-30　双玫瑰琢型

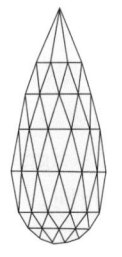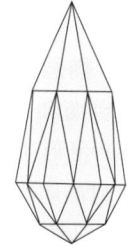

图 1-31　水滴形玫瑰琢型

(14) 潘派尔琢型(Pampille cut)。潘派尔琢型的外形与水滴形玫瑰琢型相似,但通常比水滴形玫瑰琢型长些。其腰部轮廓呈圆形,刻面成排分布,大小和形状不同,越向两端刻面数越少(图1-32)。

(15) 球形琢型(Bead cut)。此琢型外形呈球状,其上由不同大小的梯形刻面覆盖,上、下两部分刻面对称排列,是球形的双玫瑰琢型,也是珠琢型的一种(图1-33)。

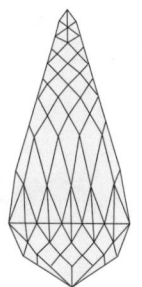
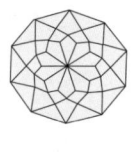
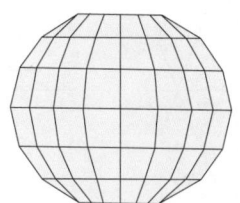

图1-32　潘派尔琢型　　　　　　　图1-33　球形琢型

(三) 花式琢型

花式琢型通常指椭圆形、橄榄形(马眼形)、梨形、水滴形、心形、三角形等明亮琢型以及正方形、祖母绿琢型等阶梯琢型。根据花式琢型的外形特点及小面的排列方式可将其划分为三大类,即花式明亮琢型、花式阶梯琢型和新式花式琢型。

1. 花式明亮琢型(Fancy brilliant cut)

花式明亮琢型主要包括腰形为椭圆形、橄榄形(马眼形)、心形、梨形等的明亮琢型。某些花式琢型中,有一条穿过琢型底尖并沿长轴方向延伸的刻面棱线,这条线相当于琢型的中线,称为"龙骨线"(图1-34)。但龙骨线在花式琢型中可以有,也可以没有。

图1-34　花式明亮琢型中的龙骨线

(1) 椭圆形明亮琢型(Oval brilliant cut)。琢型腰棱为椭圆形,冠部有1个不规则的八边形台面和32个四边形、三角形刻面,亭部有24个刻面和1个底尖(图1-35)。

(2) 蛋形明亮琢型(Egg brilliant cut)。琢型腰棱呈一端大一端小的卵圆形,其他特点与椭圆形明亮琢型相同。

(3) 马眼形明亮琢型(Marquis brilliant cut)。该琢型在20世纪40年代首先出现于法国,也叫水雷形琢型(Navette cut)、舟形琢型(Boat-shaped cut)或橄榄形明亮琢型(Olive brilliant cut),具船状外形和弯曲的边棱,两端尖,冠部有1个不规则八边形台面和32个围绕台面分布的四边形、三角形刻面,而亭部有24个刻面和1个底尖(图1-36)。

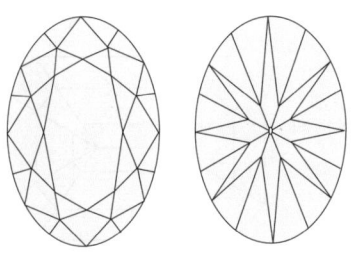
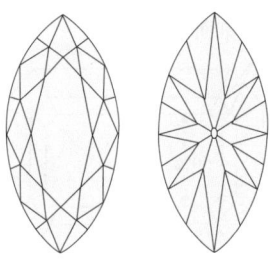

图 1-35　椭圆形明亮琢型　　　　　图 1-36　橄榄形明亮琢型

(4) 心形明亮琢型(Heart brilliant cut)。该琢型的外形呈心形,具有 1 个台面、32 个冠部刻面、24 个亭部刻面和 1 个底尖(或底小面)(图 1-37)。

(5) 梨形明亮琢型(Pear-shaped brilliant cut)。该琢型腰棱呈梨形(圆底尖顶),冠部有 1 个不规则的八边形台面、8 个较大的四边形刻面和 24 个三角形刻面,亭部有 8 个较大的四边形刻面,它们分布在宝石的中心,组成一个星形,其四周为 16 个三角形刻面(图 1-38)。

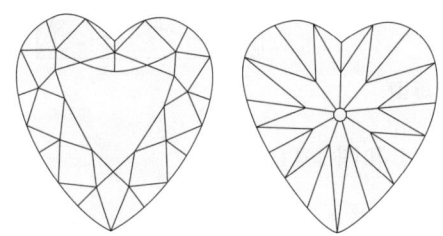
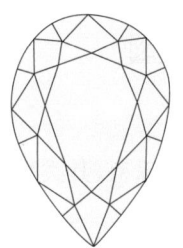

图 1-37　心形明亮琢型　　　　　图 1-38　梨形明亮琢型

2. 花式阶梯琢型(Fancy step cut)

花式阶梯琢型常简称为阶梯琢型,也称为条型或方型,是一种常见的琢型。在台面以下有很多倾斜的平行排列的四边形刻面,靠近腰棱处的刻面较大,而越往底尖和台面方向刻面越小;腰棱之上的刻面排数比腰棱之下少,但排数并无具体规定,主要取决于宝石的大小。台面的形状常为正方形、长方形、六边形或八边形,但有时台面也切成椭圆形、半圆形、菱形、梯形或梨形等。阶梯琢型有很多变型,最典型的是祖母绿琢型。阶梯琢型几乎适用于所有透明宝石,特别是那些主要依赖于颜色而美丽的有色宝石。

(1) 祖母绿琢型(Emerald cut)。该琢型是一种典型的阶梯琢型,由于被广泛地应用于祖母绿的加工,故而得名。其台面和外形均为正方形或长方形,4 个角被切掉。台面被 2、3 或 4 排与腰平行的梯形的冠部和亭部刻面所环绕,底部终止于 1 个斧形的底尖。该琢型的台面较大,能在很大程度上体现宝石的体色,但亮度受到影响。加工成这种琢型比加工成明亮琢型的质量损失更小。该琢型起源于 19 世纪,但到 20 世纪才被广泛采用。该琢型的组成及各部分的名称见图 1-39。

(2) 剪刀琢型(Scissors cut)。该琢型也称为交叉琢型,其刻面呈三角形而非平行的梯形。这种琢型在某种程度上可以增加宝石的亮度,并改善宝石的颜色,但可能导致光

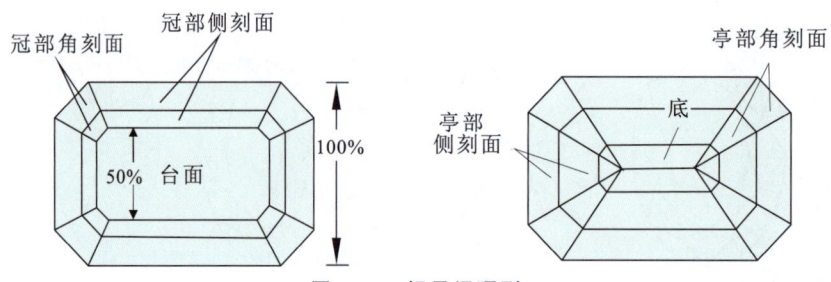

图 1-39 祖母绿琢型

线从亭部底尖处漏出,从特定角度观察,可见宝石中有一个暗淡无光的点,俗称"死点"。采用这种琢型的好处是可降低加工中所产生的误差的可见性。因为在阶梯琢型中,各排刻面切磨得稍不平行即可看出,而代之以三角形刻面,这种误差就不易被察觉到。这种琢型适用于钻石和各种有色宝石,特别是当原石为方形或长方形时(图 1-40)。

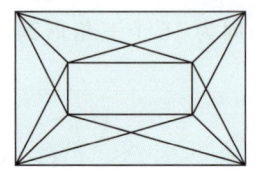 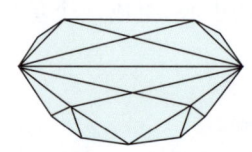 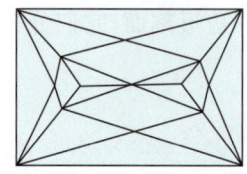

图 1-40 剪刀琢型

此外还有很多阶梯琢型,其类型及特点如表 1-1 和图 1-41 所示。

表 1-1 阶梯琢型的类型及特点

名称	特点
八边形阶梯琢型	外形呈八边形,8 条边的长度及其间的夹角可以是变化的
六边形阶梯琢型	外形呈六边形,6 条边均相等
五边形阶梯琢型	外形呈五边形,5 条边相等,组成一个正五边形
正方形阶梯琢型	其轮廓为正方形
三角形阶梯琢型	外形呈三角形
梯形阶梯琢型	外形呈梯形,4 条边中有两条平行,但不等长
长方形阶梯琢型	外形呈长方形,常用于小颗钻石的加工
斜细长形阶梯琢型	长方形阶梯琢型的变型,通过改变长方形阶梯琢型的边长和角度而成
斜面阶梯琢型	台面较大,四周为斜面。有时其底切成与顶部一样,即所谓的双斜面琢型
风筝形阶梯琢型	外形像风筝,有 4 条边
哨子形阶梯琢型	外形像哨子,有 4 条边,其中一条为斜边
扇形阶梯琢型	其外形像半开的扇子

表1-1(续)

名称	特点
菱形阶梯琢型	外形呈菱形
子弹形阶梯琢型	五边形阶梯琢型的变型,外形像子弹
盾形阶梯琢型	其轮廓似盾,但长度和夹角可以是各种各样的

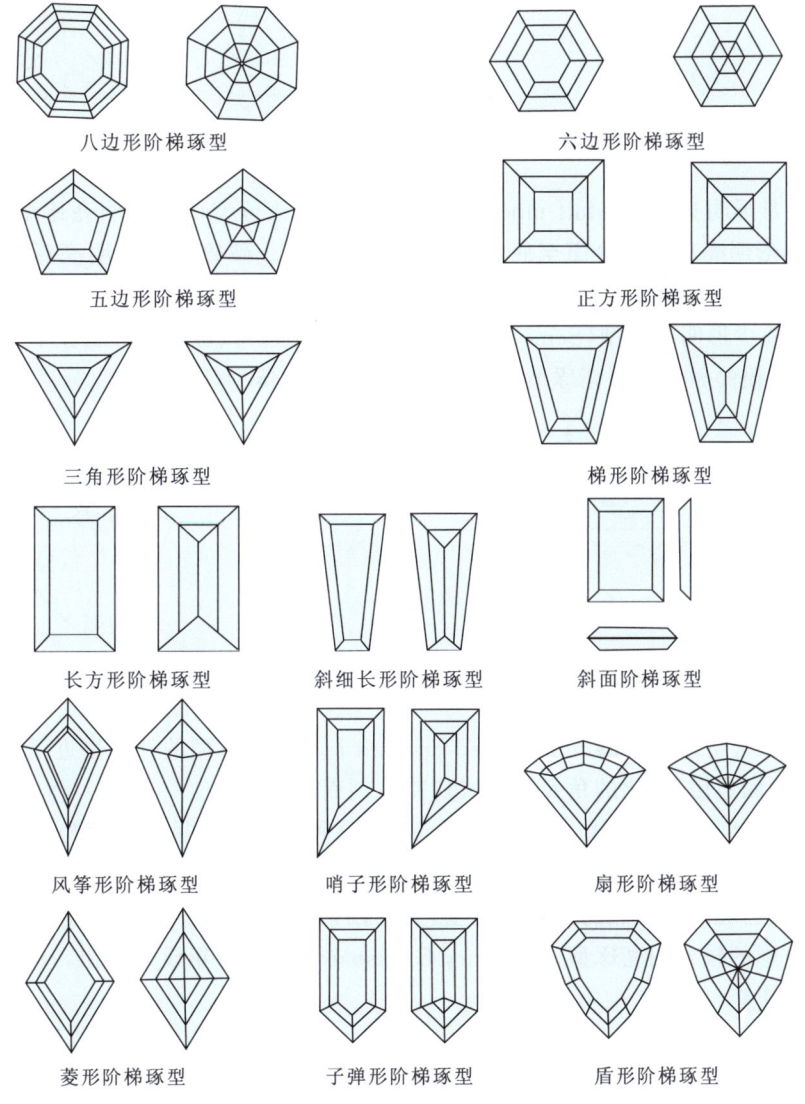

图1-41　阶梯琢型的类型

3. 新式花式琢型(New fancy cut)

(1)锆石琢型(Zircon cut)。该琢型的总体特征与明亮琢型相似,但在亭部刻面和底尖之间多出一排小刻面,共16个。这种琢型可以减少漏光,充分地体现宝石的亮度,常用于加工锆石(图1-42)。

(2) 三角形明亮琢型(Triangular brilliant cut)。该琢型的外形呈三角形,具有3条弯曲的边和圆化的角,通常有44个刻面,腰棱常磨成刻面。在20世纪70年代,较薄的原石常被加工成这种琢型,在市场上成对出售(图1-43)。

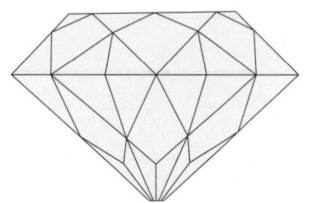
图1-42 锆石琢型

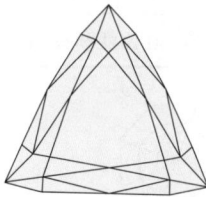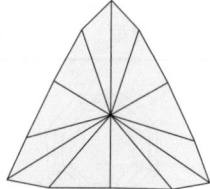
图1-43 三角形明亮琢型

(3) 半月形明亮琢型(Half-moon brilliant cut)。该琢型由圆形明亮琢型演化而来,即将一个圆形明亮琢型沿台面至底尖的中线一分为二。破碎的圆形明亮琢型偶尔会重新切磨成半月形明亮琢型(图1-44)。

(4) 半榄尖形明亮琢型(Semi-navette brilliant cut)。该琢型的形状像半个橄榄形明亮琢型,有破损的橄榄形明亮琢型通常重新切磨成这种琢型(图1-45)。

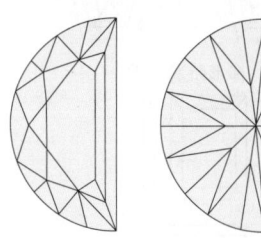
图1-44 半月形明亮琢型

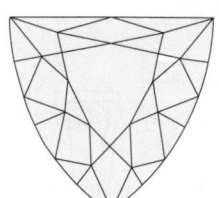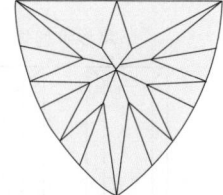
图1-45 半榄尖形明亮琢型

(5) 垫形明亮琢型(Cushion-shaped brilliant cut)。该琢型的外形接近于长方形或正方形,具弯曲的边棱、圆化的角及明亮式切割的刻面(图1-46)。

(6) 辐射明亮琢型(Radiant brilliant cut)。这种琢型通常呈现出较为规则的几何形状,如圆形、椭圆形、方形等,其刻面的排列呈辐射状,整齐对称,给人一种精致、美观的视觉感受,并且会展现出强烈的火彩和亮度,光芒四射。如图1-47所示的是一种腰部轮廓为截角长方形的辐射明亮琢型,由Henry Grossbard于1977年设计推出,1978年又做了改进,具有61个刻面。

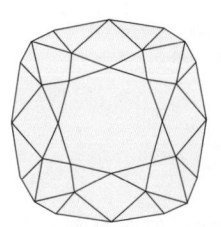
图1-46 垫形明亮琢型

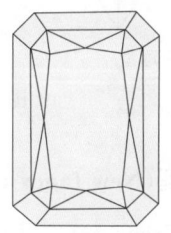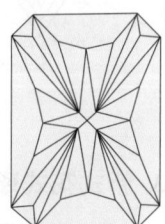
图1-47 辐射明亮琢型

（7）星形琢型（Star cut）。该琢型是指轮廓为星形的明亮琢型，但有时也泛指当从台面观察时其亭部刻面呈星形图案的任何明亮琢型（图1-48）。

（8）齿形琢型（Tooth profile cut）。该琢型是明亮琢型的一种变型，1961年由伦敦切磨师 Arpal Nagy 提出。该琢型的加工过程如下：将一个扁平的晶体切成若干薄片（厚约1.5mm），而后将薄片的顶面抛光，底面切磨成一系列狭窄、平行的"V"形齿状刻面，其外围有一圈呈其他形状的刻面（图1-49）。该琢型看起来有点像阶梯琢型，其优点是能充分利用扁平材料，且表面积大，能使光线产生较强的反射，但火彩差。

图1-48　星形琢型　　　　　　　　　图1-49　齿形琢型

（9）花形琢型系列（Flower cuts）。1988年，CSO（戴比尔斯公司所属的中央销售机构）顾问加比·托尔可夫斯基（Gabi Tolkowsky）设计了用于钻石的5种花形琢型，构成一个系列，包括百日菊琢型、向日葵琢型、大丽花琢型、金盏花琢型和火玫瑰琢型。这些琢型可满足低色级钻石切磨的要求，且可增加原石的出成率。这些琢型在1988年新加坡召开的世界钻石大会上公布，因其并未申请专利，所以使用不受限制。各种花形琢型的比例如表1-2所示。

表1-2　各种花形琢型的比例

琢型	台宽比/%	冠高比/%	腰厚比/%	亭深比/%
百日菊琢型	52	16	厚至很厚	46
向日葵琢型	53～58	17.5～24	薄至厚	42.5～51.5
大丽花琢型	56	15	中至厚	49
金盏花琢型	51	12.5	很厚	35
火玫瑰琢型	47～62	15～20	薄	45～51

a.百日菊琢型（Zinnia cut）：该琢型综合了明亮琢型和阶梯琢型的设计特点，可增加低色级钻石的亮度、闪烁程度及色级，也可增加不规则形状原石的出成率（图1-50）。

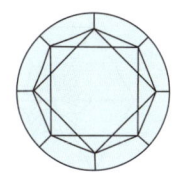

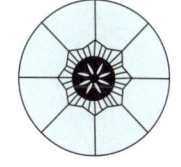

图1-50　百日菊琢型

b.向日葵琢型(Sunflower cut):该琢型可增加低色级宝石原石的出成率,但要求原石的高度和体积较大。可加工成各种形状,如 53 个刻面的祖母绿琢型、方形琢型和细长形琢型(图 1-51);69 个刻面的橄榄形琢型;49 个刻面的梨形琢型或 55 个刻面的心形琢型等。

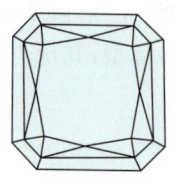  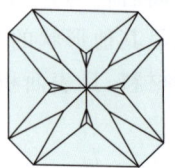

图 1-51　向日葵琢型

c.大丽花琢型(Dahlia cut):该琢型呈十二边的椭圆形,有 67 个刻面,它结合了明亮琢型和阶梯琢型的特点,可提高宝石对光的反射和色级,并可增加低色级长形原石的出成率,而这一点传统的花式琢型则无法做到(图 1-52)。

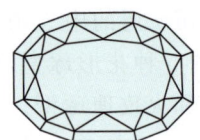 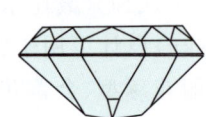  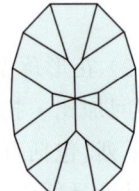

图 1-52　大丽花琢型

d.金盏花琢型(Marigold cut):该琢型适用于扁平的原石晶体,因为采用这种琢型,扁平的原石晶体不需锯开或劈开。该琢型属阶梯琢型(图 1-53),其台面较大,可加工成具 58 个刻面的八面形琢型或具 43 个刻面(底小面除外)的梨形或心形琢型。

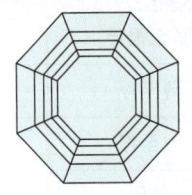  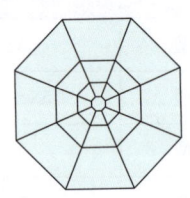

图 1-53　金盏花琢型

e.火玫瑰琢型(Fire rose cut):该琢型特别适用于大的变形的原石晶体,可加工成有 61 个刻面的六边形琢型(图 1-54),也可加工成具 67 个刻面的梨形或心形琢型、具 81 个刻面的方形或八边形琢型,或具 105 个刻面的马眼形琢型。

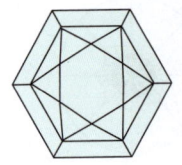   

图 1-54　火玫瑰琢型

（10）皇家琢型系列（Royal cuts）。这是指以色列 Raphaeli-Stschik 公司推出的用于钻石的4个花式琢型，构成一个系列，包括男爵夫人琢型、公爵夫人琢型、女皇琢型及优美琢型，最适用于扁平的或变形的钻石原石（图1-55）。其顶比传统的花式琢型或圆形明亮琢型宽得多，因此在质量相同的情况下，采用此系列琢型的钻石看起来比采用传统花式琢型的钻石大一半。

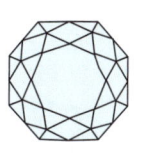   

（a）男爵夫人琢型　　（b）公爵夫人琢型　　（c）女皇琢型　　（d）优美琢型

图 1-55　皇家琢型系列

a. 男爵夫人琢型（Baroness cut）：是圆形明亮琢型的变型，腰形为八边形，具65个刻面。
b. 公爵夫人琢型（Duchess cut）：是马眼形明亮琢型的变型，腰形为六边形，具63个刻面。
c. 女皇琢型（Empress cut）：是梨形明亮琢型的变型，腰形为七边形，具64个刻面。
d. 优美琢型（Grace cut）：是心形明亮琢型的变型，腰形为五边形，具62个刻面。

（11）国王琢型（King cut）。该琢型的冠部有1个十二边形的台面和48个刻面，亭部有36个刻面，有时还有1个底小面。在冠部紧靠台面处有12个小的三角形刻面，而靠腰棱处有24个小的三角形刻面，其间有12个菱形刻面。菱形刻面有两个顶点分别与台面和腰棱相接。腰棱呈二十四边形，总的外形接近于圆形（图1-56）。

图 1-56　国王琢型

（12）公主方琢型（Princess cut）。该琢型外形呈方形或长方形，通常有57个刻面，其中冠部21个，亭部32个，腰部4个（图1-57），但偶尔也有144个刻面的公主方琢型。这种琢型具浅的冠部、大的台面和深的亭部，因而能节省原料。亭部刻面产生的亮度和闪烁降低了包裹体的可见度。

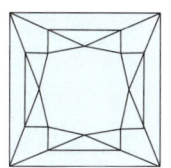 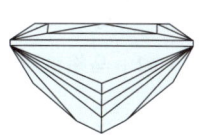

图 1-57　公主方琢型

(13) 百合花琢型(Lily cut)。该琢型由以色列 Lili 钻石公司设计发明,是在公主方琢型的 4 条边上挖出凹槽,再将 4 个角磨成圆角(图 1-58)。

(14) 庆典琢型(Jubilee cut)。该琢型的主要特点是冠部无台面,而有 8 个菱形的倾斜刻面,这些菱形刻面相交于中心,其外围是 16 个星刻面,再外为 8 个较小的菱形刻面,最外为 16 个腰刻面。冠部共有 48 个刻面,亭部有 40 个刻面,无底小面。因此该琢型总共有 88 个刻面。这种琢型是在 20 世纪初期为纪念维多利亚女皇登基 60 周年而推出的,所以命名为庆典琢型。它适用于加工大颗钻石,但目前已很少使用(图 1-59)。

图 1-58　百合花琢型

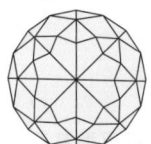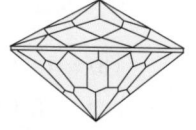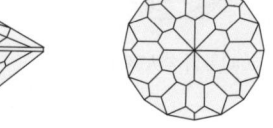

图 1-59　庆典琢型

(15) 螺旋琢型(Spiral cut)。该琢型的主要特点是其冠部和亭部刻面均呈螺旋状排列(图 1-60)。

(16) 葡萄牙琢型(Portuguese cut)。该琢型的冠部和亭部均有 5 排刻面。大的钻石有时被加工成这种琢型(1-61)。

图 1-60　螺旋琢型

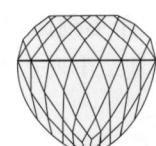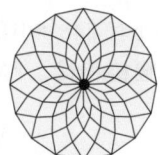

图 1-61　葡萄牙琢型

(17) 马格纳琢型(雄伟琢型)(Magna cut)。该琢型的特点是呈十方对称,台面为十边形;冠部有 60 个刻面,包括 10 个星刻面、20 个冠部主刻面、30 个上腰面;亭部有 40 个刻面,包括 30 个下腰面和 10 个亭主面;有时有 1 个底小面。该琢型适用于大颗宝石,宝石的质量损失较少,但其亮度受到影响,目前很少采用(图 1-62)。

图 1-62　马格纳琢型

(18) 皇家 144 琢型(Royal 144 cut)。该琢型是一种复杂的圆钻琢型,设计目的是增加宝石亮度。其冠部结构与普通圆钻琢型相同(冠部 33 个刻面),亭部近腰处由 16 个小三角形面和 16 个菱形面共同组成边棱面,然后才是 16 个与上腰面对应的菱形面及 8 个亭主面,故亭部共有 56 个刻面(无底小面),总计有 89 个刻面(图 1-63)。

(19) 弗兰德斯明亮琢型(Flanders brilliant cut)。该琢型由 Jan Storms 等于 1988 年在安特卫普推出,并于 1993 年 6 月首次在美国拉斯维加斯珠宝展销会亮相。该琢型最大的特点是从台面观察可见星形刻面组成两个很完美的正方形,相互之间呈 45°叠置(图 1-64)。弗兰德斯明亮琢型适用于加工 0.1~3ct、色级为 E 至 L(GIA 分级标准)的钻石。

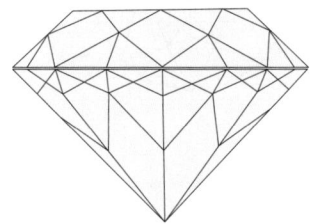
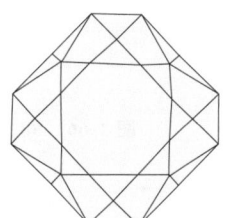
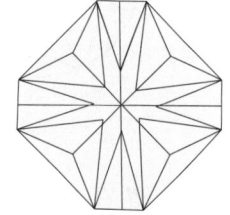

图 1-63　皇家 144 琢型　　　　　图 1-64　弗兰德斯明亮琢型

(20) 四分明亮琢型(Quandrillion cut)。这是一种矩形明亮琢型的专用名称。它具有 49 个刻面,包括 21 个冠部刻面、24 个亭部刻面和 4 个腰棱刻面,由以色列 Ambar 钻石公司于 1981 年推出。

(21) 索斯达琢型(Solstar cut)。该琢型由苑执中先生设计发明,是将圆形明亮琢型钻石的亭部进行修改以增加其光彩。它可加工成 66 个刻面、128 个刻面或 168 个刻面,分别称为 Solstar 66、Solstar 128 和 Solstar 168。这些琢型已在美国、南非、比利时、荷兰、卢森堡及中国大陆取得了专利(图 1-65)。

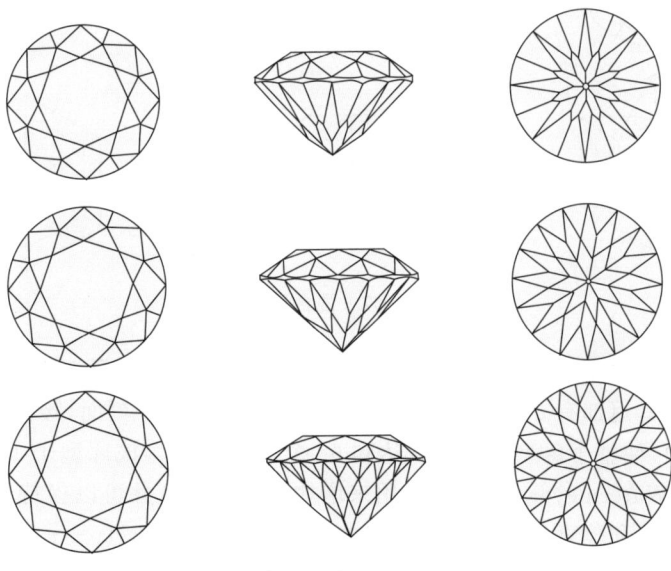

图 1-65　索斯达琢型

(22) 88 刻面琢型(88 Facet cut)。这是由比利时斯特曼公司于 1999 年设计发明的一种钻石琢型。该琢型的特点是有 16 条边和 88 个对称的刻面,其中包括 32 个冠部刻面

（台面除外）和40个亭部刻面，另外，腰部由16个刻面上下排列，构成似皇冠状的腰棱，俗称"皇冠腰"（图1-66）。实际上该琢型有89个刻面，因为还有1个台面未计，之所以取名为"88刻面"，有代表幸福与财富之意。这一琢型已在中国申请了专利。

图1-66　88刻面琢型

（四）混合琢型

混合琢型（Mixed cut）是刻面琢型的一种类型，是指将同一颗宝石的冠部和亭部切磨成不同的款式。混合琢型对冠高比、亭深比等并无具体规定，只要能在保持最大质量的前提下使宝石的火彩和颜色达到最佳效果即可，适用于钻石和多种有色宝石。常见的混合琢型是冠部为明亮型，亭部为阶梯型（图1-67）；也有冠部为阶梯型，亭部为明亮型的；有时还把台面切磨成棋盘格状的一系列方形刻面。

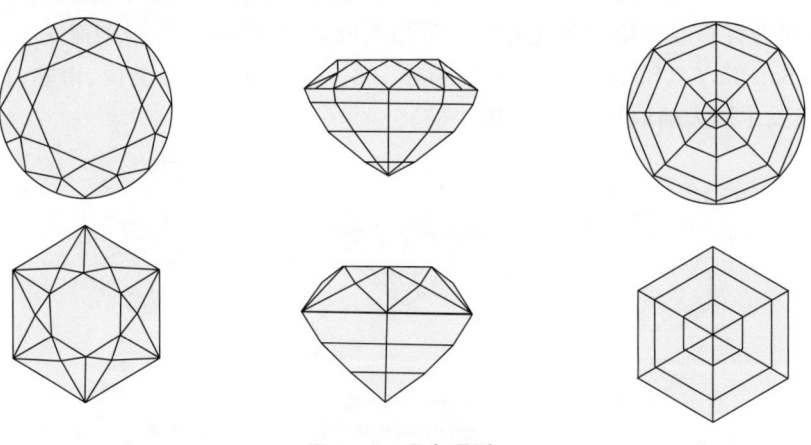

图1-67　混合琢型

(1) 巴里昂琢型（Barion cut）。这是一种方形混合琢型，冠部为阶梯琢型，亭部为明亮琢型的变型。其冠部有24个刻面和1个台面，亭部有28个刻面，腰棱的每一边都有4个半月形的刻面，使整个琢型的刻面数达到62个（图1-68）。该琢型于1971年由约翰内斯堡名师Basil Watermeyer设计推出，用来增加宝石的亮度并可以保持最大的质量。该琢型的名称是取他和他妻子（Marion）名字的一部分合并而成（Ba＋rion）。琢型获得了专利，但其名称未注册商标。

(2) 克里斯琢型（Criss cut）。克里斯琢型又称为奇方式琢型，由美国Christopher Desings公司设计推出，并获得专利。该琢型的特点是将祖母绿型、四方形、长方形等阶梯琢型钻石的每一条横棱线的两边各加一个长三角形刻面（图1-69）。

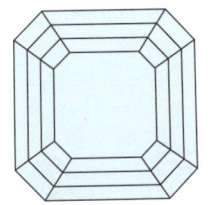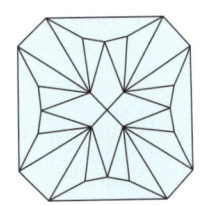

图 1-68　巴里昂琢型

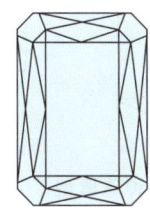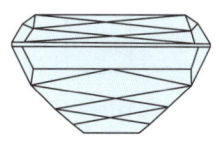

图 1-69　克里斯琢型

（3）斯里兰卡琢型（Sri Lanka cut）。该词有两层意思：一是指混合琢型的一种类型，它具有明亮琢型的冠部和阶梯琢型的亭部，腰棱可为圆形、椭圆形或垫形（图 1-70）；二是指在斯里兰卡琢磨的任何宝石琢型。

（4）弧面混合琢型（Cabochon mixed cut）。这种混合琢型的设计一般是冠部采用向上低凸拱形的弧面型，亭部为刻面型。这是一种较为新式的琢型，近年来比较流行（图 1-71）。

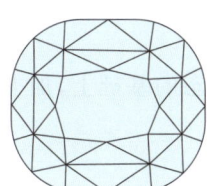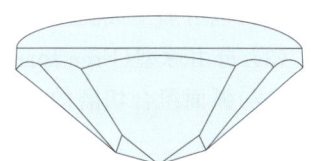

图 1-70　斯里兰卡琢型　　　　　　　图 1-71　弧面混合琢型

三、珠琢型

珠琢型（Bead cut）简称珠型，是指用于珠串的具规则或不规则形状的小件宝石珠子琢型。

珠琢型适用于中、低档的半透明至不透明的宝玉石材料，如玛瑙、翡翠、岫玉、绿松石、孔雀石、芙蓉石、玉髓、木变石及某些有机宝石材料。由于珠子通常是串起来用作项链、手链或挂在耳饰及胸针上，因而其魅力并不主要表现在单粒珠子上，而是表现在由众多珠子所串成的整个珠串的造型上。

常见的珠琢型有圆珠、椭圆珠、扁圆珠、腰鼓珠、圆柱珠、三棱柱珠及不规则珠等（图1-72）。

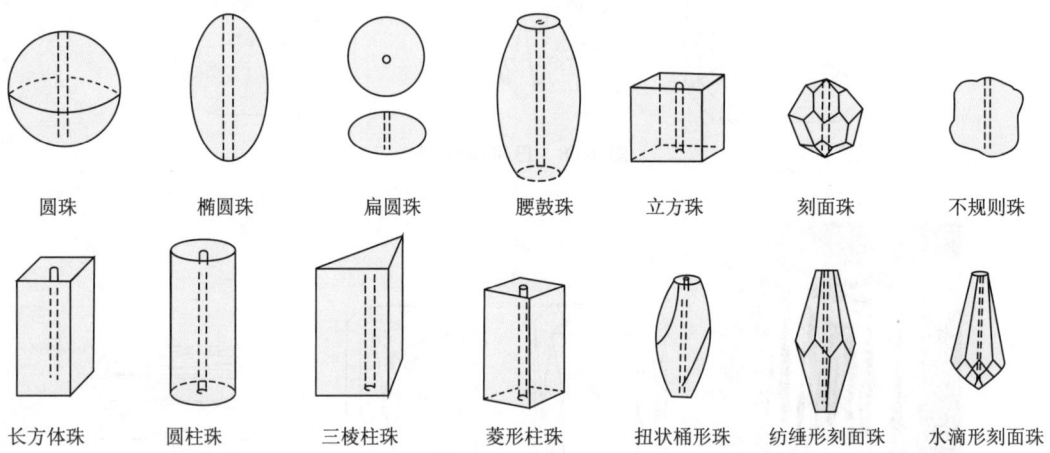

图 1-72　各种珠琢型

四、异型及雕件

1. 异型

(1) 奇想琢型（Fantasy cut）。这类琢型的形状多变，由一系列相互交替的弯曲面和平坦刻面组成。

(2) 随型（巴洛克式滚圆宝石琢型）（Baroque stone cut）。人工或天然滚圆的轮廓不规则的宝石，如雨花石、三峡石等观赏石即为随型石。采用随型的宝石通常要求材料裂纹少，结构细腻，内含物少，颜色鲜艳。低档宝石材料的小碎粒和部分中、高档宝石材料的边角料也可加工成随型。

(3) 自由琢型（Free form cut）。它是指在适当保留原石自然形态的基础上，加上刻面和（或）弧面组合切磨的琢型（图1-73）。

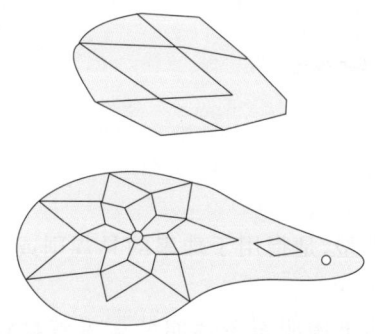

图 1-73　自由琢型

2. 雕件

雕件(Carving)是指通过雕刻手段产生的琢型,根据其表现方法可分为浮雕、凹雕和凹浮雕。一般来说,适用于加工成雕件的宝石材料要具有中至低的硬度、较高的韧性、美丽的颜色条带及细腻的结构。具有这些特性的材料多为玉石和有机宝石,如翡翠、和田玉、欧泊、玛瑙、珊瑚及贝壳等。雕件的设计及制作工艺方面的内容大多属于玉雕学的范畴,这里仅简单介绍其几个基本类别。

(1) 浮雕(Cameo)。浮雕主要是指在扁平的材料上雕刻,其图案稍高出雕刻品表面的雕件。通常是将一颜色层雕成图案,而以另一颜色层作为背景,使两者具有明显的反差。浮雕雕件可单独用作装饰品,也可镶在胸针、吊坠、戒指上。最早的宝石浮雕装饰品是由希腊人制作的。很多宝石材料都可以加工成浮雕,如翡翠、和田玉、水晶、玉髓、珊瑚、煤精及贝壳等。

(2) 凹雕(Intaglio)。与浮雕相反,凹雕的图案低于雕件的表面。这种雕件通常也是利用宝石的不同颜色层,做成图案的不同部分和背景。凹雕雕件既可单独用作装饰品,也可镶在戒指、扣子、胸针或吊坠上,但多用于图章。常用于加工成凹雕的宝石材料有珊瑚、玛瑙、水晶及碧玉等。

(3) 凹浮雕(Curvette)。凹浮雕是由材料向下雕出图案,但保持雕件的外缘与中心图案的最高点处于同一高度。

(4) 浮雕二层石(Cameo doublet)。浮雕二层石的凸起部分与底座不是一个整体,而是粘上去的。浮雕二层石极少制作,仅见于某些陶瓷浮雕中。

第二章　宝石琢型的演化及发展

第一节　刻面琢型的演化历史

刻面琢型出现的确切时间已无法考证,但从现存的珠宝首饰推断,最早的刻面琢型宝石大约出现在公元前2世纪,但真正有文字记录的大约出现在11世纪。刻面琢型的演化和发展在很大程度上依赖于人们对钻石性质的理解不断加深和加工技术水平的逐步提高。为了最大限度地体现"宝石之王"美丽的外观,钻石加工的先驱者们付出了艰辛的劳动。在此,我们可以依据钻石琢型的发展,来追寻刻面琢型的演变发展历程。

从琢型出现的先后顺序来看,刻面琢型的演变发展大体上经历了以下阶段:①尖琢型(Point cut);②桌式琢型(Table cut);③玫瑰琢型(Rose cut);④明亮琢型(Brilliant cut)及花式琢型(Fancy cut)。这些琢型的演变发展阶段并不是截然分开的,不同琢型之间有一个重合的时间段。也就是说,在琢型发展的过程中,新琢型的出现与旧琢型的消失不是一下子就发生,而是经过一段很长时间的反复较量才逐渐完成交替。这也是整个自然界发展演化的一般规律。

一、尖琢型

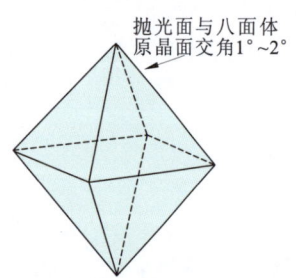

图 2-1　早期的锥状尖琢型

尖琢型是最早的钻石刻面琢型,大约出现于14世纪。这种琢型是用钻石的八面体原石加工而成的。早期出现的尖琢型称为锥状尖琢型,它基本上就是钻石的八面体晶体原形,只不过将钻石八面体的8个晶面打磨得更加光滑,以提高其对称性、光泽和透明度。但由于八面体面为解理面,完全沿解理面抛光十分困难,因而抛磨的刻面与八面体原晶面有一小的交角(图2-1)。

随着加工技术的发展以及人们对钻石性质的了解不断加深,钻石琢型的外形和小面的琢磨有了一定的改变。如三角面尖琢型(图2-2～图2-5),即是按照三角三八面体的外形设计的。后期的尖琢型出现了复杂的小面排列方式,而且不只限于八面体钻坯,菱形十二面体的钻坯也被加工成尖琢型,如 Burgundian 琢型及星形尖琢型(图2-6、图2-7)。从图2-7中很容易看出星形尖琢型是由 Burgundian 尖琢型演化而来的,这两种琢型均由菱形十二面体加工而成。

图 2-2 镶有三角面尖琢型
钻石的 Hermitage 戒指

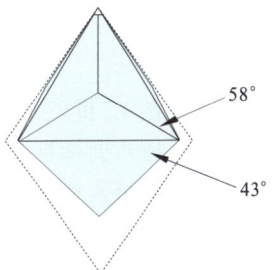

(a) 琢型与八面体轮廓相近

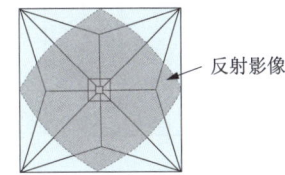

(b) 宝石呈现出的反射影像

图 2-3 Hermitage 戒指上的
三角面尖琢型钻石

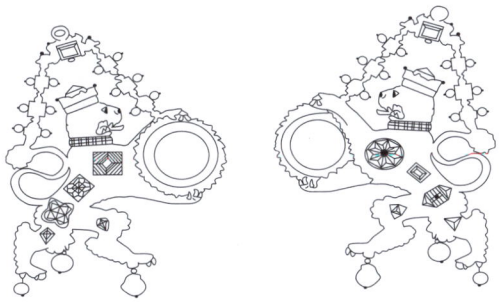

图 2-4 Palatine 狮子吊坠素描图
（在狮子头的王冠顶上镶有三角面尖琢型、星形
尖琢型、桌式琢型等钻石）

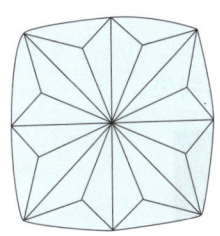

图 2-5 镶在 Palatine 狮子吊坠上的
三角面尖琢型钻石

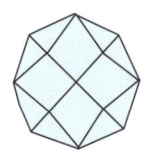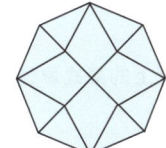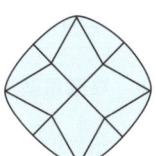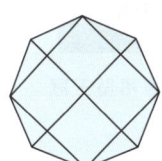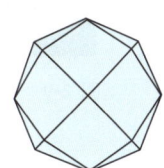

图 2-6 具有不同小面特征的 Burgundian 尖琢型

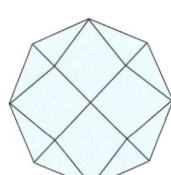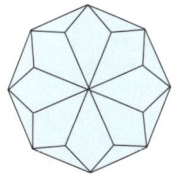

图 2-7 Burgundian 尖琢型（左）演化为星形尖琢型（中、右）

二、桌式琢型

桌式琢型大约出现在15世纪早期。它也是利用了八面体钻石原石的形状特点加工而成的。只是简单地磨掉八面体钻石原石的一个角顶,其冠部便出现了1个较大的正方形台面。然后按一定角度对八面体原石的上下各4个自然倾斜面进行简单的抛磨,就形成了类似桌状的琢型(图2-8)。

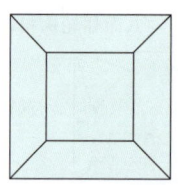 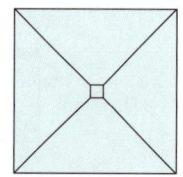 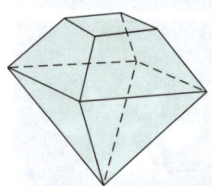

图2-8 桌式琢型

桌式琢型是首次出现的规则的钻石琢型。由于当时的抛磨机器很原始,底尖处磨损明显,因而形成很大的底小面。在当时,这种过大的底小面非常流行(图2-9~图2-11),因为人们认为底小面是一个有益的刻面——它不仅有利于降低钻石底尖处的破损程度,而且如果从台面看下去,底小面就像一个窗口,大的底小面可透过更多的光线。但从现在的观点来看,大的底小面会使光线从中漏掉,不能产生全内反射,因而钻石的亮度不高。如图2-12所示,在冠角和亭角分别为45°、底小面过大的情况下,大量光线从桌式琢型的亭部刻面和底小面漏失。

 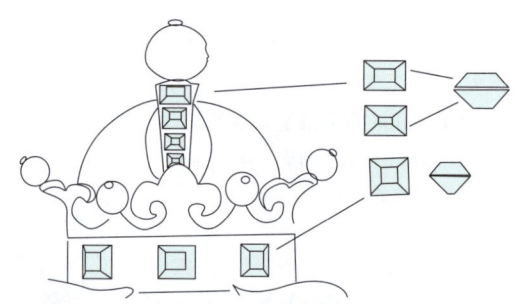

图2-9 双鹰吊坠王冠　　图2-10 双鹰吊坠王冠上的桌式琢型钻石

 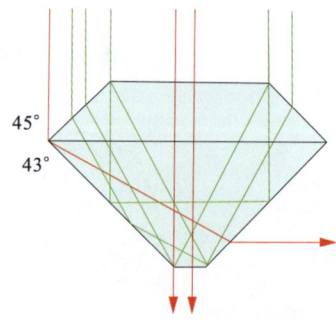

图2-11 英国詹姆斯一世镶有桌式琢型钻石的首饰素描图　图2-12 桌式琢型钻石大的底小面及光路图

后来,桌式琢型逐渐演变为阶梯琢型。其方法是将桌式琢型冠部的 4 个倾斜面和亭部的 4 个倾斜面分别研磨成二层和三层平行的阶梯形刻面,于是就形成了简单的四边形阶梯琢型。而后,再逐渐发展为更多复杂的阶梯琢型。

三、玫瑰琢型

玫瑰琢型大约出现于 15 世纪,但也有人认为可能出现在 16 世纪中叶,这主要是由于不同研究者对玫瑰琢型概念的理解存在差异。玫瑰琢型有一整套系列,其基本形状有一个平坦的底面和一个拱形的冠部,其上覆盖着成排分布的三角形刻面。最早出现的玫瑰琢型为单玫瑰琢型,而后逐渐演变为双玫瑰琢型。玫瑰琢型的缺点是其刻面的排列可使光线在钻石表面产生较多的外反射,但无法像明亮琢型那样产生较多的内反射或较高的亮度。因此,后来出现了明亮琢型,很多原先加工成玫瑰琢型的钻石都改成了明亮琢型。

早期的玫瑰琢型刻面数目较少,而且加工质量低劣,主要是盾形玫瑰琢型及三面玫瑰琢型[图 2-13(a)]。而后其刻面数目增加,由三面增加到六面[图 2-13(b)]、十二面[图 2-13(c)]、十八面[图 2-13(d)],最终发展为二十四面[图 2-13(e)],即全玫瑰琢型,而且加工质量有了较大的提高。

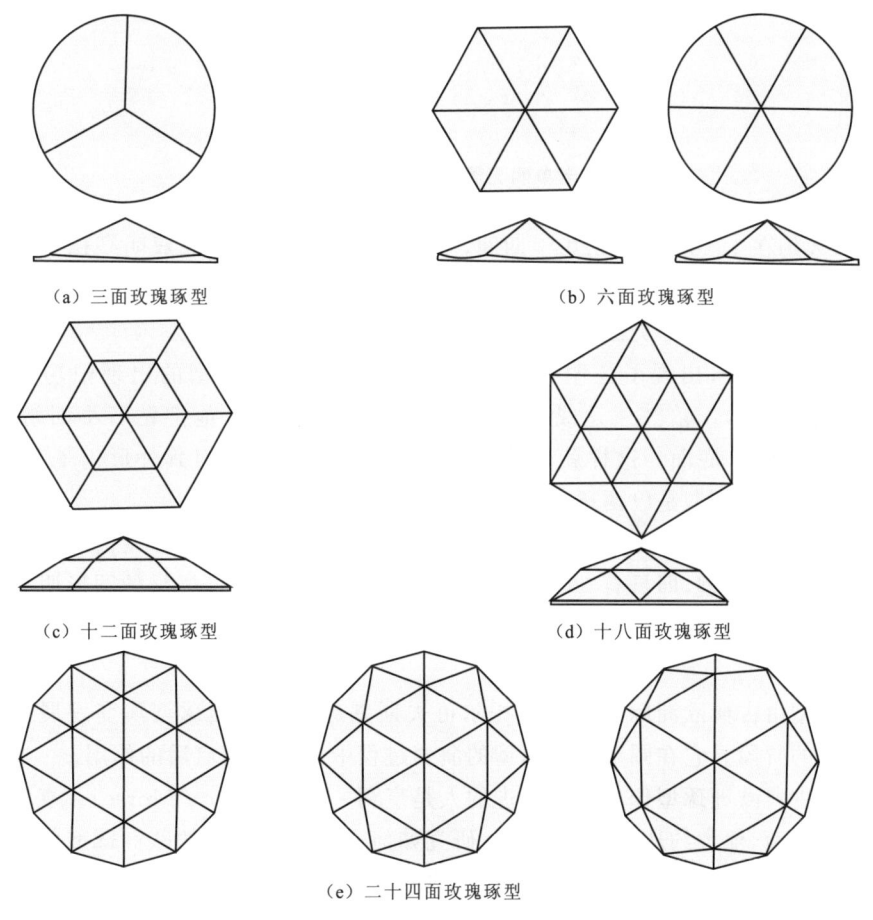

(a)三面玫瑰琢型　　　　　　　　(b)六面玫瑰琢型

(c)十二面玫瑰琢型　　　　　　　(d)十八面玫瑰琢型

(e)二十四面玫瑰琢型

图 2-13　玫瑰琢型的演变

到19世纪,较大的玫瑰琢型钻石均改切成明亮琢型。但市场上对玫瑰琢型的需求仍较大,不过多用于装饰非正式首饰。

四、明亮琢型

最早出现的明亮琢型为老单明亮琢型,它出现于17世纪前,是由桌式琢型发展而来的。其腰部轮廓呈比较规则的八边形形态,其实就是腰棱的4个边角被磨掉斜截的桌式琢型[图2-14(上)]。后来,老单明亮琢型又进一步演化,将琢型的腰棱磨圆,形成圆形的单明亮琢型,简称为单明亮琢型[图2-14(下)]。所以,一般认为,老单明亮琢型是单明亮琢型的早期形式,而单明亮琢型是近代圆形明亮琢型的雏形。

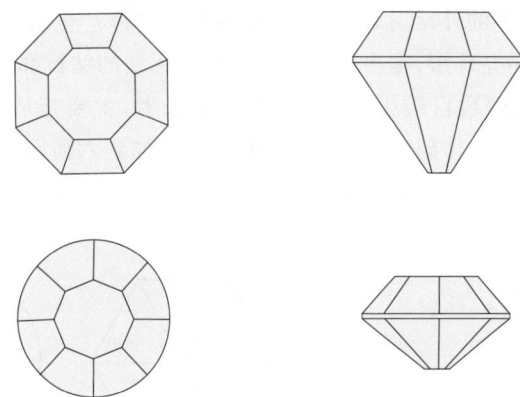

图 2-14　老单明亮琢型(上)和单明亮琢型(下)

后来,大约在1610年至1620年期间,单明亮琢型逐渐演变成双明亮琢型。其外形似垫子,总共有34个刻面,其中16个在冠部,16个在亭部,还有1个台面和1个底小面。此外,它还有两种变型,即英国星形琢型和英国方形琢型。

到17世纪中叶,出现了三明亮琢型。很多文献都将该琢型的出现归功于帕鲁兹(Vincenzic Peruzzi)。帕鲁兹是威尼斯的一个钻石抛磨工匠,他把钻石小面增加到58个,其中包括台面和底面。这样就增加了钻石的亮度和火彩。但其外形仍是不规则的。三明亮琢型的典型变型是巴西琢型和里斯本琢型。

大约在20世纪初期,由于钻石加工机械的不断发明,钻石轮廓开始由不规则向规则演变,出现了全切琢型,即具有58个小面的标准圆形明亮琢型。最早的圆形明亮琢型是古典欧洲琢型,然后逐渐演变成托尔可夫斯基琢型或美国理想琢型,最后发展成现代理想琢型。

钻石琢型由古典欧洲琢型发展成托尔可夫斯基琢型是刻面琢型演变发展过程中的一个很重要的阶段。它在圆形明亮琢型的演变过程中起着承前启后的作用。

首先对古典欧洲琢型作出重要改进的人是亨利·摩斯(Henry Morse)。亨利是一个美国钻石加工商,他大约从1860年开始,研究如何通过改变传统的欧洲琢型的设计以最大限度地体现钻石的亮度和火彩。那时,古典欧洲琢型的冠角和亭角较大,台面较小,且有一个底小面,外观看起来比较笨重。例如,伦敦珠宝商大卫·杰夫瑞1750年出版的一套评估钻石切工的准则中建议的冠角和亭角皆为 45°,全深比为 66%。这些老式的钻石款式经亨利改良之后,亮度较高,而且外观显得秀气,但质量损失相对较大。这个问题很快便因查尔斯·费尔德斯(Charles Fields)发明了一种水力驱动的圆磨得以解决。查尔斯最初只是亨利家族钻石加工厂的一名仪器制造工,后来成了亨利的生意合伙人。他发明的这种水力驱动的圆磨,可以将钻石原石分割成几块,以便加工成不同的琢型,而且质量损失较小。事实上,查尔斯还发明了各种用于钻石加工的机器。在此之前,钻石加工均为手工操作。钻石加工机器的使用,使得钻石琢型腰棱的圆化成为可能,并且加工过程中钻石的质量损失也降低了不少,钻石的加工质量得以提高。而亨利则让人们真正地领略到了钻石的美丽,他通过 20 年(1860—1880 年)的努力,逐渐掌握了一套能充分体现钻石亮度和火彩的琢型比例,成为当时著名的钻石加工商。亨利最初推出的琢型的特点是台面较小,而冠部较高,在紧靠台面的四周增加了 8 个刻面,使冠部风筝面的数目增加,冠部刻面达到 40 个(除台面外),如图 2-15 所示。1916 年法兰克·魏德(Frank Weider)出版了一本钻石分级与评价的著作,书中引用亨利·摩斯的看法,认为理想的圆形明亮琢型的冠角应为 35°,亭角为 41°,台宽比为 40%,全深比为 60%。这已与现今的钻石圆形明亮琢型比例较为接近。

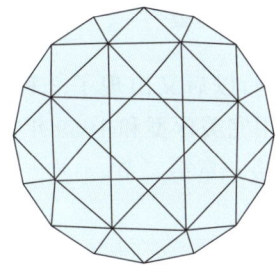
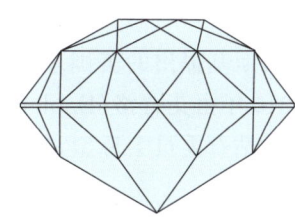

图 2-15　亨利·摩斯推出的圆钻琢型

马歇尔·托尔可夫斯基(Marcel Tolkowsky)是一位学者,他对钻石加工业最重要的贡献是利用科学的论点总结出了钻石琢型的最佳比例。他通过计算以往琢型特别是亨利加工出的琢型的各种比例,总结出了一套能充分展示钻石火彩和亮度的标准比例,这就是他在其著名的《钻石设计》(*Diamond Design*)(1919)一书中提出的所谓"理想琢型",即台宽比为 53%,冠高比为 16.2%,冠角为 34°30′,亭深比为 43.1%,亭角为 40°45′。这是第一部根据光学原理计算出钻石比例的书籍。他所推出的这套比例被称为托尔可夫斯基琢型(图 2-16)。虽然这部书是在英国出版的,但由于他的比例与美国人亨利提出的比例相似,并最先被美国钻石业采用,按该比例加工出来的钻石在美国较受欢迎,并被认为是最理想的琢型,故托尔可夫斯基琢型又称为美国理想琢型或美国明亮琢型。现在的托尔可夫斯基琢型与最初相比有了很大的改变:底小面变成了底尖,亭部刻面变长了许多(图 2-17)。20 世纪 50 年代,美国宝石协会(American Gem Society,AGS)将托尔可夫斯基的比例稍作修改后,作为评价切工的标准,修改仅限于稍稍加宽台面,并加入腰棱厚度。美国宝石研究院(Gemological Institute of America,GIA)也采用美国理想琢型作为评价切工的标准。

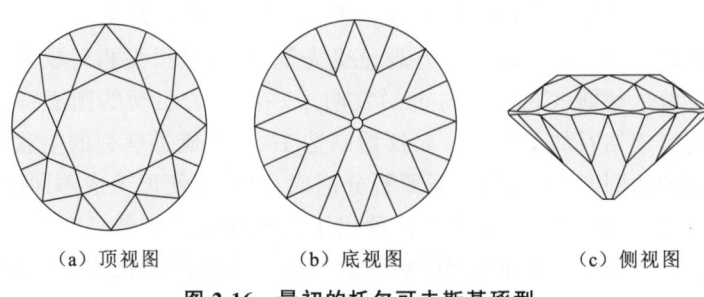

(a)顶视图　　　　　(b)底视图　　　　　(c)侧视图

图 2-16　最初的托尔可夫斯基琢型

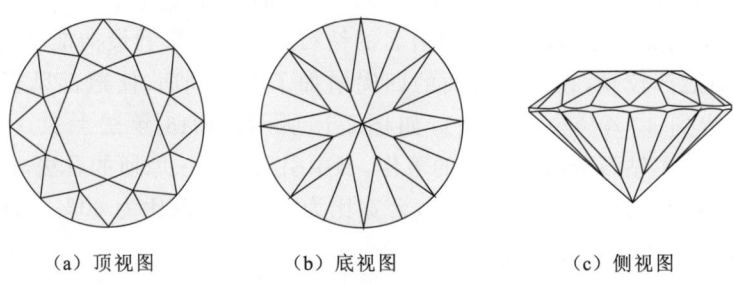

(a)顶视图　　　　　(b)底视图　　　　　(c)侧视图

图 2-17　现在的托尔可夫斯基琢型

根据托尔可夫斯基提出的美国理想琢型的比例,以后又出现了 3 种圆形明亮琢型,这就是 1939—1940 年由艾普洛(Eppler)推出的实用完美琢型和 1969 年推出的斯堪的纳维亚琢型以及国际钻石委员会琢型,相关内容详见第一章第二节。

五、花式琢型

花式琢型的出现可追溯到 500 多年前,即 16 世纪,当时出现的多为阶梯琢型。之后,随着加工技术的日益成熟,出现了一些明亮花式琢型。20 世纪 50 年代以后,各种各样的花式琢型不断涌现,极大地丰富了宝石琢型款式。

阶梯琢型是花式琢型的一种古典类型,它早已存在,而且目前在市场上仍占有相当大的比例,特别是在彩色宝石加工方面使用较多。阶梯琢型最初由桌式琢型发展而来,现在的祖母绿琢型则是由阶梯琢型演化得到。

明亮花式琢型是圆形明亮琢型的变种,多数出现在 20 世纪后半叶,其设计目的是最大限度地保留钻石质量或更好地体现钻石的光学效应。20 世纪后半叶,钻石的花式琢型得到了迅速发展,出现了很多新式琢型,如索斯达琢型、百合花琢型、奇利士琢型、天上之星琢型等。开发这些琢型不仅是为了更好地体现宝石的光学效应及最大限度地保持质量,同时也是为了满足不同个性的消费者的特殊需求。

需要指出的是,在此我们给大家介绍的只是钻石琢型发展最基本的过程。事实上,宝石琢型的发展经过了漫长的时间,而且各种琢型的发展并没有必然的联系,有的琢型自出现至今,一直被利用,而有的琢型一出现即被淘汰。但有一点是肯定的,琢型发展的总体趋势是以最能表现宝石美丽的特性为原则,为此切磨师们经过几个世纪的努力,将绚丽多彩的宝石献给了人们。

第二节 现代宝石琢型的发展状况

20世纪末叶以来,宝石琢型的设计及加工技术又有了一些新的发展。尤其是计算机科学技术在宝石琢型设计中的应用,摆脱了传统的手工设计与计算分析方法,使设计效率大幅提高。随着宝石加工设备及技术手段的不断改进和创新,过去一些难以加工的宝石琢型设计或设想也能实现。因而,新的宝石琢型不断涌现,使宝石更加多姿多彩。

一、圆形明亮琢型的切工改良

圆形明亮琢型是钻石切工使用最多的琢型。近几十年来,人们在标准圆形明亮琢型的基础上不断研究、改良钻石切工,推出许多标准及非标准圆形明亮琢型,如各种心箭琢型、梅花琢型、九心一花琢型、玫瑰心语琢型等,以期进一步提高钻石的亮度、火彩和闪烁程度,同时还刻意追求新奇的光学映像效果,并赋予琢型特殊寓意,提升商业卖点。

1. 八心八箭琢型

如前所述,钻石的标准圆形明亮琢型(也称标准圆钻型)有多种理论比例,即美国理想琢型、艾普洛琢型、斯堪的纳维亚琢型、国际钻石委员会琢型等,由于它们的切磨比例和角度有较大的变化范围,因而加工出来的钻石光学效应有一定差别。

1977年,日本人Shigetomi第一个推出了具有八心八箭效应切工的钻石。采用这种切工的钻石不仅具有良好的亮度和火彩,而且在切工镜(一种专门用于观察评价切工质量和对称性的放大镜)下,从冠部向下观察(顶视),可见到呈八支对称箭状的刻面映像图形,而从亭部向下观察(底视),可见到呈八颗对称心状的刻面映像图形(图2-18、图2-19),故被称为八心八箭琢型。由于八心八箭分别被赋予了"永恒之心"和"爱神之箭"的含义,让人联想到爱神丘比特,所以这一琢型也称丘比特琢型。它自推出后在欧美及日本市场引起了巨大的反响,尤其结婚族莫不以拥有一粒代表爱情至上的丘比特切工钻石为荣。八心八箭琢型钻石在2000年前后进入中国市场,也深受消费者欢迎。

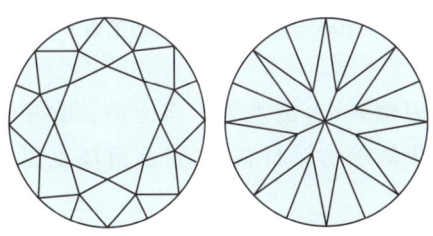

图2-18 57面八心八箭琢型

图2-19 八心八箭琢型钻石在切工镜下的图像

实际上，八心八箭琢型是对标准圆形明亮琢型进行改良的结果。产生八心八箭图像必须具备两个条件：一是要有严格的对称性，才能保证心、箭图像的对称及比例恰当；二是要有严格的切磨比例和角度，才能形成八心八箭效应。八心八箭钻石的切磨比例大致为：台宽比为 55%～57%，冠角为 34°～35°，亭角为 40°～42°，亭深比为 43%～44%。但是这种切工对材料的损失较大，原石到成品的出成率约为 35%，因而具有八心八箭效应的钻石在价格上一般要比普通钻石贵 20%～35%。

由于八心八箭效应是标准圆形明亮琢型所具有的一种光学现象，虽然与宝石材料本身的性质（高折射率、高色散值）有一定关系，但并不局限于钻石，其他高折射率和高色散值的仿钻材料，如莫桑石（合成碳化硅）、合成立方氧化锆等，只要按照合适的标准圆形明亮琢型切磨参数精良加工，均可能产生八心八箭效应。所以，除钻石外，目前市场上采用八心八箭切工的莫桑石、合成立方氧化锆等很常见。

2. 十心十箭琢型

2013 年，中国深圳市完美爱钻石有限公司的旗下珠宝品牌 ALLOVE（欧奈芙）研发出了十心十箭圆形明亮琢型的钻石，并在全球范围内申请了发明专利。

据相关资料，十心十箭琢型切工的钻石拥有 81 个刻面，其中冠部 51 个刻面，亭部 30 个刻面（图 2-20），用切工镜能看到完美对称的十组心箭图案（图 2-21）。十心十箭琢型切工在一定程度上解决了普通切工因保重而漏光的问题，使光线在钻石里的折射几乎无死角，让钻石火彩极致闪耀。根据美国测量钻石光性能的权威机构 GemEx 的数据，在采用传统标准 57 刻面圆形明亮琢型、切工级别为"3EX"的钻石中，可以同时在亮度、火彩和闪烁方面达到最高级别的钻石占比不到 20%；而采用十心十箭琢型的钻石有超过 90% 都可以达到。另外，使用钻石火彩仪模拟光照条件测试，十心十箭切工的钻石火彩闪耀要明显优于八心八箭切工的钻石，如图 2-22 所示。可见，十心十箭琢型是钻石切磨工艺的重要改进，比八心八箭切磨工艺更加优良。

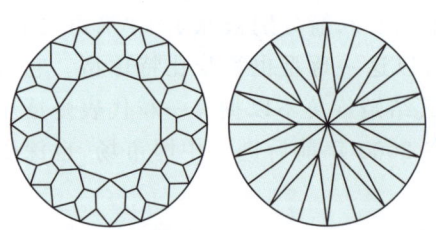

图 2-20 拥有 81 个刻面的十心十箭琢型

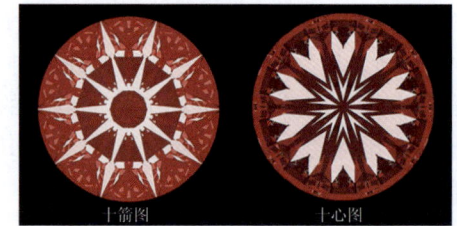

图 2-21 十心十箭琢型钻石在切工镜下的图像

十心十箭琢型的 81 个刻面形成的 10 组心箭闪耀效应，寓意着十全十美。除钻石外，十心十箭切工也可以用于莫桑石、合成立方氧化锆等仿钻材料，在目前市场上也很常见。

3. Love100 琢型

Love100 琢型，又称 Love100 百面切工，其发明者为比利时安特卫普的钻石设计和

图 2-22 采用八心八箭切工与十心十箭切工的钻石火彩比较

切磨大师加比·托尔可夫斯基(Gabi Tolkowsky)。该琢型由周大生珠宝品牌于2013年引入中国市场,称为"Love100星座极光"。这种琢型拥有100个刻面,其中冠部56个刻面,亭部44个刻面(图2-23)。从冠部正上方观察,可以看到亭部的刻面呈现大小一致、光芒璀璨且对称的11片花瓣的造型。相对于传统57个刻面的圆形明亮琢型,其亮度可提升30%,火彩闪耀也相应增强。此外,透过切工镜观察,Love100琢型钻石内部还可呈现出十二支箭和十二颗心的光学效应(图2-24)。该琢型的100个刻面寓意为"百分之百完美",十二心十二箭效应象征十二星座,寓意为"来自宇宙星空的璀璨之光"。

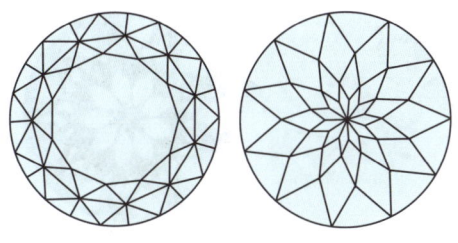

图 2-23 Love100 琢型

图 2-24 Love100 琢型钻石在切工镜下的图像

4. 梅花琢型

2003年,深圳市真诚美珠宝首饰有限公司首创的梅花琢型钻石,获得了国家知识产权局的授权专利证书。梅花琢型是在标准圆形明亮琢型的基础上演变而来的,共有81个刻面(图2-25)。其冠部与标准圆形明亮琢型相同(33个刻面),区别主要在亭部。梅花琢型的亭部由标准圆形明亮琢型的24个面增加到48个面,面层数从两层增加到三层,其中,下腰面有16个,角度为42°30′;亭主面有16个,角度为41°30′;亭尖面(靠近底尖部位增加的一层刻面)有16个,角度为39°30′。由于梅花琢型的切磨参数均在标准圆形明亮琢型的优等切工范围内,因而能够很好地显现出钻石的亮度、火彩和闪烁,并且在切工镜下形成奇特的梅花状图案(图2-26)。

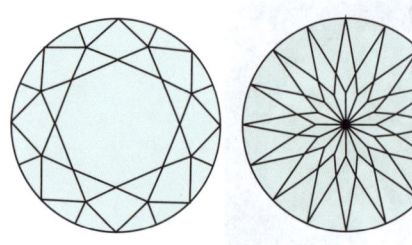
图 2-25　梅花琢型

图 2-26　梅花琢型钻石在切工镜下的图像

5. 九心一花琢型

九心一花琢型是由 RosyBlue 公司研制、香港谢瑞麟（TSL）珠宝于 2006 年代理推出的一种新式切工钻石的琢型。这种琢型的特殊之处在于其非对称型刻面的切磨形式，由 100 个（冠部 37 个、亭部 63 个）刻面组成，除台面外每一层刻面数都是 9 的倍数。在切工镜下正对台面观察，可见中心呈现由 9 个瓣面组成的"花"，从冠部主面则能够看到 9 颗"心"沿台面外周均匀排列，因而呈现"九心一花"的现象。由于并不是偶数对称，因此射在钻石上面的每一束光线能通过两个斜对面的刻面反射出来，其亮度一般高于普通的标准圆形明亮琢型。除钻石外，九心一花琢型也常用于莫桑石、锆石及合成立方氧化锆等仿钻材料（图 2-29）。

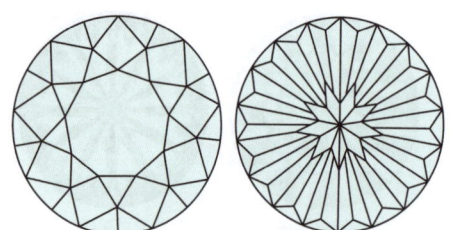
图 2-27　九心一花琢型

图 2-28　九心一花琢型钻石及其在切工镜下的图像

图 2-29　采用九心一花琢型的彩色锆石

6. 玫瑰心语琢型

2017年，深圳鸳鸯金楼珠宝股份有限公司推出"双心"切工的钻石，称为"玫瑰心语"。这种琢型的钻石拥有81个刻面，改变了传统标准圆钻琢型的亭部刻面数量及角度。从正面通过切工镜观察钻石内部，可见由亭部倾斜的短刻面组成的心形图案（图2-30）。

图 2-30　玫瑰心语琢型钻石

二、花式琢型的创新及流行

由于花式琢型的设计有着广阔的发展空间，因而它一直是宝石设计师和切磨师进行创新发明的领域。人们在传统的椭圆形、橄榄形、梨形、心形、三角形、方形等花式明亮琢型及花式阶梯琢型的基础上，不断创新发明新的花式琢型。尤其在彩色宝石切磨方面，各种式样新颖、造型别致的花式琢型不断出现、推陈出新。近年来，彩色宝石的花式琢型也趋于流行。

1. 花式钻石琢型

与钻石的圆形明亮琢型切工研究相似，提高花式钻石琢型的亮度、火彩和闪烁程度，并使之产生新奇的光学现象，也是钻石切磨设计师们努力追寻的目标。目前比较成功的花式钻石琢型有蓝色火焰琢型、D'mor完美八心八箭琢型等。

蓝色火焰琢型是一种比较新颖的钻石切工（图2-31），由比利时的钻石切磨师发明，于2009年1月面世。这种琢型拥有89个刻面，比标准圆形明亮琢型多32个刻面，台宽比为50%～65%，全深比为65%～72%，冠高比为12%～14%，亭深比为47%～54%，腰厚比为2%～6.5%。从正上方观察，其腰棱为八边形，台面呈现双八角星重叠光学现象，主要由光线经过上腰棱和下腰面折射形成。特殊的设计使得这种钻石具有璀璨、独特的火彩，特别新奇的是，它在白炽灯下会发出幽幽的蓝色光芒，仿佛一团蓝色的火焰在钻石内部燃烧。

D'mor完美八心八箭琢型钻石的腰棱呈正八边形，拥有88个刻面。其特别之处在于，用专业切工镜观察，也可以看到钻石内部呈现完美的八心八箭图案，8支箭出现在8个对角的方向，箭头向外，而8颗心出现在靠近8个边棱的方向，心、箭相间分布，完美对称,如图 2-32 所示。

图 2-31　蓝色火焰琢型钻石

图 2-32　D′mor 完美八心八箭琢型钻石

2. 千禧琢型

千禧琢型实际上是一种采用凹面切工的琢型。关于其名称来源,有两种说法:一种说法是它因拥有 1000 个刻面而得名,但其实大多数成品并没有这么多刻面;另一种说法是该琢型由罗吉奥·格拉卡于 1999 年左右首创,因其作为新世纪的独特创新象征而被命名。

这种琢型突破了刻面宝石传统的平面切磨方式,而使用专门的凹面机在宝石下部研磨出一系列的呈放射状分布的凹弧形小面,使得从正面观察宝石时可见许多光线从其底部似烟花般绽放而出,整颗宝石璀璨夺目(图 2-33);也有一些千禧琢型宝石在冠部叠加一些呈放射状或格子状分布的凹面,使整颗宝石呈现出更加美轮美奂的效果。

(a) 冠部

(b) 亭部

图 2-33　千禧琢型

这种千禧琢型比较适合于透明度高、净度高、色彩饱和度较高的宝石材料,主要用于各种颜色的托帕石、水晶、萤石等宝石(图 2-34)。千禧琢型自问世以来在市场上深受欢迎,至今仍十分流行。

图 2-34　采用千禧琢型的蓝色托帕石（左）、黄晶（中）和绿萤石（右）

3. 格子面琢型

格子面琢型又称棋格琢型，是近年来珠宝市场上比较流行的一种切工方式。这种琢型主要由格子状的刻面构成，格子面形状多为三角形、方形、菱形等。一般这种琢型的冠部为格子面琢型，亭部为明亮琢型或阶梯琢型等，构成花式混合琢型，也有的冠部和亭部全部由格子面组成，如图 2-35 所示。

（a）采用方形格子面与祖母绿琢型　　（b）采用三角形格子面与明亮琢型　　（c）采用菱形格子面切工的
　　 混合切工的黄绿色碧玺　　　　　　　　混合切工的三角形紫水晶　　　　　　　长方形蓝绿色碧玺

（d）采用方形格子面与明亮琢型　　（e）采用方形格子面与明亮琢型　　（f）采用方形格子面切工的
　　 混合切工的垫形红色碧玺　　　　　　混合切工的梨形绿色碧玺　　　　　　方形紫晶

图 2-35　多种形状的格子面琢型

格子面琢型主要适用于中、低档彩色宝石材料，如各种颜色的碧玺、石榴石、托帕石、水晶等。由于采用格子面琢型的宝石一般看上去色彩饱满、闪烁丰富，造型新颖美观，有着现代艺术的气息，故深受市场欢迎，尤其备受年轻消费者的青睐。

三、计算机在宝石琢型设计中的应用

近年来，随着计算机应用的广泛普及，它在宝石琢型设计领域也逐步得到使用。宝石琢型设计是一项复杂的工作，不仅要追求琢型的外形轮廓美观，还须考虑如何更好地发挥宝石的光学效果。对于刻面型宝石的琢型设计及加工研究,传统的方法通常是针对具体的宝石材料,选定琢型款式后,再根据经验数据(或查表)确定加工参数,包括切磨比例、研磨角度和分度指数。但是,这些参数都有一定的变化范围,选定的数据不一定完全合适,其光学效果的优劣,只有等待试磨后才能看出,若不理想,需要修改参数后重磨。因而一款成功的琢型往往需要经过多次的修改和试磨后才能最终确定。而如果用计算机来设计宝石琢型,预先分析其光学效果,无疑会对宝石琢型设计工作起到很大的帮助作用。

传统的刻面宝石琢型,其刻面造型基本上都是抽象的图案,几何构成一般较为简单。随着计算机在宝石琢型设计中的应用,许多图案复杂,甚至较为具象的刻面琢型都被设计出来,如图 2-36 所示的蜘蛛琢型。该琢型由博拉·凯勒(Bola Keller)应用 GemCad 软件设计而成。其冠部为阶梯型,台面较大,周边的阶梯状面棱构成似蜘蛛网状的图案;亭部则由一系列复杂的刻面组合成蜘蛛状图案,加工时只抛光蜘蛛肢体的刻面,其他的亭部刻面仍保持为毛面。这样,从冠部观察加工后的宝石,透过台面可见到形象生动的蜘蛛造型。图 2-37 是用水晶材料加工出这一琢型的挂件实物效果。

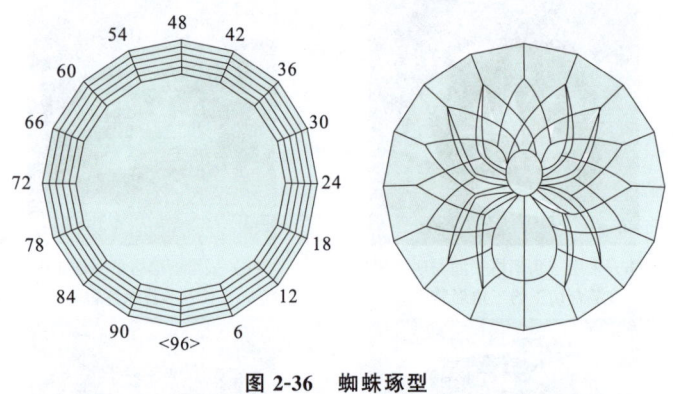

图 2-36　蜘蛛琢型
(图中数值为圆周分度)

图 2-37　采用蜘蛛琢型的水晶挂件

用计算机来设计宝石琢型,需要使用专业设计软件。目前常用的宝石琢型设计软件有 GemCad、GemRay、Gem Cut Studio 等,这些软件的功能及优势各异,将在本书的第四章中分别介绍。

第三章 宝石琢型的设计原理及方法

第一节 宝石琢型的光学设计

一、刻面型宝石的光学效果

刻面型宝石的特殊光学效果是体现其美感的重要特征,主要表现在亮度(intensity)、火彩(fire)和闪烁(sparkle)3个方面,三者的综合效果通常称为明亮度(brilliance)。

1. 亮度

亮度指刻面型宝石在白光照射下的反射光强度,它包括宝石表面反射光和内部反射光两个部分。表面反射光的强度主要取决于宝石的折射率大小,而内部反射光的强度则主要受宝石琢型刻面角度的影响。

1) 表面反射光

宝石的表面反射光也称为光泽。宝石光泽的强弱主要取决于宝石的折射率(n)和反射率(R),二者之间有下列简化关系式

$$R=\left(\frac{n-1}{n+1}\right)^2 \tag{3-1}$$

由式(3-1)可见,折射率和反射率成正比。也就是说,宝石的折射率越大,反射率越大,光泽就越强,其抛光表面也就更明亮。例如,钻石的折射率约为2.42,反射率约为17.2%,呈金刚光泽;而水晶的折射率约为1.55,反射率为4.7%,呈玻璃光泽。因此,从表面看,钻石比水晶要亮得多。

2) 内部反射光

刻面型宝石的表面反射光(光泽)对其亮度的贡献固然重要,但内反射作用对亮度的影响更大。以刚玉为例,刚玉的折射率约为1.76,代入上述公式计算可得其表面反射率约为7.6%,如果让其余92.4%的入射光在进入刻面型刚玉内部后,再通过内反射作用从正面射出,则宝石的亮度必将大幅度提高。由此可见,内反射作用才是影响刻面型宝石亮度的关键因素。

所以,宝石琢型设计需要解决的光学问题之一,就是如何使进入宝石的光线尽可能少地从侧面或背面透射,而通过其内部刻面的若干次全内反射,最后尽可能多地从宝石

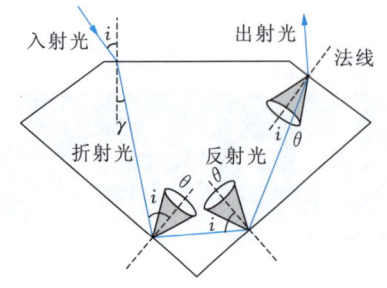

图 3-1 光线在宝石内的全内反射作用
（i 为入射角，r 为折射角，θ 为临界角）

正面射出，以增强宝石的亮度。这涉及宝石的另一个光学常数——临界角，可理解为使光线产生全内反射所需的入射角度。如图 3-1 所示，只有设法使进入宝石体内的折射或直射光线在到达亭部各刻面的入射角大于临界角，以及最后反射到冠部各刻面时的入射角小于临界角，这样才能使光线最大限度地从宝石正面（冠部）射出。

宝石的临界角（θ）与其折射率（n）有关，可用下式表示

$$\sin\theta = \frac{1}{n} \tag{3-2}$$

由式（3-2）可以看出，宝石的折射率越大，临界角越小。由于折射率和临界角都是宝石的固有光学常数，无法改变，而唯一能改变的是使光线在进入宝石体内经过各个刻面时的入射角度。因此，根据宝石的折射率和临界角大小来合理地设计刻面型宝石的琢型比例和角度，才是增强宝石亮度的唯一途径。

3）刻面角度对亮度的影响

刻面角度对亮度的影响是非常明显的，尤其是亭主面角和冠主面角。如果这些角度设计不当，就会导致刻面型宝石的厚度过大或过小，使光线不能从正面射出而在亭部漏失，造成宝石亮度的减弱。

图 3-2 表示了不同刻面角度对宝石亮度的影响情况。

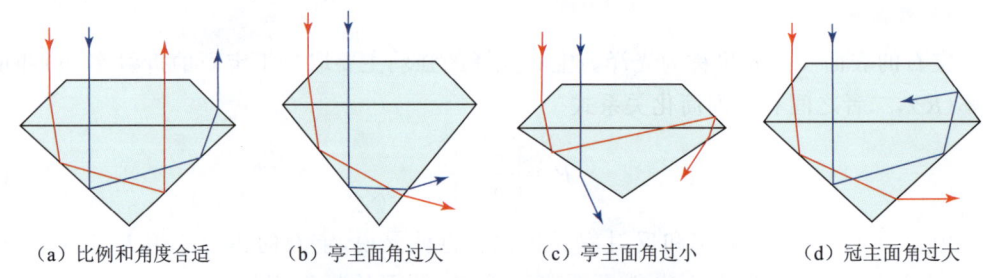

（a）比例和角度合适　　（b）亭主面角过大　　（c）亭主面角过小　　（d）冠主面角过大

图 3-2 不同刻面角度对宝石亮度的影响

(1) 只有当琢型的各部分比例和角度合适时，光线才会在亭部产生全内反射作用，并从冠部射出，使宝石呈现出较强的亮度，如图 3-2(a) 所示。

(2) 如果亭主面角过大，会造成亭深比过大，即亭部过深，使光线在亭部刻面上发生折射作用，从亭部侧面漏出体外，导致宝石亮度较弱，如图 3-2(b) 所示。

(3) 如果亭主面角过小，会造成亭深比过小，即亭部过浅，也会使光线在亭部刻面上发生折射作用，从亭部背面穿透漏失，导致宝石亮度不佳，如图 3-2(c) 所示。

(4) 如果冠主面角过大，除可能会造成亭部漏光外，还会使出射光线在冠部刻面上发生全反射，以致光线损失，宝石亮度不佳，如图 3-2(d) 所示。

表 3-1 是刻面型宝石的折射率与其临界角、冠主面角和亭主面角的对应范围数据，可

供刻面宝石琢型设计时参考。从表中可以看出，宝石材料的折射率越大，其临界角越小，琢型的冠主面角和亭主面角也应该相应减小。

表 3-1 刻面型宝石折射率与其临界角、冠主面角、亭主面角的对应范围

折射率	临界角	冠主面角	亭主面角
1.40～1.60	45°36′～38°42′	40°～45°	43°～45°
1.60～1.80	38°42′～33°42′	37°～43°	39°～43°
1.80～2.00	33°42′～30°	35°～37°	41°～42°
>2.00	<30°	34°～35°	40°～41°

2. 火彩

火彩指刻面型宝石因色散作用而呈现光谱色闪烁的一种光学现象。火彩现象主要出现于具有高色散率的无色和浅色透明宝石，并与琢型的比例和角度等因素密切相关。

1）色散与色散值

色散是指因组成白光的各种波长单色光都以不同的角度折射而导致白光分解为七色光谱的现象。如图 3-3 所示，当白光从玻璃棱镜的一侧入射其斜面后，原来在空气中都以相同方向传播的各种波长单色光，会因它们在玻璃中的折射方向不同而被分解开来，波长越短的（如紫光）折射角越小，而波长越长的（如红光）折射角越大。这样，白光通过玻璃棱镜后就被分解成了七色光谱。

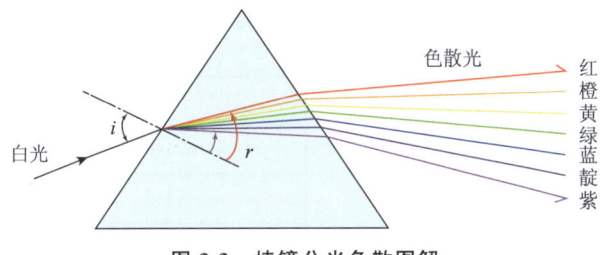

图 3-3 棱镜分光色散图解

（i 为入射角，r 为折射角，从紫光到红光，r 由小变大）

同理，刻面型宝石是由若干个抛光平面构成的几何多面体，当白光经过其倾斜刻面时，也同样会发生与棱镜类似的色散作用。

色散值是反映材料色散强度的物理量。不同波长的单色光在同一材料中的折射角不同，其折射率必然也各不相同。波长较长的红光折射角较大而折射率较小，波长较短的紫光折射角较小而折射率较大。因此，一种材料的色散作用大小，可以用一定波长的紫光折射率与红光折射率的差值来衡量，差值越大，色散作用越强。通常用与夫琅禾费谱线中 G 线和 B 线波长相当的蓝紫光与红光所测得的折射率之差值作为色散值。以钻石为例，用 G-B 光所测的折射率分别为 2.451 和 2.407，差值 0.044 即为其色散值。

色散值是宝石材料的固有光学常数，色散值越大，表明其色散能力越强，产生火彩的潜力越大。在琢型设计中，对于色散值较高的无色或浅色透明宝石材料，应注重开发其

火彩潜力。

2）火彩的形成方式

火彩是刻面型宝石对白光的色散作用而产生的光谱色闪烁，色散光会随着白光的入射角度不同而变化。假定白光从冠部正向照射宝石，火彩的形成方式可大致分为以下两种。

（1）因白光从冠部斜刻面射出时发生色散作用而产生火彩。在这种方式中，从冠部斜刻面射出的色散光来自从台面垂直射入的白光（图3-4）。在台面上，白光垂直射入宝石，其入射角等于0，根据折射定律，折射角也等于0，也就是说白光不发生折射和色散作用。但是，进入宝石的白光经过亭部刻面的全反射，最后通过冠部的倾斜刻面射出，这时的入射角不等于0，光线就会发生折射和色散作用，各种单色光因折射角不同而被分解开来，形成火彩。由于光线是从宝石（光密介质）向空气（光疏介质）折射，故各种色散光的折射角均大于入射角。火彩的强弱与冠部倾斜刻面的倾角有关，刻面倾角越大，光线的入射角也越大，各种色散光的差异也会随着入射角的增大而增大，色散作用也增强，火彩也越明显。

以钻石为例，表3-2是根据钻石在不同单色光下测得的折射率数据计算出不同的入射角及其所对应的紫光与红光的色散角（即紫光与红光折射角之间的夹角）。从表中可以看出，色散角随着入射角的增大而增大，当达到临界角时则发生全反射。因此，为了得到更强的火彩，就要使从宝石冠部射出光线的入射角越接近临界角越好。但这可能会产生另一种不利的作用——易导致其他部分光线的入射角大于临界角，在冠部刻面处发生全反射，而不能折射出宝石，造成亮度与火彩的损失。

表 3-2 与钻石的入射角对应的色散角

入射角（i）	色散角（δ）
0°	0°
5°	0°19′
10°	0°42′
15°	1°12′
20°	2°13′
23°65′	12°57′
>24°26′（临界角）	发生全反射

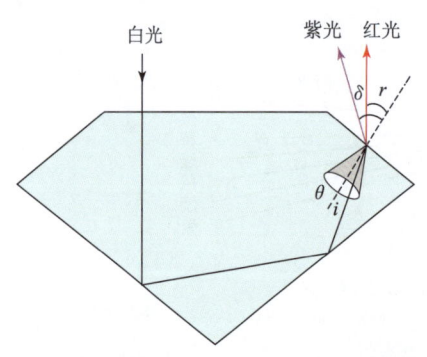

图 3-4 光线从冠部斜刻面射出时发生色散作用

（i 为入射角，θ 为临界角，r 为折射角，δ 为色散角）

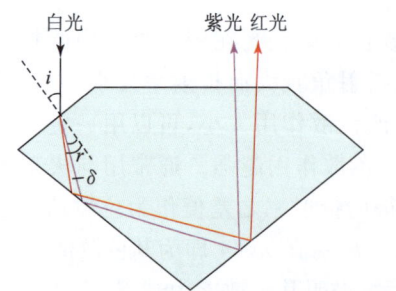

图 3-5 光线从冠部斜刻面射入时发生色散作用

（i 为入射角，r 为折射角，δ 为色散角）

（2）因白光从冠部斜刻面射入时发生色散作用而产生火彩。如图3-5所示，从宝石冠部正向照射的白光，在倾斜刻面上的入射角不等于0，因而光线要发生折射和色散作用，色散光经过亭部刻面的全反射作用后从台面射出，呈现火彩。

在这种方式中，由于光线是从光疏介质（空气）向光密介质（宝石）内入射，根据折射定律，折射角小于入射角，而各种单色光的折射角均被限制在相对较小的折射角范围内,故相应的色散角也较小。仍以钻石为例,根据钻石在不同色光下测得的折射率数据,也可以计算出不同的冠部角(泛指冠部斜刻面与腰棱平面的夹角)及其所对应的紫光与红光的色散角,见表3-3。钻石的冠部角一般为30°~40°,所产生的色散角不超过0°2′。而且,亭部刻面对色散光线的反射不会使其色散角进一步扩大。所以,这种方式所产生的色散作用相对较弱,火彩也较弱。

表3-3 与钻石的冠部角对应的色散角

冠部角	色散角(δ)	冠部角	色散角(δ)
10°	0°4′	20°	0°9′
30°	0°13′	35°	0°15′
40°	0°17′		

需要指明的是,火彩和亮度是一对矛盾的关系。从上述分析可知,火彩主要产生于宝石冠部的倾斜刻面,而亮度主要来自台面。若台面较小、冠部较高,则亮光较少而火彩较多;若台面较大、冠部较低,则亮光较多而火彩较少。所以,火彩和亮度是一对互相制约的矛盾统一体,同一琢型宝石不可能把火彩和亮度两种光学效应都最大限度地反映出来,在琢型设计研究中只能寻求它们的最优综合效果,即达到所谓的理想平衡状态。当然,这种理想平衡状态会因人们对平衡的要求不同而有一定差别。如对于钻石的标准圆形明亮琢型,美国人欣赏带有更多火彩的钻石,欧洲人则喜欢更亮的钻石,因此美国理想琢型的钻石具有较小的台面和较高的冠部,而欧洲理想琢型的钻石具有较大的台面和较低的冠部。

3. 闪烁

闪烁是指因光源移动或观察角度变化,而使宝石刻面对光源的反射呈明暗交替变化的现象。

闪烁的效果与刻面的数量、大小、切磨角度以及光源或观察角度的变化速度等因素有关。一般来说,刻面的数量越多,闪烁效果越好。但是,闪烁程度高的宝石并不一定都很漂亮。因为刻面的数量越多,必然会使各小面的面积变小,切磨角度的变化也越复杂,易导致漏光,影响宝石的亮度和火彩。

所以,闪烁应是在发挥宝石的亮度和火彩效果的基础上,使宝石更加美丽的一种光学效果。

二、琢型角度和比例对宝石光学效果的影响

上述对亮度、火彩和闪烁形成原因的讨论已经表明,这些光学效果与琢型的比例和角度有着密切的因果关系,下面进一步讨论琢型的各部分比例和角度对宝石综合光学效果——明亮度的影响。

1. 亭部角度

亭部角度一般包括亭主面角和下腰面角,有时还包括其他刻面角度(如梅花琢型的

底尖面角）。它们都是影响明亮度的重要因素，但影响最大的是亭主面角。

亭主面角的大小决定了亭部的深度，以及光线能否在亭部产生全内反射。只有使入射光线以大于临界角的角度射到亭部刻面上，光线才能产生全内反射作用，这是产生亮光和火彩的前提条件，而内反射光的强弱和分布又在很大程度上影响着宝石整体明亮度的强弱和分布特征。

W.R.Eulitz 曾作过研究，经过对亭主面角为 35°、41°和 48°的圆形明亮琢型钻石的反射光分布计算，发现具有这 3 种亭主面角的圆形明亮琢型钻石发出的光线如图 3-6 所示。亭主面角为 41°的琢型，亮光和火彩均匀强烈，明亮度最佳[图 3-6(a)]。亭主面角为 35°的琢型，台面中央出现反射光空白区（俗称"鱼眼"或"天窗"现象），亮光和火彩仅分布在冠部主刻面部位，琢型的整体明亮度较差[图 3-6(b)]。亭主面角为 48°的琢型，反射光集中分布在台面中央（俗称"钉头"现象），冠部主刻面亮光很弱，火彩也基本不显，也是一种明亮度较差的琢型[图 3-6(c)]。

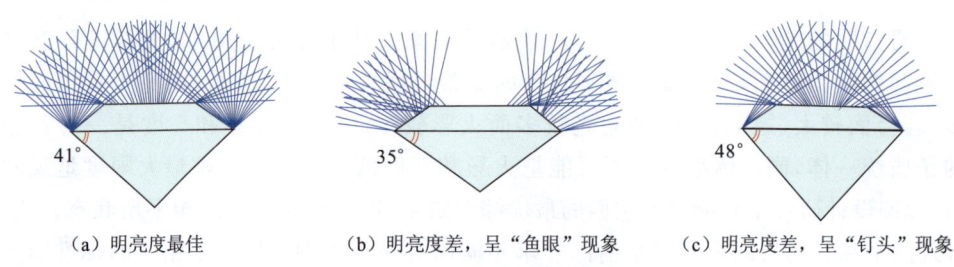

（a）明亮度最佳　　　　　（b）明亮度差，呈"鱼眼"现象　　　　　（c）明亮度差，呈"钉头"现象

图 3-6　琢型亭主面角对明亮度的影响

2. 冠部角度

冠部角度一般包括冠主面角、星刻面角和上腰面角等，它们对宝石的明亮度都有不同程度的影响，但影响最大的是冠主面角。

冠主面角是决定台面大小的一个重要因素，若保持冠部高度不变，冠主面角增大，台面也随之增大。冠主面角的大小，还影响到光线的折射和色散作用。

冠主面角对钻石明亮度的影响如图 3-7 所示。冠主面角为 34°时，亮度和火彩分布比较均衡，整体明亮度较为理想[图 3-7(a)]。当冠主面角较小时，冠部高度不变，则台面减小而斜刻面区域增大，虽然火彩有所增强，但亮度明显减弱[图 3-7(b)]。当冠主面角较大时，冠部高度不变，则台面增大而斜刻面区域减小，台面的亮度可能会有所增加，但斜刻面区域的亮度和火彩却明显减弱[图 3-7(c)]，因为冠主面角偏大会使部分来自亭部的内反射光在冠部再次发生内反射，严重时会使斜刻面的亮度或火彩尽失。可见，冠主面角过大或过小都对亮度和（或）火彩造成不利影响，使宝石的整体明亮度变差。

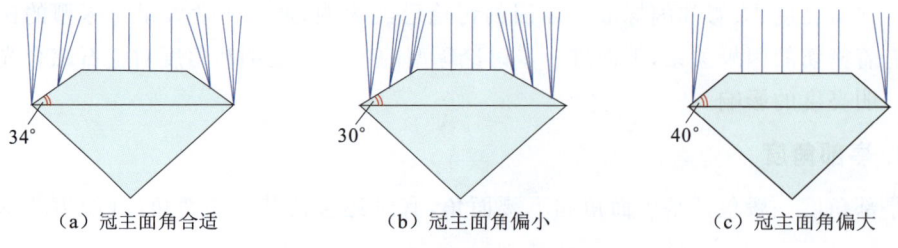

（a）冠主面角合适　　　　　（b）冠主面角偏小　　　　　（c）冠主面角偏大

图 3-7　冠主面角对明亮度的影响

3. 冠部高度

冠部高度的变化也决定了台面和斜刻面区域的大小,它对明亮度的影响如图 3-8 所示。若保持冠主面角不变,冠部高度降低,会使亮度增加,但火彩减弱[图 3-8(b)];冠部高度增大,则使火彩增强,但亮度会随之减弱[图 3-8(c)]。两种变化的极端都将对宝石的明亮度造成严重的不利影响。一般,冠部高度应使台面宽度占腰棱直径的 53%～60%,这样可使宝石产生良好的亮度和火彩效果。

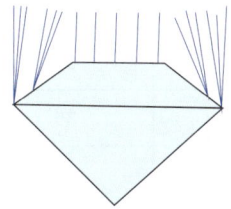
(a) 冠部高度和台宽比例适中

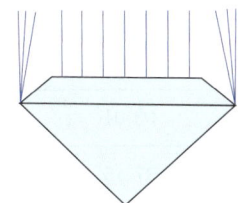
(c) 冠部偏低,台面大,斜面偏小

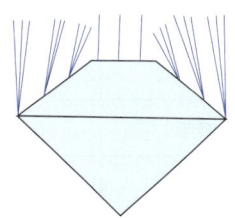
(c) 冠部偏高,台面小,斜面偏大

图 3-8 冠部高度对明亮度的影响

三、琢型角度和比例的一般设计方法

鉴于刻面型宝石的光学效果与其琢型角度和比例有着密切的因果关系,因此,在设计宝石琢型时需要充分考虑琢型的各部分角度和比例,如冠主面角、亭主面角、冠部高度、亭部深度、腰棱厚度等。通常使用的琢型角度和比例的设计方法有如下 3 种。

1. 查表法

根据宝石材料的折射率和临界角可以计算出琢型各部分刻面的角度,常见宝石材料的折射率、临界角及其琢型主要角度数据见表 3-4。通过查表,可以很方便地获得冠主面角和亭主面角数据(理论值),但这两项数据只能供设计冠主面和亭主面时参考,对于其他小面角度和比例的确定,还需要采用其他的方法。

表 3-4 常见宝石材料的各项参数

宝石材料	折射率	临界角	冠主面角	亭主面角
金红石	2.616～2.903	22°21′	34°	41°
合成金红石	2.616～2.900	22°31′	34°	41°
钻石	2.417	24°25′	35°	41°
合成立方氧化锆	2.165	27°31′	36°	41°
锆石	1.925～1.991	32°02′	35°	41°
石榴石	1.735～1.890	35°05′～31°57′	37°	42°
刚玉	1.760～1.770	34°37′	37°	42°

表3-4（续）

宝石材料	折射率	临界角	冠主面角	亭主面角
合成刚玉	1.760～1.770	34°37′	37°	42°
金绿宝石	1.746～1.755	34°56′	37°	42°
尖晶石	1.718	35°36′	37°	42°
橄榄石	1.654～1.690	37°18′	43°	39°
长石	1.654～1.673	37°18′	43°	39°
碧玺	1.642～1.644	38°01′	43°	39°
磷灰石	1.632～1.646	37°45′	43°	39°
托帕石	1.630～1.633	37°50′	43°	39°
绿柱石	1.575～1.583	39°13′	42°	43°
水晶	1.544～1.553	40°20′	42°	43°
欧泊	1.450	43°36′	41°	45°

2. 估算法

该法是在通过查表获得琢型的冠主面角和亭主面角的基础上，结合经验数据和计算公式，估算出其他各部分的角度和比例。此法主要适用于圆形明亮琢型及部分比较简单的花式琢型。

1）台宽比

台宽比是台面宽度相对于宝石腰棱直径的百分比。一般，对于圆形明亮琢型，台宽比应控制在53％～60％为宜；对于花式琢型，如椭圆型、橄榄型、梨型、祖母绿型等，台宽比（短径方向）宜控制在50％左右。

2）冠部角度

　　　　冠主面角：查表 3-4 确定
　　　　星刻面角＝冠主面角－(12°～17°)
　　　　上腰面角＝冠主面角＋(5°～9°)

3）腰棱厚度

腰棱厚度与宝石的大小有一定关系，宝石越大，要求腰厚也相应有所增大。腰厚比通常以腰部厚度与腰棱直径的百分比来表示，一般控制在2％～3％。对于圆形明亮琢型而言，腰部呈宽窄变化的波浪状，其厚度呈下式变化

$$T = 0.017 + (0.05 \sim 0.08)/D \tag{3-3}$$

式中：T 为腰部厚度；D 为腰棱直径。

4) 亭部角度

亭主面角：查表 3-4 确定

下腰面角＝亭主面角＋(2°～3°)

3. 类推法

在一些宝石加工教科书或技术手册中，通常所给出的琢型角度只适合水晶。如果知道了水晶的各种小面角度，可以运用下面的公式推算出其他宝石材料的相应刻面角度，但冠主面角和亭主面角仍需查表 3-4。下面以圆形明亮琢型为例，利用水晶的角度推算出托帕石的刻面角度。

推算方法说明如下。

```
            水  晶                          托帕石
         冠主面角   42°                  冠主面角   43°
(a)      星刻面角   27°（－）            差  值    15°（－）
         差  值    15°                  星刻面角   28°

         上腰面角   44°～47°              冠主面角   43°
(b)      冠主面角   42°（－）            差  值    2°～5°（＋）
         差  值    2°～5°                上腰面角   45°～48°

         下腰面角   45°                  亭主面角   39°
(c)      亭主面角   43°（－）            差  值    2°（＋）
         差  值    2°                   下腰面角   41°
```

推算方法说明如下。

(a) 将水晶的冠主面角 42°与星刻面角 27°相减，得到差值 15°，然后查表 3-4 得到托帕石的冠主面角 43°，将其与该差值 15°相减，推算得到托帕石的星刻面角为 28°。

(b) 将水晶的上腰面角 44°～47°与冠主面角 42°相减，得到差值 2°～5°，然后查表 3-4 得到托帕石的冠主面角 43°，将其与该差值 2°～5°相加，推算得到托帕石的上腰面角为 45°～48°。

(c) 将水晶的下腰面角 45°与亭主面角 43°相减，得到差值 2°，然后查表 3-4 得到托帕石的亭主面角 39°，将其与该差值 2°相加，推算得到托帕石的下腰面角为 41°。

第二节　刻面宝石琢型的形美设计

一、质美与形美的概念

宝石琢型设计一般需要考虑体现质美和形美两个方面的因素。

所谓质美，是指由宝石自身性质产生的感官美，其中有些是显而易见的（如颜色、透明度、光泽、质地等），有些则是潜在的（如亮度、火彩、闪烁及其他特殊光学效应等），需要进行合理的琢型设计及精良加工才能将这些美发挥出来。

所谓形美,是指宝石的艺术造型形式美,这是人们通过造型设计和精心琢磨创造出来的美。质美是形美的前提条件,没有质美的形美毫无价值,而形美是质美充分表达的主要条件。宝石琢型设计强调质美和形美的高度和谐与统一。

本章第一节关于宝石琢型设计光学原理的讨论内容属于体现宝石质美的范畴,本节将从美学原理出发讨论刻面宝石琢型的形美设计法则。

二、宝石琢型的形美设计法则

在宝石琢型设计过程中,应当遵循形式美构图的基本规律和法则,使之符合人们审美的普遍观念和要求。周树礼(1994)、李晓彪(1999)等曾先后对宝石的造型形式美法则进行探讨和论述,归纳起来,可概括为以下 8 项法则。

1. 齐一

齐一是指在造型中,相同刻面的大小、形状、角度、位置等应具有一致性,不能出现明显的差异和对立。这是琢型设计中最基本的法则之一。如标准圆钻型(即圆形明亮琢型),冠部包括 1 个台面、8 个主面、8 个星刻面、16 个上腰面,亭部包括 8 个主面、16 个下腰面,其中每个主面、星刻面及腰面都必须形态均等,大小一致,整齐排列,体现出规则整齐、井然有序的特征(图 3-9)。又如祖母绿型,台面四周围绕着平行的梯形刻面,以平行线条体现出规整、层次分明的特征(图 3-10)。

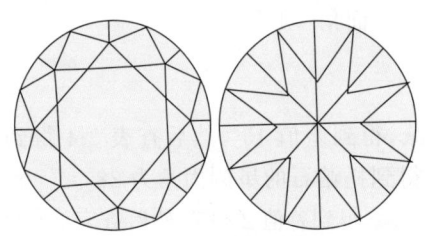

图 3-9 标准圆钻型

图 3-10 祖母绿型

2. 对称

对称是指在一个造型中,左右或上下的刻面各形态及形态组合形式呈镜像对应相同或相似。对称是琢型设计中的基本要素之一,也是最常见的设计表现形式。对称造型可分为完全对称和反转对称两种形式。

完全对称是一种绝对对称形式,绝大多数宝石琢型是完全对称的,如标准圆钻型(图3-9)和祖母绿型(图 3-10)等,这些款式给人的感觉是大方、庄重、秩序井然。

反转对称也叫逆对称,这种形式富有动感,如圆弧混合型(图 3-11)和锯齿型(图 3-12)。

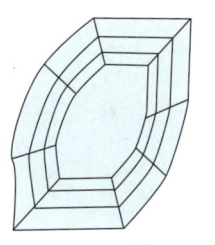 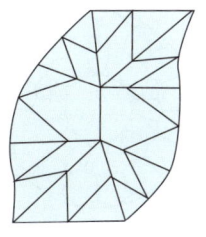  

图 3-11　圆弧混合型　　　　　　　　　图 3-12　锯齿型

3. 对比

对比是指在造型形式中,力求使不同刻面的形态、大小、位置等表现出差异和对立,突出反差,以求鲜明醒目,其主要作用在于使造型产生生动的效果。如雪花型(图 3-13),就是一种典型的应用对比法则设计的刻面宝石琢型。该琢型的冠部只有 7 个刻面且配置简单平淡,而亭部有 78 个刻面且配置复杂严谨,通过冠部"简"和亭部"繁"的强有力对比,突出了亭部的刻面。

4. 反复

反复是指在一个造型中,通过相同或相似的造型要素重复出现来求得形式的统一。这种造型形式能使琢型产生统一的秩序美,加深视觉印象。如歪斜型(图 3-14),整个造型是以三角形为主题,通过变化反复的造型形式,创造一个既有多样的对比和变化,又有统一的秩序美和主调的生动造型形式。

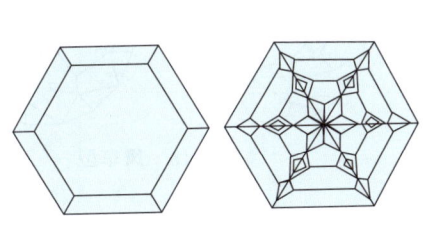  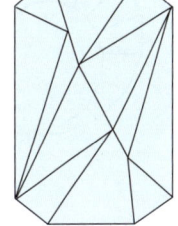

图 3-13　雪花型　　　　　　　　　图 3-14　歪斜型

5. 渐变

渐变是指在一个造型中,使刻面呈连续、近似形态有秩序地排列。这是一种通过类同要素的微差关系来求得形式统一的手段,在具体应用时,要注意渐变的形式和数量变化,在渐增或渐减中必须具有一定的秩序和比率。渐变造型形式具有抒情的意味,能给人以含蓄柔和的感觉,如螺旋型是利用四边形大小的差异来体现渐变的(图 3-15),而蜂巢型则是利用斜六边形大小的渐变来产生统一的效果(图 3-16)。

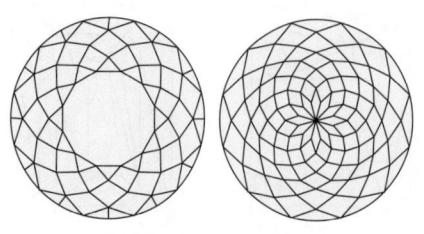
图 3-15　螺旋型

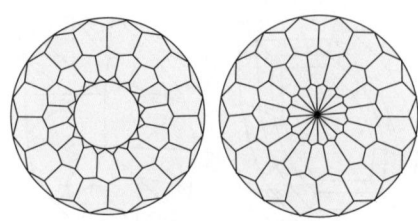
图 3-16　蜂巢型

6. 韵律

韵律是指在一个造型中,使不同刻面间具有规律的节奏和律动变化,其作用是使造型产生动感、富有生气。实际上,韵律法则的应用在一些常见宝石琢型中都有所表现。如在琢型设计中,冠部台面、星刻面、冠主面、上腰面的大小变化依次是大→小→次大→小,显示出一定的节奏;再如祖母绿型,其阶梯形刻面在排列组合上显示出一种动势,有间隔变化而不至于呆板,律动明显。

韵律按结构又可分为渐变韵律、起伏韵律、旋转韵律、等差韵律、等比韵律和自由韵律等。如滑雪山坡型(图 3-17)的冠部由呈渐变撒开的小面和倾斜的台面组成,具有渐变和起伏韵律的特点;风车型(图 3-18)的刻面组合成了一个富有动感的旋转图案;前述圆弧混合型(图 3-11)的外形则显示了优美的"S"形自由韵律。这些都增强了造型的动感和趣味。

图 3-17　滑雪山坡型

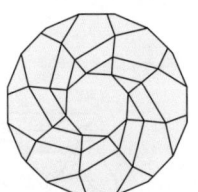
图 3-18　风车型

7. 比例

比例即在造型构成中,使宝石琢型的各部分比例及各刻面的大小配置符合理想的尺度,以体现出和谐的比例美。但琢型比例和角度的设计,应以考虑宝石的自身物性(颜色、折射率、色散、临界角等),能使宝石产生较好的光学效果为前提。

一般而言,刻面琢型的总高度与腰棱直径的比例为 2∶3,冠部和亭部高度的比例为 1∶2,冠部星面和腰面的高度与冠部高度之比为 1∶2。祖母绿型的长宽之比为 5∶3 或 2∶1,其 4 个斜角边之和约等于琢型总宽度。为了适合人们普遍的审美要求,一般对祖母绿型、椭圆型、梨型的腰形进行设计时,其腰径的长宽比例宜遵循黄金分割律,因为这样的比例容易给人以美感。

8. 和谐

和谐也称多样统一，是将造型形式的各要素集中于宝石琢型设计之中，使之成为完美和谐的统一体。和谐是对前面法则的高度概括，为造型设计中的最高法则，也是评价设计琢型美学效果的最终依据。从美学角度评价一个琢型的造型设计效果，就是看它整体上是否和谐，高度和谐即有美感。

第三节　宝石琢型的定向和定位设计

一、刻面宝石琢型的定向和定位设计

由于许多宝石的光学性质具有方向性差异，因此，在宝石琢型设计中，除了要考虑宝石琢型的造型形式、角度和比例外，通常还要考虑所用宝石材料的方向性光学性质，否则会对宝石的颜色、光学效果及加工等产生不利影响。

刻面宝石琢型的定向设计一般以台面方向作为设定基准，设计时主要考虑宝石的多色性、双折射、色形、解理、瑕疵等因素。

1. 均质体或多色性不明显的宝石

肉眼观察这类宝石，可见在各个方向上其光学性质无明显差异，故宝石取料时要求充分利用原料，以尽可能多地保有宝石成品的质量。一般，可利用原料上最大的一个平面作为台面，对应的尖角部分作为亭部，即所谓"大面做顶，尖角做底"的原则。例如，合成立方氧化锆为均质体，以它为原料制作椭圆形刻面琢型的宝石戒面时，一般先将其切割成矩形的小块，然后再沿矩形对角线之平行线切割出平面，作为台面（图3-19）。又如钻石的晶体常为八面体，应沿垂直 C 轴的方向切割出两粒戒面坯，且以切割面作台面，尖部作底（图3-20）。其他类似的宝石，如尖晶石、石榴石、锆石、水晶、橄榄石和海蓝宝石等，也都可以采用这种方法确定台面位置。

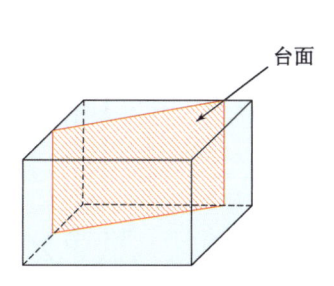

图3-19　合成立方氧化锆戒面坯的切割

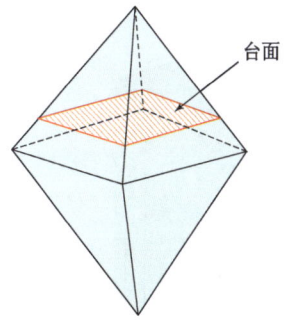

图3-20　八面体钻石的切割

2. 具有明显多色性的宝石

多色性是非均质体宝石在晶体的不同方向上呈现不同颜色的性质,晶体在不同方向上对光的差异选择性吸收是造成多色性的原因。无色和均质体宝石没有多色性,某些一轴晶宝石能产生两种颜色,这两种色光分别与晶体中两个主要振动方向相对应,某些二轴晶宝石能产生 3 种颜色。许多非均质体宝石材料具有中等到强的多色性,表 3-5 列出了部分强多色性宝石的多色性颜色。

对于多色性较强的宝石材料,在加工设计时要注意琢型的定向,应选取其最佳的颜色方向作为台面方向。如碧玺是具有强多色性的宝石,因沿 C 轴(光轴)方向对光强烈吸收,故通常 C 轴方向的颜色相对较深。进行定向设计时,对于浅色碧玺,应将琢型台面垂直于 C 轴,而对于深色碧玺,应将琢型台面平行于 C 轴,这样可以使加工后的宝石颜色更加明亮(图 3-21)。

表 3-5 部分强多色性宝石及其多色性颜色

宝石(一轴晶)		多色性颜色	宝石(二轴晶)	多色性颜色
刚玉	红色	深红色、橙红色	红柱石	黄色、绿色、红色
	蓝色	深蓝色、淡绿蓝色	斧石	紫色、褐色、绿色
	绿色	绿色、黄绿色	蓝锥矿	无色、浅绿色、靛蓝色
	紫色	紫红色、黄红色	绿帘石	绿色、黄绿色、黄色
碧玺		同一颜色的不同色调	堇青石	淡蓝色、浅黄色、蓝紫色
祖母绿		绿色、蓝绿色	榍石	无色、黄色、红黄色
磷灰石		蓝色、黄色	紫色锂辉石	无色、粉红色、紫色
蓝色锆石		蓝色、无色	翠铬锂辉石	蓝绿色、草绿色、黄绿色
			黝帘石	蓝色、紫红色、灰绿色

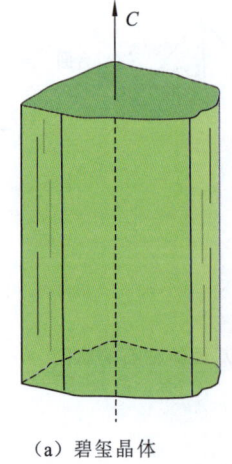
(a) 碧玺晶体

(b) 浅色石设计

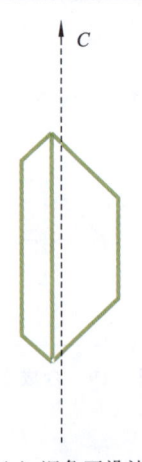
(c) 深色石设计

图 3-21 碧玺的琢型定向设计

Boris M.Shmakin 等为了证实一轴晶宝石在不同方向上的颜色浓度差异,挑选了产于俄罗斯和美国的蓝色磷灰石、红色碧玺、绿色碧玺、祖母绿、红宝石以及合成红宝石等几种宝石样品,通过磨制成平行于光轴和垂直于光轴的定向薄片,用光度计分别测定了各个宝石可见光谱不同部分的选择性吸收强度,确定 11 000～28 000 cm^{-1} 范围内各个点的相对吸收水平(图 3-22),并以此对所研究的宝石提出了最佳的加工定向设计方案。

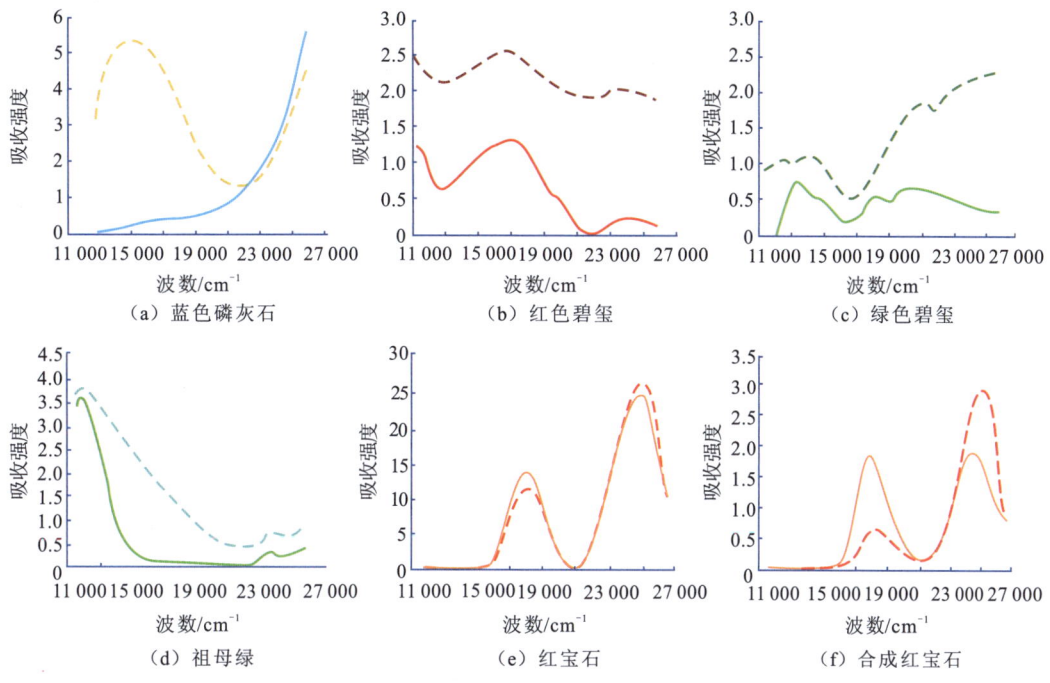

图 3-22　一轴晶宝石光的相对吸收强度(据 Boris M.Shmakin,2001)
(实线为垂直于光轴方向的吸收曲线;虚线为平行于光轴方向的吸收曲线)

由测定曲线图不难看出,这几种宝石在平行于光轴和垂直于光轴的方向上对可见光的吸收强度均有不同程度的差异,这也是造成它们的方向性颜色差异的原因。分别说明如下。

(1) 蓝色磷灰石[图 3-22(a)]:平行于光轴和垂直于光轴方向的两条吸收曲线在 22 500 cm^{-1} 处相交,该点之后在垂直于光轴方向的吸收强度高于其他方向。垂直于光轴方向的黄红区光线较强的吸收是产生磷灰石漂亮蓝色的原因。正方形阶梯琢型是磷灰石的首选琢型,光轴方向宜设计在台面的对角线交会处,这样的加工定向有利于显示宝石的最佳颜色。

(2) 红色碧玺[图 3-22(b)]:平行于光轴和垂直于光轴方向的两条吸收曲线形态相似,但前者的整体吸收强度远高于后者,造成沿光轴方向的色浓。对色淡的红色碧玺,可以使琢型台面垂直于晶体光轴定向;如果颜色太深,则可以往平行于光轴的方向调整定向来提高宝石的颜色亮度。

(3) 绿色碧玺[图 3-22(c)]:平行于光轴和垂直于光轴方向的两条吸收曲线在左半部

分相近，但在右半部分有较大差别，不过前者的吸收强度整体高于后者。一般认为，绿色碧玺最好加工成长方形阶梯琢型，刻面型宝石的延长方向平行于光轴。

（4）祖母绿[图 3-22(d)]：平行于光轴和垂直于光轴方向的两条吸收曲线在 11 000～13 000cm^{-1} 处都异常高，这一区间的强烈吸收使祖母绿呈现亮绿蓝色。不过，平行于光轴方向的吸收均高于其他方向。祖母绿适合加工成长方形阶梯琢型，延长方向平行于晶体的光轴方向。

（5）红宝石[图 3-22(e)]：平行于光轴和垂直于光轴方向的吸收曲线为两条平行线，最大值在 18 500cm^{-1} 和 25 000cm^{-1} 处，平行于光轴的在 25 000cm^{-1} 处的吸收强度稍高。由于在圆形明亮琢型中，垂直于台面的光线的传播路径要长一些，因而为了更好地显示平行于光轴方向的颜色，应使琢型台面垂直于光轴方位。

（6）合成红宝石[图 3-22(f)]：平行于光轴和垂直于光轴方向的吸收曲线与天然红宝石的很相似，但两条曲线之间的差距明显大于天然宝石。在 25 000～26 000cm^{-1} 处垂直于光轴方向的吸收强度明显高于平行于光轴方向的吸收强度。因此，合成红宝石的定向设计应与天然红宝石相同。

针对不同宝石的多色性特点进行定向设计，最重要的是在加工时正确确定宝石晶体的光轴方向。这对于一轴晶宝石来说比较容易，一般一轴晶宝石的光轴方向与晶体的 C 轴或延长方向是一致的，如三方、四方和六方柱晶体。但对于二轴晶宝石和一些合成的宝石材料则比较困难，可以借助光学仪器来确定其光性方位。

3. 具有强烈双折射的宝石

具有双折射性质的透明宝石，由于会使透射宝石的光线分解为两束传播方向不同的光线，同时造成透过宝石的影像变成双影，因此，如果宝石的双折射能力很强，易引起刻面宝石中出现明显的背面棱线双影现象，使宝石的内面轮廓呈现模糊状态，影响美观。这种现象主要见于一些双折射率较高的宝石，如合成金红石、榍石、锆石等。

对于具有强烈双折射的宝石材料，加工设计时要注意定向。设计原则是尽可能使琢型台面垂直于晶体光轴。因为光轴方向不产生双折射，这样能有效地避免或减弱双影现象。

例如，无色的高型锆石常加工成圆形明亮琢型，定向方法如图 3-23 所示，应使琢型台面垂直于锆石晶体的 C 轴方向。

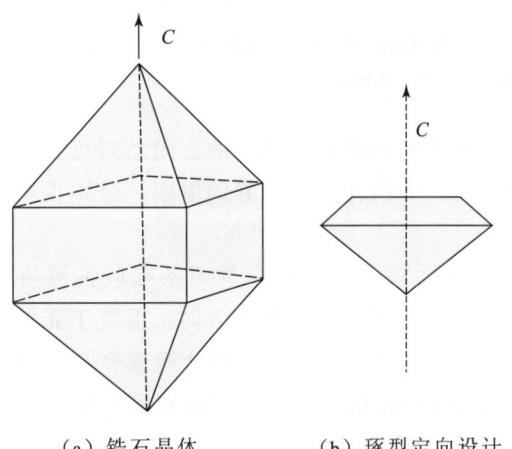

（a）锆石晶体　　（b）琢型定向设计

图 3-23　高型锆石的琢型定向设计

4. 具有色带、色团、色斑的宝石

有些宝石，如蓝宝石、碧玺、紫晶等，常见晶体中有明显的色带、色团、色斑等现象。对于这类颜色不均匀的宝石材料，应根据其不同的色形特点进行琢型定向和定位设计，

如果处理得当,可以使成品宝石看上去显得颜色相对均匀甚至有增色的效果。具体做法如下。

(1) 对于有色带的宝石材料,应使色带方向与台面平行,并尽可能使颜色较好的色带区位于腰部,如图 3-24 所示。

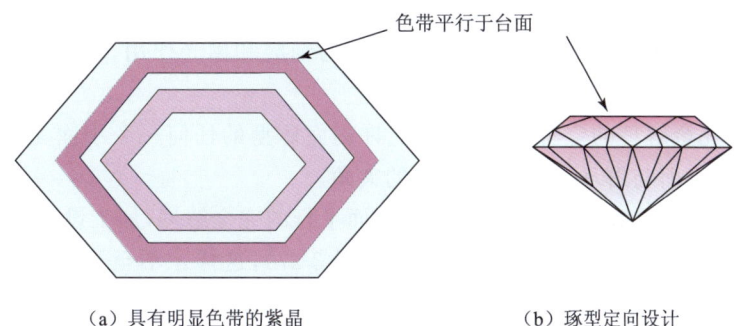

(a) 具有明显色带的紫晶　　　　(b) 琢型定向设计

图 3-24　有色带宝石的琢型定向设计

(2) 对于有色团的宝石材料,可将色团放在刻面型宝石的冠部、亭部或腰部,使色团的延长方向与台面或腰部平行,以占据尽量大的平面区域,如图 3-25 所示。

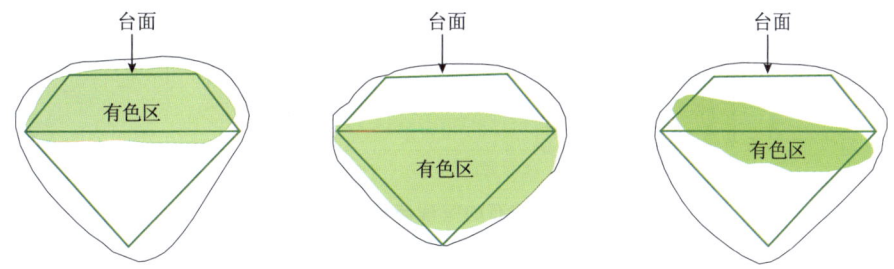

图 3-25　有色团宝石材料的定向和定位设计

(3) 对于有色斑的宝石材料,可将较好的色斑放在刻面型宝石亭部近底尖的位置,使内反射光通过有色区达到增色效果,如图 3-26 所示。

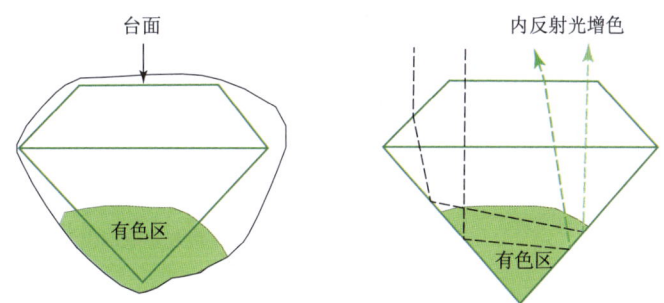

图 3-26　有色斑宝石材料的定位设计与光线分析

5. 具有完全解理的宝石

解理是指晶体受外力作用沿一定结晶方向裂成平面的性质,按其产生的难易程度可分为5种类型:极完全解理、完全解理、中等解理、不完全解理、极不完全解理。一般来说,具有极完全解理的材料因为太容易脆裂是不能用作宝石的,具有中等和不完全解理的宝石材料对加工的影响不大。而具有完全解理的宝石材料在加工设计时则需要注意定向。这类宝石主要有钻石、萤石、托帕石、锂辉石、正长石等。

解理对宝石加工影响在于,一是在研磨和抛光过程中可能使宝石破裂,二是沿着平行解理的方向抛光十分困难。因为沿着解理面的细磨和抛光作用,均可导致宝石表层的整个平面"隆起",产生粗糙不均匀的抛光面。

对于具有完全解理的宝石,原则上不允许刻面琢型的任何一个小面尤其是台面与解理面平行,要使小面与解理方向有5°以上的夹角。

以托帕石为例,托帕石发育有一组与底轴面平行的完全解理,加工设计时,应使台面方向偏离解理面,两者之间应有5°~20°的夹角(图3-27),这样才不至于影响加工表面的光洁度。

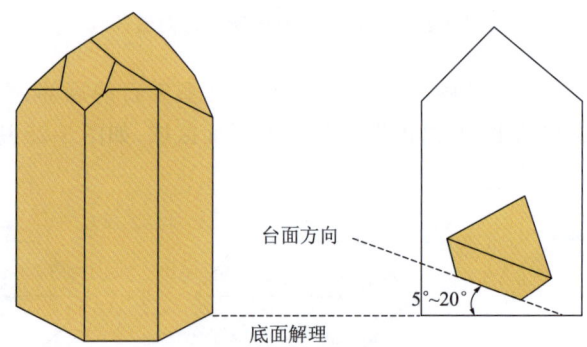

图3-27 托帕石的解理与琢型定向设计

6. 具有明显瑕疵的宝石

瑕疵是指宝石材料中的各种影响宝石使用或有碍美观的包裹体、裂纹等缺陷。

由于刻面型宝石一般都采用透明的宝石材料,因而瑕疵会干扰或阻挡光线的正常穿越,使宝石的内部和表面美观性受到影响,在加工设计中一定要认真对待。

对于有明显瑕疵的宝石材料,在加工设计时应遵循以下处理原则:①尽可能在选用的琢型中避除明显的瑕疵;②对无法避除的瑕疵,要尽可能留范围小除范围大、留色差小除色差大的瑕疵;③不能使裂纹性瑕疵保留在宝石成品内部;④对无法避除的非裂纹性瑕疵,应将其设计在宝石成品中不重要的位置,如腰边部位(图3-28)。

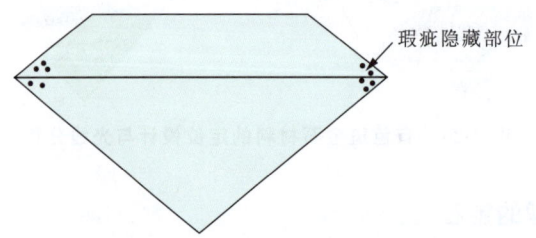

图3-28 刻面型宝石的瑕疵隐藏部位

二、弧面宝石琢型的定向和定位设计

在弧面型宝石的琢型设计及加工中,琢型的定向和定位也非常重要,尤其是一些具有特殊光学效应的宝石材料,如猫眼效应、星光效应、月光效应、变彩效应等,这些光学效应与宝石中定向排列的包裹体或特殊结构有着密切关系,它们只能产生在宝石的特定方向上,琢型的定向及定位是否恰当,将影响光学效果的好坏和宝石价值。

1. 具有猫眼效应的宝石

若宝石中含有平行排列的纤细的纤维状、针状、管状包裹体或纤维状矿物集合体,当加工成弧面型宝石后,光线经过抛光弧面的反射,会集中呈现出一条丝状光泽亮带,这种现象称为猫眼效应,所呈现的丝状光带俗称为"眼线"。

任何宝石材料包括透明、半透明或不透明的原石,只要含有平行排列的纤维状或针状包裹体或细长管状包裹体,且排列密集程度较高,均可产生猫眼效应,但以透明度高且眼线明亮者为佳。可产生猫眼效应的宝石材料很多,目前已知的有20余种,主要有金绿宝石、绿柱石(祖母绿、海蓝宝石)、碧玺、方柱石、红柱石、透辉石、透闪石、绿帘石、坦桑石、磷灰石、蛇纹石、孔雀石、水晶和虎睛石等。其中以金绿宝石猫眼的效果最佳。

对具有猫眼效应的宝石进行定向设计比较简单,一般使所含纤维体平行于弧面琢型的底平面即可。如金绿宝石猫眼中含有平行于 C 轴密集排列的针状金红石包裹体,设计成弧面型琢型,其底平面平行于 C 轴即包裹体延长方向,加工后即呈现出猫眼效应,如图 3-29 所示。

但在定向设计时,还要注意眼线方向与琢型形态的协调美感。如果是圆形弧面型,只要求宝石底面平行于包裹体或矿物集合体的平行排列面即可;如果是椭圆弧面型,则要求椭圆的长轴还必须与纤维状、针状、管状包裹体或矿物集合体相垂直,使产生的眼线与椭圆弧面型的长轴方向一致,这样就会显得协调和美观。

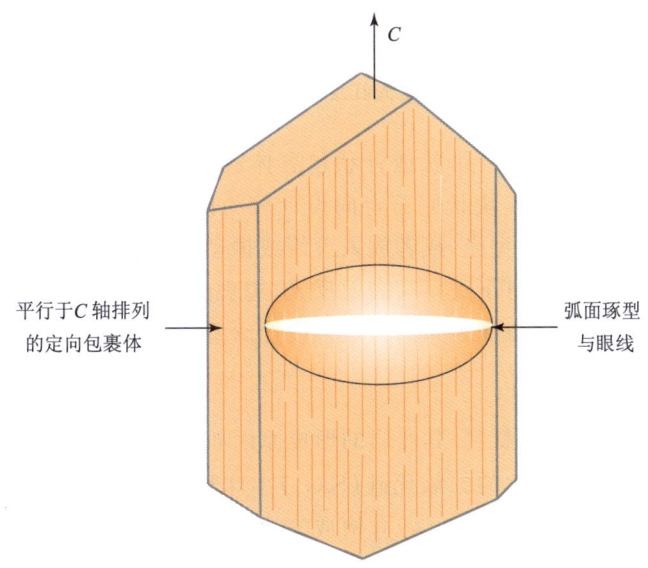

图 3-29 金绿宝石猫眼的定向设计

2. 具有星光效应的宝石

与猫眼效应类似,宝石中如果含有 2 组或 3 组(个别 6 组)沿几何方向上定向排列的纤维状、针状或管状包裹体,当琢磨成弧面型后,每组包裹体会产生一条丝状光带,光带交叉就出现 4 射、6 射(个别 12 射)的星状光芒,这种现象称为星光效应。

目前已知可以产生星光效应的宝石材料在 12 种以上,主要是红宝石、蓝宝石、祖母绿、海蓝宝石、石榴石、尖晶石、芙蓉石、透辉石、顽火辉石、透闪石、堇青石等。

星光宝石的设计原则是要求星线交点居中,即正好位于弧面型宝石的顶弧面中心;若琢型为椭圆弧面型,还要求其中一条星线与椭圆腰形的长轴方向一致,以呈现出星线分布与椭圆腰形的协调美效果;琢型选择以中高凸面型为宜。

星光宝石的设计关键是应使弧面型宝石的底平面平行于纤维状包裹体的相互交织面,只有这样才能使各组包裹体产生的光带在弧面顶点相交。否则,星线交点就会偏离弧面的中心位置,影响美观,若偏离太远则难以出现完整星光(图 3-30)。

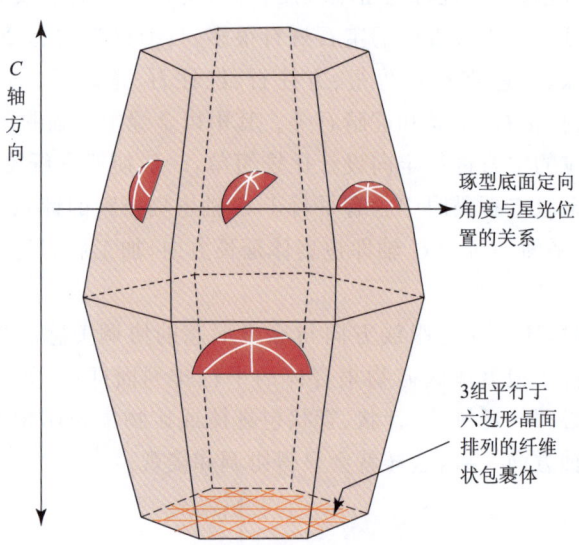

图 3-30　星光红宝石的定向设计原理

但是,星光宝石材料中的纤维状或针状包裹体通常非常细小,肉眼难以分辨排列方向,尤其是对晶体不完整的碎块状原石定向设计较为困难。比较可靠的方法是:将宝石粗料表面 1/3 至 1/2 磨圆并抛光,或者放入滚筒或振动研磨和抛光机进行轻微地试磨和抛光,然后放在顶光源聚光灯下观察其表面反光,边观察边转动宝石,注意星线的交点部位,用笔标记。以所画标记点作为弧面顶点来设计琢型的方位,此法颇为准确。

3.具有变彩效应的宝石

变彩效应主要见于欧泊材料,其变彩的形成原因如图 3-31 所示。在扫描电子显微镜下观察,欧泊内部主要由含水的二氧化硅(SiO_2)小球粒组成,二氧化硅球粒在三维空间上呈规则的层状堆积排列[图 3-31(a)],构成三维衍射光栅,对入射光衍射出彩色波长[图 3-31(b)]。由于不同部位区域的球粒大小有所差别,欧泊表面呈现出不同颜色区域的色块[图3-31(c)]，当转动宝石时各个色块的色彩会在一定范围内发生变化。此现象称为变彩效应。

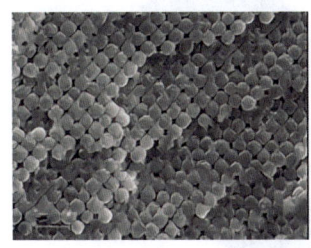 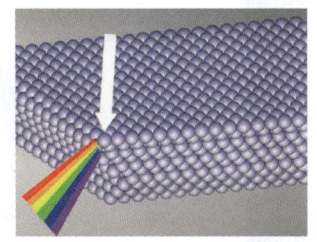 

（a）欧泊中SiO_2小球的堆积　　　（b）衍射出彩色的光　　　（c）形成各种颜色的变彩

图3-31　欧泊变彩形成原因

光线通过欧泊材料时即分解为光谱色，但其强度往往因方向而不同，这主要与欧泊的产状有关。因而，对于欧泊也需要注意定向设计，原则上一般要求以变彩最强的方向作为宝石顶面，但还要视原石的厚度而定。琢型选择以低凸面型为宜。

例如，澳大利亚的欧泊多以脉状产出，其变彩一般在脉体的截面上最强，故当脉体较厚时应将原石锯开，以其变彩最佳的侧面作为宝石顶面[图3-32(a)]。美国内华达州产出的欧泊也有类似的性质，其原石常呈树枝状，在截面方向的变彩最佳，如果原石块度较粗大，应以此方向作为宝石顶面[图3-32(b)]。

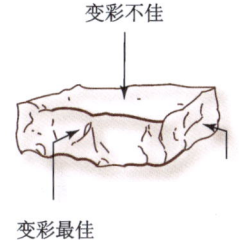 

（a）澳大利亚欧泊　　　　　　（b）美国内华达州欧泊

图3-32　使欧泊显示最强变彩的定向法

4. 具有晕彩效应的宝石

有晕彩效应的宝石材料主要见于长石类宝石，如月光石、晕彩拉长石等。月光石以泛美丽的蓝彩为特征，是由于月光石中薄层正长石与钠长石互层导致反射光相互干涉的结果，这种现象称为月光效应。拉长石的特点是在灰色或黑色的拉长石上大范围地闪现各种光谱色，其原因主要是拉长石聚片双晶薄层对光的干涉作用，这种独特的现象称为拉长石晕彩，如图3-33、图3-34所示。

由于晕彩效应与宝石内部的微细薄层状结构有关，故在定向设计时应使弧面型宝石的底平面平行于晶体原石的结构层方向。月光石应选用高凸面型，这有利于干涉光在顶弧面中央区域敛聚，使晕彩明显；而晕彩拉长石则应选择用中、低凸面型，有利于大范围呈现其光谱色晕彩。

图 3-33　晕彩拉长石原石　　　　　图 3-34　晕彩拉长石戒面

5. 具有砂金效应的宝石

　　透明或半透明的宝石中如果含有许多细而平坦的杂质,如片状矿物包裹体等,对光反射而呈现出星点状闪光,这种现象称为砂金效应。它主要见于日光石(一种含红色和橙色的针铁矿或赤铁矿片状包裹体的奥长石)、东陵石(一种含铬云母杂质的石英岩)等宝玉石材料中。

　　通常,具有砂金效应的宝石材料中,所含细小片状杂质的分布有大致定向呈面状排列的趋势,因而定向加工设计时应使凸面型宝石的底面与之平行,且宜采用低凸面型,效果最佳。

6. 具有纹带花纹的宝石

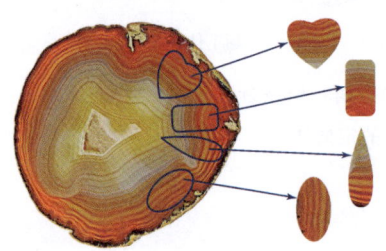

图 3-35　虹纹玛瑙的定向切割和取料方法

　　一些具有纹带或花纹图案的宝石材料如玛瑙、孔雀石等,在加工设计时,要注意定向和合理取料。一般情况下,应在垂直纹带的方向定向切割,在色彩或花纹美丽的部位取料。如虹纹玛瑙的定向方法,应从玛瑙岩球的中间沿横向锯切成片料,即使片料面与纹层垂直,以显示出最佳的虹纹色彩效果,然后在此片料上按花样选用琢型和取料(图 3-35)。否则,只有将片料面倾斜时才能见到较好的效果,影响下一步的取料、琢型定向和定位。

　　具有纹带花纹的宝石材料如果加工成弧面型宝石,要尽可能使纹带的延长方向与宝石琢型的长轴方向协调一致,且宝石底面与纹层垂直。由于花样效果常作为评价弧面型宝石价值的重要因素,故只要有可取的花样,都应充分显示在宝石正面的突出位置。

第四章　宝石琢型计算机辅助设计

第一节　GemCad 宝石琢型设计

一、GemCad 软件概述

GemCad 是一种用于刻面宝石琢型设计的计算机辅助设计软件。该软件由 Robert W.Strickland 于 2002 年研发并投放市场，虽然出现时间较早，但至今仍然为 GemCad 1.09 版本。由于 GemCad 具有界面直观、操作简便、易学易用等优点，因而它成为国际上众多宝石设计师不可或缺的辅助设计工具。学习者可以到官方网站（网址为 www.gemcad.com）下载该软件，安装后可以免费使用 30 天，若要继续使用，则须付费购买。

GemCad 对计算机系统的配置要求不高，可以运行于各个版本的 Windows 操作系统，对系统的占用资源也很少，安装后仅为 2M 左右。GemCad 软件虽然不大，但却具有强大的宝石琢型建模功能和出色的光效分析功能。它能够像宝石刻面机那样，模仿宝石的切磨加工过程进行琢型设计，并实时显示出精确的宝石琢型 3D 图形；它具有依据对称性原理辅助设计的功能，设计者只需要设计几个有代表性的刻面，就可以得到一个完整的琢型；它还可以跟踪分析光线在宝石中的传播路径，允许对琢型进行优化设计，使光线损失最少；它以 5 种视图形式，从各个方向上显示出宝石的精确刻面琢型图、精确的角度和分度数据。

GemCad 的主要功能和用途如下。

（1）创建设计琢型。利用 GemCad 可以创建设计各种刻面琢型，使设计师从传统烦琐的角度计算设计方法中解脱出来。

（2）分析琢型光效。利用 GemCad 光线跟踪功能，可以模拟光线在宝石中的折射和反射传播路径，分析琢型的光学效果，优化设计琢型角度，调整琢型比例。

（3）编辑修改琢型。利用 GemCad 强大的编辑功能，可以对琢型进行任意修改，甚至将原有琢型改变为新的琢型。

GemCad 目前只能用于设计全部为平面的刻面宝石琢型，不能用于设计含有凸面或凹面的宝石琢型。用 GemCad 设计的琢型文件可以导入 GemRay 软件中进行渲染，预测宝石切磨后的外观和评估在不同照明模式下的光学效果。

二、GemCad 基本用法——以圆形明亮琢型为例

（一）工作界面（▶ 参见实操教学视频 1-1）

GemCad 的工作界面如图 4-1 所示，它采用的是分解式的特殊视窗界面。

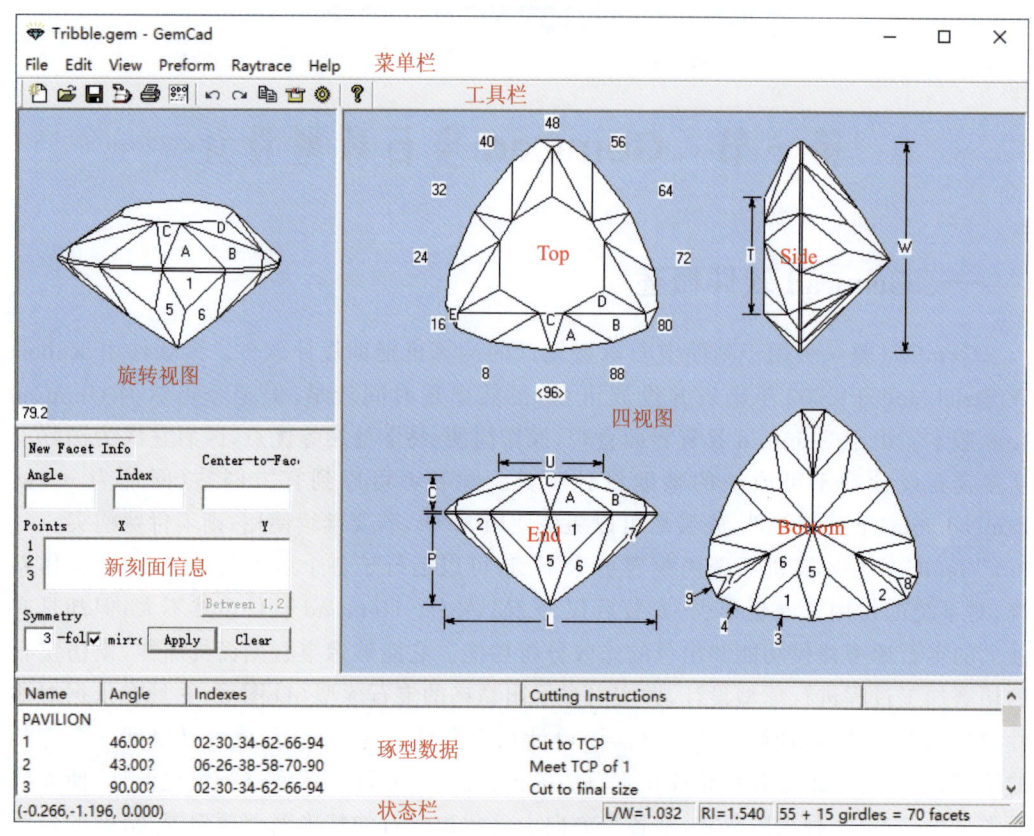

图 4-1　GemCad 的工作界面

顶部是菜单栏，分为文件（File）、编辑（Edit）、视图（View）、预形（Preform）、光线追踪（Raytrace）、帮助（Help）6 个主菜单。其下是工具栏，主要包含新建、打开、保存、搜索数据库、打印、打印预览、撤销、重做、拷贝、转换、分度轮等常用工具命令。

中部的工作界面被划分为 4 个窗口：旋转视图（或称立体视图）窗口用于显示宝石琢型的 3D 图形，用鼠标左键拖动可以任意旋转图形；四视图窗口用于显示琢型的顶视图（Top）、侧视图（Side）、端视图（End）、底视图（Bottom），是确定琢型图的点面位置、创建和编辑琢型的主要工作区域；新刻面信息（New Facet Info）窗口用于输入新建刻面的角度（Angle）、分度（Index）和设置琢型对称性（Symmetry）等数据信息；琢形数据（Cutting Instruction）窗口用于显示琢型的各部分名称、角度、分度等信息。

底部是状态栏，从左至右，实时显示出琢型设计过程中的坐标、比例、宝石折射率、刻面数量等变化信息。

（二）设计琢型（ 参见实操教学视频 1-2）

下面以标准圆形明亮琢型为例，介绍 GemCad 的基本使用方法。

1. 基本设置

一般在设计前，需要对琢型对称性、圆周分度轮、宝石折射率作出更改设置。

（1）设置对称性。在新刻面信息（New Facet Info）窗口下部的对称性（Symmetry）框中输入 8，并选中镜像（mirror）复选框，这实际上是默认设置（图 4-2 左）。

（2）设置分度轮。使用菜单栏中的编辑（Edit）/分度轮（Index Gear）命令，或直接点击工具栏上的分度轮按钮 ，在弹出的对话框中，将数值（Number of）设置为 64（默认值为 96），并选中底（Bottom）复选项。再点击 OK 按钮（图 4-2 右）。

（3）设置折射率。使用菜单栏中的光线追踪（Raytrace）/属性（Properties）命令，在弹出的属性对话框中设置宝石材料的折射率，默认值为 1.54，即水晶（Quartz）的折射率。

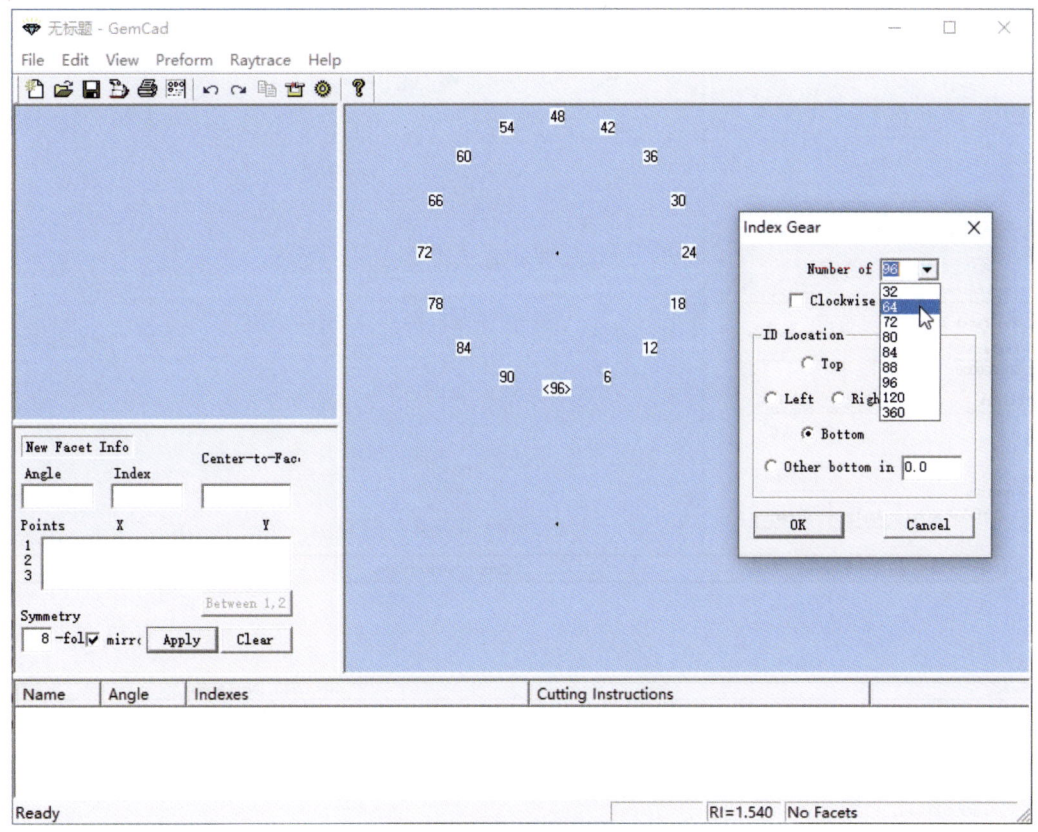

图 4-2 对设计琢型的基本设置

2. 创建琢型

用 GemCad 设计宝石琢型的一般顺序是腰围面→下腰面→亭主面→上腰面→冠主面→星刻面→台面。

1）设计腰围面

设计琢型一般都要从设计腰围面开始，其目的是创建宝石琢型的腰围形态。

直接在新刻面信息（New Facet Info）窗口内输入相关数据即可对腰围形态进行设计。如图4-3所示，在角度（Angle）框中输入角度值90，在分度（Index）框中输入分度值2，再点击应用（Apply）按钮（如果之前点击了Center-to-Facet 数据框，该按钮标签名称会变化为Cut Facet，但作用不变）。

当点击应用按钮后，屏幕上的各视图窗口会立即出现圆形明亮琢型的十六边形腰围轮廓形态，如图4-4所示。如果得到的图形有误，可以点击工具栏上的撤销按钮，然后重做。

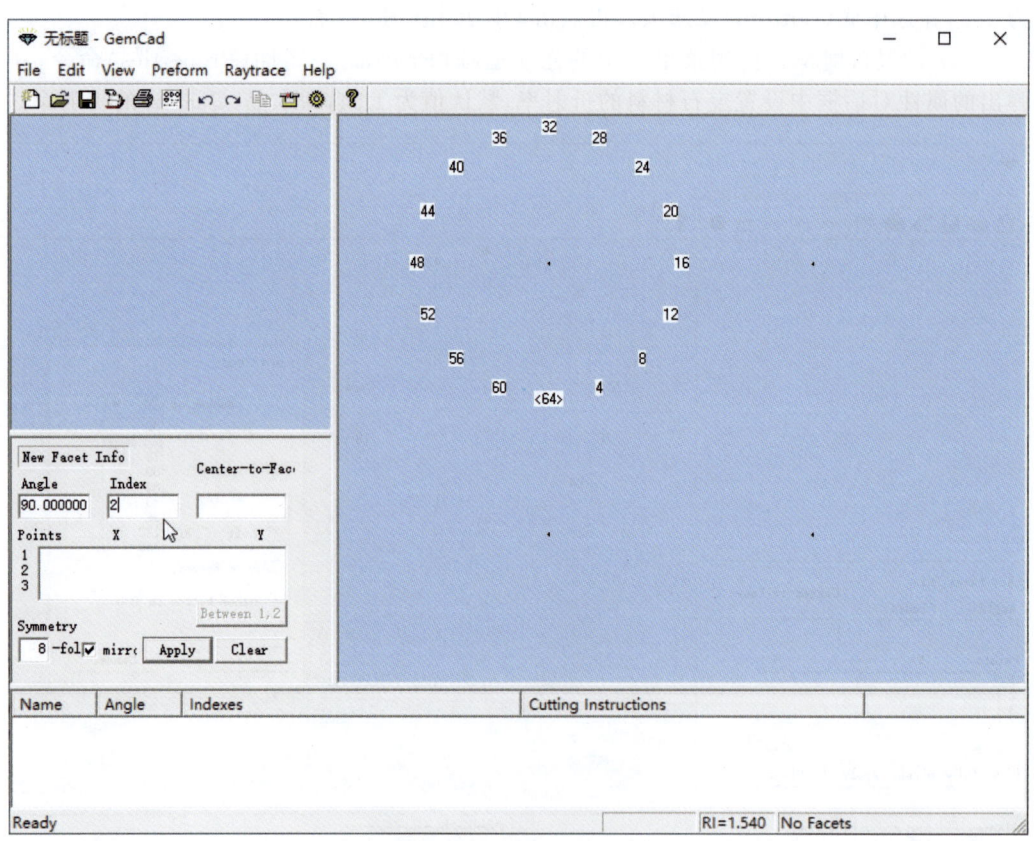

图4-3 输入腰围形态相关数据

2）设计下腰面

如图4-4所示，将鼠标指针移动到End视图的中心位置并点击左键，弹出边缘点（Point on Edge）对话窗，点击用于切磨（Use to Cut）按钮后返回。

然后，在新刻面信息（New Facet Info）窗口内，输入角度值42、分度值2，再点击应用按钮。于是，GemCad会切磨出16个下腰面（图4-5）。

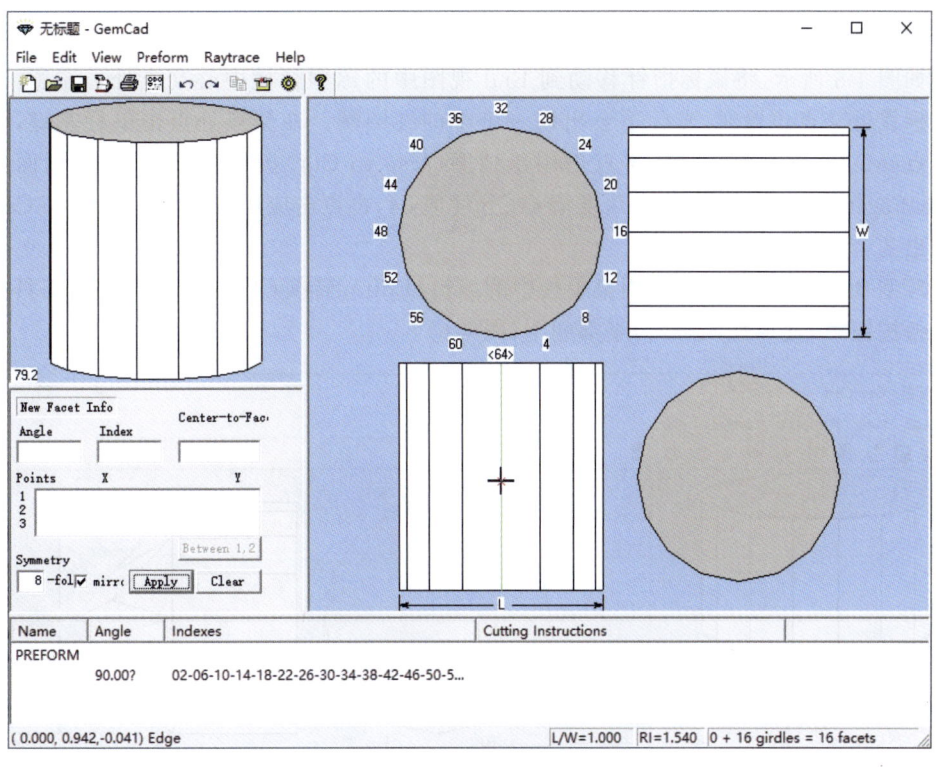

图 4-4　十六边形腰围轮廓形态

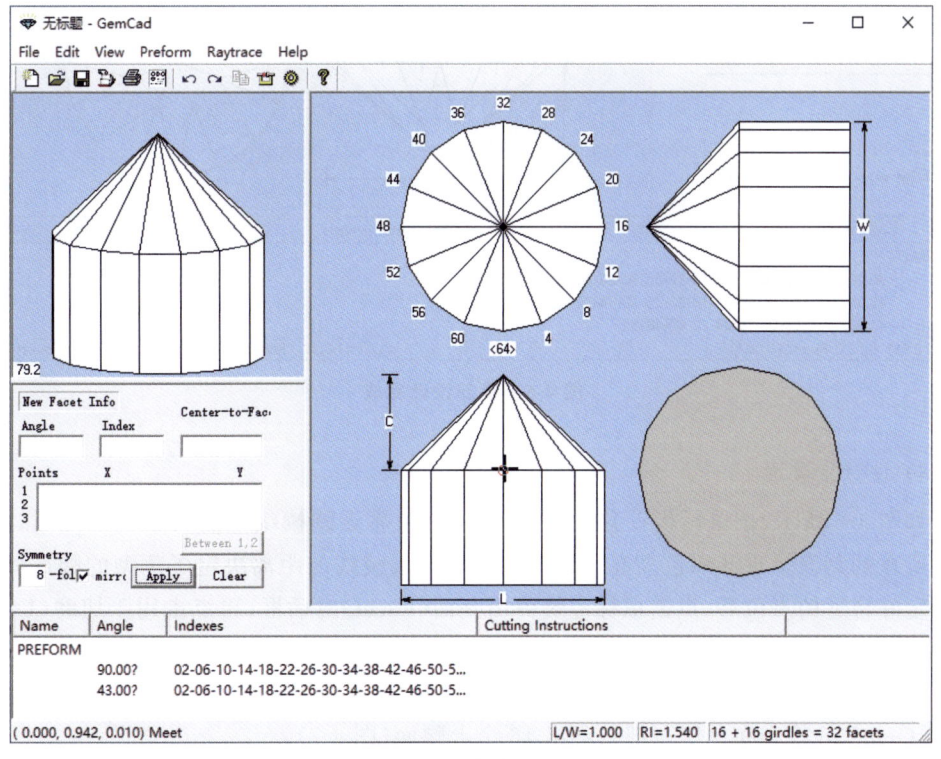

图 4-5　切磨出下腰面

3）设计亭主面

如图 4-5 所示,将鼠标指针移动到 End 视图中的琢型腰棱中心交点处。注意:当十字光标靠近交点位置时,光标下会出现一个小的红圆圈。在交点处点击鼠标左键,会弹出交点(Meet Point)对话框,再点击用于切磨(Use to Cut)按钮。然后,在新刻面信息(New Facet Info)窗口内,输入角度值 41、分度值 64,再点击应用按钮。于是,GemCad 将切磨出 8 个亭主面。

琢型亭部设计完成后,选用菜单栏中的编辑(Edit)/转换(Transfor)命令或工具栏上的转换按钮 ,使琢型图翻转,亭部朝下(图 4-6)。

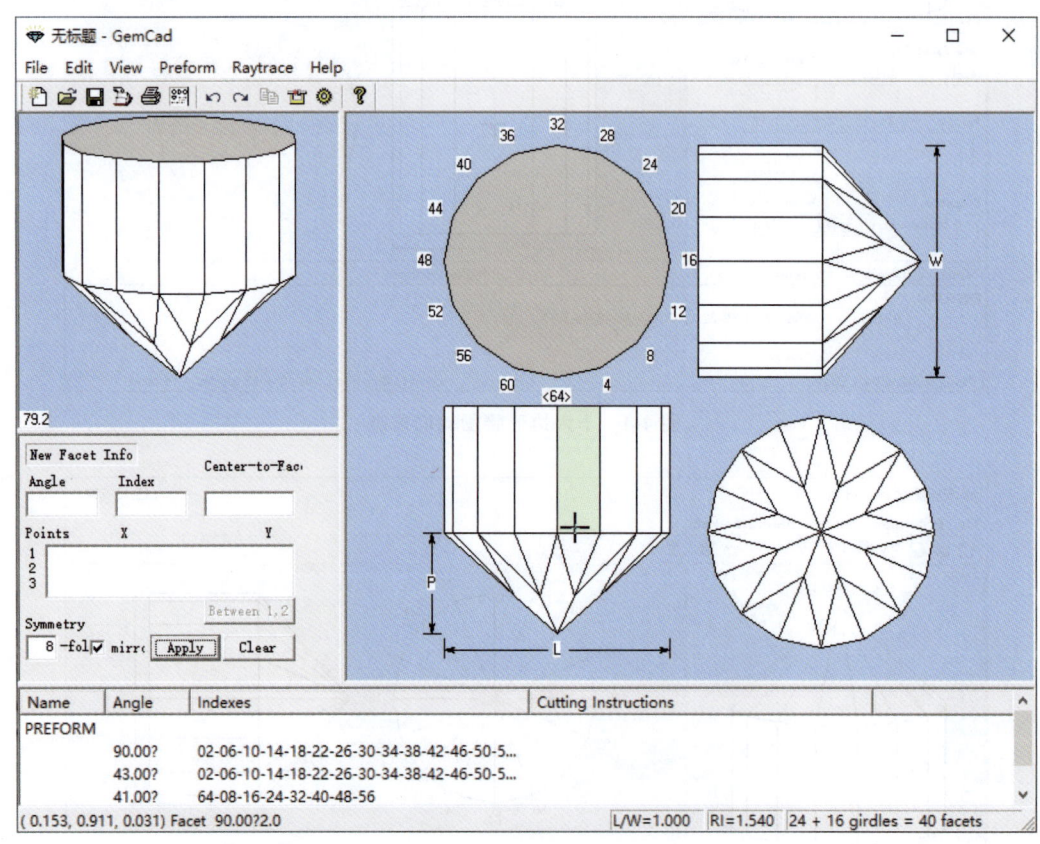

图 4-6 亭部设计完成

4）设计上腰面

如图 4-6 所示,把鼠标指针移动到 End 视图中靠近腰棱线之上的位置。此时,十字光标所在的刻面呈现淡绿色高亮。光标点横线与腰棱线的距离决定了琢型的腰部厚度,当确定好合适的点位后,点击鼠标左键弹出刻面(Facet)对话框,再点击用于切磨(Use to Cut)按钮。

然后,在新刻面信息(New Facet Info)窗口内,输入角度值 34、分度值 2,再点击应用按钮,GemCad 将会在琢型冠部切磨出 16 个上腰面(图 4-7)。

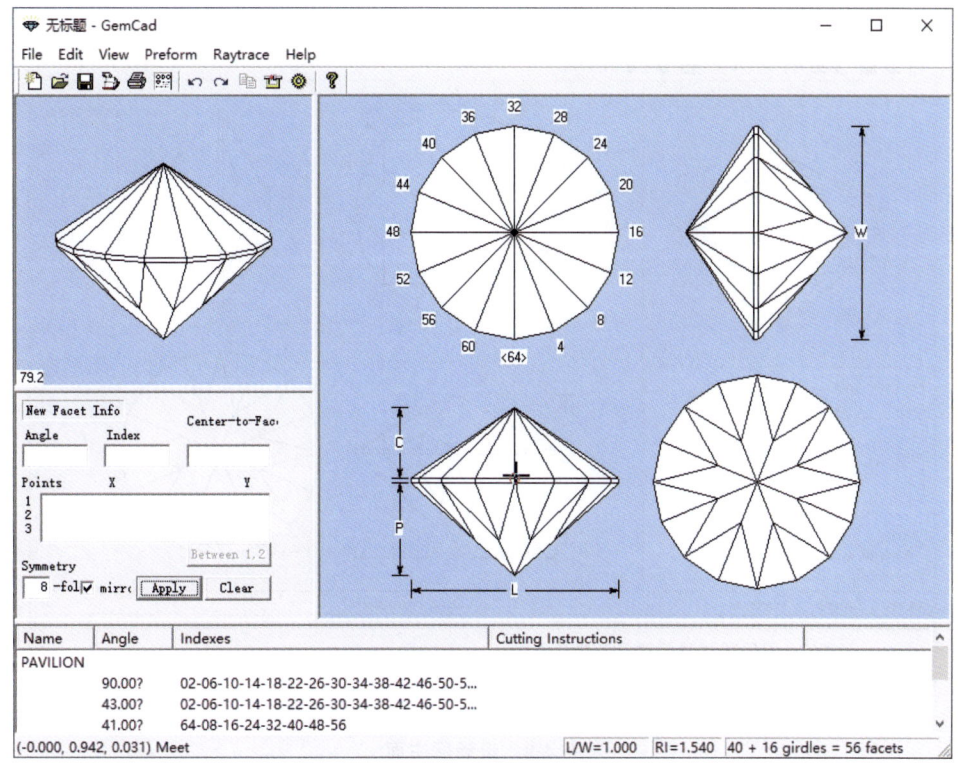

图 4-7 设计上腰小面

5）设计冠主面

如图 4-7 所示，将鼠标指针移动到 End 视图中心的上棱线交点红圈显示位置，点击左键弹出交点（Meet Piont）对话框，再点击用于切磨（Use to Cut）按钮。

然后，在新刻面信息（New Facet Info）窗口内，输入角度值 28、分度值 64，再点击应用按钮，GemCad 即会切磨出 8 个冠主面（图 4-8）。

6）设计星刻面

如图 4-8 所示，将鼠标指针移动到 Top 视图内 4 分度棱线上与上腰面相交的位置，此时在十字光标下会显示红圈，点击左键弹出交点（Meet Piont）对话框，再点击用于切磨（Use to Cut）按钮。

然后，在新刻面信息（New Facet Info）窗口内，输入角度值 16、分度值 4，再点击应用按钮，GemCad 就会切磨出 8 个星刻面（图 4-9）。

7）设计台面

如图 4-9 所示，星刻面设计完成后，再把鼠标指针移动到 Top 视图中 64 分度棱线上冠主面与星刻面交点位置，此时会见到交点上出现一个小红圈，点击左键，在弹出的交点（Meet Piont）对话框中点击用于切磨（Use to Cut）按钮。然后，在新刻面信息（New Facet Info）窗口内，输入角度值 0，点击应用按钮。于是，GemCad 切磨出宝石台面。至此，整个琢型的建模设计基本完成。

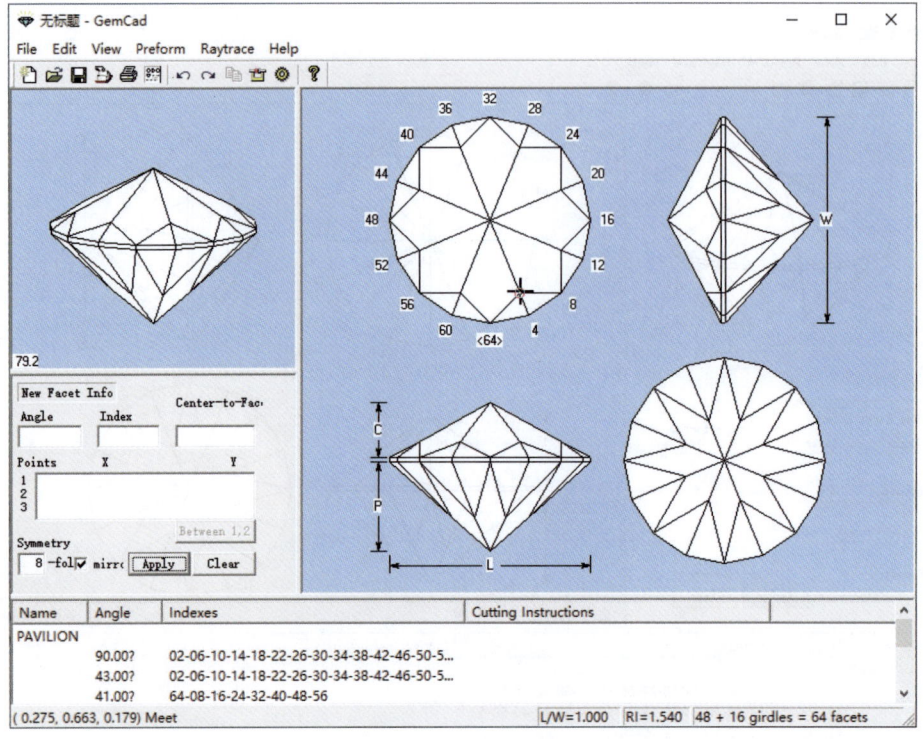

图 4-8　设计冠主面

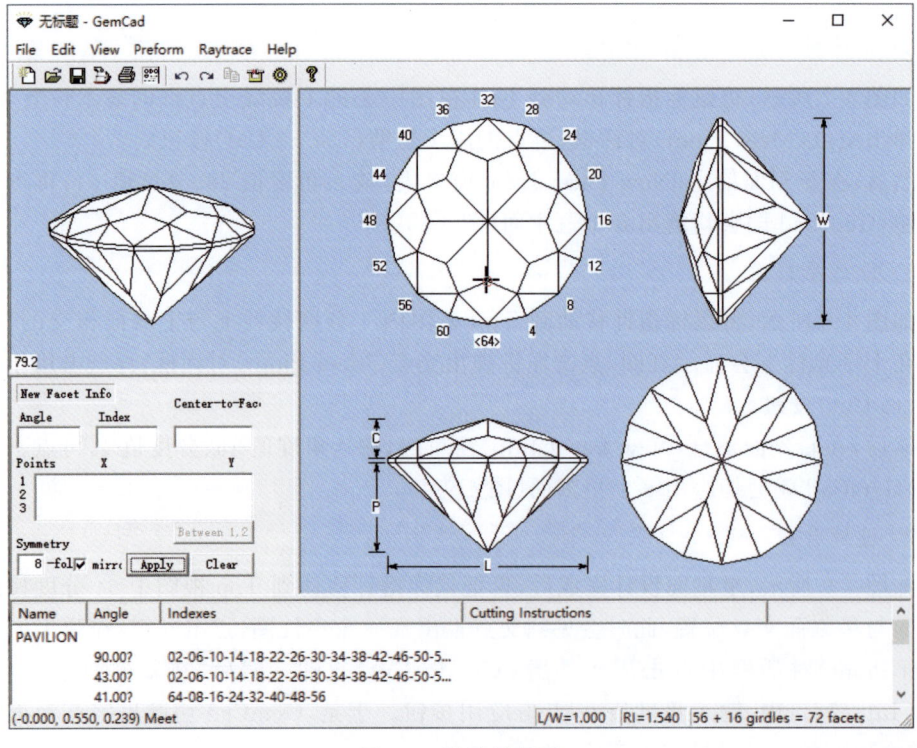

图 4-9　设计星刻面

3. 刻面命名

造型设计完成后,最好再对各种刻面标记上不同的名称或符号,以便分清各种刻面的相关数据。在 GemCad 中,标记刻面名称有以下两种方法。

(1) 移动鼠标指针,将其置于要命名的某一刻面(台面)内,此时该刻面会呈现出高亮度的淡绿色。点击鼠标左键,弹出刻面(Facet)对话框,在编辑此面(Edit This Facet)标签下的名称(Name)框中输入刻面名称或符号(如 T),然后点击应用按钮退出对话框,该刻面上即出现所输入的名称或符号。腰围面的标名方法与之相同,但须注意,要把鼠标指针放置在腰棱线偏外侧一点的位置,当棱线上出现小红点时,点击鼠标左键才能弹出刻面对话框(图 4-10)。

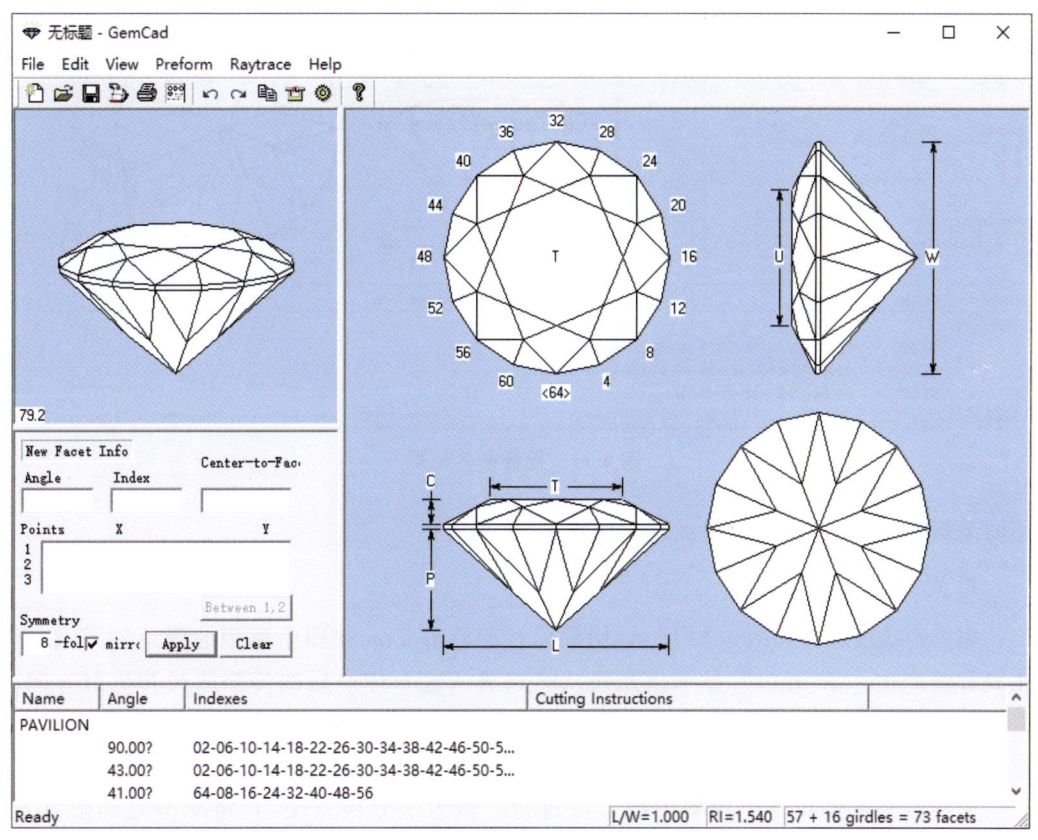

图 4-10 设计台面

(2) 选用菜单栏中的编辑(Edit)/按序命名(Rename in order)命令,会弹出一个批量命名刻面(Rename Facet in Sequence)对话框,在亭部名称符号(Pavilion Style)和冠部名称符号(Crown Style)下分别选择一种名称符号,再点击 OK 按钮退出对话框,系统会自动对所有刻面一次性批量命名(图 4-11)。

(三) 光效分析

GemCad 可以对所创建或已有的琢型进行单光线跟踪以分析宝石的光学效果,并可

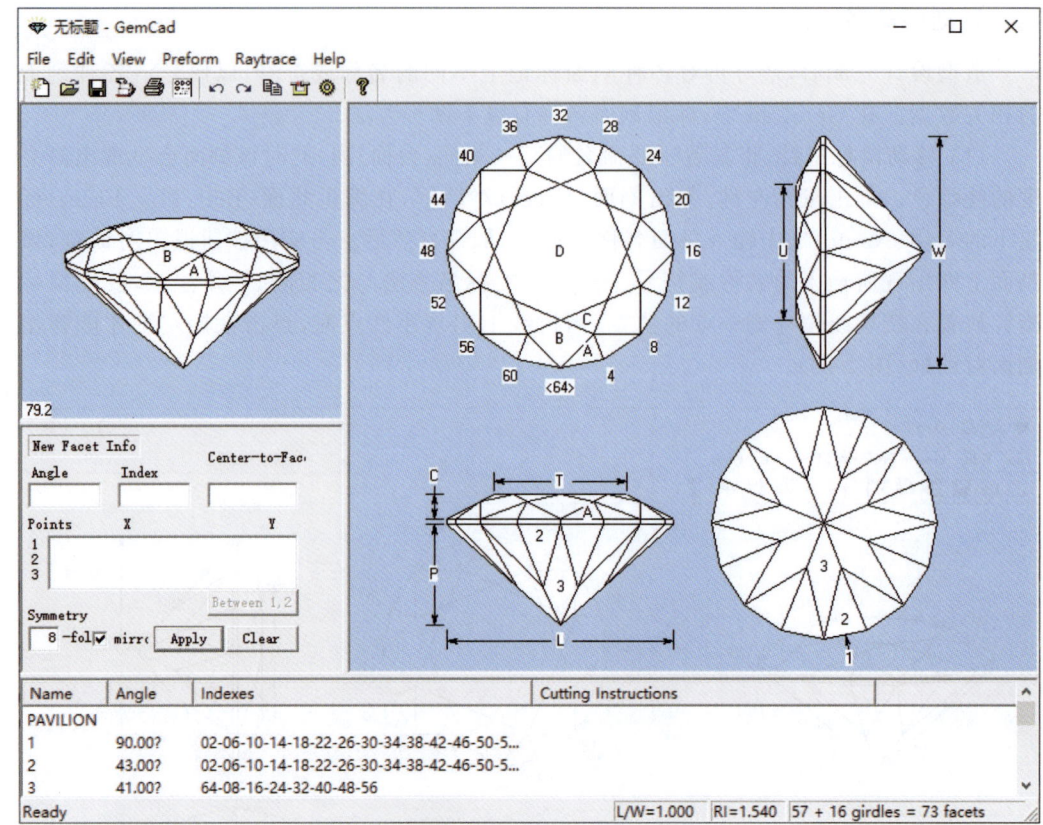

图 4-11　批量命名刻面

适时编辑修改琢型数据，调整优化琢型角度。

1. 光线的跟踪与擦除

（1）光线跟踪。如图 4-12 所示，用鼠标右键单击 Top 视图中琢型的任意刻面，在点击处都将产生一条"光线"，显示出光线从该点进入宝石体内后的传播路径和出射方向。入射和出射宝石琢型的光线显示为紫红色线段，在宝石琢型内部的光线显示为亮绿色线段。

光线跟踪操作在各个视图中都可以进行。但为了分析方便，宜将琢型冠部图置于 Top 视图中，并让光线从左右入射和出射，这样有利于在 End 视图中分辨光线的传播路径和方向。

如果入射光线从冠部出射，表明全反射效果较好；如果光线从亭部折射出体外，则表明漏光。

（2）光线擦除。调用菜单栏中的光线追踪（Raytrace）/擦除光线（Erase Rays）命令，或按快捷键 Ctrl+D，即可清除所有光线。

2. 琢型的光学效果分析

通过光线跟踪操作，可以很直观地看到"光线"从琢型的各个部位入射到出射的整个

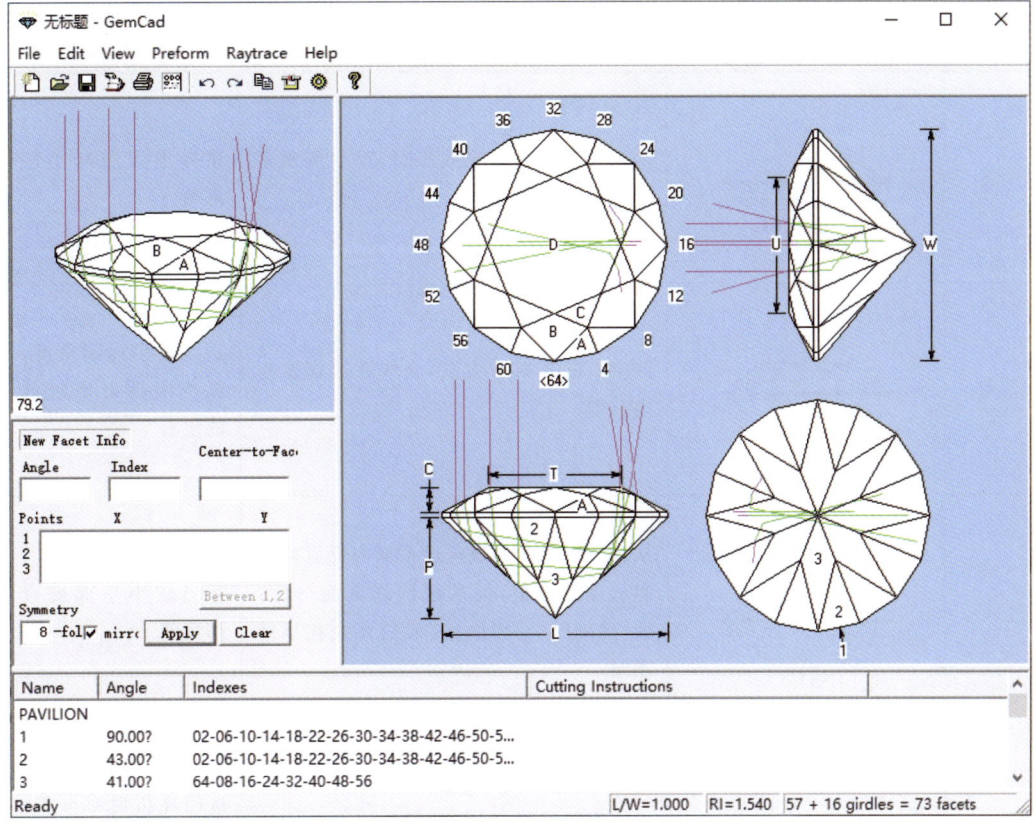

图 4-12 光线跟踪

传播路径,分析琢型各部分的角度对光线折射和反射的影响,评价其光学效果。

在琢型光效分析中,常见问题及解决方法见表 4-1 中的图示和说明。

表 4-1 琢型光效分析的常见问题及解决方法

序号	光效分析图	存在的问题	解决方法
1		因亭部太浅,入射光线直接穿过亭部刻面而漏失,致使台面下显"开窗"现象	将全部亭部角度增大,使之大于临界角
2		因亭部太深,入射光线经过亭部的一侧刻面反射后,在经过另一侧刻面时发生泄露	将全部亭部角度减小,直至光线在亭部全反射

表4-1（续）

序号	光效分析图	存在的问题	解决方法
3	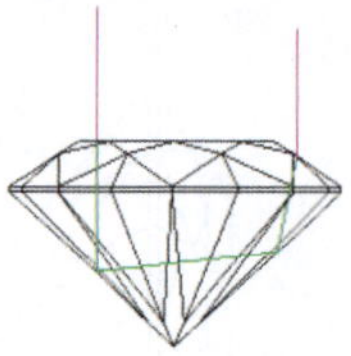	入射光线与出射光线平行，反射到观察者视线的光变暗	稍微增大或减小亭部角度
4	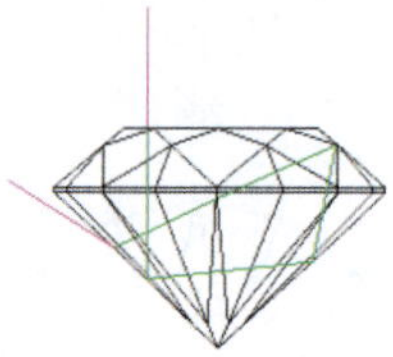	因宝石的折射率太高，光线在冠部发生内反射	适当减小冠部角度，或使用折射率较低的宝石
5	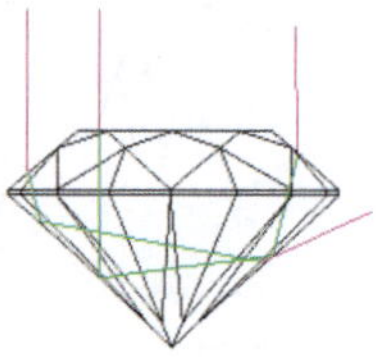	从台面入射的光线经过亭部内反射后都能从冠部出射，但从冠部斜刻面（冠主面、星刻面、上腰面）入射的光线在亭部泄漏	适当减小亭部或冠部角度
6	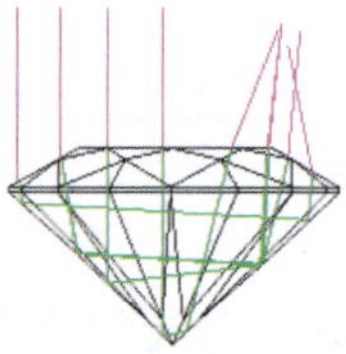	对于水晶材料，部分出射光线汇聚成较小的上尖锥影	选用高折射率宝石，或适当增大冠部角度

（四）修改刻面角度

如图4-13所示，用鼠标左键点击四视图中琢型的任意刻面，会弹出刻面（Facet）对话框，允许对刻面相关参数进行修改编辑。

如果宝石琢型有漏光现象，就需要修改刻面角度。在刻面（Facet）对话框下部的新角度（New angle）输入框中输入新的角度值，然后用鼠标点击应用按钮。应用新的刻面角度数据后，再进行光线跟踪分析，检验宝石的全反射状况，使琢型角度达到最优化程度。

（五）打印输出

1. 打印

执行菜单栏中的文件（File）/打印（Print）或打印预览（Print Preview）命令，或点出工具栏上的打印按钮 🖨 或打印预览按钮 🔍，即可打印或预览所设计的琢型及其相关数据，如图4-14所示。

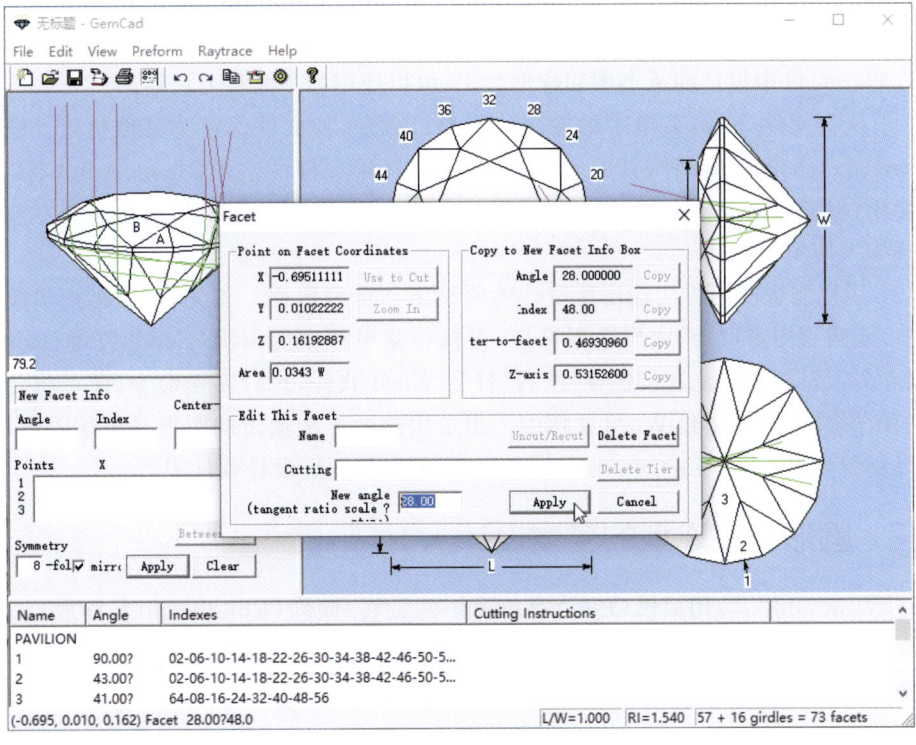

图 4-13 修改刻面角度

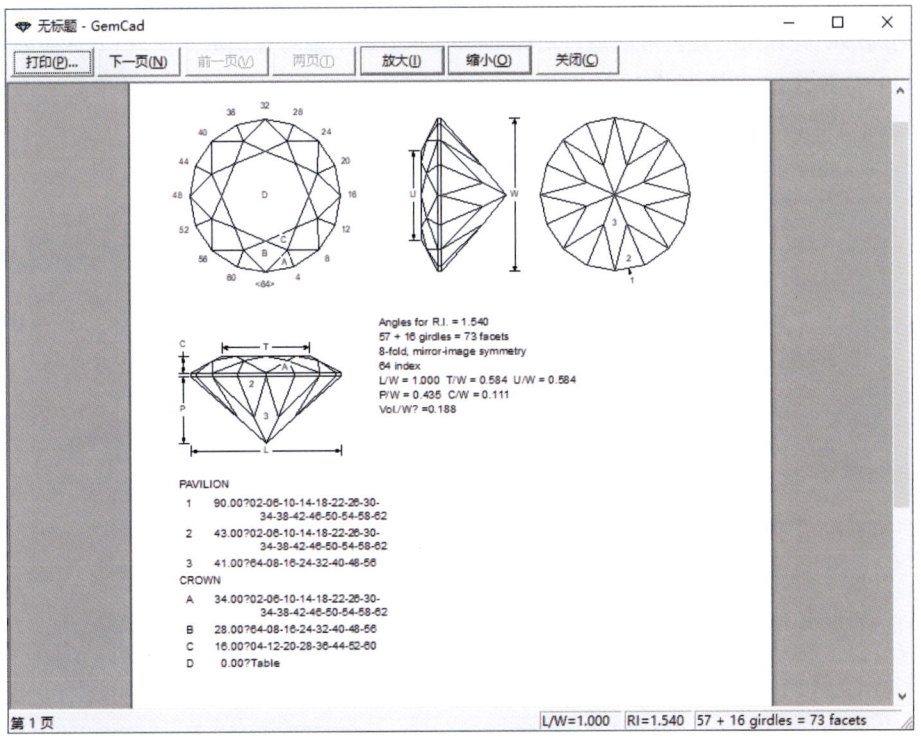

图 4-14 打印预览琢型及相关数据

2. 输出

在 GemCad 中设计的琢型图和琢型数据,可以使用如下两种方法输出。

(1) 执行文件(File)菜单中的输出(Export)命令,将文件保存为其他格式。输出格式有 wrl、dxf、b3d、thb 4 种,其中 wrl、dxf 格式的图形文件可导入 Rhino、AutoCAD 等软件中使用,但显示效果不太好,另外两种格式的琢型文件则只能用其他相应的专业软件打开或导入使用。

(2) 用复制视图的方法输出所设计的琢型图和琢型数据。首先,用鼠标点出旋转视图窗口,或四视图窗口,或琢形数据窗口,再执行菜单栏中的编辑(Edit)/复制(Copy)命令,或点击工具栏上的复制按钮；然后,打开 Word 软件,执行粘贴命令,即可将相应视窗中的图形或数据复制到 Word 文档中。由于用这种方法输出的图形是矢量图形,因此也可以复制到 Adobe Illustrator、CorelDRAW 等矢量图形设计软件中。

三、圆形明亮琢型的变型设计

在 GemCad 中,应用编辑(Edit)菜单栏中的旋转/倾斜(Rotate/Tilt)、缩放(Scale)、居中(Center)、反射(Reflect)等命令,可以将已有的琢型模型改变为其他的琢型。例如,在标准圆形明亮琢型的建模基础上,可以轻易地将其改变为椭圆形、蛋形、橄榄形、心形等明亮琢型变型。

1. 椭圆形明亮琢型（▶ 参见实操教学视频 1-3）

椭圆形明亮琢型的建模可以通过对圆形明亮琢型的单轴对称缩放来实现,具体步骤如下。

(1) 打开之前建模制作的标准圆形明亮琢型,并调用编辑(Edit)菜单栏中的缩放(Scale)命令,如图 4-15 所示。

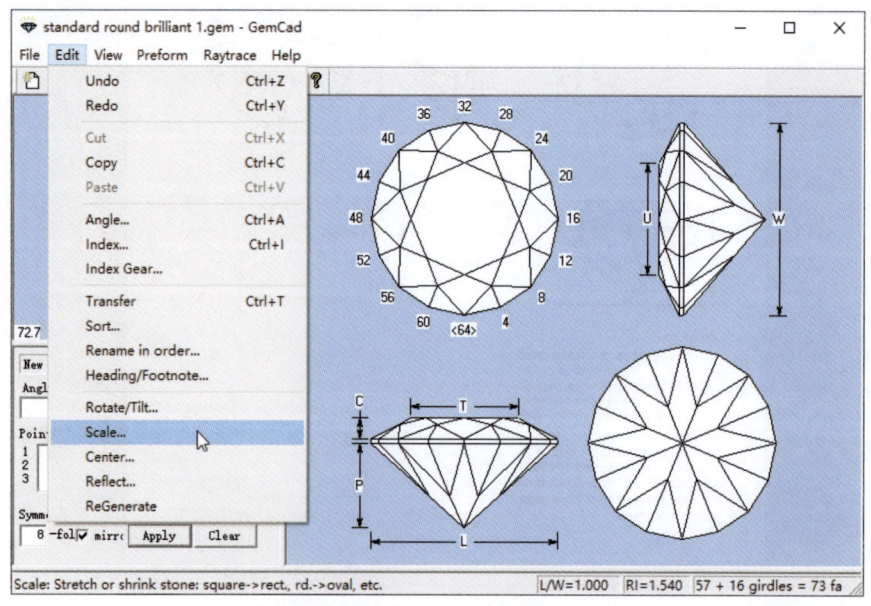

图 4-15 打开标准圆形明亮琢型并调用缩放命令

（2）点击缩放命令后，会打开缩放：拉伸或收缩（Scale：Stretch or Shrink）对话框[图4-16(a)]，在其左侧的方向（Direction）选项中勾选 X 复选框，在右侧乘数（Multiply）框中输入 7，除数（Divide）框中输入 10（数字后会自动生成 4 位小数），其意思是将琢型沿 X 轴方向缩短 7/10。用户也可按所需要的椭圆形状输入其他数字，然后点击 OK 按钮。接着会弹出分度轮误差提示框[图 4-16(b)]，其中列出了这种变形会导致的不同分度轮误差值，供用户调整分度轮设置时参考，点击"是(Y)"按钮；接着弹出分度轮（Index Gear）设置面板[图 4-16(c)]，将数值（Number of）设为 96，即改用分度误差相对较小的 96 分度轮，点击 OK 按钮。

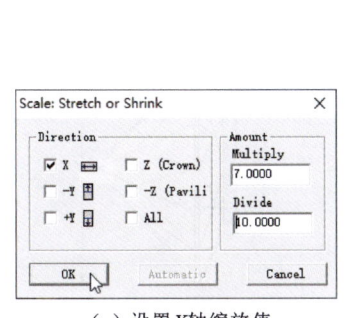 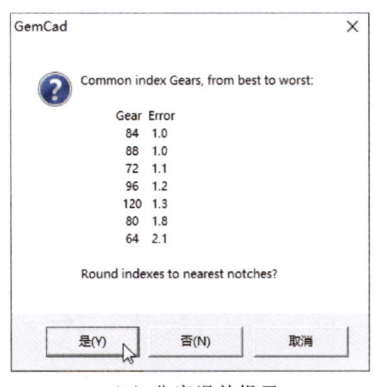 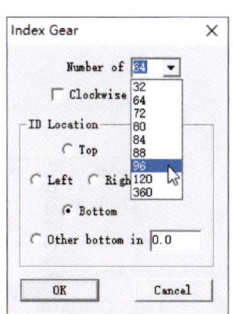

（a）设置X轴缩放值　　　　（b）分度误差提示　　　　（c）设置分度轮

图 4-16　设置缩放值和分度轮

（3）设置完 X 轴向缩放值和圆周分度轮后，琢型即刻由圆形明亮琢型变为椭圆形明亮琢型（图 4-17）。需要注意的是，如果要保留原来的圆形明亮琢型，需要使用文件（File）菜单中的另存为（Save as）命令，将变形后的琢型另存，并以新的椭圆形琢型名命名，否则该琢型将会取代原琢型文件。

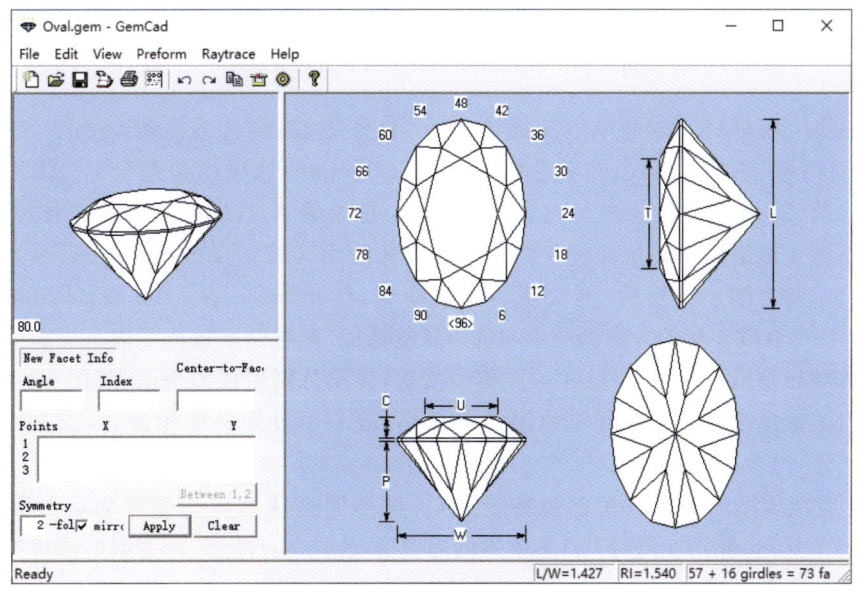

图 4-17　椭圆形明亮琢型

2. 蛋形明亮琢型（▶ 参见实操教学视频 1-4）

蛋形明亮琢型的建模可以通过对圆形明亮琢型的单轴单向拉伸来实现，方法和步骤与制作椭圆形明亮琢型基本相同。

（1）打开之前制作的标准圆形明亮琢型，并在 Top 视图中单击分度轮上的 64 分度数字，打开分度轮（Index Gear）对话框，从中重新设置使用 96 分度轮，如图 4-18 所示。

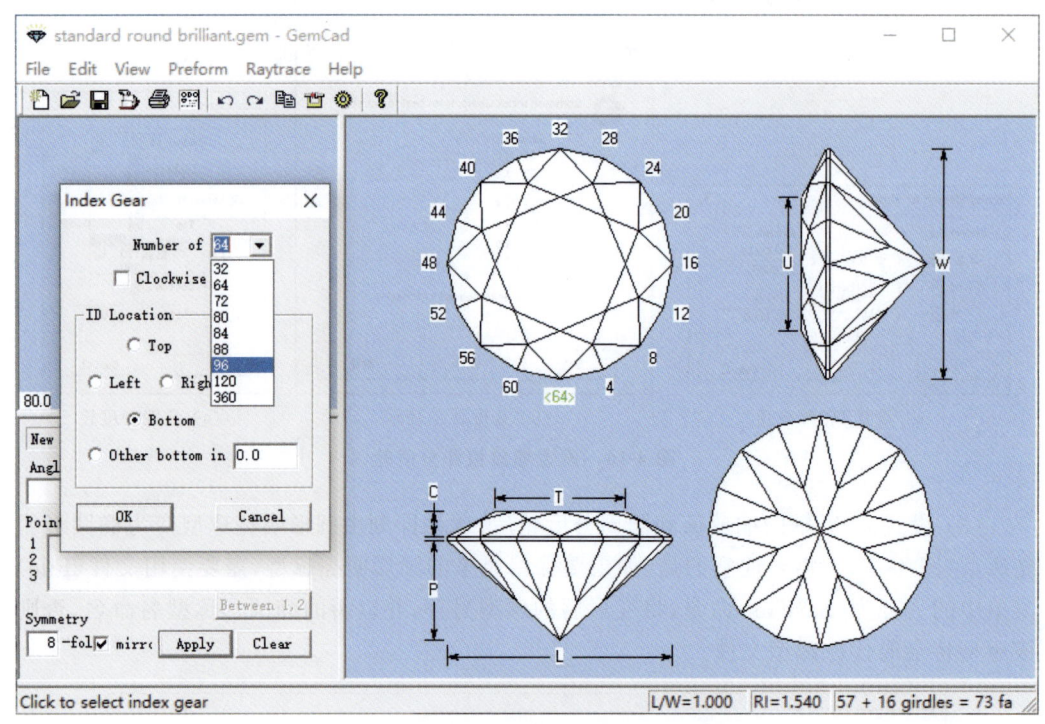

图 4-18　打开圆形明亮琢型及重设分度轮

（2）使用编辑（Edit）菜单中的缩放命令，打开缩放：拉伸或收缩（Scale：Stretch or Shrink）对话框[图 4-19（a）]，在其左侧的方向（Direction）选项中勾选全部（All）复选框，在右侧乘数（Multiply）框中输入 3，除数（Divide）框中输入 4，即是将琢型整体缩小 3/4，其作用是防止琢型因单轴拉伸过长而超出分度轮显示区域。点击 OK 按钮，琢型在各视图中的显示随之缩小。然后，再次调用缩放命令，打开 Scale：Stretch or Shrink 对话框[图 4-19（b）]，在其左侧的方向选项中勾选 −Y 复选框，在右侧乘数框中输入 1.4，除数框中输入 1，即将琢型沿 −Y 轴方向拉伸 1.4 倍。接着，弹出分度轮误差提示框[图 4-19（c）]，根据其列出的数据可知，96 分度轮的误差值最小，故不用改变分度轮设置，点击"否（N）"按钮。

（3）完成琢型沿 −Y 轴单向拉伸设置后，圆形明亮琢型随即变形为蛋形明亮琢型（图 4-20）。然后，使用文件（File）菜单中的另存为（Save as）命令，将变形后的琢型另存并以新的蛋形琢型名命名。

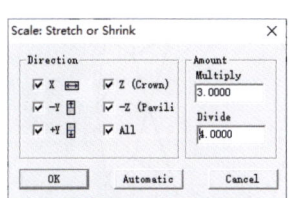 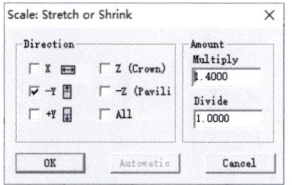 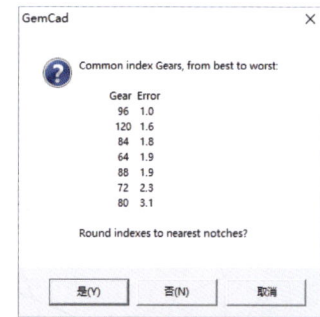

（a）设置全轴向缩小　　　　（b）设置-Y轴向拉伸　　　　（c）分度误差提示

图 4-19　设置缩放值及分度误差提示

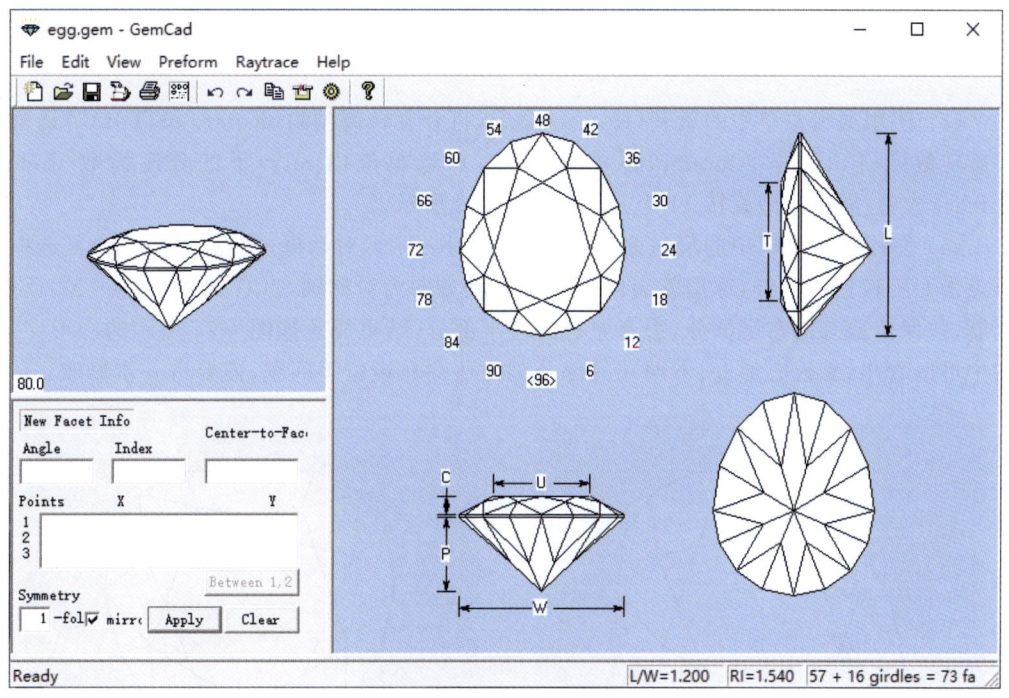

图 4-20　蛋形明亮琢型

3. 心形明亮琢型（参见实操教学视频 1-5）

心形明亮琢型的建模也可以由标准圆形明亮琢型通过变形方法得到，但这个操作过程比较复杂。下面主要用 Top 视图界面介绍操作过程。

（1）打开之前制作的标准圆形明亮琢型，设置为 96 分度轮，如图 4-21 所示。

（2）使用编辑菜单中的缩放命令，在 Scale:Stretch or Shrink 对话框中勾选轴向 X 复选框，乘数框中输入 3，除数框中输入 4，即将琢型沿 X 轴方向缩小 3/4，变成椭圆形琢型，如图 4-22 所示。

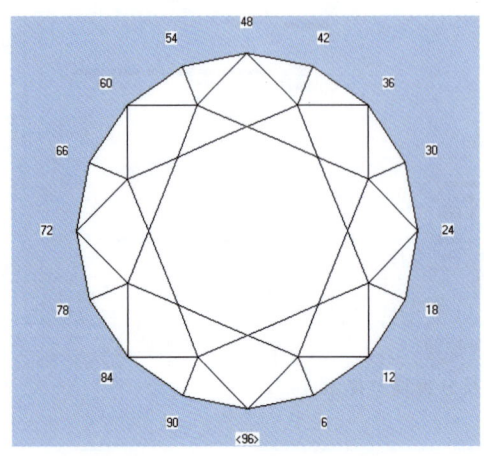

图 4-21　打开标准圆形明亮琢型

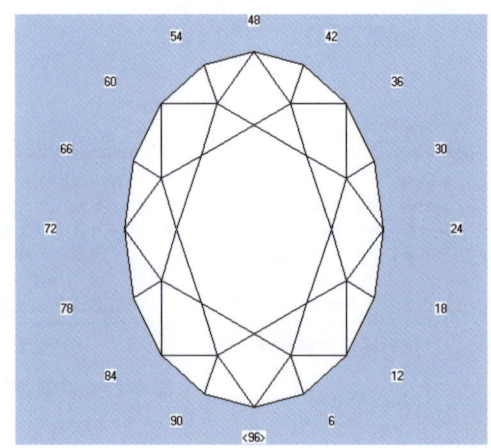

图 4-22　用缩放命令将琢型单轴缩变为椭圆形

（3）使用编辑菜单中的旋转（Rotate）命令，打开旋转或倾斜（Rotate or Tilt）对话框，在旋转数量（Rotation Amount）框中输入 11，点选单位（Units）下的分度齿数（Index notche）选项，即将琢型旋转 11 个分度，如图 4-23 所示。

（4）使用编辑菜单中的反射命令，弹出反射（Reflect）对话框，先点选轴向 X 复选框，再点击 OK 按钮。这样，琢型就会以视图的 Y 轴方向为对称轴，自右（X）向左（−X）反射复制，并保留原有的右半部分，丢弃原有的左半部分，结果成为如图 4-24 所示的心形。从图中可以看出，靠近心形上、下两端的部分刻面还存在错位等问题，需要进一步修改。

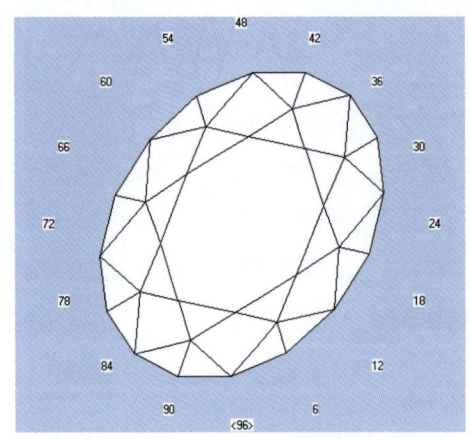

图 4-23　用旋转命令将琢型旋转 11 分度

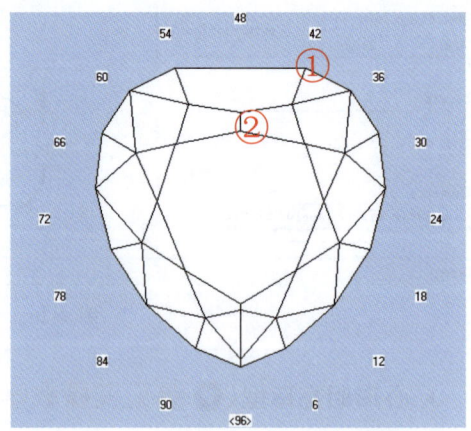

图 4-24　用反射命令将琢型调整为心形

（5）用鼠标先后点击靠近心形上端的刻面交点①和②（图 4-24），并同时在弹出的交点（Meet Point）对话框中点击用于切磨（Use to Cut）按钮，然后在新刻面信息（New Facet Info）窗口输入分度 46，点击切磨刻面（Cut Facet）按钮，形成如图 4-25 所示的图形。

（6）用鼠标依序点击心形上端的刻面交点②、③和④（图 4-25），并同时在弹出的

Meet Point 对话框中点击 Use to Cut 按钮,然后在 New Facet Info 窗口点击 Cut Facet 按钮,于是形成如图 4-26 所示的图形。

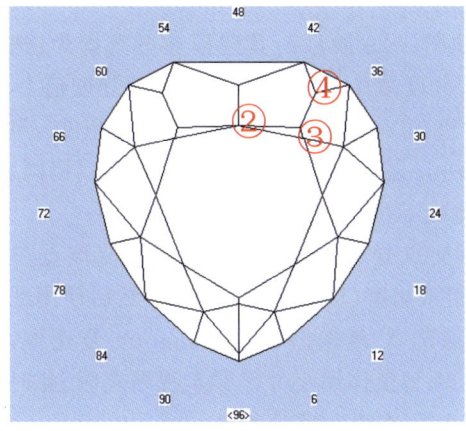

图 4-25　修改心形上端的主面及星面

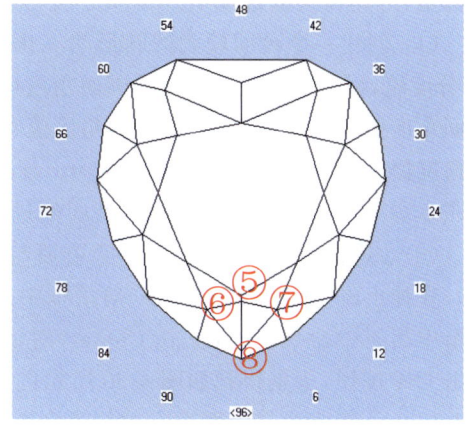

图 4-26　修改心形下端的主面

(7) 用鼠标依序点击靠近心形下端的刻面交点⑤、⑥、⑦和⑧(图 4-26),并同时在弹出的 Meet Point 对话框中点击 Use to Cut 按钮,然后在 New Facet Info 窗口点击 Cut Facet 按钮,于是形成如图 4-27 所示的图形。

(8) 最后,用鼠标点击心形下端的棱线中点⑤,弹出 Point on Edge 对话框,将其边长分数框中的数值改为 0.5,再点击 Use to Cut 按钮,接下来点击刻面交点⑨和⑩(图 4-27),并同时在弹出的 Meet Point 对话框中点击 Use to Cut 按钮,然后在 New Facet Info 窗口点击 Cut Facet 按钮,于是形成如图 4-28 所示的心形明亮琢型。

至此,通过上述的变形和修改操作,成功使标准圆形明亮琢型转变为心形明亮琢型。

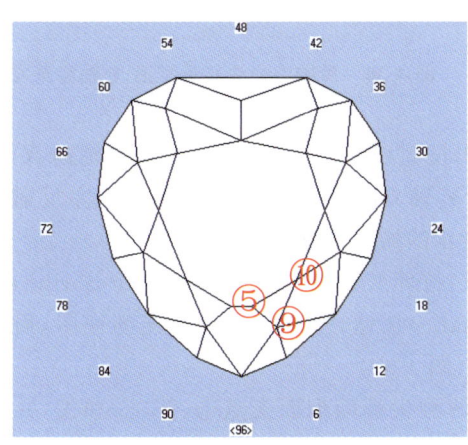

图 4-27　修改心形下端的星刻面

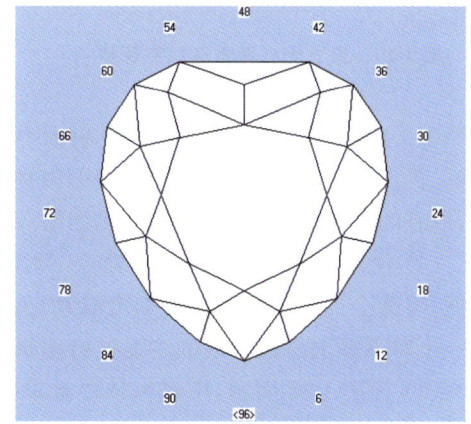

图 4-28　心形明亮琢型

4. 橄榄形明亮琢型（ ▶ 参见实操教学视频 1-6）

橄榄形明亮琢型的建模也可以使用编辑菜单中的反射(Reflect)等命令功能,通过对圆形明亮琢型的变形来实现。但由于橄榄形琢型的形态比较细长，由圆形明亮琢型变形为橄榄形明亮琢型后，台面会大幅缩小变窄，因而需要首先建立一个台面较大的圆形明亮琢型，将其作为基础模型。具体方法和步骤如下。

（1）创建一个台面较大的圆形明亮琢型，如图4-29所示。其建模参考数据为：选择96分度轮，设置对称值为12，腰围面角度值90、分度值2，下腰面角度值42、分度值2，亭主面角度值41、分度值96，上腰面角度值40、分度值2，冠主面角度值35、分度值96，星刻面角度值21、分度值4，台面角度值0。建模方法与之前制作标准圆形明亮琢型相同，可参照本章第一节标准圆形明亮琢型实例进行，此处不再赘述。

（2）如图4-29所示，在8分度边棱与刻面交点处单击鼠标（其作用是使该点位居中），在弹出的交点（Meet Point）对话框中点击用于切磨（Use to Cut）按钮，然后使用编辑菜单中的居中命令，弹出居中（Center）对话框，点选X复选框和Use Point 1复选框，再点击OK按钮，于是得到如图4-30所示的图形，琢型整体缩小并偏移至视图左侧，此时所点取的8分度边棱与刻面交点被位移到视图中心的Y轴坐标线上。

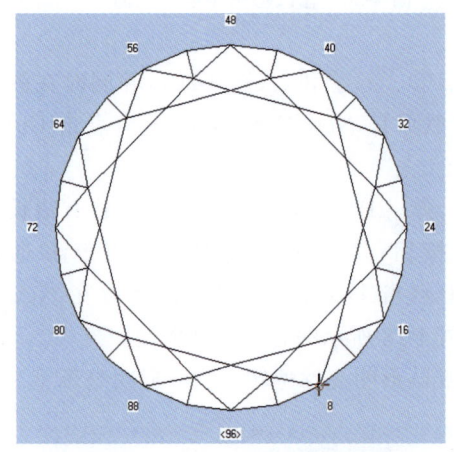

图4-29　建立大台面圆形明亮琢型

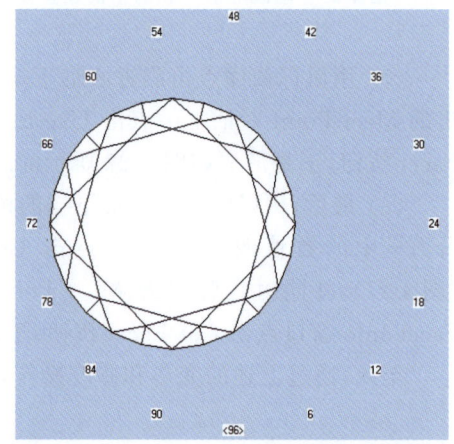

图4-30　用居中命令将琢型沿X轴移至左边

（3）接着执行编辑菜单中的反射命令，弹出反射（Reflect）对话框，先点选轴向X复选框，再点击OK按钮。这样，使图形以视图的Y轴方向为对称轴，右半部分向左反射复制，原有的左半部分自动消失，形成如图4-31所示的橄榄形琢型。

（4）使用编辑菜单中的缩放命令，弹出缩放：拉伸或收缩（Scale：Stretch or Shrink）对话框，勾选全部（All）复选框，点击自动（Automatic）按钮，使琢型放大至充满视图，便于下一步对琢型上靠近两端的刻面进行编辑修改（图4-32）。

（5）如图4-32所示，用鼠标依序选取靠近琢型尖端的刻面交点①、②、③和④，并同时在弹出的 Meet Point 对话框中点击 Use to Cut 按钮，在 New Facet Info 窗口点击 Cut Facet 按钮，结果会在这4个交点之间产生1个近似菱形的主刻面；接着用鼠标依序选取如图4-33所示棱线中点①及刻面交点③和⑤，同时在弹出的 Meet Point 对话框中点击 Use to Cut 按钮，在 New Facet Info 窗口点击 Cut Facet 按钮，就会将这三点间的刻面修改成完美的星刻面。由于对称性原因，其他对应部位的刻面也同时被修改。

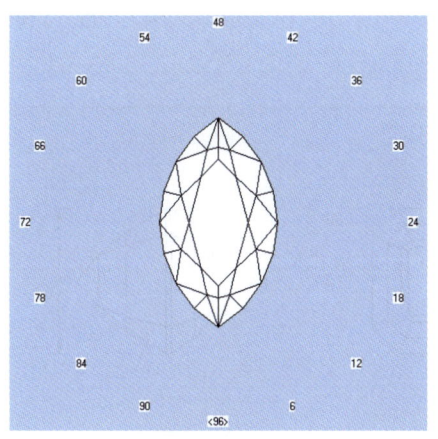

图 4-31 用反射命令将琢型变为橄榄形

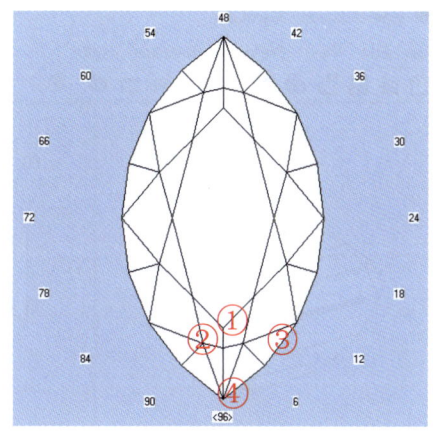

图 4-32 放大琢型并修改两端的主刻面

(8) 最后,使用编辑菜单中的缩放命令,在 Scale:Stretch or Shrink 对话框中勾选 X 复选框,在乘数框中输入 1.73,除数框中输入 2,点击 OK 按钮,结果使琢型变得窄长,使长宽比 L/W=2,呈现如图 4-34 所示完美的橄榄形明亮琢型。

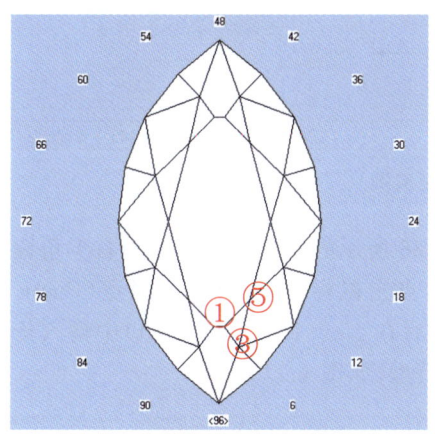

图 4-33 修改琢型两端的星刻面

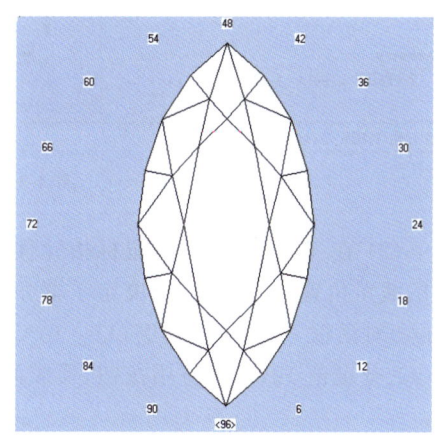

图 4-34 橄榄形明亮琢型

四、祖母绿琢型的设计（ 参见实操教学视频 1-7）

祖母绿琢型为典型的阶梯琢型,其特点是腰棱形态呈截角矩形,或称截角长方形,梯形刻面与腰棱平行并成层排列。学习掌握该琢型的设计方法,有助于仿照设计并制作其他的多边形阶梯琢型。用 GemCad 设计的祖母绿琢型实例如图 4-35 所示。

祖母绿琢型的制作方法和步骤如下。

(1) 在新刻面信息(New Facet Info)窗口中输入角度值 90、分度值 96、对称值 4,并勾选镜像(mirror)复选框,然后点击切磨刻面(Cut Facet),于是在视图中出现一个正方形的模型,如图 4-36 所示。

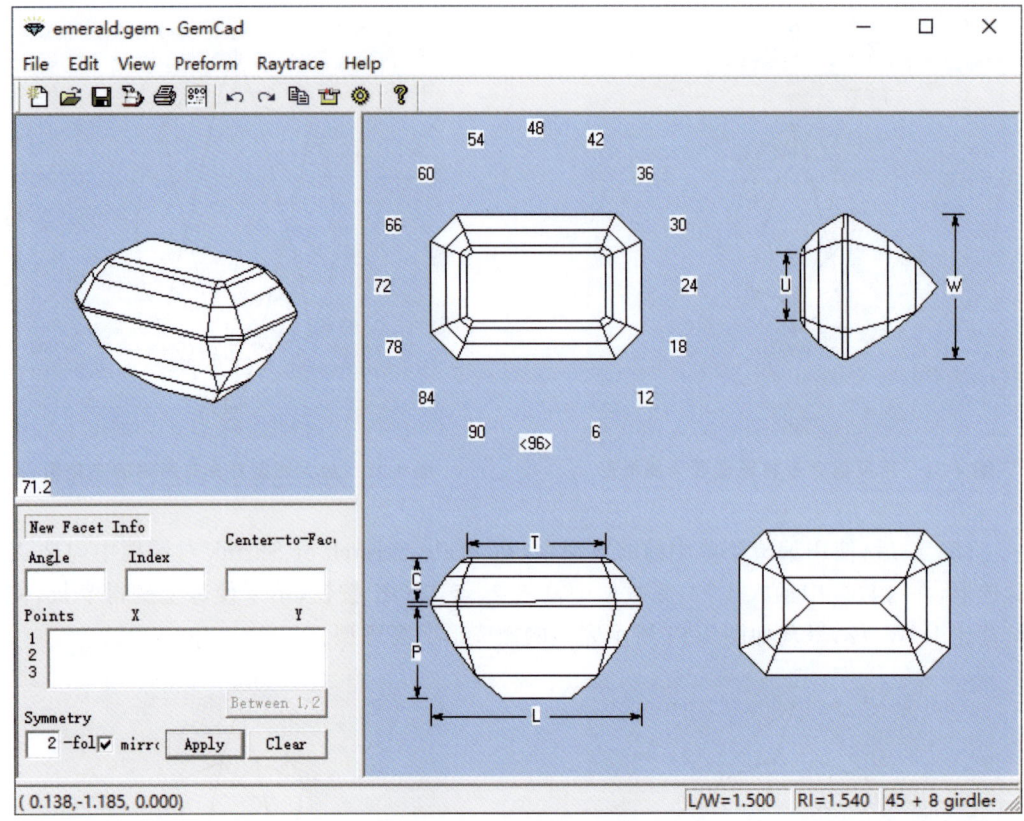

图 4-35 祖母绿琢型实例

（2）在 Top 视图中，将鼠标指针移动到如图 4-36 所示的靠近正方形模型右下角棱线上的截角位置（注意此点位决定了截角边的长度），点击鼠标左键，弹出边缘点（Point on Edge）对话框，点击用于切磨（Use to Cut）按钮，然后在 New Facet Info 窗口中输入角度值 90、分度值 12，点击应用按钮，形成截角正方形模型，如图 4-37 所示。

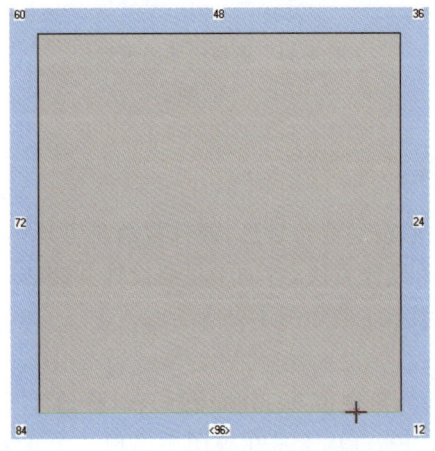

图 4-36 建立正方形模型及选取截角点

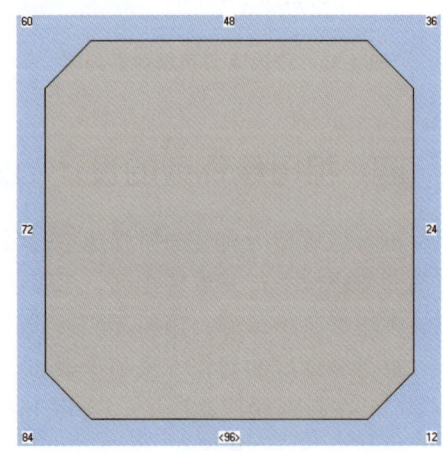

图 4-37 形成截角正方形模型

(3) 接下来可以采用居中移动和反射结合法,将截角正方形模型转变为所需比例的截角矩形。由于一般公认祖母绿琢型的长宽比 L/W=1.5 时,形态比较美观,而比率 1/1.5≈0.666 7,故取 0.666 7÷2=0.333 3 作为短轴方向(沿 Y 轴向上)位移模型的距离值。首先在 New Facet Info 窗口中 Points 1 后输入坐标点(0,0.3333,0),然后执行编辑菜单中的居中(Center)命令,在弹出的对话框中,点选 Y 复选框和 Use Point 1 复选框,再点击 OK 按钮,使模型按指定坐标点沿 Y 轴上移居中,如图 4-38 所示。

(4) 接着,执行编辑菜单中的反射(Reflect)命令,在弹出的对话框中点击 Y 复选框和 OK 按钮,于是得到设计所需的截角矩形,其长宽比 L/W=1.5,即为祖母绿琢型的理想腰形,如图 4-39 所示。

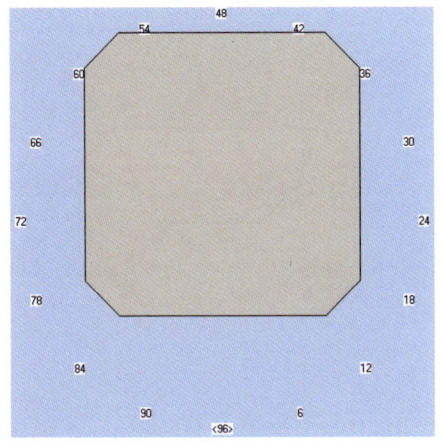

图 4-38 将模型按指定坐标点上移居中

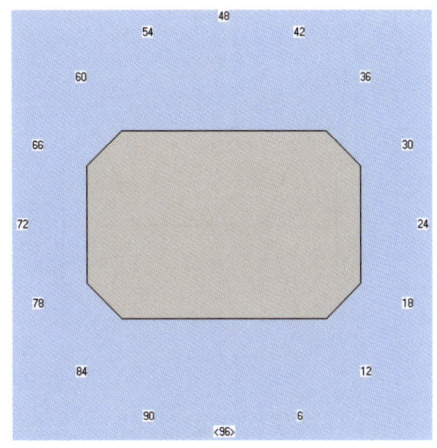

图 4-39 使用反射命令将模型变成截角矩形

(5) 在 End 视图中,将鼠标指针移动到如图 4-40 所示的位置并点击,用作分割琢型腰棱和亭部一层长边刻面的切割点,在弹出的 Facet 对话框中点击 Use to Cut 按钮,然后在 New Facet Info 窗口中输入角度值 61、分度值 96,点击应用按钮,于是切磨出亭部一层长边的对应刻面(图 4-41)。

(6) 接着,将鼠标移动到如图 4-41 所示的交点位置并点击,用作分割亭部一层截角边刻面的切割点,在弹出的交点(Meet Point)对话框中点击 Use to Cut 按钮,然后在 New

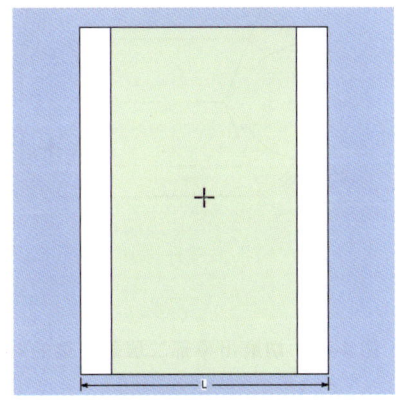

图 4-40 在 End 视图选取亭部一层长边刻面切割点

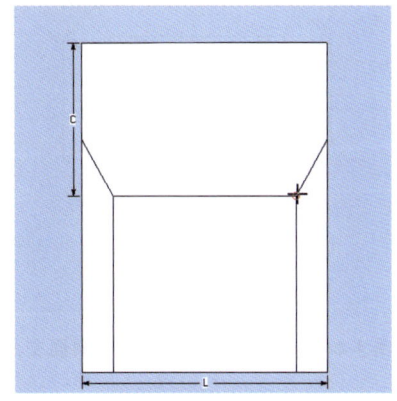

图 4-41 切磨出亭部一层长边的对应刻面

Facet Info 窗口中输入角度值 61、分度值 12,点击应用按钮,于是切磨出亭部一层截角边的对应刻面。

(7) 切换到 Top 视图,将鼠标移动到如图 4-42 所示的刻面交点位置并点击,用作分割亭部一层短边刻面的切割点,在弹出的 Meet Point 对话框中点击 Use to Cut 按钮,然后在 New Facet Info 窗口中输入角度值 61、分度值 24,点击应用按钮,于是切磨出亭部一层短边的对应刻面。

(8) 将鼠标定位到如图 4-43 所示的棱线上约 1/2 的中点位置并点击,在弹出的 Point on Edge 对话框中点击 Use to Cut 按钮,然后在 New Facet Info 窗口中输入角度值 51、分度值 96,点击应用按钮,于是切磨出亭部二层长边的对应刻面。

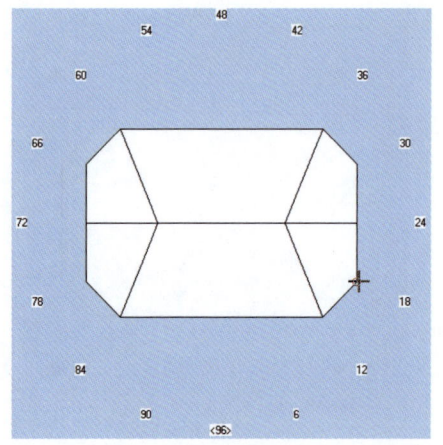
图 4-42　在 Top 视图选取亭部一层短边刻面交点

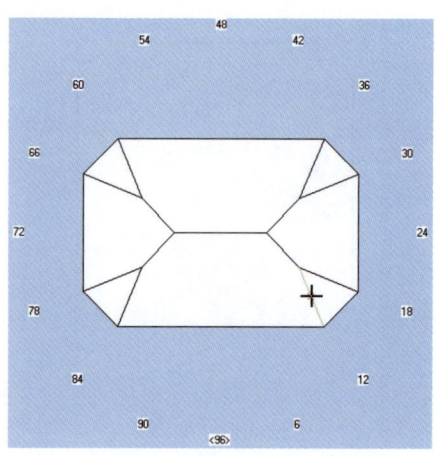
图 4-43　选取亭部二层长边刻面分割点

(9) 将鼠标定位到如图 4-44 所示的刻面交点位置,在弹出的 Meet Point 对话框中点击 Use to Cut 按钮,然后在 New Facet Info 窗口中输入角度值 51、分度值 12,点击应用按钮,于是切磨出亭部二层截角边的对应刻面(图 4-45)。

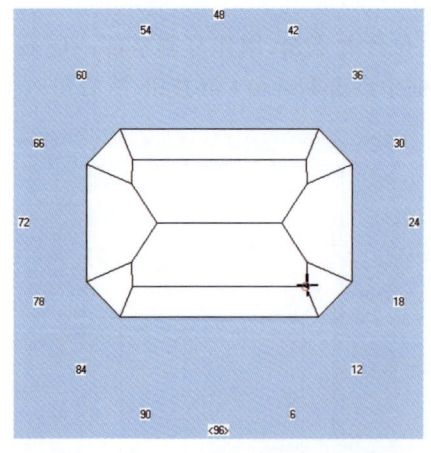
图 4-44　选取亭部二层截角边刻面交点

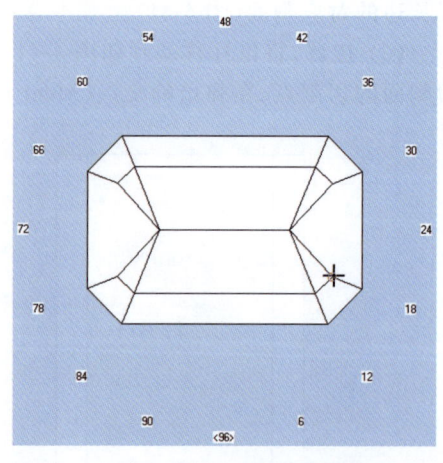
图 4-45　切磨出亭部二层截角边的对应刻面

(10) 将鼠标定位到如图 4-45 所示的刻面交点位置,在弹出的 Meet Point 对话框中点击 Use to Cut 按钮,然后在 New Facet Info 窗口中输入角度值 51、分度值 24,点击应用按钮,于是切磨出亭部二层短边的对应刻面。

(11) 将鼠标定位到如图 4-46 所示的刻面交点位置,在弹出的 Meet Point 对话框中点击 Use to Cut 按钮,然后在 New Facet Info 窗口中输入角度值 41、分度值 96,点击应用按钮,于是切磨出亭部三层长边的对应刻面。

(12) 将鼠标定位到如图 4-47 所示的刻面交点位置,在弹出的 Meet Point 对话框中点击 Use to Cut 按钮,然后在 New Facet Info 窗口中输入角度值 41、分度值 24,点击应用按钮,于是切磨出亭部三层短边的对应刻面(图 4-48)。至此,亭部制作完成。

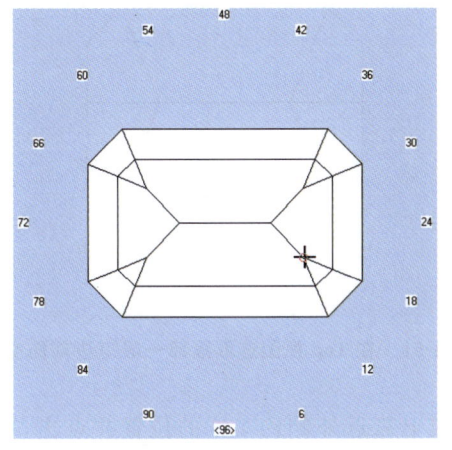

图 4-46　选取亭部三层长边刻面交点

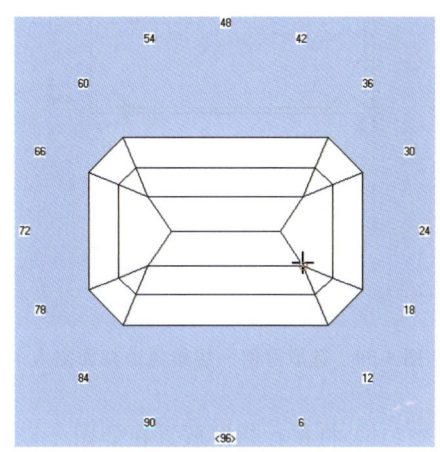

图 4-47　选取亭部三层短边刻面交点

(13) 切换到 End 视图,点击工具栏中的转换按钮 ,使琢型亭部朝下,开始制作琢型冠部。将鼠标指针定位到如图 4-49 所示的位置并点击,用作分割琢型腰棱和冠部一层长边刻面的切割点,在弹出的 Facet 对话框中点击 Use to Cut 按钮,然后在 New Facet Info 窗口中输入角度值 58、分度值 96,点击应用按钮,于是切磨出冠部一层长边的对应刻面。

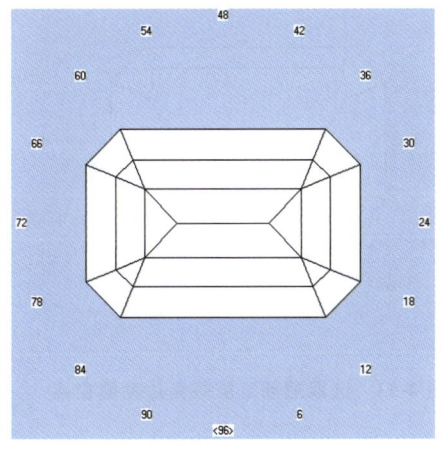

图 4-48　亭部制作完成

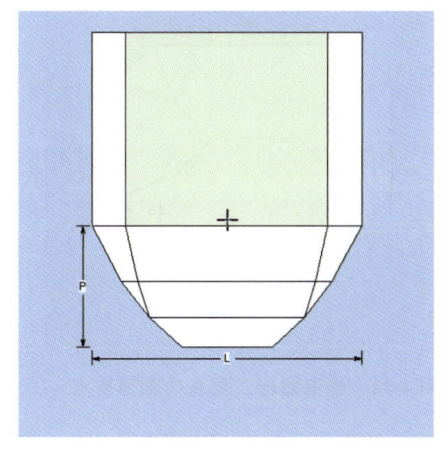

图 4-49　在 End 视图选取冠部一层长边刻面切割点

(14) 接着,将鼠标指针定位到如图 4-50 所示的刻面交点位置,在弹出的 Meet Point 对话框中点击 Use to Cut 按钮,然后在 New Facet Info 窗口中输入角度值 58、分度值 12,点击应用按钮,于是切磨出冠部一层截角边的对应刻面。

(15) 切换到 Top 视图,将鼠标指针定位到如图 4-51 所示的刻面交点位置,在弹出的 Meet Point 对话框中点击 Use to Cut 按钮,然后在 New Facet Info 窗口中输入角度值 58、分度值 24,点击应用按钮,于是切磨出冠部一层短边的对应刻面。

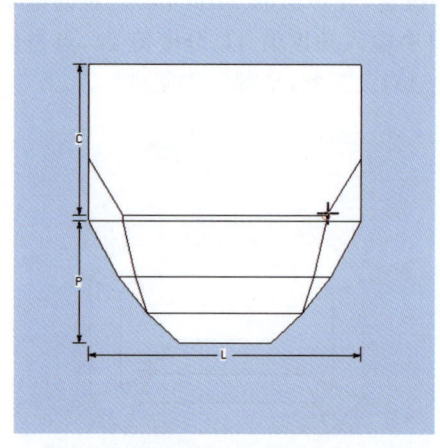 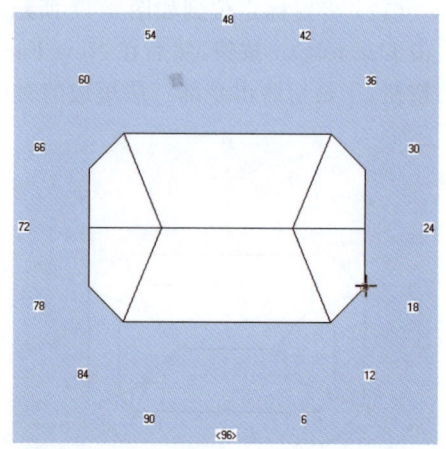

图 4-50　选取冠部一层截角边刻面交点　　　图 4-51　在 Top 视图选取冠部一层短边刻面交点

(16) 将鼠标指针放置在如图 4-52 所示的棱线上靠近外侧约 1/3 的位置并点击,在弹出的 Point on Edge 对话框中点击 Use to Cut 按钮,然后在 New Facet Info 窗口中输入角度值 45、分度值 96,点击应用按钮,于是切磨出冠部二层长边的对应刻面。

(17) 将鼠标指针放置在如图 4-53 所示的刻面交点位置并点击,在弹出的 Meet Point 对话框中点击 Use to Cut 按钮,然后在 New Facet Info 窗口中输入角度值 45、分度值 12,点击应用按钮,于是切磨出冠部二层截角边的对应刻面。

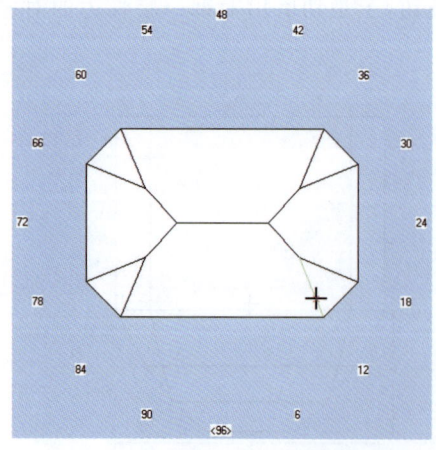 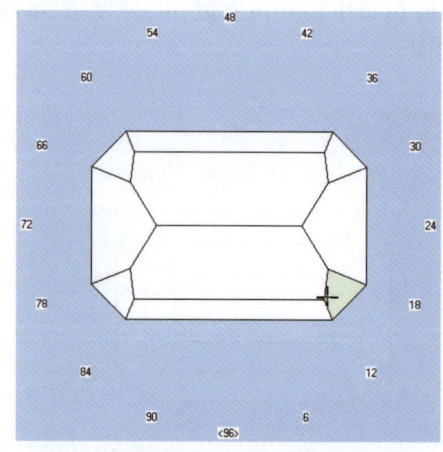

图 4-52　选取冠部二层长边刻面交点　　　图 4-53　选取冠部二层截角边刻面交点

(18) 将鼠标指针放置在如图 4-54 所示的刻面交点位置并点击，在弹出的 Meet Point 对话框中点击 Use to Cut 按钮，然后在 New Facet Info 窗口中输入角度值 45、分度值 24，点击应用按钮，于是切磨出冠部二层短边的对应刻面。

(19) 将鼠标指针放置在如图 4-55 所示的棱线上的中点位置并点击，在弹出的 Point on Edge 对话框中点击 Use to Cut 按钮，然后在 New Facet Info 窗口中输入角度值 30、分度值 96，点击应用按钮，于是切磨出冠部三层长边的对应刻面。

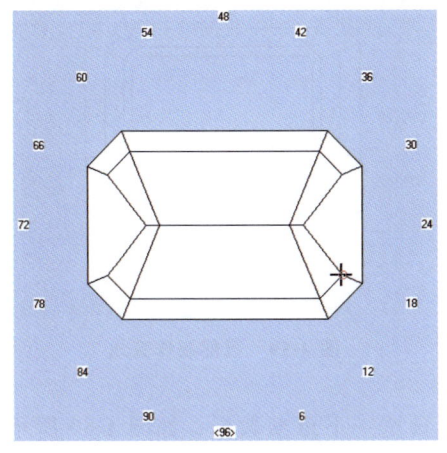

图 4-54　选取冠部二层短边刻面交点

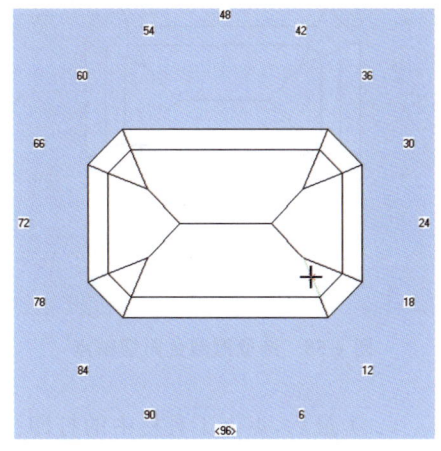

图 4-55　选取冠部三层长边刻面交点

(20) 将鼠标指针放置在如图 4-56 所示的刻面交点位置并点击，在弹出的 Meet Point 对话框中点击 Use to Cut 按钮，然后在 New Facet Info 窗口中输入角度值 30、分度值 12，点击应用按钮，于是切磨出冠部三层截角边的对应刻面。

(21) 将鼠标指针放置在如图 4-57 所示的刻面交点位置并点击，在弹出的 Meet Point 对话框中点击 Use to Cut 按钮，然后在 New Facet Info 窗口中输入角度值 30、分度值 24，点击应用按钮，于是切磨出冠部三层短边的对应刻面。

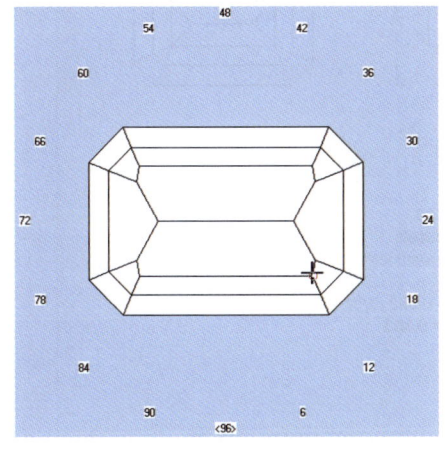

图 4-56　选取冠部三层截角边刻面交点

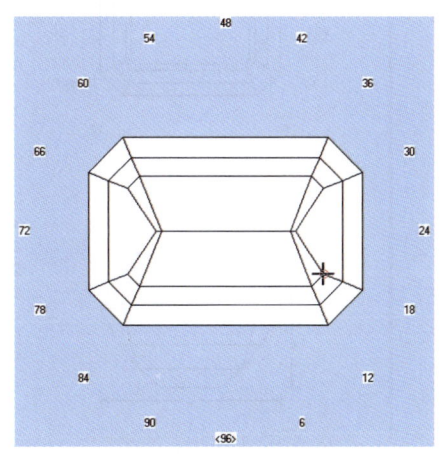

图 4-57　选取冠部三层短边刻面交点

（22）将鼠标指针放置在如图 4-58 所示的棱线上的中点位置并点击，在弹出的 Point on Edge 对话框中点击 Use to Cut 按钮，然后在 New Facet Info 窗口中输入角度值 0，点击应用按钮，于是切磨出冠部的台面。至此，冠部制作完成（图 4-59）。

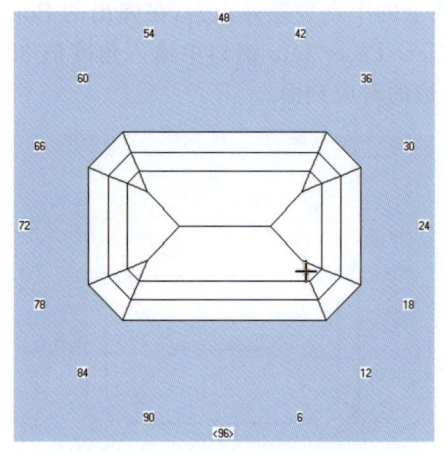
图 4-58　选取冠部台面切割点

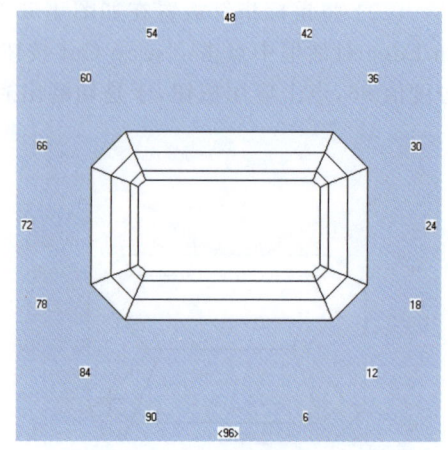
图 4-59　冠部制作完成

（23）最后，点击工具栏中的打印预览按钮，预览一下琢型数据。如图 4-60 所示，琢型的长宽比 L/W=1.500，短轴方向的台宽比 U/W=0.482，分别符合和接近理想的琢型比例。

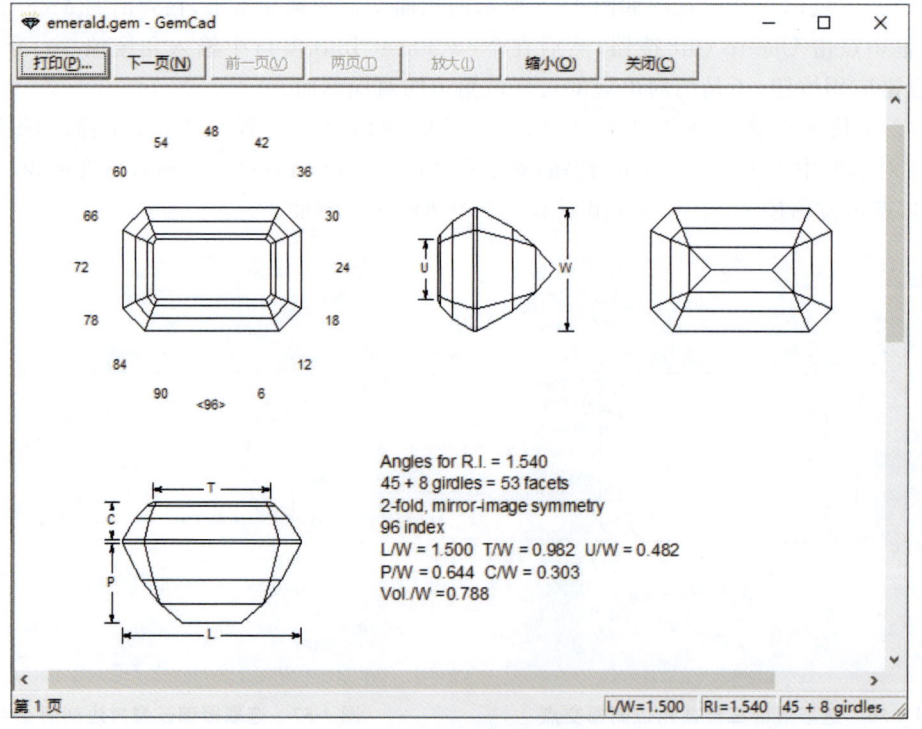
图 4-60　预览琢型数据

第二节 GemRay 宝石琢型渲染

一、GemRay 软件简介（▶ 参见实操教学视频 2-1）

GemRay 是一款使用光线追踪技术渲染宝石图像，预测刻面宝石切磨后的外观，并优化其角度以获得最佳光学效果的电脑辅助设计软件。该软件由 Robert W.Strickland 于 2012 年研发并投放市场，至今仍然为 GemRay for Windows 1.0 版本。学习者可以到官方网站（网址为 www.gemcad.com）下载该软件。

GemRay 主要有以下功能和具体用途。

（1）读取 GemCad 制作的 .gem 和 .asc 文件。GemCad 和 GemRay 是两个功能各异但关系密切的软件，前者的功能主要是建立宝石琢型，后者的功能主要是模拟宝石切磨后的外观和光学效果。将二者结合使用，可以完美地完成宝石琢型的设计工作。

（2）使用光线追踪技术渲染宝石图像。光线追踪是一种通过跟踪单条光线被物体折射和反射时的路径来生成图像的技术。当光线照射到宝石时，一部分光线被宝石表面反射，另一部分被折射进宝石内部继续传播，经过内刻面的若干次反射后折射出宝石。GemRay 会通过观察者的视线逆向跟踪穿过宝石的每条光线，计算其强度、颜色和方向，生成渲染图像。

（3）预测宝石切磨后的外观，可以赋予宝石不同的颜色，建立有色宝石模型。

（4）模拟宝石的折射和色散。如果将色散设置为大于零的值，GemRay 将分离红色、绿色和蓝色光线，为每种光线分配与波长和材料相对应的折射率，然后分别跟踪光线路径，生成图像和图表数据，用于评估宝石的光学效果，包括颜色、亮度、火彩等。

（5）优化宝石琢型角度。GemRay 会自动读取宝石琢型主要刻面的原始设计角度，并可根据所选择的宝石材料计算出新的优化角度，以获得最佳的光学效果。

（6）快速生成渲染图像和动画。GemRay 带有一个内置的动画播放器，只需单击一个渲染按钮，就可快速生成渲染图像和动画，从不同角度预览宝石的外观和光学效果，还可以将动画中的单帧或多帧图像保存为 JPG 文件，作为宝石琢型渲染效果图。如图 4-61 所示的效果图，就是本章第一节中用 GemCad 建立的几款宝石琢型实例，用 GemRay 渲染的图像效果。

GemRay 的功能虽然强大，但其应用也有一定的局限性。例如，只能模拟渲染具有平坦刻面的宝石琢型，琢型中不能含有曲面或凹槽，不能模拟双折射宝石的双折射光学效果，不能模拟二色性或三色性宝石的多色性效果，不能模拟偏振光，等等。

二、GemRay 使用方法（▶ 参见实操教学视频 2-2）

1. 认识 GemRay 主选项对话框

打开 GemRay 运行时，其显示的操作界面实际上是一个大的主选项对话框，如图 4-62 所示。GemRay 选项对话框中集合了其大部分功能的操作选项设置和命令按钮。其

(a) 圆形明亮琢型
（折射率为1.76的红宝石）

(b) 心形明亮琢型
（折射率为1.54的紫晶）

(c) 橄榄形明亮琢型
（折射率为1.65的橄榄石）

(d) 椭圆形明亮琢型
（折射率为1.58的海蓝宝石）

(e) 梨形明亮琢型
（折射率为1.61的托帕石）

(f) 方格面垫形明亮琢型
（折射率为1.62的碧玺）

图 4-61 通过 GemCad 建模并经 GemRay 渲染的效果图实例

中，打开（GemCad File）、颜色（Colors）、折射率（Refractive Index）、色散（Coefficient of Dispersion）、角度[包含冠部（Crown）和亭部（Pavilion）的旧角度（Old Angle）、新角度（New Angle）、比例因子（Scale Factors）]、优化 和渲染 等为常用的操作选项和命令，而倾斜或旋转（Tilt or Rotate）、头部阴影半角（Head shadow half angle）、图像尺寸（Image Size）等一般只需保持默认设置。

2. 打开宝石琢型文件

单击 GemRay 主选项对话框顶部的打开按钮 ，链接到 GemCad 制作和保存的宝石琢型文件（格式为.gem 或.asc），GemRay 会自动读取并显示宝石琢型的相关数据。例如，打开本章第一节用 GemCad 制作的圆形明亮琢型文件后，在折射率、色散、角度等选项框中会自动显示出相应数据，如图 4-62 所示。需要注意的是，由于 GemRay 对中文缺乏支持，宝石琢型的文件名最好使用英文名，否则可能会渲染不出宝石图像。

3. 设置颜色

颜色（Colors）选项框位于 GemRay 主选项对话框的中上部左侧（图 4-62）。它包含宝石（Stone）、背景（Back ground）和漏光（Leak）3 个选项，系统默认设置宝石为紫色，背景和漏光为白色，用户可通过选项分别设置成不同的颜色。单击颜色选项图标，会弹出相应的颜色选择器，如图 4-63 所示。在颜色选择器中，点击左侧色板或拖动小点可以选取所需要的颜色；上下移动中间的滑块可以调整颜色深浅，当滑块移动到最底部时，色板显示黑色；点击右侧的数字并拖动鼠标也可以调整颜色，当 rgb 数值全为 1.000 时色板呈白色，全为 0.000 时色板呈黑色。

第四章　宝石琢型计算机辅助设计

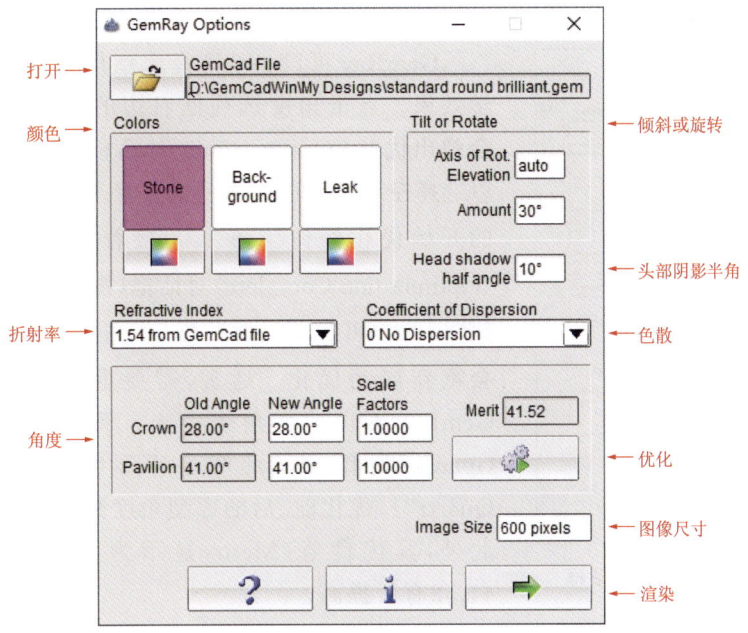

图 4-62　GemRay 主选项对话框

4. 设置折射率和色散

折射率（Refractive Index）选项和色散（Coefficient of Dispersion）选项分别位于 GemRay 主选项对话框的中部左右两边（图 4-62）。当 GemRay 读取 GemCad 文件时，会从文件读取折射率，并将色散值设置为零。用鼠标点击折射率设置框右边的小三角，会下拉出现常用宝石材料的折射率列表，可以从中选择一种宝石材料的折射率，GemRay 会自动设置相应的色散值。例如，选择宝石材料折射率"2.42 Diamond"，其色散值相应显示为"0.044 Diamond"。如果宝石材料的色散值较低或者颜色较深，GemRay 会将色散值设置为零。如果折射率列表中没有所需要的宝石材料，可以在设置框中输入折射率和色散值。

图 4-63　颜色选择器

5. 设置和优化琢型角度

琢型角度的设置和优化选项框位于 GemRay 主选项对话框的中下部（图 4-62），主要包含琢型冠部（Crown）和亭部（Pavilion）主刻面的旧角度（Old Angle）和新角度（New Angle）、比例因子（Scale Factors）、优良值（Merit）等项目和优化按钮 。其中，旧角度即琢型主刻面的原设计角度，GemRay 会自动从 GemCad 文件中读取；新角度可以重新设置，或通过优化自动获得；比例因子的初始值为 1；优良值相当于亮度平均值。

GemRay 可以通过输入或更改比例因子来缩放宝石琢型的冠部和亭部。但由于比例因子和角度是相互关联的[比例因子是角度正切的比率：比例因子＝tan（新角度）/tan（旧角度）]，如果输入或更改比例因子，GemRay 会自动更改相应的新角度；如果更改新

93

角度，GemRay 会自动更改相应的比例因子。

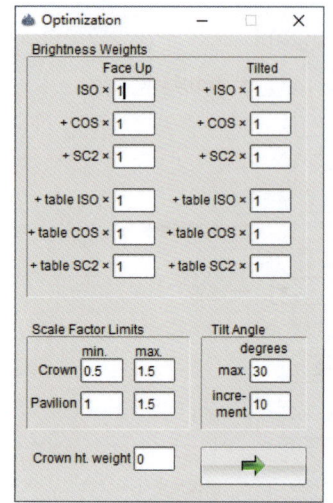

图 4-64　角度优化对话框

GemRay 可以自动选择琢型角度来优化宝石的光学效果。点击角度选项框右边的优化按钮，GemRay 会弹出优化（Optimization）对话框（图 4-64），从中可以选择控制优化值，一般不需要修改，直接点击其右下角的开始优化按钮 ▶ 。接着又会弹出优化完成（Optimization Complete）对话框（图 4-65），点击取消按钮 ✗ 可关闭该对话框，点击重启按钮 ↻ 则会重新启动优化。通常，需要重新启动几次，直到 GemRay 不再改变角度为止。例如，本章第一节用 GemCad 制作的圆形明亮琢型（默认折射率"1.54 Quartz"），优化前、后的琢型角度数据如图 4-66 所示。此外，其优良值（Merit）显示为 42.33，比优化前的 41.52 有所提高。

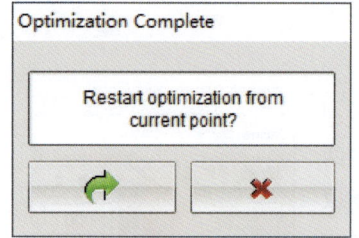

图 4-65　优化完成对话框

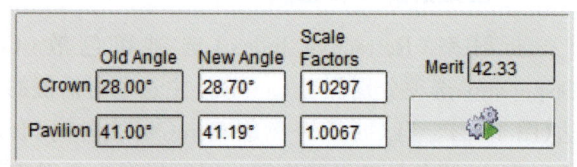

图 4-66　优化前、后的琢型角度数据

GemRay 不具备保存或输出琢型数据的功能，对于经优化后得到的新角度数据，可通过以下 3 种方式传输到 GemCad。

（1）在 GemCad 中打开该琢型文件，单击主刻面以显示刻面（Facet）对话框，仔细检查 GemCad 中新角度（New Angle）框中的角度是否与旧角度（Old Angle）框中的角度匹配，输入或粘贴 GemRay 的新角度，然后点击应用（Apply）按钮。

（2）在 GemCad 的琢形数据视图中，找到主刻面角度并单击该数据行，在弹出的对话框中，可以在新角度（New Angle）框中输入或粘贴新角度，然后单击应用编辑（Apply Edit）按钮。

（3）对于刻面复杂的琢型，如果无法确定主刻面或关键刻面，可以用比例因子替代法。具体操作如下：如果要缩放冠部，在 GemCad 中执行编辑（Edit）菜单中的缩放（Scale）命令，在弹出的对话框中勾选 Z（Crown），在分子框输入冠部比例因子，在分母框中保留默认值 1，点击 OK 按钮确定；如果要缩放亭部，在 GemCad 中执行编辑（Edit）菜单中的缩放（Scale）命令，在弹出的对话框中勾选 -Z（Pavilion），在分子框输入亭部比例因子，在分母框中保留默认值 1，点击 OK 按钮确定。

6. 设置旋转轴角度

倾斜或旋转（Tilt or Rotate）选项框位于 GemRay 主选项对话框的上部右侧（图 4-62），包含旋转轴仰角（Axis of Rot.Elevation）和倾斜量（Amount）两个选项。GemRay 默认设置旋转轴仰角为自动（auto），倾斜量为 30°，也可以手动输入设定值，但一般使用默认设置即可。

7. 设置头部阴影半角

头部阴影半角（Head shadow half angle）选项位于 GemRay 主选项对话框的上部右侧（图 4-62）。当转动宝石观察时，观察者的头部阴影会映照到宝石上，使宝石的亮度有所降低，尤其在正向观察时影响最大。GemRay 默认设置头部阴影半角为 10°，如果不考虑头部阴影因素，可以修改设置为 0°。该选项设置对后面渲染所得的亮度值曲线形态有较大影响。

8. 设置渲染图像尺寸

渲染图像尺寸（Image Size）选项位于 GemRay 主选项对话框的下部右侧（图 4-62）。该选项可以根据需要设定，尺寸单位为像素（pixels）。设置的像素值越高，渲染的图像尺寸越大。如果要获得高质量的图像，但尺寸又不需要太大，可以先把像素值设置高一些（如 900 像素）进行渲染，然后用其他图像处理软件缩小所得图像的尺寸，这样能有效地减少"锯齿"现象并锐化图像。

9. 渲染及播放动画

设置完各项参数后，点击 GemRay 主选项对话框右下角的渲染按钮 ，主选项对话框将自行隐藏，随即打开动画播放器，GemRay 将以不同的倾斜角度快速渲染出一系列动画帧图像。在渲染过程中，动画播放器下方有进度条显示渲染进度，完成渲染后会形成动画循环播放。

图 4-67 中的宝石渲染效果图像，是用本章第一节制作的标准圆形明亮琢型，将宝石材料折射率设置为"2.42 Diamond"，相应的色散值设置为"0.044 Diamond"，并对琢型角度进行优化，使新的冠主面角为 23.75°、亭主面角为 43.05°，然后进行渲染的结果。从图中可以看出，宝石转动时会出现一些明显的彩色闪光，即由于色散作用产生的火彩现象。

点击动画播放器下方工具栏中的播放按钮 （或停止按钮 ），可以播放（或停止）动画。如果在播放状态下点击保存按钮 ，可以将动画保存为多帧 JPEG 图像文件；如果在停止状态下，点击保存按钮 ，可以将当前的单帧图像保存为 JPEG 图像文件。

点击动画播放器下方工具栏中的图表按钮 ，将弹出亮度与倾斜角度的图表，如图 4-68 所示。图表中不同颜色的曲线分别代表宝石在不同光照模式下亮度随宝石倾斜角度变化的情况，实线代表整个宝石的亮度，虚线只代表台面的亮度。需要说明的是，图表中的亮度曲线在倾斜角度 -5°～5°区间出现低值，这是因为头部阴影抵消了宝石台面的表面反射。如果在 GemRay 主选项对话框中将头部阴影半角设置为 0°，这种台面亮度低值的情况会解除，而在倾斜角度 -5°～5°区间出现高峰值。

如果用鼠标右键单击图表,会弹出一个菜单,其中有复制文本(Copy text)和复制图像(Copy image)两个选项。前者可以将图表数据复制和粘贴到记事本中并保存为文本文件;后者可以将图表图像复制和粘贴到其他图像处理软件中并保存为图像文件。

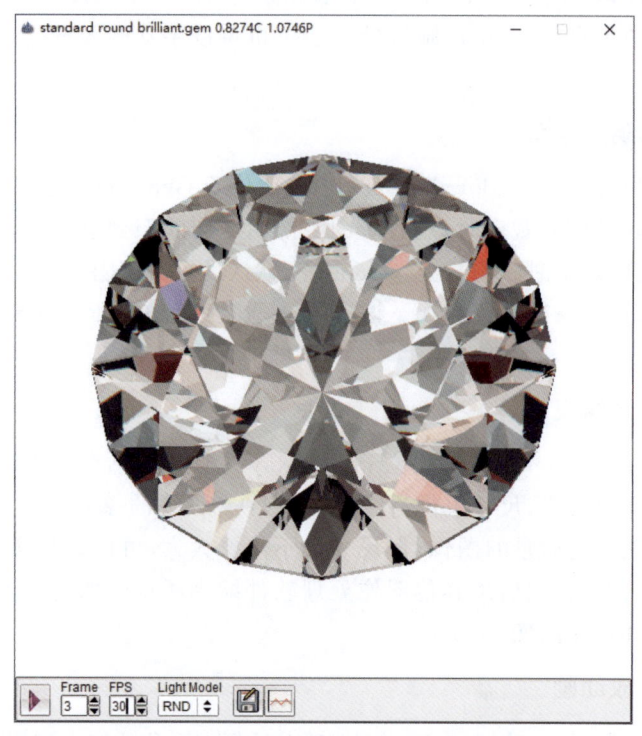

图 4-67　GemRay 动画播放器及钻石渲染图像

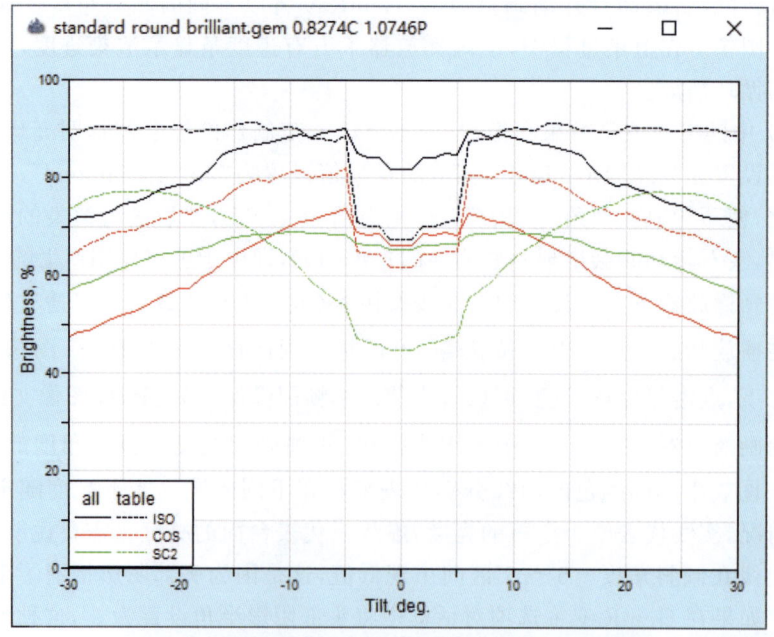

图 4-68　圆形明亮琢型钻石的亮度与倾斜角度图表

第三节　Gem Cut Studio 宝石琢型设计

一、软件概述

1. 软件简介

Gem Cut Studio 是集宝石琢型设计和宝石琢型优化为一体的计算机辅助软件，由 Rej Poirier 于 2018 年研发并投放市场，目前最新版本为 2019 年 12 月更新的 Gem Cut Studio1.1.0。Gem Cut Studio 软件可运行于 Windows7、8、10、11、XP，Vista 32-bit，Mac OS10.7+intelX64 等操作系统。学习者可以在官方网站（网址为 https://gemcutstudio.com）下载该软件，安装后可以免费使用 30 天，若要继续使用则须付费购买。

Gem Cut Studio 软件拥有直观、高效的操作系统，它集合了 GemCad 和 GemRay 的建模及渲染功能，通过光线追踪技术对宝石琢型进行实时的三维可视化预览，能够对设计者每一步操作作出即时反应，可观察每一步切磨操作后的物理渲染效果。该软件功能分区合理清晰，可模拟机械圆周分度轮及切磨控制杆真实操控效果，简单易懂。除此之外，Gem Cut Studio 软件还配备了内置优化系统，可供设计者进行不同宝石材料琢型的优化和改进，并且在设计视图和渲染视图中增加了磨砂面的处理效果，可供设计者进行更多花式琢型创作。

2. 工作界面（▶ 参见实操教学视频 3-1、3-2）

Gem Cut Studio 的工作界面如图 4-69 所示，采用功能性视窗分区界面。

顶部是菜单栏，分为文件（File）、编辑（Edit）、视图（View）、工具（Tools）、帮助（Help）5 个主菜单。

菜单栏下方是分度指数设置区，用于设置分度轮、切磨模式、切磨分度、对称值和镜像值。

界面左侧为切磨数据区（Instructions），此区域上部分栏显示宝石亭部、冠部各组切磨面的角度及分度数据；下部为指令编辑区，有编辑（Edit Tier）、上移（Move Up）、下移（Move Down）、显示/隐藏（Show/Hide）、删除（Delete Tier）、辅助（Preform）、磨砂（Forested）7 个编辑指令。

界面中部上方为设计视图区（Design），此区域显示了宝石切磨设计即时的三维模型状态，当给出切磨指令时，设计视图会即时更新琢型切磨状态，展示其切磨效果；该区域左下角为增加辅助设计点（Add Meet）功能按钮，右下角显示 L/W 比例及切面数量。

界面中部下方为渲染视图区（Render），此区域显示的是当前创建的宝石琢型在现实生活中的光影效果，一旦设计发生更改，软件会自动更新渲染视图；该区域右下角的信息为观察琢型时的旋转角度及宝石的折射率、色散值、临界角数值。

界面右侧是切磨操作区，有两条控制杆，其中左边为切磨角度控制杆（上方为对应的数据输入栏），右边为切磨深度（Depth）控制杆。根据宝石亭部（Pavilion）或者冠部（Crown）的操作指令，将控制杆上的方形模块进行上、下滑动，可以分别控制切磨角度和切磨深度。控制杆下方的 fine 按钮用于将角度和深度控制杆滑块调整为精细模式，jump 按钮用于自动跳转贴合最近刻面的相交点，RESET 是重置命令；控制杆上方的 CUT 按钮用于执行切磨操作命令。

　　Gem Cut Studio 软件的切磨数据区、设计视图区、渲染视图区右上角都有方形图标▫，点击该图标会进入该区域的高级功能设置界面，可以对相关参数进行更为详细的设置。

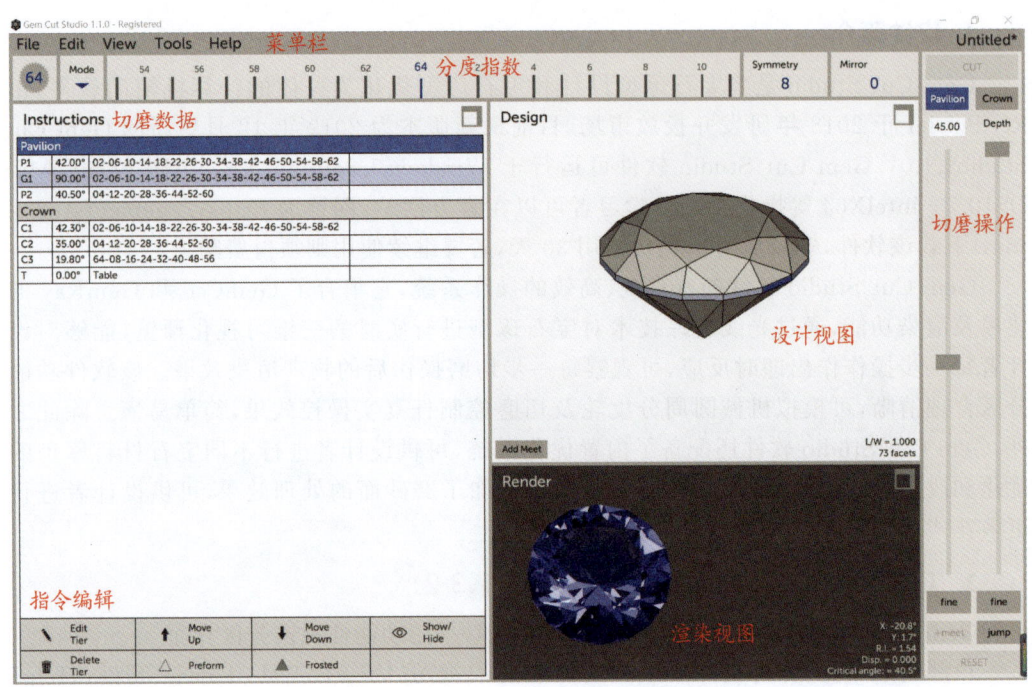

图 4-69　Gem Cut studio 软件操作界面

二、菜单功能介绍

1. 文件（File）菜单

　　文件菜单中包含新建（New）、打开（Open）、保存（Save）、另存为（Save As）、导出（Export）、打印（Print）6 个命令选项。

　　新建（New）：Gem Cut Studio 软件默认的初始设计模型为四方体，点击新建命令，会弹出提示框，提醒设计者是否保存文件，选择保存文件后可新建文件。

　　打开（Open）：此命令可用于打开保存过的或者已完成的宝石琢型设计的源文件，文件类型包括.gcs、.gem、.asc 3 种格式，并且与 GemCad 宝石切磨软件输出文件格式相互兼容。

　　保存（Save）：选择此命令后，会弹出设置文件名的对话框，设计者可以将宝石琢型数据重新命名，储存格式为.gcs。

　　另存为（Save As）：选择此命令后，可以保存新创建的设计或以新名称保存现有设计的副本。

导出（Export）：可以导出与其他应用程序兼容的格式，支持导出的文件类型包括 .gem、.asc、.obj、.stl、.dxf 5 种格式。

打印（Print）：可以直接导出琢型设计的 PDF 文件，文件内容为琢型四视图及其切磨的相关数据，如图 4-70 所示。

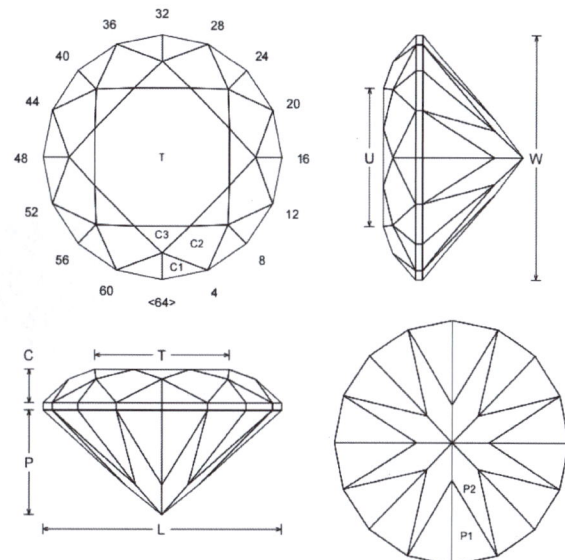

图 4-70　打印输出 PDF 琢型数据文件

2. 编辑（Edit）菜单

如图 4-71 所示，编辑菜单包含撤销（Undo）、重做（Redo）、旋转调整琢型分度（Rotate by index）、反向分度指数顺序（Reverse Index Order）、修改宝石腰棱厚度（Resize Girdle）、翻转亭部和冠部（Flip Crown-Pavilion）、修改琢型长宽比 L/W（Scale X-Y）、修改冠部和亭部的深度［Scale Z（Tangent ratio）］、设置琢型的基本信息（Info/Comments）、偏好设置（Preferences）10 个命令选项。

1）旋转调整琢型分度（Rotate by index）

Rotate by index 命令可以用来改变和创建一些有趣的新设计。如图 4-72 所示，选择此命令后，切磨操作区控制杆切换为分度调整模式，此时控制杆下方的 Split P-C 选项为未勾选状态，控制杆作用于琢型冠部和亭部的所有刻面，上下滑动控制杆滑块，设计模型以 Z 轴为中心轴进行正向和逆向旋转（可以将视图区三维模型调至底视图，以观察旋转

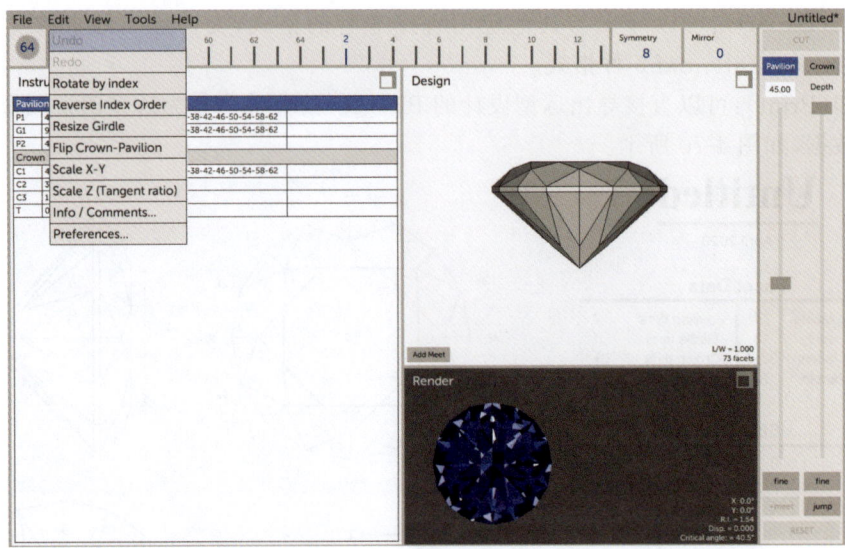

图 4-71　编辑（Edit）菜单

分度范围），并且随着控制杆的调整，切磨数据区琢型的分度数值以及渲染视图区的琢型渲染图均会进行实时更新。

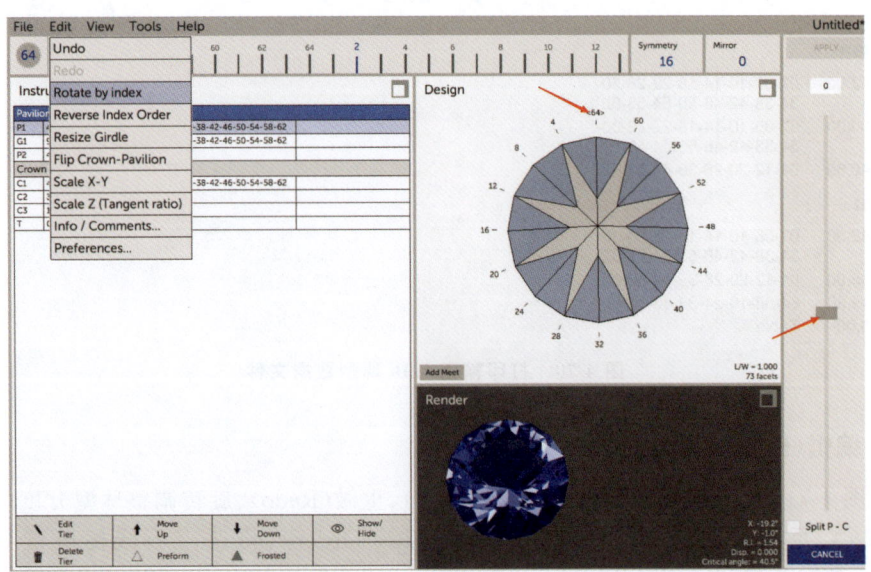

图 4-72　Rotate by index 命令界面

控制杆下面 Split P-C 选项是将亭部和冠部分开进行调整的指令，若勾选此项，则表示可以单独针对亭部或者冠部进行调整。勾选 Split P-C 选项后，其上方会出现锁定选项（Lock sym.）。若勾选 Lock sym.选项，表示在调整旋转分度时会锁定琢型原有的对称形式，保持其对称形式不被改变；若未勾选 Lock sym.选项，则表示不保留原有对称形式，可以任意分度进行旋转调整。

如图 4-73 所示，以 64 分度轮圆形明亮琢型为例，选择调整琢型亭部刻面的设计，如果未勾选 Lock sym.,分度可以在－32～32 范围内任意调整;如果勾选 Lock sym.,针对琢型亭部刻面设计调整时,分度只能以 4 的倍数进行改变,琢型原有的对称形式不变,仅更改了亭部主刻面的切磨分度值;选择冠部也是同样的结果,保留原有琢型对称形式,改变的是冠部主刻面和星刻面的切磨分度值。完成所有调整步骤后,点击 APPLY 按钮应用所有调整;若不需要调整,可以点击 CANCEL 按钮中止操作。

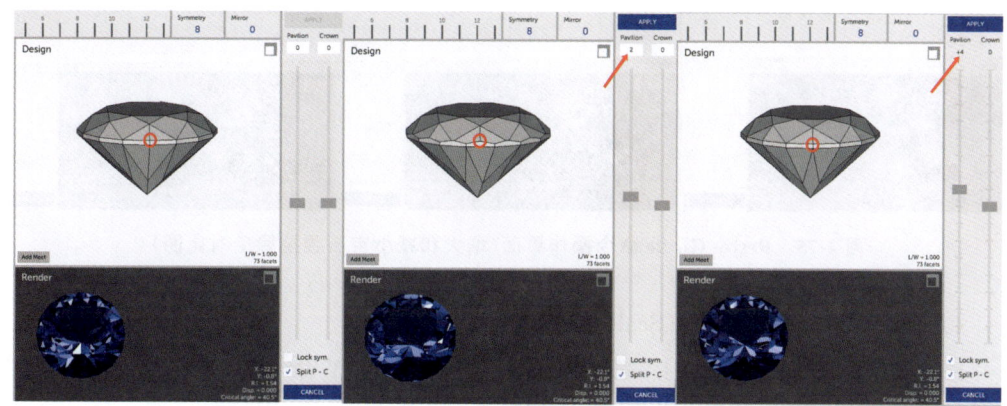

图 4-73 在 Rotate by index 命令中勾选 Split P-C、Lock sym.选项后的操作界面

2) 反向分度指数顺序(Reverse Index Order)

反向分度指数顺序命令会改变切磨分度数值,使切磨分度根据分度 0 进行旋转镜像。以 96 分度轮为例,切磨分度 14 在反转后会变成 82(96－14)。

3) 修改宝石腰棱的厚度(Resize Girdle)

如图 4-74、图 4-75 所示,当选择 Resize Girdle 命令时,在切磨操作区上下调整控制杆滑块可以增大或者减小宝石腰棱的厚度,编辑框里面的数值为宝石宽度的相对百分比,默认范围是 0.2%～20%。完成修改步骤后,点击 APPLY 按钮应用所有修改;若不需要修改,则点击 CANCEL 按钮中止操作。

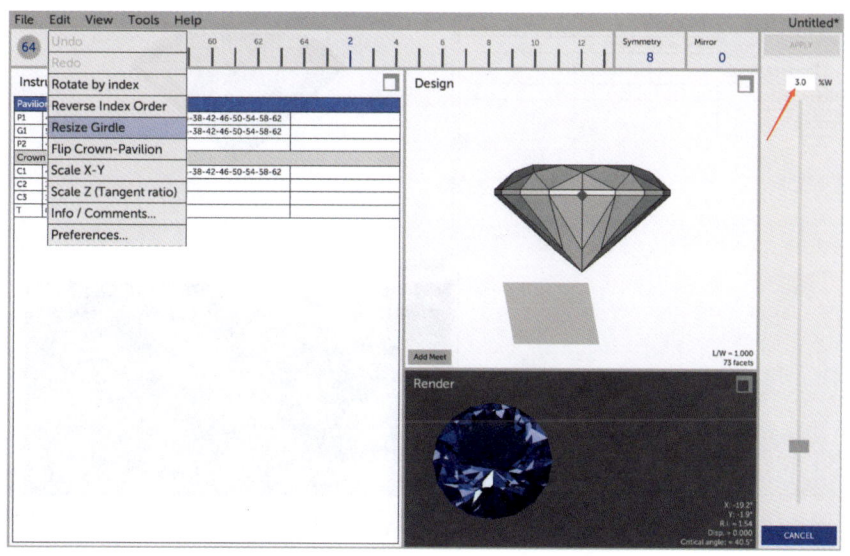

图 4-74 Resize Girdle 命令操作界面

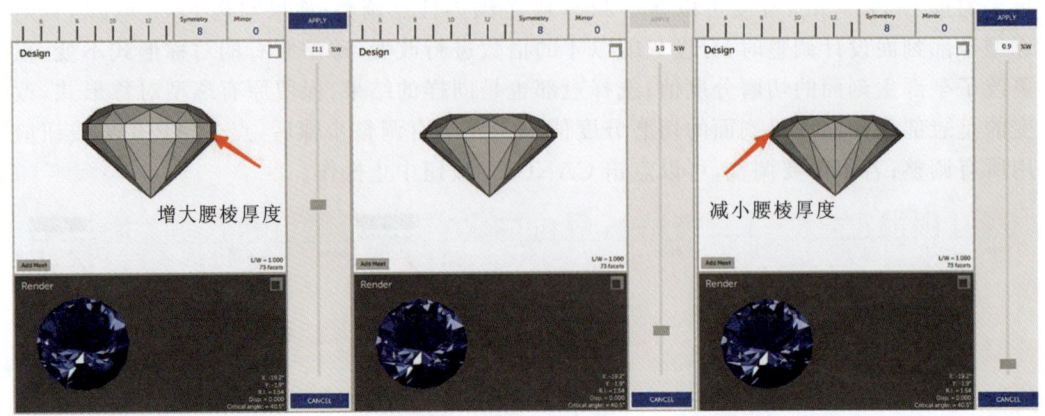

图 4-75　Resize Girdle 命令操作界面（增大和减小宝石腰棱厚度对比图）

4）修改琢型长宽比 L/W（Scale X-Y）

Scale X-Y 命令界面如图 4-76 所示。当选择 Scale X-Y 命令时，向上滑动切磨操作区控制杆滑块，L/W 数值显示为正数，琢型长度（L）变大，宽度（W）变小（图 4-77 所示）；向下滑动控制杆滑块，L/W 数值显示为负数，琢型长度（L）变小，宽度（W）变大（图 4-78 所示）。点击 APPLY 按钮确定修改后，琢型的宽深比、长深比等比例数值均会随之调整。在软件默认情况下，琢型的切磨分度数据会根据比例进行自动调整拆分，但因需要保持琢型原有的几何形状，切磨分度数值会更改，部分数值将为非整数。若勾选控制杆区底部的 Nearest index 选项，系统将自动对分度数值进行四舍五入处理，将所有非整数分度数值调整为整数形式。需要注意的是，此操作将会破坏原有琢型设计效果。

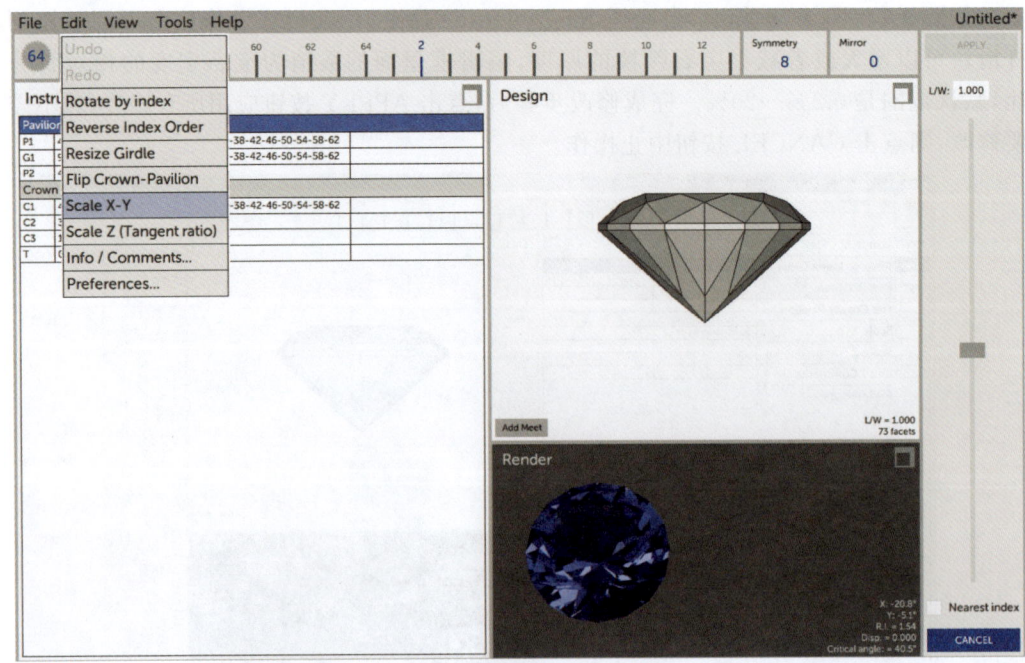

图 4-76　Scale X-Y 命令界面

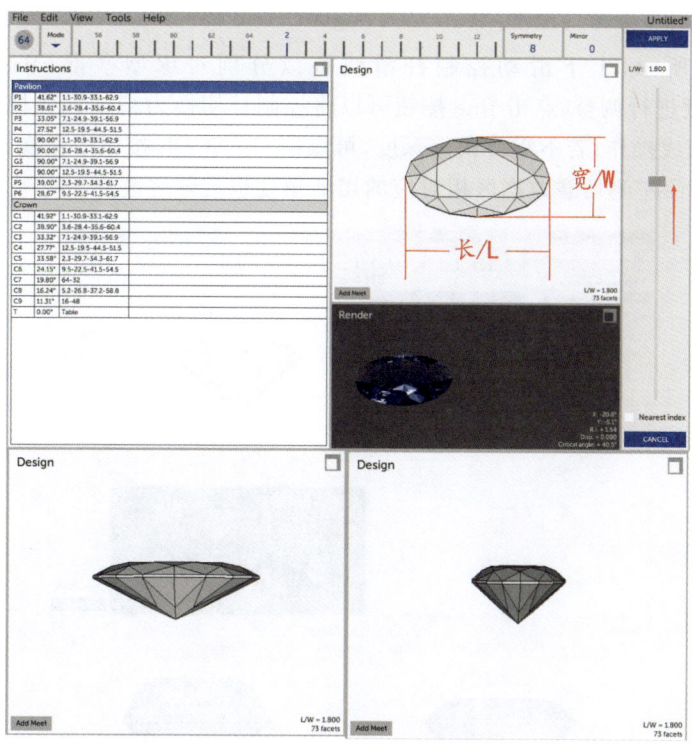

图 4-77 Scale X-Y 命令操作界面（向上滑动滑块）

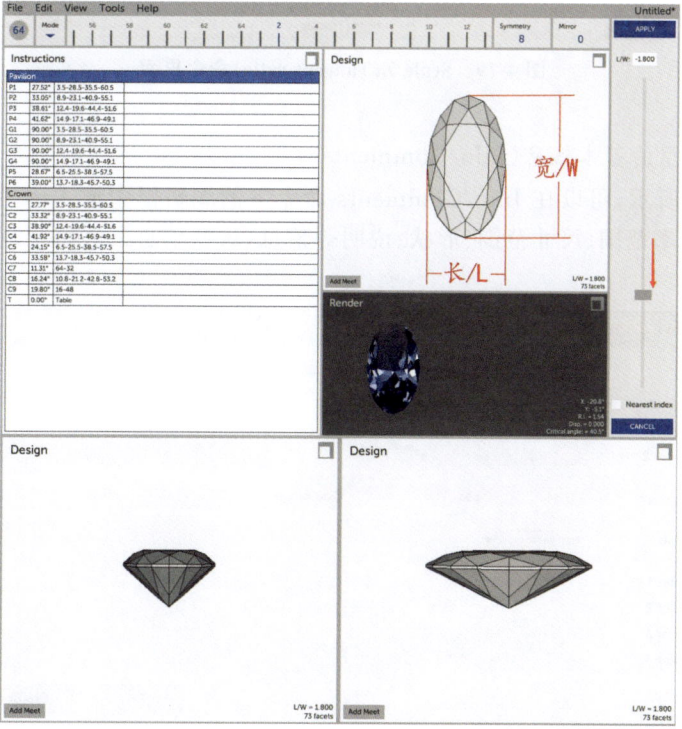

图 4-78 Scale X-Y 命令操作界面（向下滑动滑块）

5) 修改冠部和亭部的深度[Scale Z(Tangent ratio)]

如图 4-79 所示,上下滑动控制杆滑块可以分别对琢型亭部(Pavilion)和冠部(Crown)的深度进行调整(点击 fine 按钮可以将控制杆切换为精细调整模式),最后点击 APPLY 按钮完成操作;若不需要调整深度,可点击 CANCEL 按钮中止操作。注意:调整深度后,软件界面左侧切磨数据区相对应的切磨角度也会随之改变。

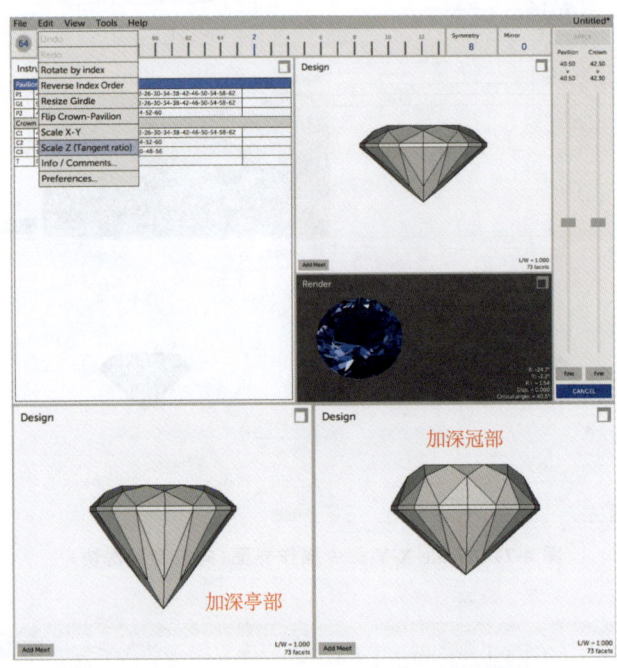

图 4-79　Scale Z(Tangent ratio)命令界面

6) 设置琢型的基本信息(Info/Comments)

如图 4-80 所示,可以在 Info/Comments 命令下的编辑框中输入琢型的名称、作者、创建日期、折射率范围、尺寸范围、形状、说明等信息,这些信息最终将呈现在设计琢型的 PDF 文档中。

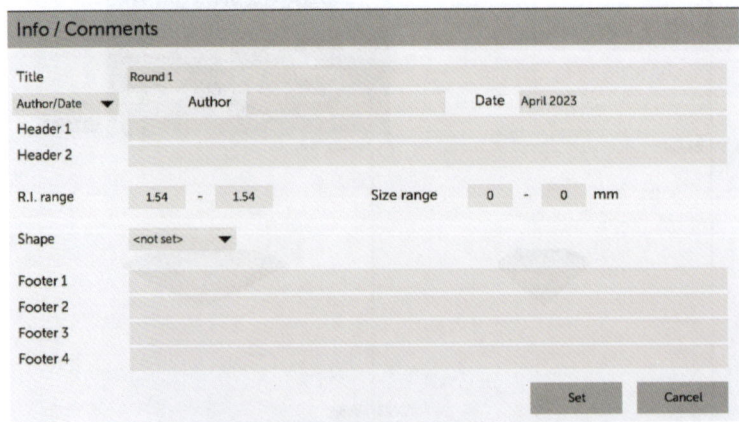

图 4-80　Info/Comments 命令操作界面

7) 偏好设置（Preferences）

如图 4-81 所示，该命令可用于设置输出的 PDF 文件排版布局（Print layout）、软件 UI 主题色调（UI theme）和重点提示色（UI accent tint）、精确切磨角度尾数（Angle display precision）、操作系统文件浏览器选项（Use system Open dialog）、设计文件夹储存位置（Designs folder）等。若需将其还原为系统默认状态，可以点击底部恢复默认设置（Restore defaults）按钮。

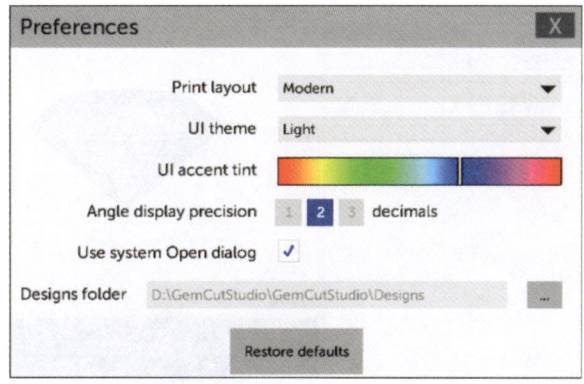

图 4-81　Preferences 命令操作界面

3. 视图（View）菜单

视图菜单包含所有默认视窗界面（All）、切磨数据区（Instruction）、设计视图区（Design）、渲染视图区（Render）、全屏模式（Fullscreen）5 个命令选项（图 4-82）。在视图菜单下，选择 All 命令会恢复到软件默认界面模式；点击 Instruction、Design、Render 3 个视图区域右上角的方形图标可放大相应区域，进入对应视图区域的高级选项设置界面；点击 Fullscreen 命令，会重置操作窗口，恢复为适应电脑尺寸的全屏模式。

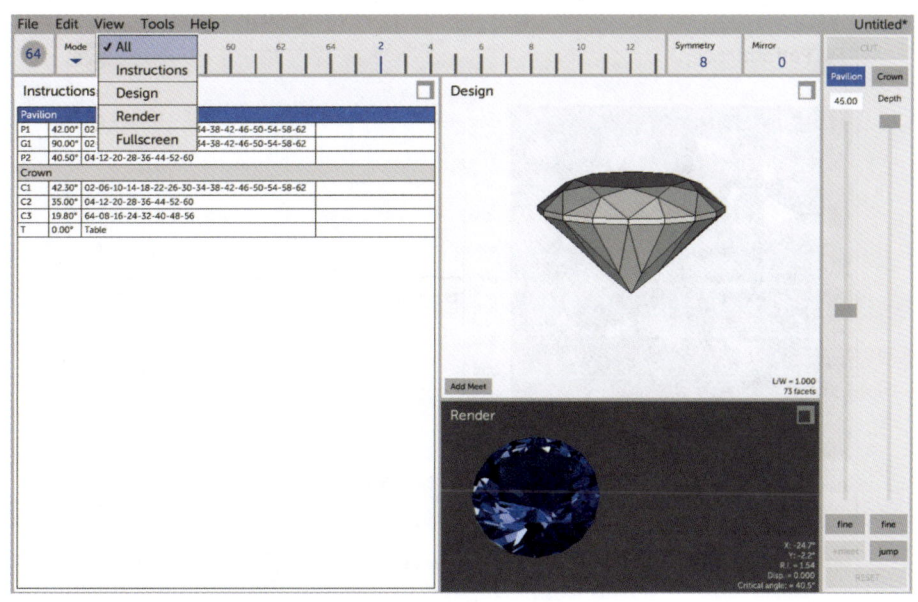

图 4-82　视图（View）菜单

4. 工具（Tools）菜单

如图 4-83 所示，工具菜单包含评估不同倾斜角度的光性能（Tilt Performance）、内置优化器（Manual Optimizer）、尺寸/产品信息计算器（Size/Yield Calculator）、光线追踪器（Light Path Viewer）、切磨步骤信息（Cutting Assistant）5 个命令选项。

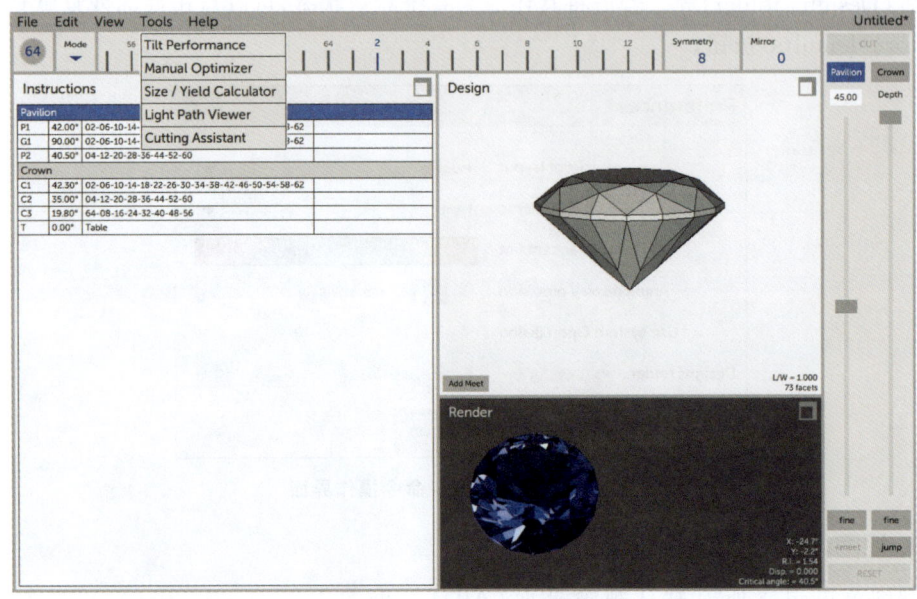

图 4-83　工具（Tools）菜单

1) 评估不同倾斜角度下的光性能（Tilt Performance）

如图 4-84 所示，左侧彩色渲染动态图是根据设定的角度范围[Range(degrees)]进行的实时渲染处理；右侧的曲线表显示的是在 ISO Brightness、COS Brightness、Window 及

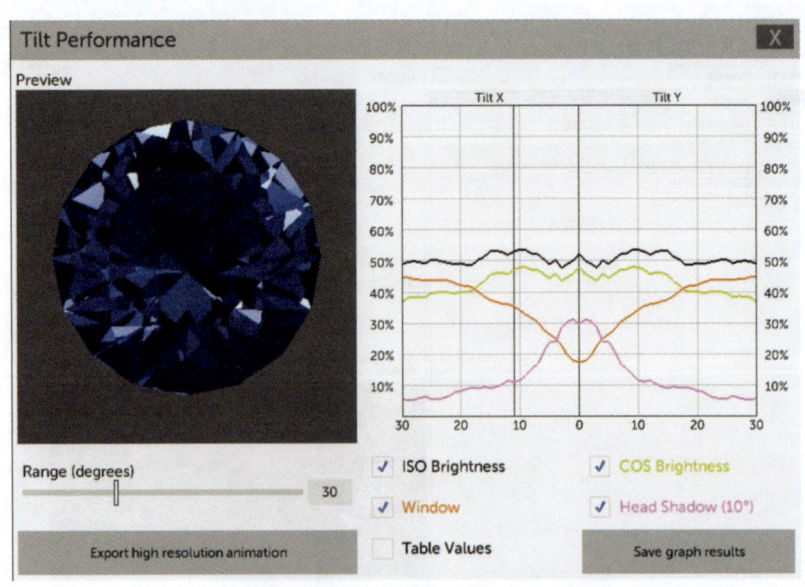

图 4-84　Tilt Performance 命令操作界面

Head Shadow(10°)4 种照明模式下的数据指标,曲线反映了每个角度在渲染时宝石表面亮度值之和。点击左下方导出高分辨率动画(Export high resolution animation)按钮,可以导出 GIF 格式的琢型动态渲染文件;点击右下方保存图表结果(Save graph results)按钮,可保存高质量的 PNG 格式图表文件。

2)内置优化器(Manual Optimizer)

如图 4-85 所示,左侧网格窗口所显示的是亭部和冠部不同切线比例所捕获的琢型正面(顶视图)渲染效果图。切线比的范围可以通过网格窗口底部的 Pavilion range 水平轴和右侧 Crown range 垂直轴滑块进行独立设置,还可以通过鼠标左键圈选网格视窗中琢型图来确定。优化器右上角为三维宝石琢型的渲染窗口(Preview),设计者在左侧琢型渲染网格中选择任一琢型后,在此窗口可以长按鼠标左键拖动琢型,对其进行 360°的旋转预览;点击图表(Graph)按钮还可以切换为不同模拟光效下宝石的光性能曲线图表。图下信息栏可以预设照明模式(Lighting Model)、宝石折射率(Refractive index),以及细分左侧窗口中呈现的琢型渲染数量(Grid Divisions)等信息。当设计者确定好优化琢型图样后,点击 Apply 按钮,返回到主界面,系统将自动调整切面数据,更改设计琢型的切磨角度。

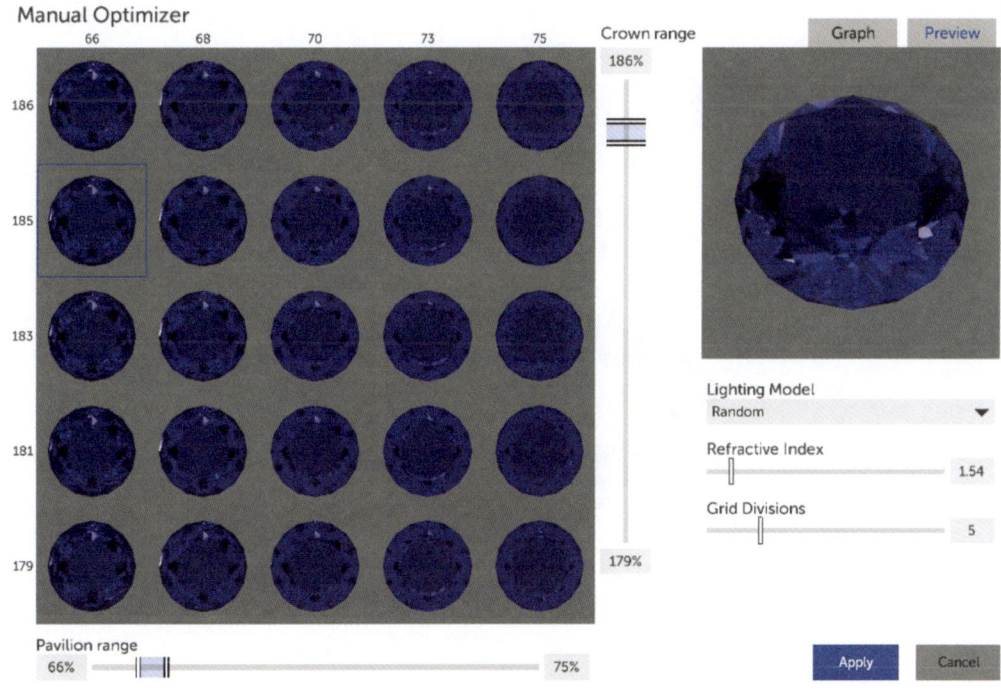

图 4-85 Manual Optimizer 命令操作界面

3)尺寸/产品信息计算器(Size/Yield Calculator)

如图 4-86 所示,Size/Yield Calculator 命令操作界面显示的是所创建宝石琢型的长度(Length)、宽度(Width)、冠部高度(Crown)、亭部深度(Pavilion)、腰围比例/尺寸

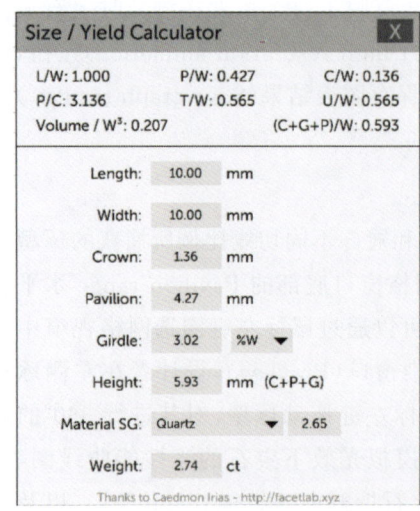

图 4-86　Size/Yield Calculator 命令操作界面

(Girdle)、宝石密度(Material SG)、宝石质量(Weight)等信息。

4) 光线追踪器(Light Path Viewer)

该命令能够让光线在宝石内部的传播路径可视化。如图 4-87 所示，对话框中间是设计者所创建的宝石琢型设计模型；左侧 Fire Ray 按钮是弹出单次光线追踪射线选项，长按 Ctrl 键、连续点击鼠标左键可以弹出连续性的光线追踪射线；点击 Clear Rays 按钮或者使用快捷键 Ctrl+D 可以清除所有射线；勾选左下角 Show transmission angle 选项会显示每条射线的临界角范围；对话框右侧设有顶视图(Top View)、正视图(Front View)、侧视图(Side View)3 个按钮，点击它们可以从不同视角观察光线追踪轨迹，也可以长按鼠标左键拖动琢型进行 360°全方位旋转观察。注意：光线默认是从屏幕的视觉焦点向宝石内部发射的，若需要从不同角度发射光线，可以先拖动设计模型进行重新定向。

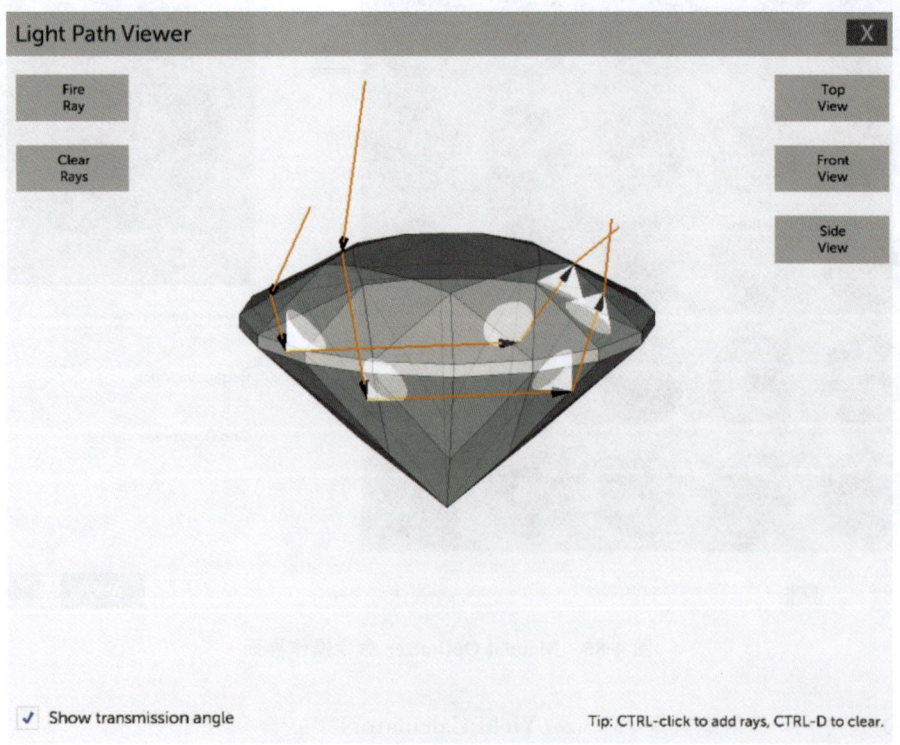

图 4-87　Light Path Viewer 命令操作界面

5）切磨步骤示意图（Cutting Assistant）

如图 4-88 所示，该命令可用于展示及调整宝石琢型的切磨顺序。点击 Begin 按钮，显示琢型设计的初始状态，点击 End 按钮，显示琢型设计的最终状态；点击 Next Facet 按钮，左侧的设计模型会按照琢型设计的步骤逐一展示单个被切磨的刻面；点击 Prev. Facet 按钮，可以倒序查看单个切磨刻面；点击 Next Tier 按钮，设计模型会依照设计的步骤逐一展示每组被切磨的刻面；点击 Prev.Tier 按钮，可以倒序查看每组切磨刻面。模型视图下方是已完成的亭部（Pavilion）和冠部（Crown）的切磨数据信息，长按鼠标左键拖动任一组数据可以上下调整其切磨顺序。

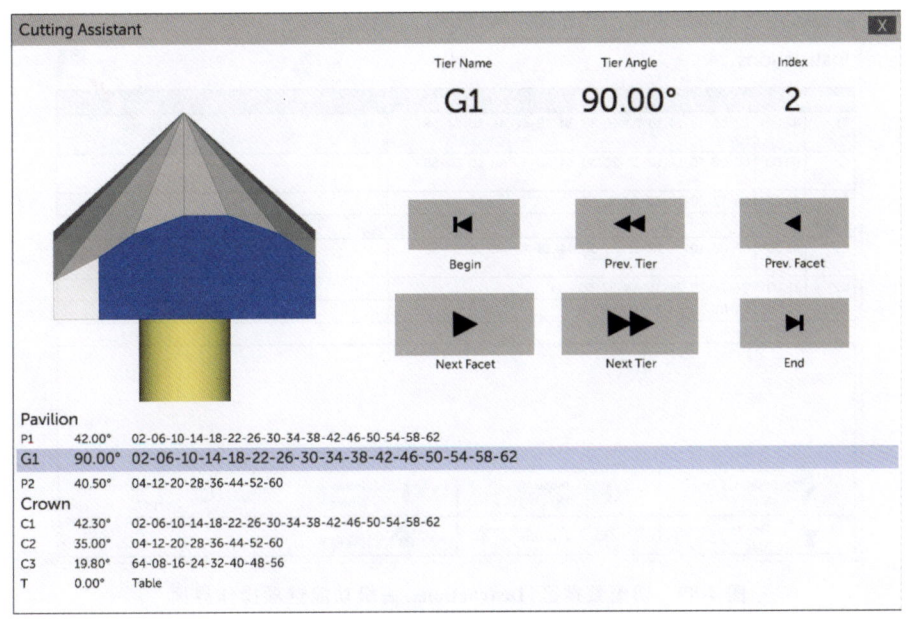

图 4-88　Cutting Assistant 命令操作界面

5. 帮助（Help）菜单

帮助菜单包括 3 个命令选项：①点击用户指导手册（User's Manual）命令，用户可以下载指导手册 PDF 文件作为软件学习参考；②点击教程（Tutorials）命令，可以查看上传到 YouTube 媒体上的教学指导视频；③点击关于（About）命令，可了解软件注册者的相关信息。

三、高级功能介绍

1. 切磨数据区（Instructions）高级功能选项

如图 4-89 所示，点击切磨数据区右上角的方形图标，可最大化显示该区域的高级功能选项设置界面。选择任意一组刻面，界面下会弹出刻面编辑选项。点击 Edit Tier 按钮，调整切磨操作区角度和深度控制杆滑块，可以重新设置这组刻面的切磨角度和切磨深度。注意：调整切磨角度和切磨深度时，可以点击方形图标返回主界面，观察实时的渲染效果，避免误切或过度切割。Move Up 和 Move Down 按钮可用于上下调整切磨刻面的顺序。Show/Hide 按钮可用于显示或隐藏任意一组切磨刻面。如图 4-90、图 4-91 所示，在亭部（Pavilion）切磨数据列表下点击 G1 组刻面使其隐藏，那么设计视图区和渲染视图区的设计模型中就不会显示此组刻面。Delete Tier 按钮可用于删除任一组刻面。Preform 是辅助切磨层，其主要功能是为其他切磨层提供临时相交点以协助设计。注意：辅助切磨层最终不会作为设计的一部分。Frosted 按钮可用于将任一组刻面设置为磨砂效果。如图 4-92 所示，使用 Frosted 对 C1 组刻面进行设置后，该组刻面的切磨分度值自动进入灰色标记状态，同时设计视图区、渲染视图区中设计模型的 C1 组刻面也呈现为磨砂状态。

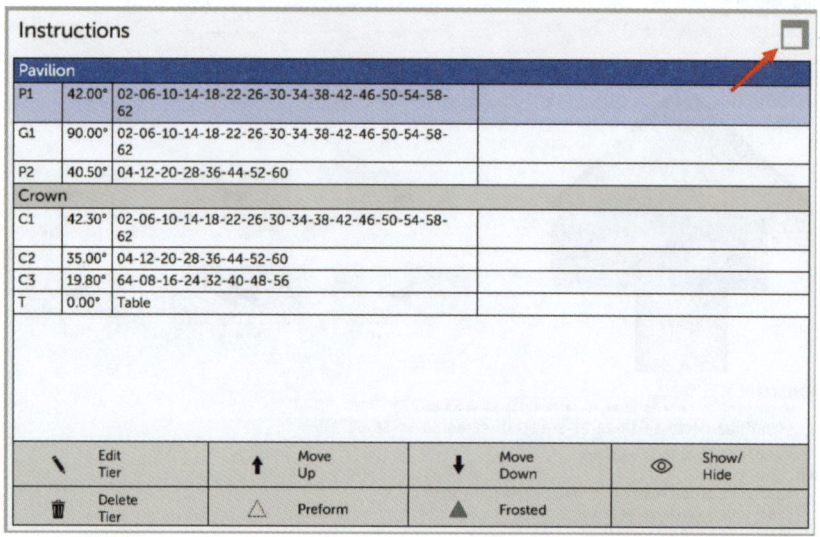

图 4-89　切磨数据区（Instructions）高级功能选项操作界面

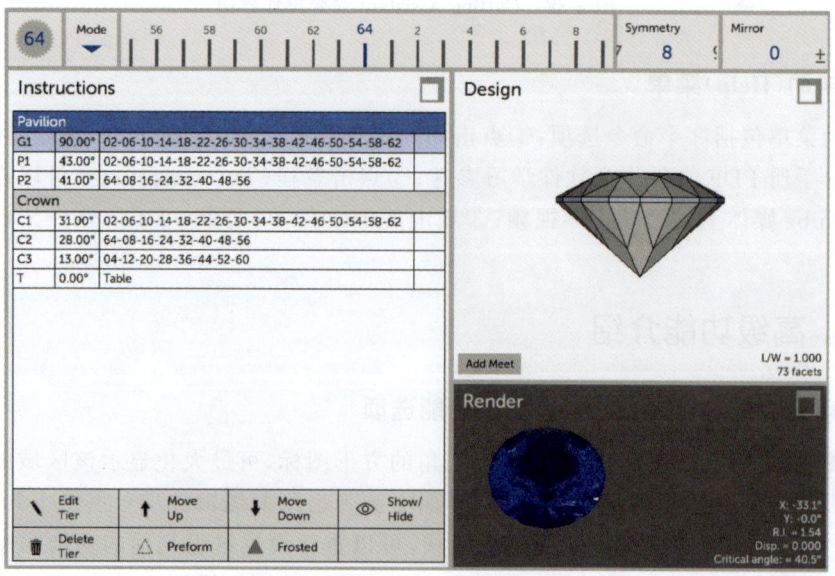

图 4-90　G1 组刻面 Show/hide 按钮未选状态

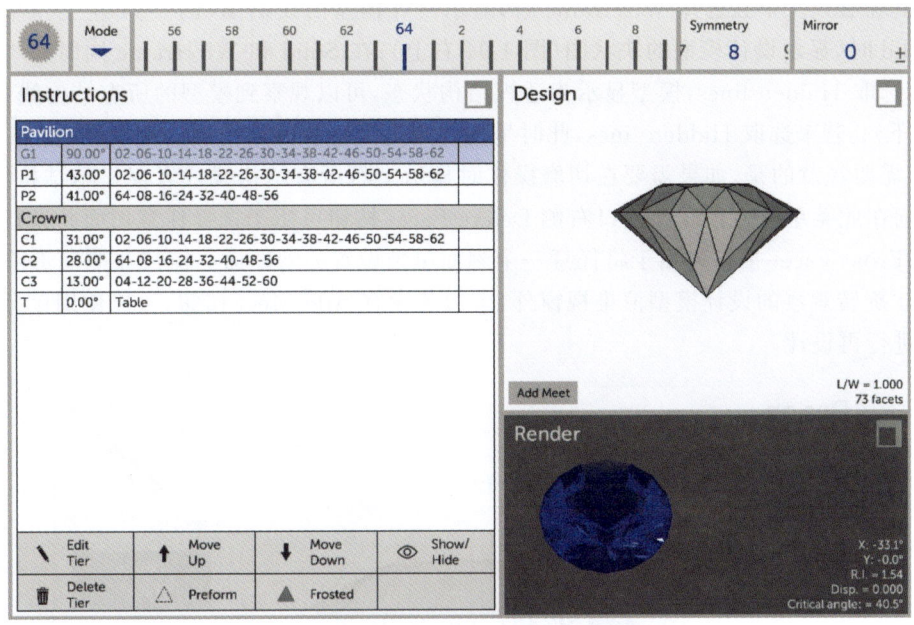

图 4-91 G1 组刻面 Show/hide 按钮选中状态

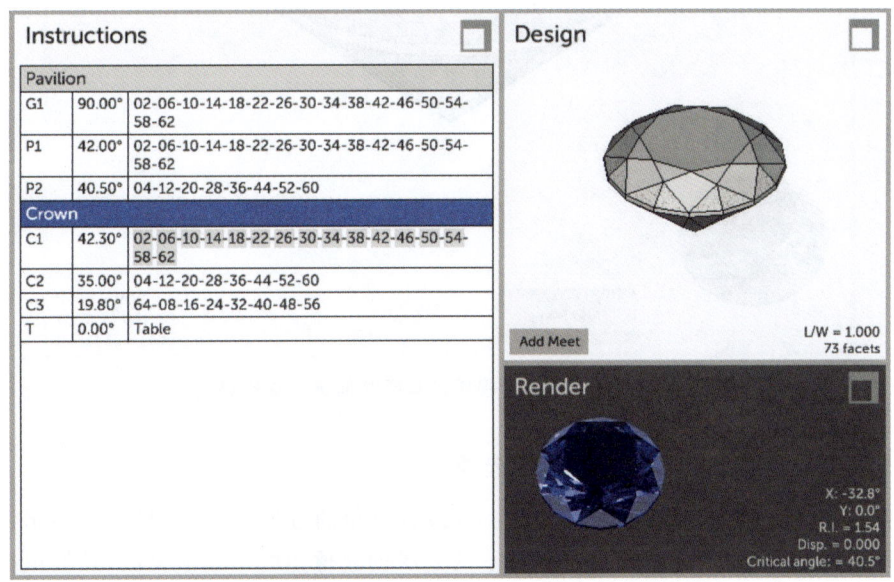

图 4-92 Frosted 按钮操作界面

2. 设计视图区（Design）高级功能选项

如图 4-93 所示，点击设计视图区右上角的方形图标，可最大化显示该区域的高级功能选项设置界面。窗口中间为设计者所创建的宝石琢型设计模型，长按鼠标左键拖动模型可以 360°任意方向观察琢型切磨效果，双击鼠标左键可以回到琢型底视图。窗口左侧设有块状图（Solid）、线框（Wireframe）、隐藏线（Hidden Lines）3 个按钮，可以查看模型的不同呈现形式。单独选择 Wireframe 时,显示设计模型的线稿图(图 4-94 左上);单独选择 Solid 时,显示设计模型的块状图(图 4-94 右上);在 Solid 和 Wireframe 同时选中的状态下,选取 Hidden lines,模型显示为透视结构状态,可以观察到模型的所有结构线(图 4-94 右下);若未选取 Hidden lines,此时呈现的则是带有表面结构线的块状图(图 4-94 左下)。需要注意的是,如果需要在切磨操作时显示宝石所有结构线或者仅显示结构线,可以提前在此菜单进行预设。窗口右侧 Delete Facet 按钮可用于选择任意切面并进行单个删除;Frost Facet 按钮可用于将任意一个刻面单独设置为磨砂面。窗口左侧底部除有可以 360°旋转观察的设计模型渲染视窗外,旁边还设有 Add Meet 按钮,可以使用该按钮对模型进行再设计。

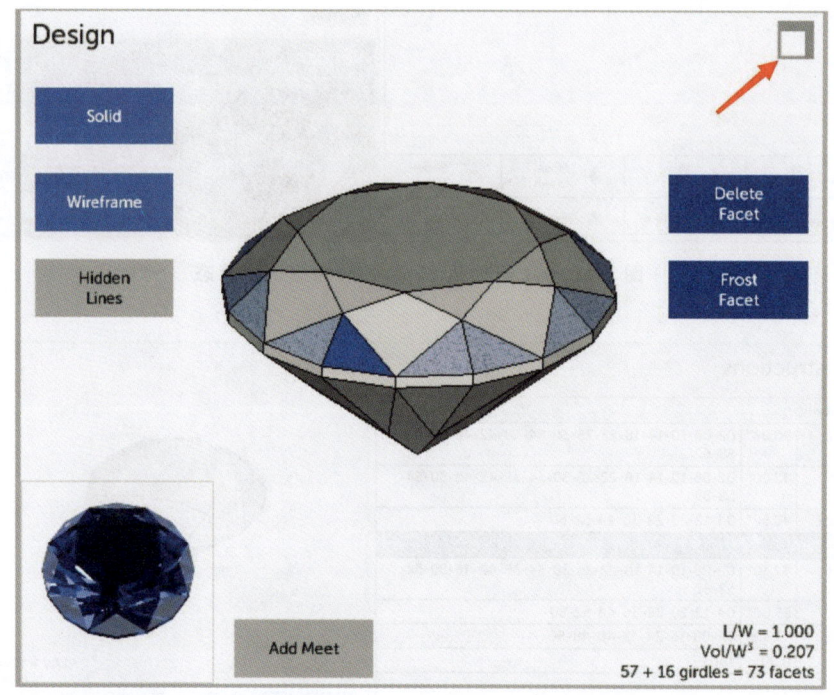

图 4-93　Design 设计视图区高级功能选项操作界面

3. 渲染视图区(Render)高级功能选项

如图 4-95 所示,点击渲染视图区(Render)右上角的方形图标,可最大化显示该区域的高级功能选项设置界面。窗口左侧显示的是所创建琢型的三维渲染图,长按鼠标左键拖动模型可以 360°任意方向观察宝石渲染效果,双击鼠标左键回到顶视图。X Rotation 和 Y Rotation 所显示的角度数值是随着模型旋转而产生的 X 轴、Y 轴方向的即时角度值。渲染图下方的 Save Image 按钮可用于捕获渲染琢型的 PNG 图像文件;Record Animation 按钮可用于录制旋转琢型的 GIF 动画文件,当点击该按钮开始记录时,渲染区域周围会出现一个红色的静态框架,以指示将被捕获的内容,长按鼠标左键拖动模型进行旋转动作,此时红色框架闪烁表示开始录制,释放鼠标按钮,弹出对话框,然后输入信息保存文件。

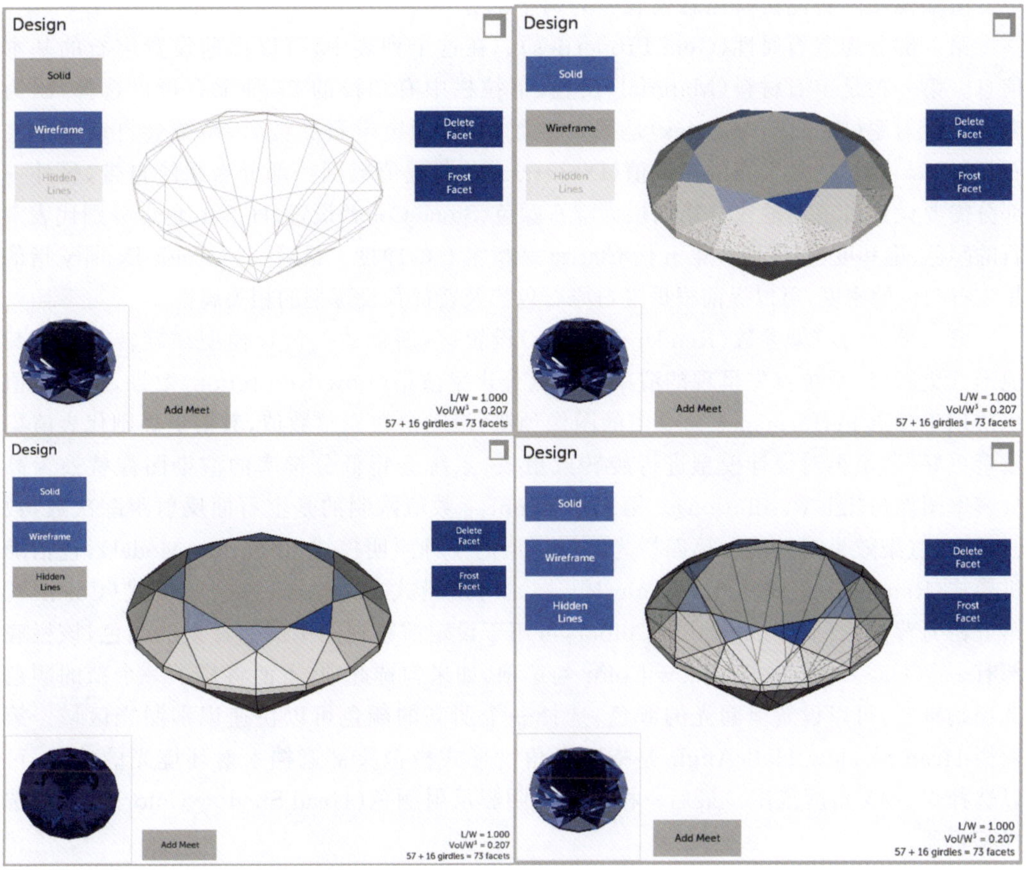

图 4-94 选择左侧不同按钮时的显示界面

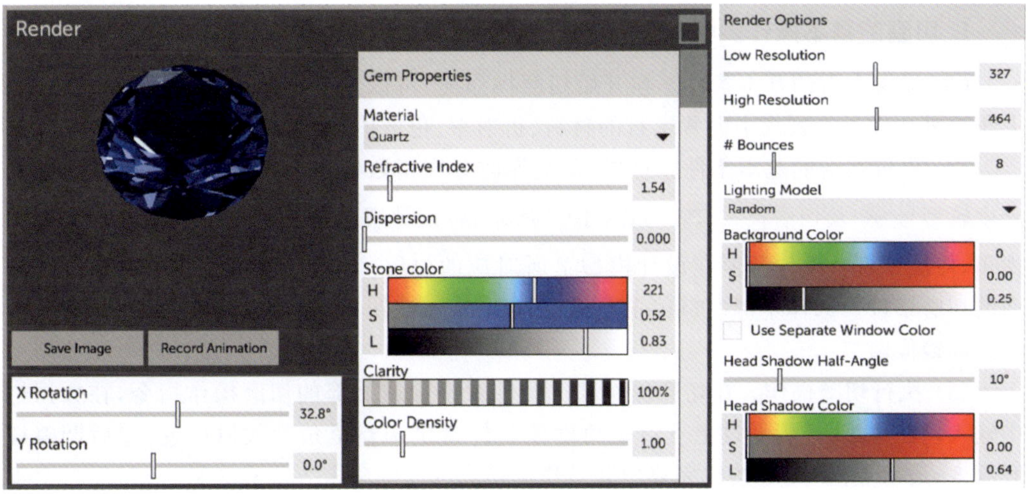

图 4-95 Render View 渲染视图区高级功能选项操作界面

渲染视图区右侧窗口信息列表分为两个部分。

第一部分为宝石属性(Gem Properties)。在这个列表中,可以提前设置宝石的基本信息。第一栏是宝石材料(Material)设置,下拉栏中有预设的 27 种宝石可供选择,因为宝石的折射率(Refractive Index)是固定参数,所以确定宝石品类后,系统会自动调整宝石折射率。第三栏是宝石的色散值(Dispersion),色散值数据一部分为系统自带,另外一部分需要设计者手动输入。第四栏为宝石颜色(Stone Color)设置,H、S、L 色带分别代表宝石的颜色、饱和度、明亮度。第五栏 Clarity 是指宝石的净度。最后一栏 Color Density 指的是宝石颜色的密度,可以提前根据宝石原石色彩及特征预设琢型的相关属性。

第二部分为渲染参数(Render Options)设置区,所创建的设计模型在旋转时或以其他形式更新时,系统首先呈现的渲染图为低分辨率渲染(Low Resolution)效果,这个数值也应用于 Tilt Performance 命令中的图像预览,滑动滑块调整数值,数值更高则代表渲染质量更好;若不再对设计模型进行旋转或更改,系统会将低分辨率的渲染图像替换为高分辨率图像(High Resolution)。第三栏 Bounces 数值限制的是宝石面反射跟踪次数,数值越大,渲染效果越精确。第四栏为渲染琢型的 4 种照明模式(Lighting Model),包括随机模式(Random)、角环模式(Angle Rings)、等线模式(Isometric)、余弦模式(Cosine)。第五栏为背景颜色(Background Color),可用于设定渲染视图中图像背景的颜色,该栏底部有一个 Use Separate Window Color 勾选项,如果勾选此项,下面将显示一个新的颜色选择编辑器,可以设置泄漏光的颜色,选择一个明亮的颜色可以快速识别漏光区域。第六栏 Head Shadow Half-Angle 是指以半角度形式模拟头部遮挡入射环境光的情况,可以选择 0°~45°角度范围。最后一栏是头部阴影反射颜色(Head Shadow Color)的颜色选择编辑器。

四、Gem Cut Studio 切磨工作原理

1. 切磨的基本操作步骤

(1) 设置宝石的基本条件。在开始切磨操作前,可以预先在渲染视图区(Render)右上角高级功能设计列表中设置宝石的材料、折射率、色散值、颜色等基本信息。

(2) 设置切磨的基本条件。首先,在主界面分度指数区根据设计需求设置该琢型的分度轮型号 及切磨模式 。如图 4-96 所示,将设计视图区的设计模型调整至底视图视角,便能识别分度轮数值在设计模型上所对应的位置。其次,设置亭部或冠部每组刻面的切磨条件。选择亭部(Pavilion)或冠部(Crown)按钮,设置每组刻面的切磨分度、对称值和镜像值。

(3) 执行切磨操作。在切磨操作区选择针对亭部或冠部的切磨操作指令,在数据栏中输入切磨角度,或者通过上下滑动角度控制杆滑块调整至角度数值位置,然后调整切磨深度,最后点击 CUT 按钮完成切磨操作。切磨深度的确定方式有 3 种:一是通过上下滑动深度(Depth)控制杆滑块调节至合适的切磨深度;二是点击 jump 按钮,系统会自动贴合最近相交点确定刻面切磨深度;三是点击设计视图区左下角的 Add Meet 按钮,根据其提示的 select point or edge 操作指令,选择设计所需的结构点或者设置结构线上的点

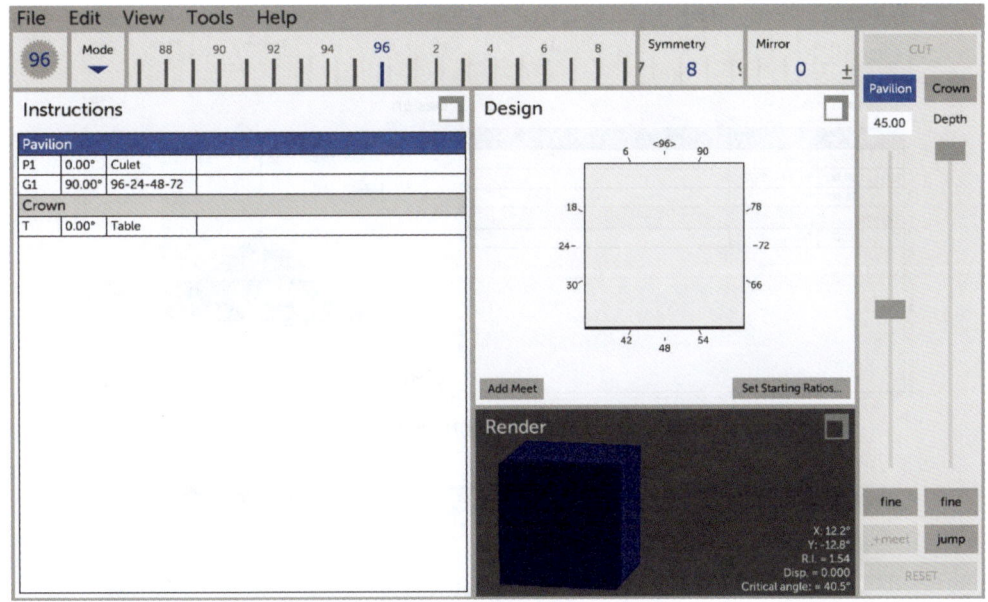

图 4-96　琢型分度轮数值对应视图

位,确定切磨深度的位置。

(4) 依次重复操作进行其他刻面的设计,完成后,完善琢型信息并输出所创建琢型的 PDF 文件。

2.3 种刻面切磨方法

1) 单刻面切磨

单刻面切磨是指根据设计需求单独针对设计模型的某个分度位置进行切磨。单刻面切磨分为两种情况:一种是当分度指数设置区切磨模式为对称切磨(Symmetrical)时,对称值设置为 1,镜像值设置为 0,调整切磨分度后执行的切磨指令则是仅针对该分度值对应刻面的切磨操作;另一种是切磨模式为自由切磨(Arbitrary)时,可以手动输入任意分度进行切磨操作。以四方体为例,如图 4-97 所示,在对称切磨模式下,设置分度值为 10,对称值(Symmetry)为 1,镜像值(Mirror)为 0,确定切磨角度数据以及合理的切磨深度后,点击 CUT 选项即完成此刻面的切磨;如图 4-98 所示,在自由切磨模式下,直接输入分度值 10,确定切磨角度数据以及合理的切磨深度后,点击 CUT 命令即完成此刻面的切磨。

2) 对称面切磨

透明的宝石常被设计成多组对称的刻面琢型,以显示宝石最佳的光学效果,因此对称面切磨是最常见的宝石切磨方式。宝石的对称值需要根据宝石所需要切磨的分度轮型号来确定,可以观察到,在对称值信息栏中,数值的颜色显示为蓝色时,表示可以进行对称性切磨;显示为红色时,则表示不能进行对称性切磨(蓝色指数的意思是对称指数能被分度轮数值整除,若显示为红色,则说明该数值不能被分度轮数值整除),蓝色对称数值大小代表了会形成的对称面数量。以 96 分度轮为例,如图 4-99~图 4-101 所示,对称

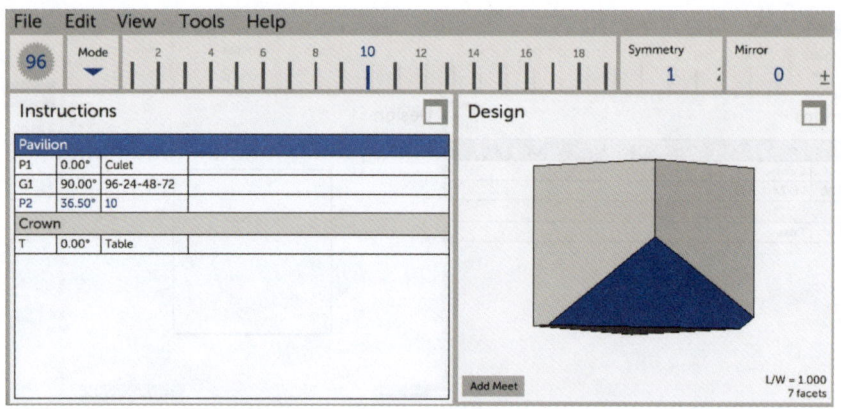

图 4-97　单刻面对称切磨操作示意图

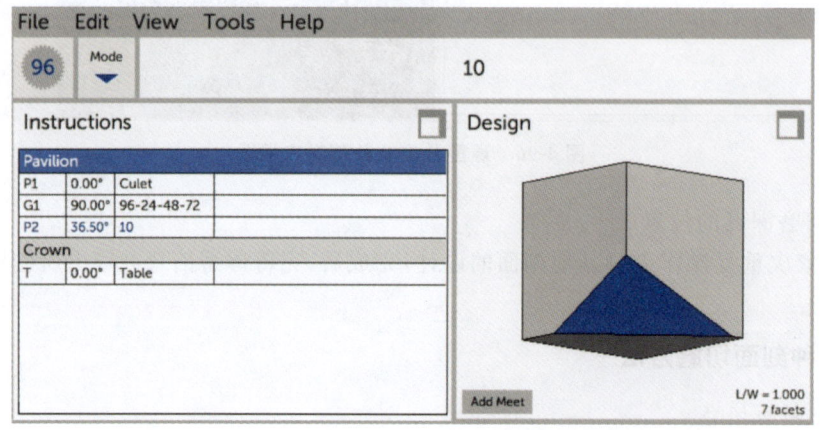

图 4-98　单刻面自由切磨操作示意图

值选择"2",此组被切磨的刻面会形成 2 个对称面;对称值选择"4",此组被切磨的刻面会形成 4 个对称面;对称值选择"8",此组被切磨的刻面会形成 8 个对称面。以上对称值"2、4、8"均可以被 96 整除;若对称值选择"9",如图 4-102 所示,在 96/9 无法被整除的情况下,切磨分度数值将被四舍五入,得出最近的分度值,并根据这个数值进行切磨,由此产生的这组刻面属于完全不对称的面。

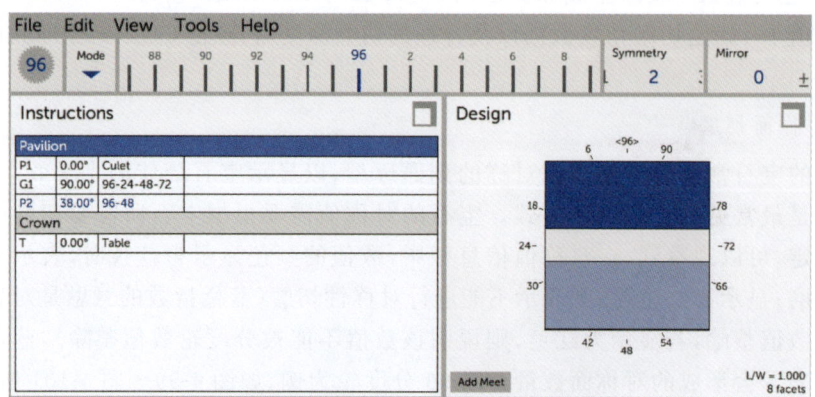

图 4-99　对称值为 2 时的对称切磨示意图

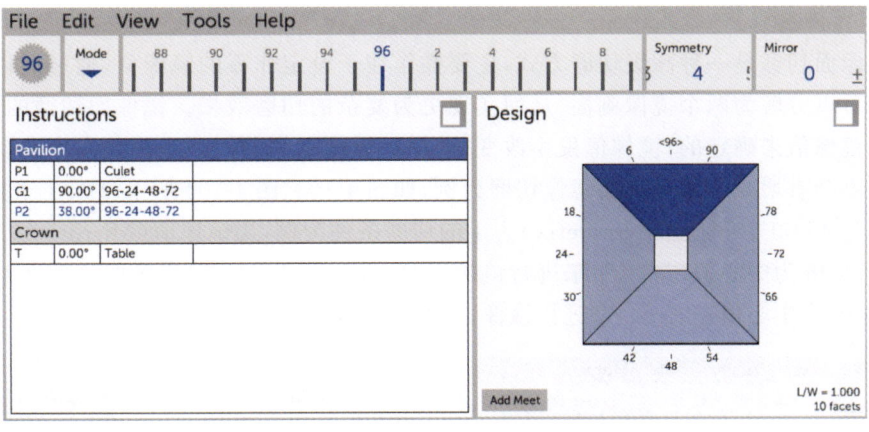

图 4-100　对称值为 4 时的对称切磨示意图

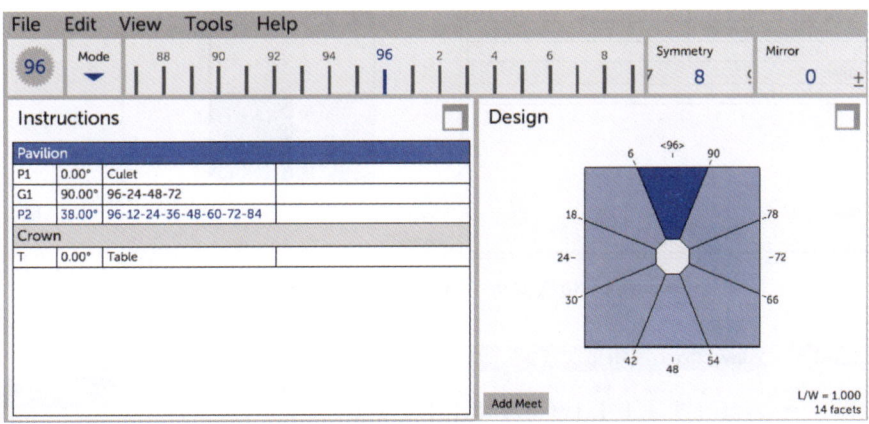

图 4-101　对称值为 8 时的对称切磨示意图

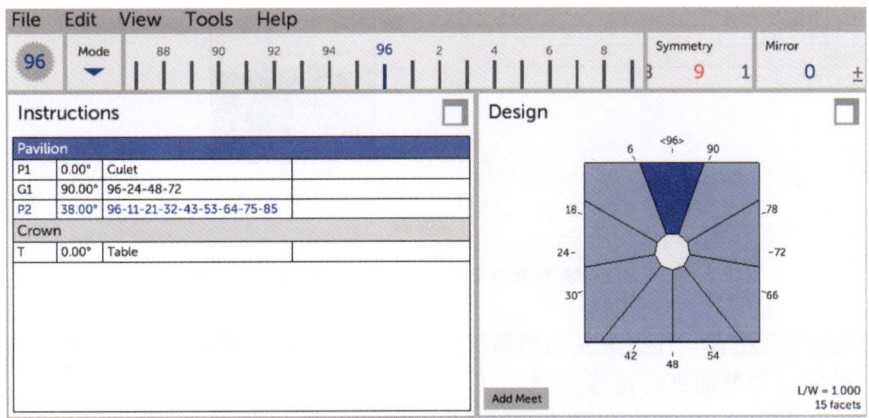

图 4-102　对称值为 9 时的对称切磨示意图

3）镜像面切磨

镜像面切磨是一种高级切磨方式，主要操作在于设定非零的镜像值，通过此设定，单一刻面可以分解为两个镜像刻面，从而实现更为复杂的切磨效果。镜像面切磨的切磨分度是由镜像值来确定的，镜像值发生改变时，切磨分度之间的间距也随之发生改变，而刻面数量不会有增减。以单刻面镜像切磨为例，如图4-103、图4-104所示，以96分度轮、切磨角度为45.00°、对称值(Symmetry)为1的切磨条件为例，当镜像值（Mirror）为1时，切磨分度以96为中心值左右±1来进行镜像，切磨分度则为01-95；当镜像值为2时，切磨分度以96为中心值左右±2来进行镜像，切磨分度则为02-94。

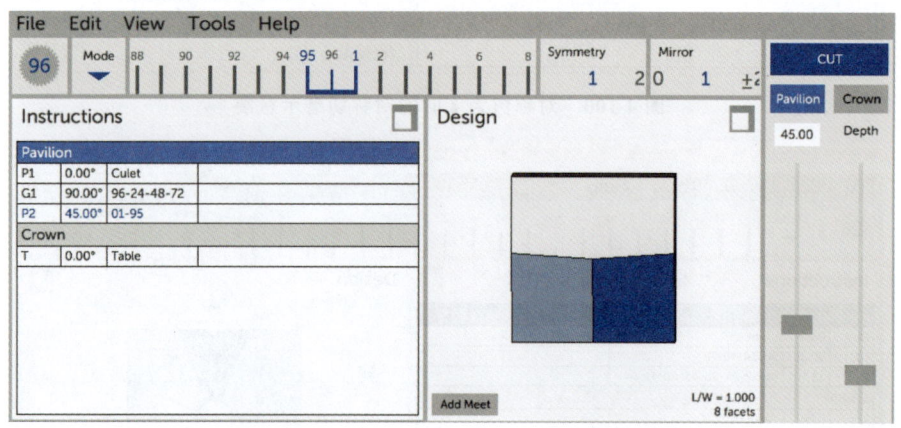

图4-103　镜像值为1时的单刻面镜像切磨示意图

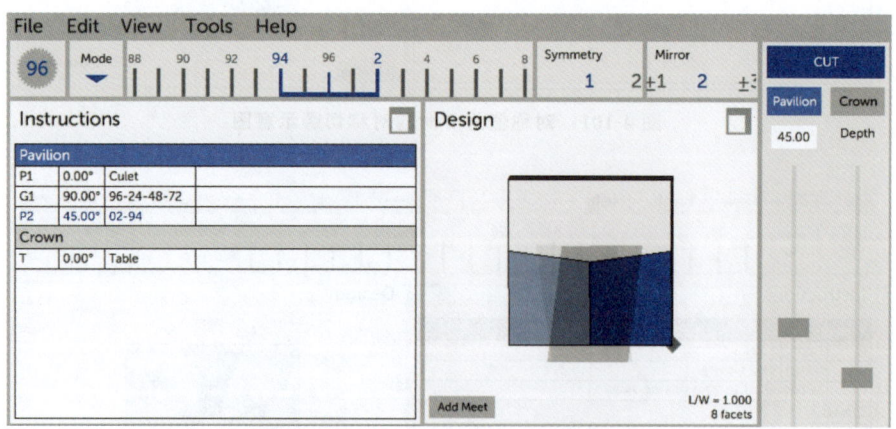

图4-104　镜像值为2时的单刻面镜像切磨示意图

镜像面切磨还有一种更为复杂的情况——对称面镜像切磨，需要在对称刻面的基础上进行，针对对称刻面进行镜像分割。以96分度轮为例，对称值为4，镜像值为1，此时调整角度和深度控制杆，4个对称刻面会被分割为4组镜像刻面，形成8个刻面。如图4-105~图4-107所示，在96分度轮、切磨角度为52.00°、对称值为4的切磨条件下，当镜像值为0时，该组刻面的切磨分度数据为96-24-48-72；当镜像值为1时，切磨数据则更新为01-23-25-47-49-71-73-95；镜像（Mirror）为6时，切磨分度数据则更新为06-18-30-

42-54-66-78-90。

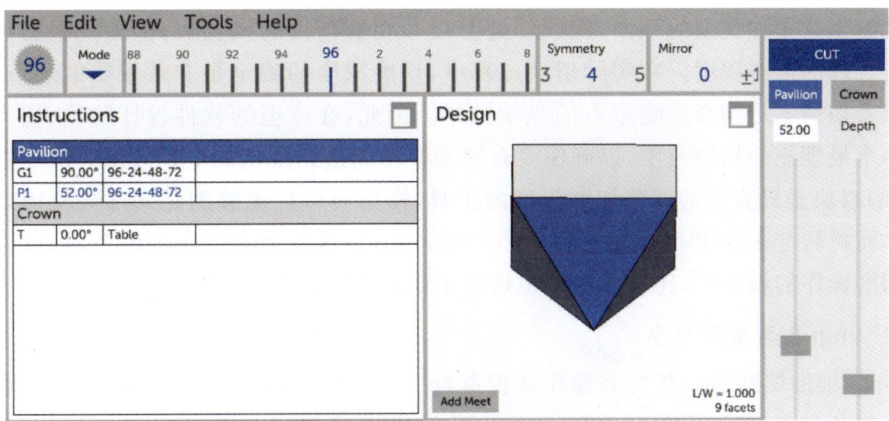

图 4-105　镜像值为 0 时的对称面镜像切磨示意图

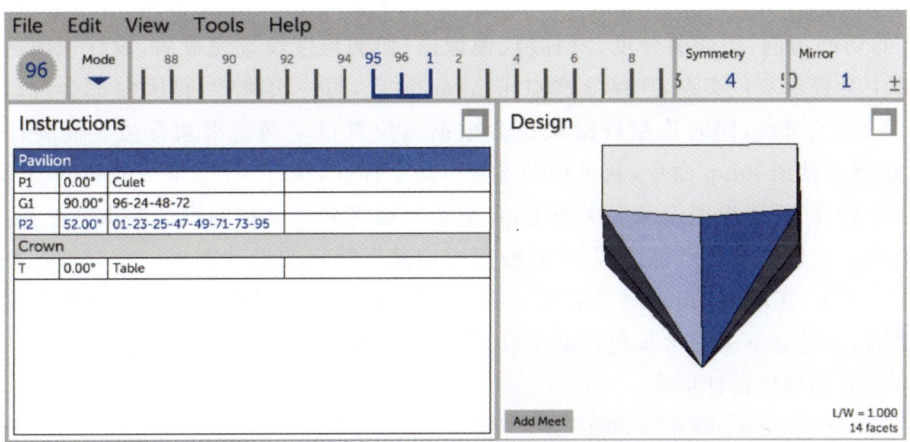

图 4-106　镜像值为 1 时的对称面镜像切磨示意图

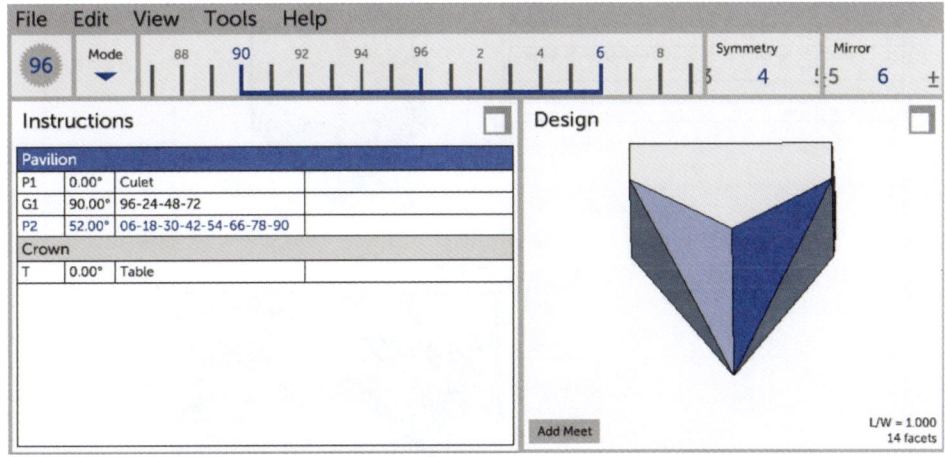

图 4-107　镜像值为 6 时的对称面镜像切磨示意图

3. CUT 辅助切磨工具

无论创建哪种类型的刻面，完成切磨分度和切磨角度的设置后，都需要根据设计要求设置合理的切磨深度。在实际切磨过程中，切磨深度的确定是非常重要的环节，过度切磨或者切磨不足均会影响宝石的光学效果。因此，在琢型的软件设计阶段，应当预先设定一个最理想的切磨范围，以确保宝石的光学性能达到最佳的呈现效果。深度控制杆（Depth）滑块是最直观的调节切磨深度的工具，操作简单且能够满足大部分刻面切磨的需求。而跳转（jump）和增加辅助设计点（Add Meet）这两个辅助切磨的工具，进一步优化了切磨操作的精确性，还有效提升了切磨工作的整体效率。

1）jump 辅助切磨命令

jump 辅助切磨命令在切磨操作区控制杆下方。在进行切磨操作时，设计模型上会提示出灰色交点，若该交点位置符合设计要求，设计者可通过单次或多次点击 jump 按钮，使切磨面自动贴合所提示的灰色相交点位置，从而完成预切磨步骤，然后点击 CUT 按钮确定并执行切磨操作。如图 4-108～图 4-111 所示，以 64 分度轮圆柱形模型的腰围面 G1 的切磨为例，将切磨分度、对称值、镜像值、切磨角度设置完成后，设计视图区的设计模型上会提示灰色交点，连续 3 次点击 jump 命令，每一次跳转，腰围面都会自动贴合所提示的灰色交点，同时控制杆滑块也会根据该位置自动调整滑块深度。需要注意的是，无论是否使用 jump 命令，灰色辅助参考点均会存在，执行 jump 命令的目的是辅助设计者精准操作，可以根据需求多次使用，直至切磨面完全符合预期设计要求。然而，并不是所有提示的辅助参考点都适用，实际使用中应基于特定的设计需求进行合理选择。如图 4-112 所示，在应用 jump 命令实现了亭主面 P2 顶点与相对应的 P1 和 G1 灰色交点贴合切磨后，系统会继续提示灰色辅助交点，若继续执行 jump 操作，将会导致过度切磨，进而改变原有的琢型设计形态。

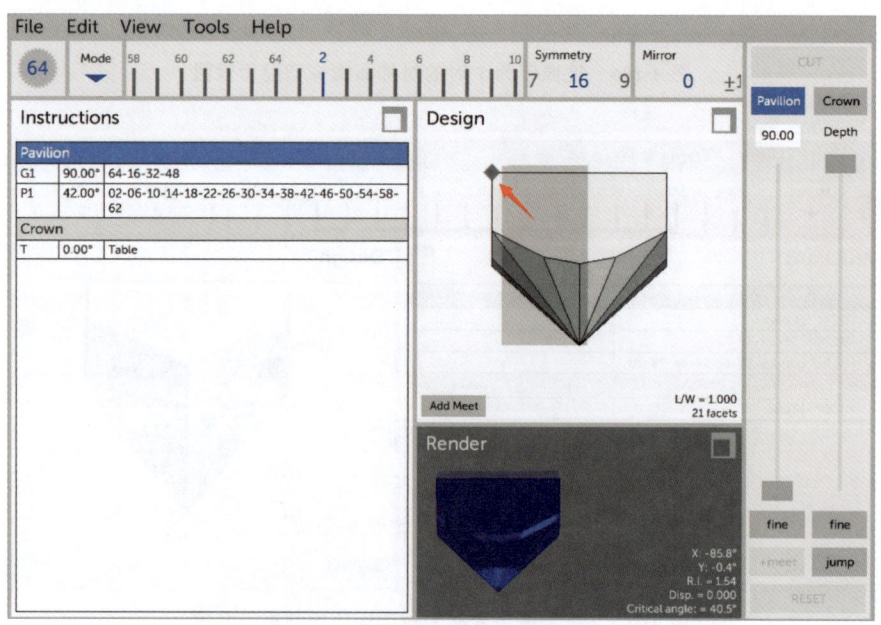

图 4-108　第一次执行 jump 命令

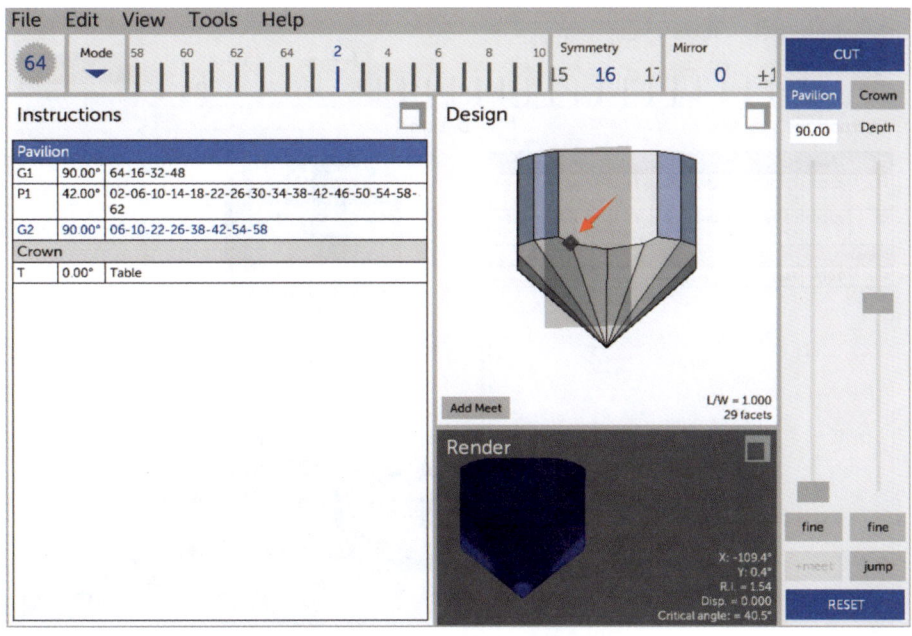

图 4-109　第二次执行 jump 命令

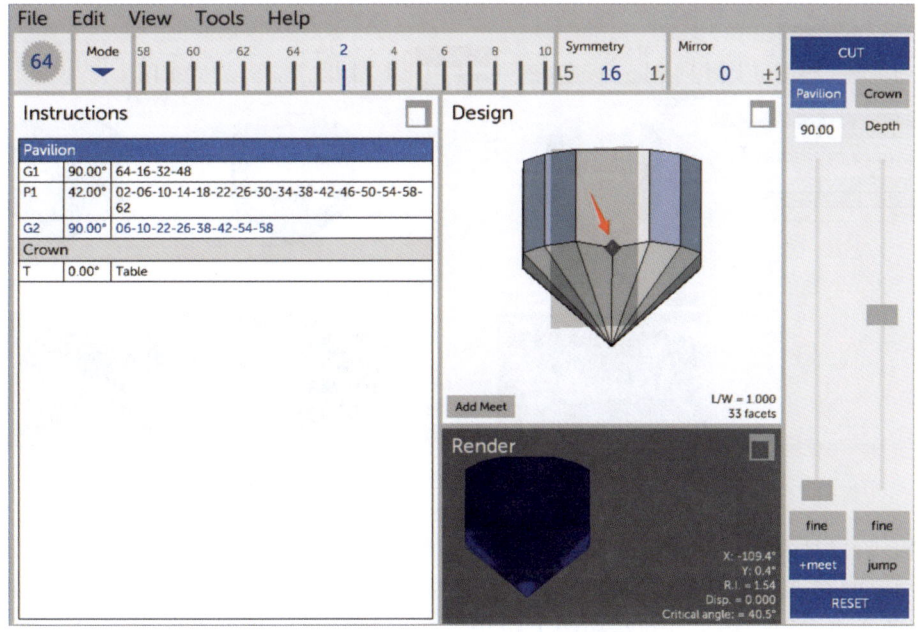

图 4-110　第三次执行 jump 命令

2) Add Meet 辅助切磨命令

Add Meet 辅助切磨命令在设计视图区（Design）的左下角，当切磨刻面需要精确到相关交点位置时，可以选择使用 Add Meet 命令。点击 Add Meet 按钮后，左下角会提示 select point or edge 操作指令，此时所创建的设计模型上会高亮显示所有可选择的交点

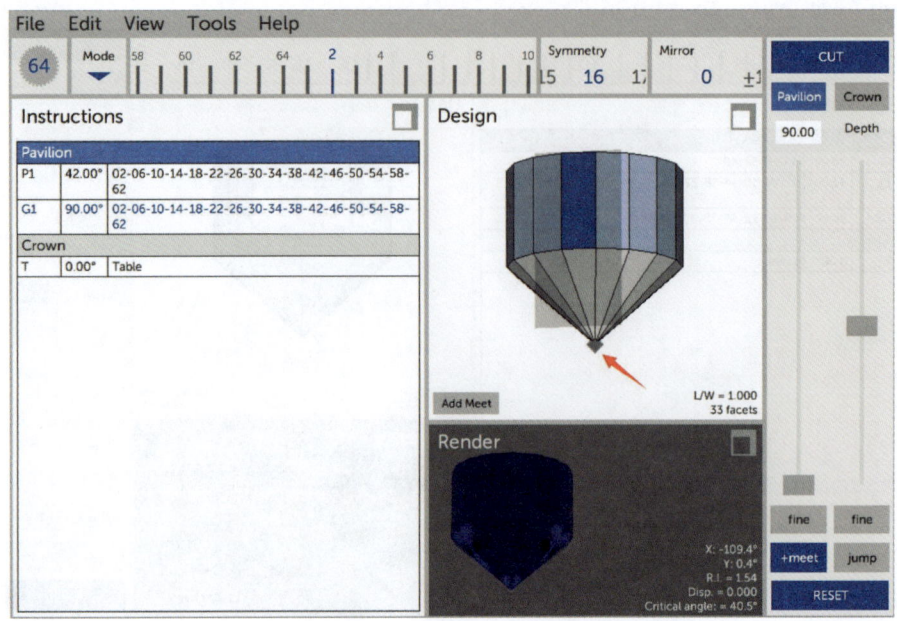

图 4-111 腰围面完成后效果

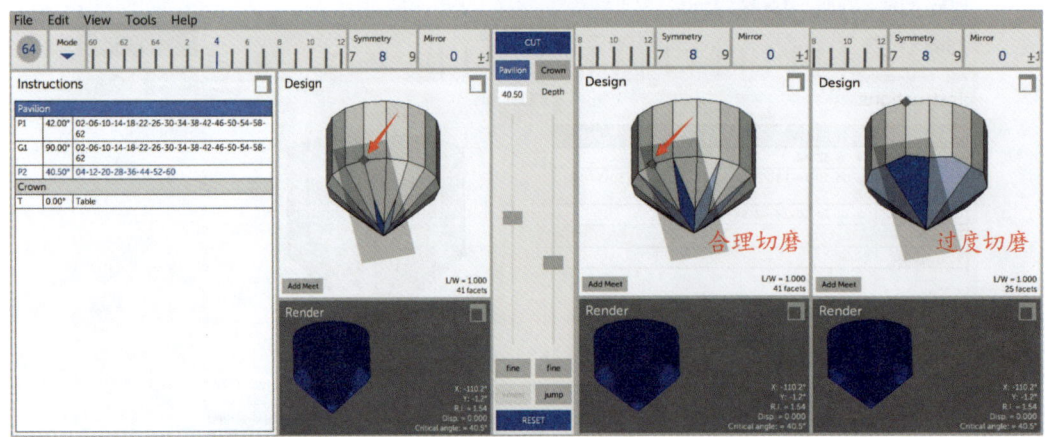

图 4-112 使用 jump 命令完成合理切磨和过度切磨对比图

和结构线,设计者可以选择一个交点作为辅助切磨的条件(这个交点来源于设计模型上某个固定的交点或者某条结构线上的位置系数点),也可以选择两个点作为辅助切磨的条件(两个点来源于相交点和结构线上位置系数点的组合),从而确定刻面切磨的位置。如果需要删除 Add Meet 辅助点,可以点击视图区左下角的 Clear 1 meets 按钮。

以图 4-97 的四方体模型单刻面切磨条件为例,使用 Add Meet 命令,当选择确定某个交点时,系统会根据交点位置以及已设定的切磨角度直接生成刻面。如图 4-113 所示,选择四方体模型上蓝色高亮交点作为切磨辅助交点,进行 CUT 切磨操作指令后,36.50°刻面的切磨深度会自动贴合在蓝色交点位置处;如图 4-114 所示,当选择某条结构线时,系统将会弹出 Select Edge Meetpoint 对话框,调节对话框上的比例系数滑块或直接设置比例系数来确定交点位置(比例系数数值决定了结构线上的交点位置),设定 1/3 的比例系数,此时所选结构线的 1/3 位置处会高亮显示蓝色交点,点击 Add 按钮,然后进行 CUT 切磨操作指令,36.50°刻面的切磨深度就会限定在结构线的 1/3 位置处。

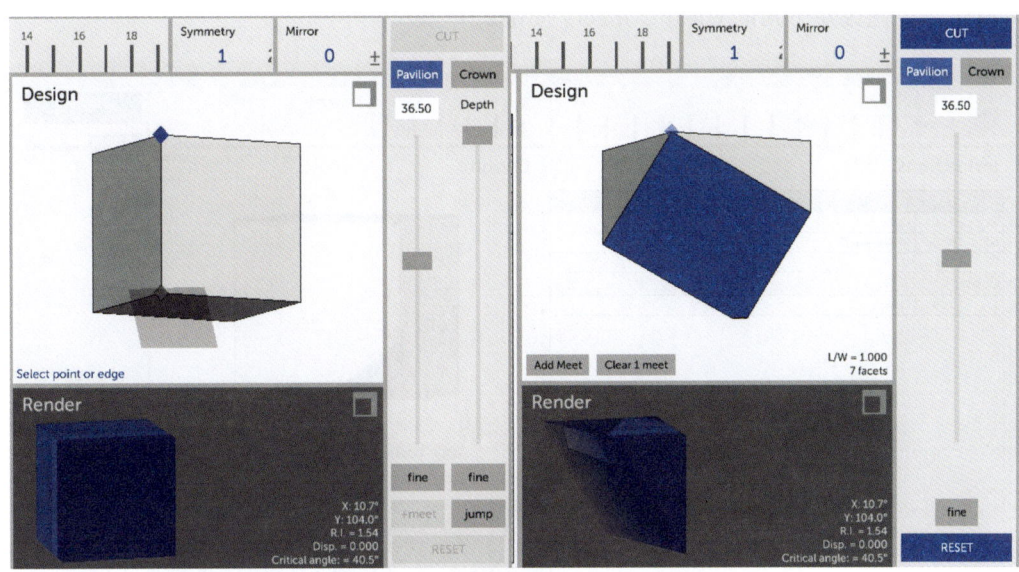

图 4-113　Add Meet 单辅助点操作示意图(一)

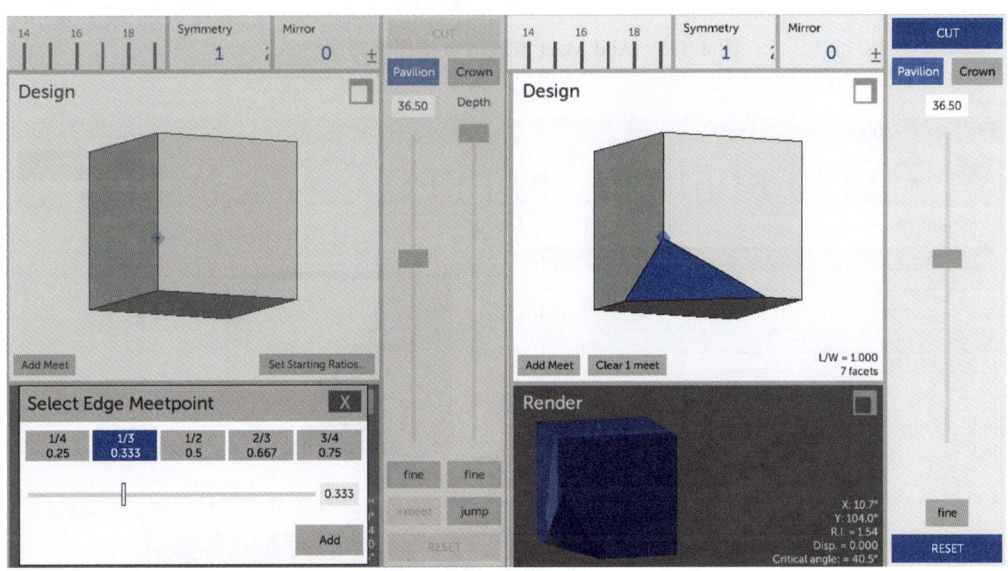

图 4-114　Add Meet 单辅助点操作示意图(二)

同样以单刻面切磨为例,在 10 分度的位置,点击 Add Meet 按钮,在 Select Edge Meetpoint 对话框中选择如图 4-115 中所示结构线上的 1/3 位置点,再次点击 Add Meet 按钮,在 Select Edge Meetpoint 对话框中选择另外一条结构线上的 1/2 位置点,其切磨面的角度由两个辅助点位置决定,此时生成切磨角度为 47.61°;或者更改组合形式,如图

4-116 中所示,点击 Add Meet 按钮,选择四方体模型上蓝色高亮交点,再次点击 Add Meet 按钮,在 Select Edge Meetpoint 对话框中结构线上的 2/3 位置点,其切磨面的角度由两个辅助点位置决定,此时生成切磨角度为 67.91°。如果需要删除 Add Meet 辅助点,可以点击视图区左下角的 Clear 2 meets 按钮。

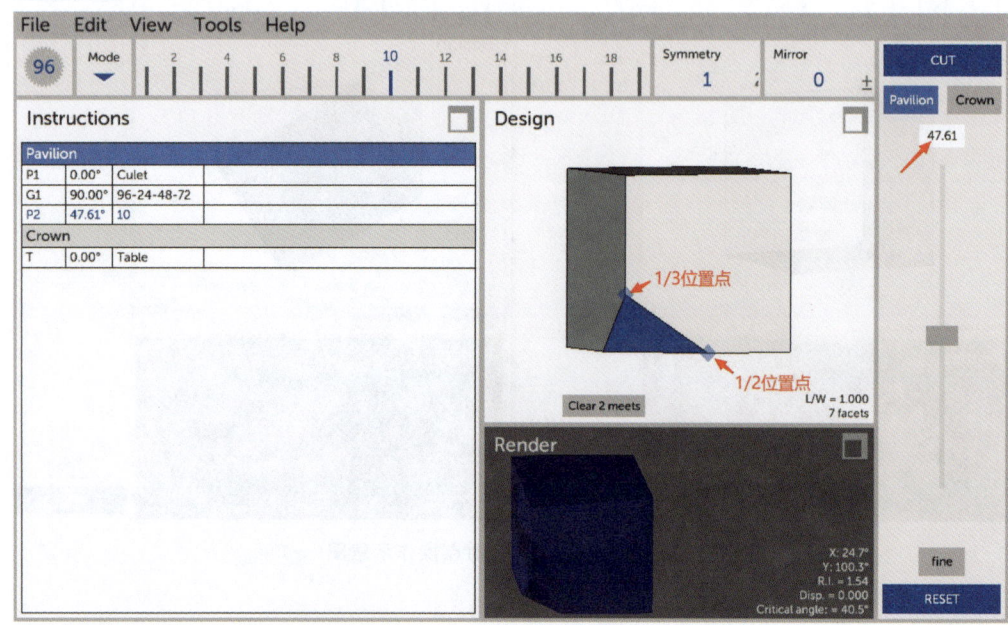

图 4-115　Add Meet 双辅助点操作示意图(一)

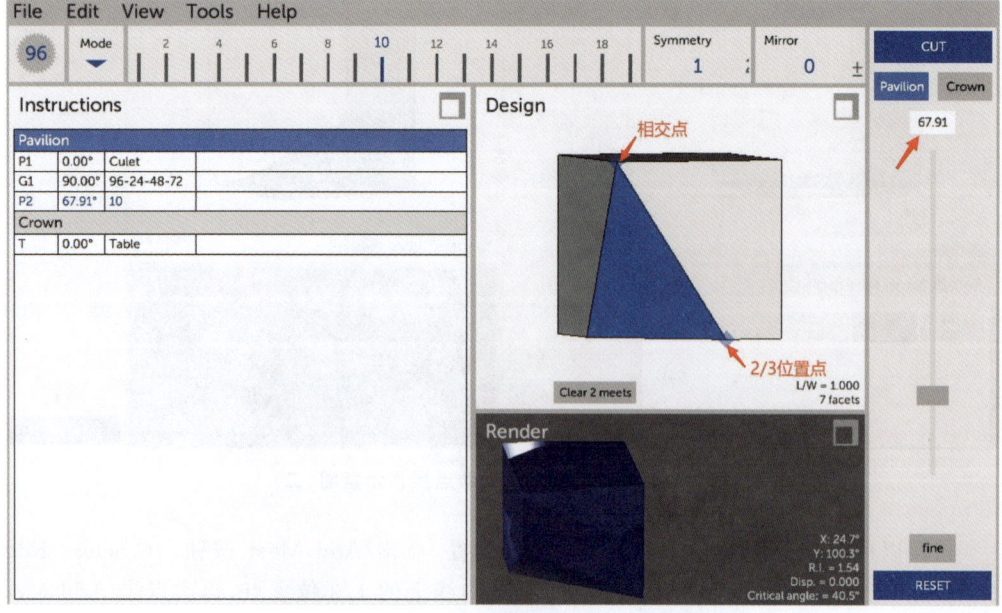

图 4-116　Add Meet 双辅助点操作示意图(二)

4. 根据设计数据创建琢型

若所需创建的宝石琢型仅有 PDF 格式的信息文件作为参考，就需要正确理解文件内的相关信息，根据已提供的数据信息来创建宝石琢型。如图 4-117 所示的文件中，左侧列表上方分别为刻面数据(Facet Data) 、尺寸数据(Size Data)、设计数据(Design Data)；左侧列表下方为亭部和冠部切磨相关的数据信息；文件右侧为琢型的 4 个视图，包含顶视图、端视图、侧视图、底视图。如果需要根据 PDF 文件中宝石琢型数据创建琢型，可以提前设置已知信息，如尺寸、分度、对称和镜像等，再根据切磨数据进行逐步还原操作，进而得到宝石琢型的建模文件。

Untitled

April 2023

Facet Data

Pavilion facets	24	Pavilion tiers	2
Girdle facets	16	Girdle tiers	1
Crown facets	32+1	Crown tiers	3+1
Total facets	**73**	Total tiers	7

Size Data

L/W	1.000	P/W	0.427
T/W	0.565	C/W	0.136
U/W	0.565	H/W	0.593
V/W^3	0.207	P/C	3.136

Design Data

Angles for R.I.	1.54
Symmetry	8-fold, mirror
Index gear	64

Pavilion

P1	42.00	02-06-10-14-18-22-26-30-34-38-42-46-50-54-58-62
G1	90.00	02-06-10-14-18-22-26-30-34-38-42-46-50-54-58-62
P2	40.50	04-12-20-28-36-44-52-60

Crown

C1	42.30	02-06-10-14-18-22-26-30-34-38-42-46-50-54-58-62
C2	35.00	04-12-20-28-36-44-52-60
C3	19.80	64-08-16-24-32-40-48-56
T	0.00	Table

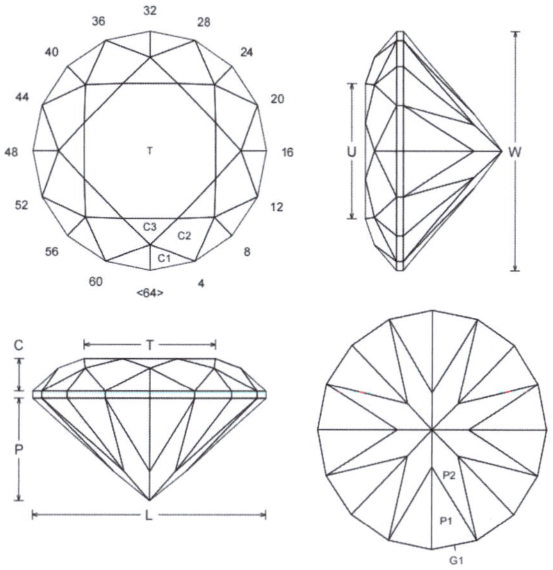

图 4-117　PDF 格式琢型设计文件

宝石琢型的切磨数据有比较简单的对称数据，也有复杂的镜像对称数据。如表 4-2 为简单的切磨数据。表中数据显示，此组刻面为亭部切磨刻面，切磨角度为 21.00°，切磨分度列表中有 4 个数值，每个分度值均匀间隔 16，且最大分度值为 56，因此可知此组刻面为简单的对称切面，64 分度轮，对称值(Symmetry)为 4，镜像值(Mirror)为 0。因为没有镜像，第一个分度值为 08，所以将切磨分度调整为 08，然后调整切磨深度并完成切磨操作，图 4-118 为根据列表数据完成的切磨模型。

表 4-2 简单对称刻面数据

P1	21.00°	08-24-40-56

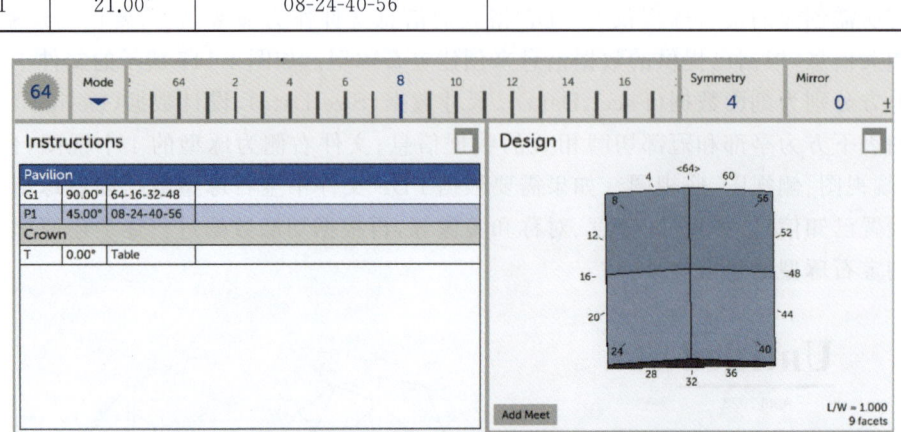

图 4-118 根据简单对称刻面数据创建模型的操作方法

表 4-3 中列出了复杂镜像对称刻面数据。表中数据显示,此组刻面为亭部切磨刻面,因最大刻面切磨分度为 59,可知琢型使用的是 64 分度轮;切磨角度为 47.00°,切磨分度列表有 8 个数值,但这组分度值之间并没有均匀间隔,分度 05 和 11 之间的间距为 6,分度 11 和 21 之间的间距为 10,分度 21 和 27 之间的间距为 6,分度 27 和 37 之间的间距为 10,以此类推,因此可以知道这是镜像的对称切面。因为有镜像才会使分度列表中分度的数目加倍,所以用分度值的数目 8 除以 2,得到的对称值(Symmetry)为 4。因为镜像是在对称的基础上进行的,所以得到镜像值和切磨分度的方法有以下两种。

表 4-3 复杂镜像对称刻面数据

P2	47.00°	05-11-21-27-37-43-53-59

方法一:如图 4-119 所示,使用第一组切磨分度 05 和 11 之间的间距 6 除以 2,得到的镜像值(Mirror)为 3。同时因为第一对切磨分度为 05 和 11,所以该组刻面的切磨分度是以 08 为中心值,左右±3 进行镜像,得到切磨数据 05-11-21-27-37-43-53-59。

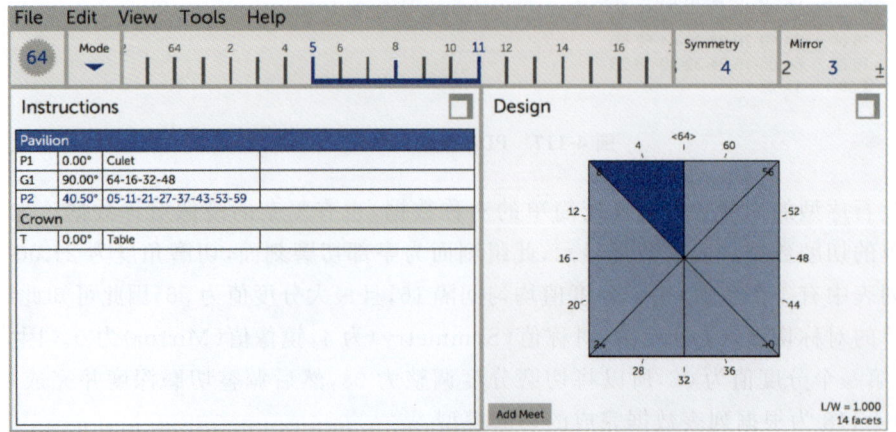

图 4-119 根据复杂镜像对称刻面数据创建模型的操作方法(一)

方法二:如图 4-120 所示,使用第二组切磨分度 11 和 21 之间的间距为 10 除以 2,得到的镜像值(Mirror)为 5,因为使用的是第二组切磨分度 11 和 21,因此以 16 为中心值,左右±5 进行镜像,同样能够得到该组刻面的切磨分度数据 05-11-21-27-37-43-53-59,最后调整切磨深度完成切磨操作。

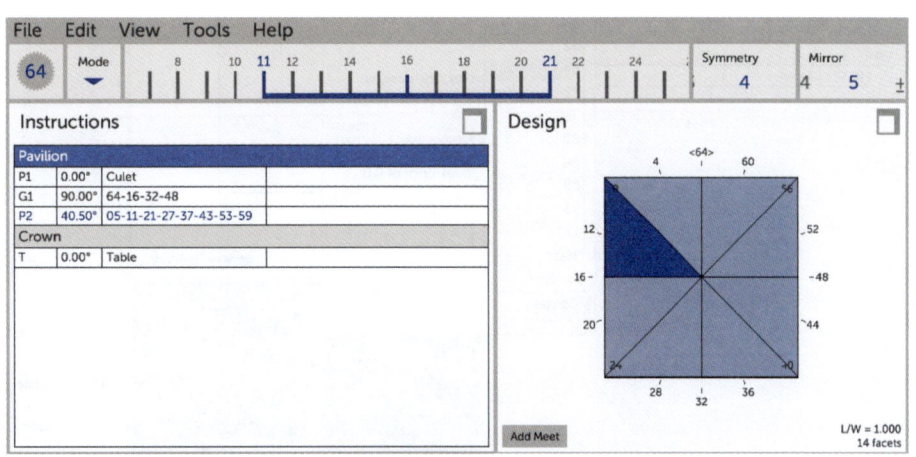

图 4-120　根据复杂镜像对称刻面数据创建模型的操作方法(二)

五、宝石琢型设计操作实例

(一)标准圆形明亮琢型实例(64 分度)(▶ 参见实操教学视频 3-3)

1. 基本设置

如图 4-121 所示,在设计前,需要对琢型的基本信息如分度轮、宝石材料属性等作出更改设置。标准圆形明亮琢型为典型的对称琢型,因此对称模式(Symmetrical)保持默认设置不需更改。

(1)设置分度轮。系统默认为 96 分度轮,点击分度指数区域左侧带数字的齿轮图标 ,弹出更改分度轮(Change index gear)对话框,在新分度轮(New index gear)下拉数字列表中选择 64 分度轮,再点击 OK 按钮确定更改。左侧 Cancel 按钮可用于关闭当前对话框,以终止正在进行的更改操作。

(2)设置材料属性。在渲染视图区点击高级功能选项方形图标 ■,在弹出的信息列表中设置宝石的材料、折射率、颜色、色散值等信息,软件默认值为无色水晶的材料属性。

2. 创建琢型

用 Gem Cut Studio 设计圆形宝石琢型的顺序是下腰面—腰围面—亭主面—上腰面—冠主面—星刻面—台面。

(1)设计下腰面 P1。如图 4-122 所示,在分度指数区将切磨分度设置为 2,对称值(Symmetry)设置为 16,镜像值(Mirror)设置为 0。在切磨操作区亭部(Pavilion)按钮下方的数据框中输入切磨角度 42.00°,或者滑动角度控制杆滑块,将切磨角度调节至

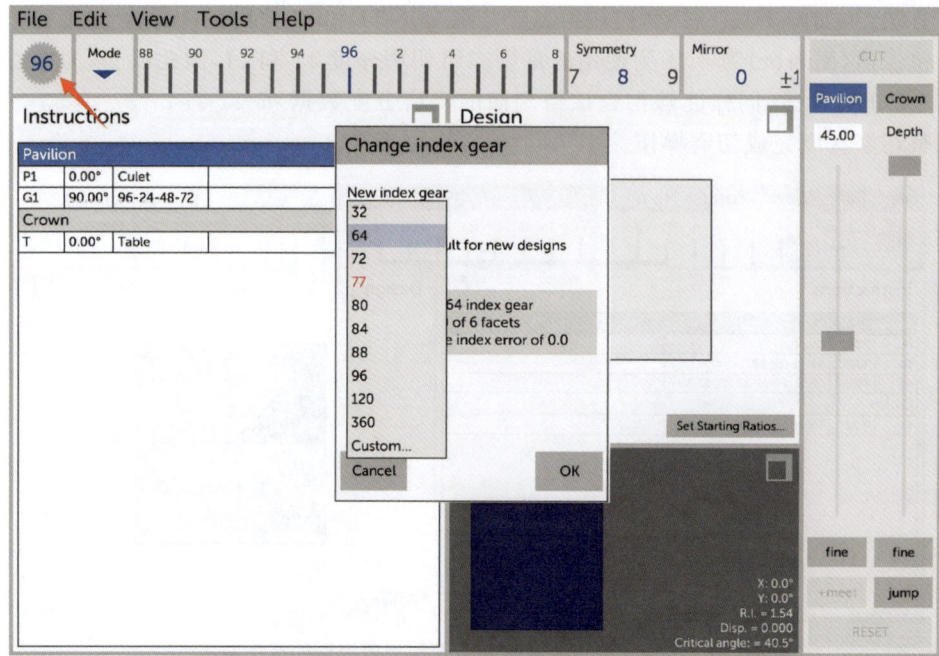

图 4-121 设置圆形明亮琢型分度指数

42.00°，然后滑动深度（Depth）控制杆滑块，直到 16 个刻面汇聚到亭部中心点，点击 CUT 按钮，得到 16 个亭部下腰面。若需要重新设置，可以点击 RESET 按钮返回。

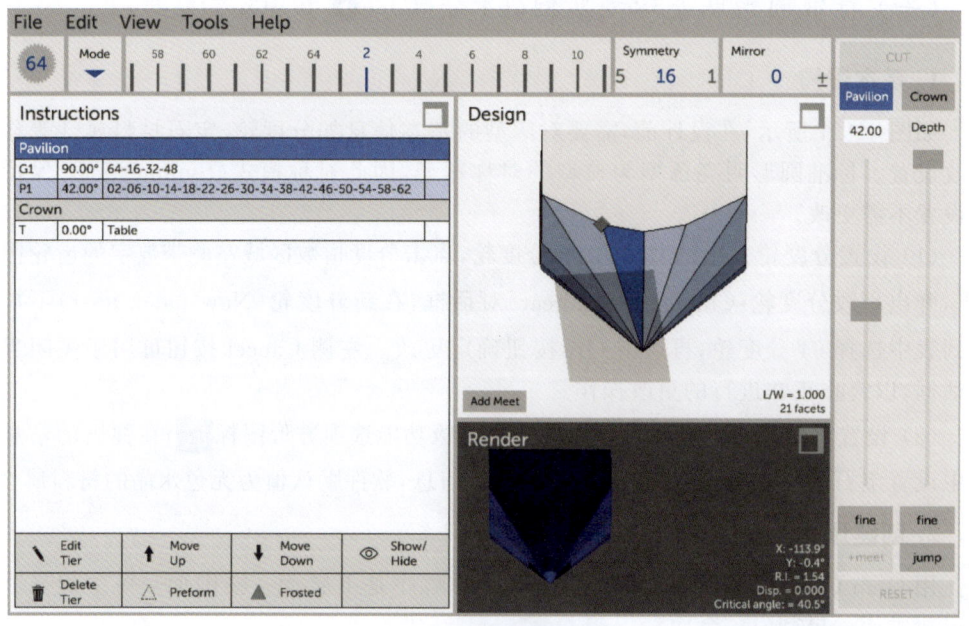

图 4-122 设置下腰面相关数据

（2）设计腰围面 G1。根据下腰面创建宝石琢型的腰围形态，也包括确定琢型的直径尺寸。如图 4-123 所示，因腰围为圆柱形，其刻面与下腰面刻面数目一致，因此切磨分度、对称值、镜像值均保持不变，在亭部（Pavilion）数据框中输入切磨角度 90.00°，或者将角度控制杆滑块调节至最底端，然后滑动深度（Depth）控制杆滑块，直到 16 个腰围刻面与下腰刻面对齐贴合。注意：在作腰围面设计的时候，要考虑琢型的比例范围，亭部太深或者太浅都会影响光效。完成上述操作后点击 CUT 按钮，得到 16 个腰围面。

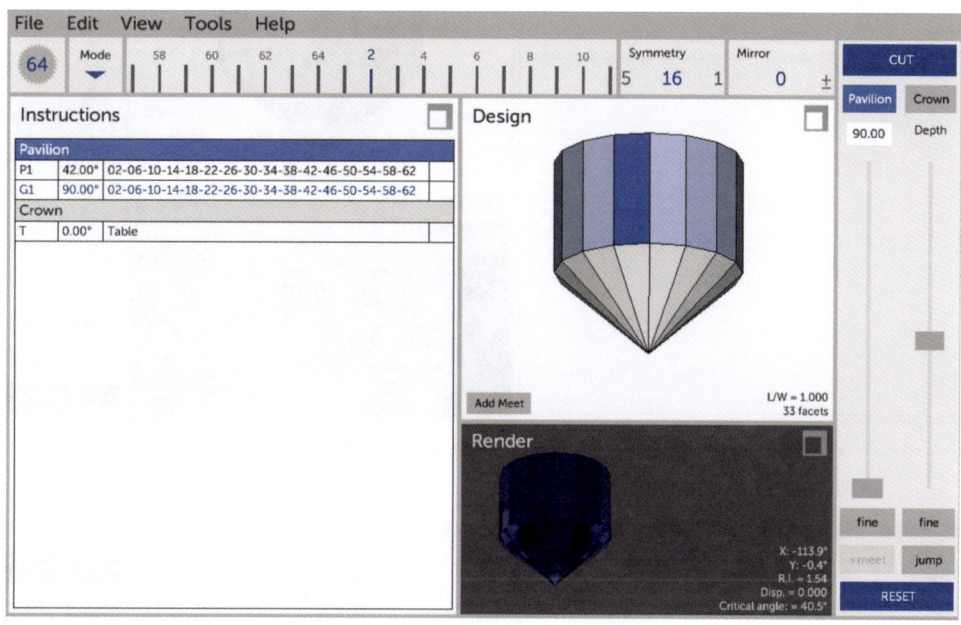

图 4-123　设置腰围面相关数据

（3）设计亭主面 P2。将切磨分度调整为 4，对称值（Symmetry）设置为 8，镜像值（Mirror）设置为 0，亭部（Pavilion）数据框中输入切磨角度 40.50°。如图 4-124 所示，可以调整深度（Depth）控制杆滑块，至刻面交点与腰棱线交点重合；或者如图 4-125 所示，打开 Add meet 按钮操作框，锁定所要汇合的蓝色交点；也可以点击跳转（jump）按钮，将 P2 刻面顶点贴合至 P1 和 G1 刻面灰色相交点，最后点击 CUT 按钮，完成 8 个亭主面。

（4）设计上腰面 C1。首先在切磨操作区将针对亭部（Pavilion）切换为针对冠部（Crown），此时切磨数据区也会自动跳转至冠部（Crown）数据列表栏。然后将切磨分度设置为 2，对称值（Symmetry）设置为 16，镜像值（Mirror）设置为 0，设置上腰面切磨角度 42.30°，调整深度（Depth）控制杆滑块，此时需要设定腰棱厚度，但因后期可以使用编辑（Edit）菜单中的调整腰围尺寸（Resize Girdle）命令进行腰围尺寸的调整，因此这里可以设定大致的腰棱点位。如果已有确定的腰围尺寸，也可以点击设计视图区域左下角的 Add Meet 按钮，完成腰棱厚度的设置。如图 4-126，点击 Add Meet 按钮，确定腰棱结构线，在弹出的 Select Edge Meetpoint 对话框中调节比例系数滑块，从而确定腰棱厚度，此时设计模型结构线上会高亮显示位置系数蓝色交点，设定腰棱厚度数值 0.955，点击 Add 按钮，上腰面会根据设定的点位呈现预切磨刻面，点击 CUT 按钮，如图 4-127 所示，完成冠部 16 个上腰面。

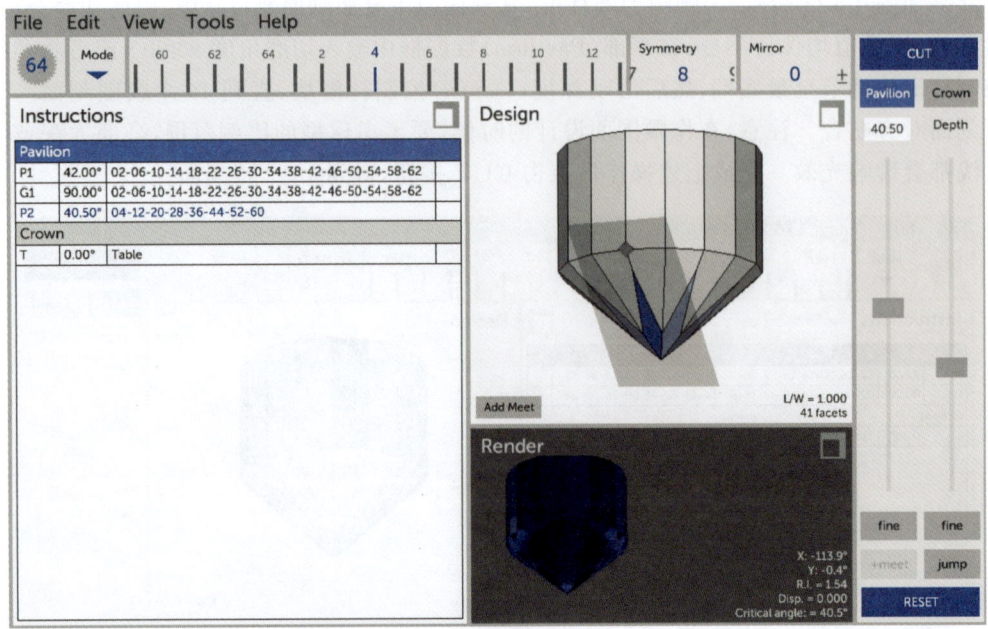

图 4-124 设置亭主面相关数据(手动调整控制杆)

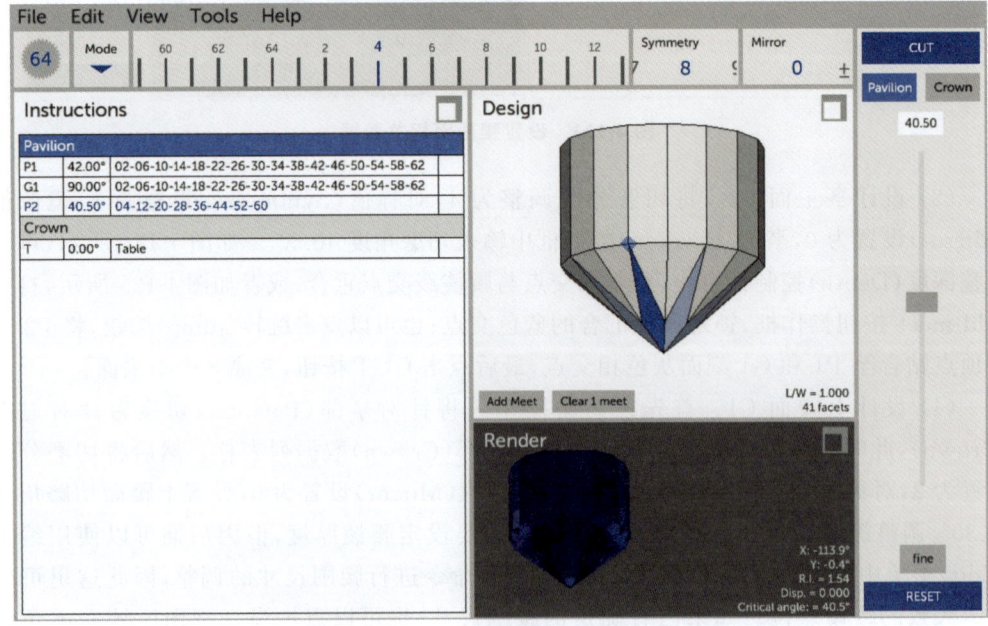

图 4-125 设置亭主面相关数据(Add Meet 交点设置)

(5)设计冠主面(风筝面)C2。如图 4-128 所示,将切磨分度设置为 4,对称值(Symmetry)设置为 8,镜像值(Mirror)设置为 0,在冠部(Crown)数据框中输入切磨角度 35.00°,调整深度(Depth)控制杆滑块至切面与腰部顶点相交,或者点击 jump 按钮,使 C2 刻面顶点贴合至 C1 与 G1 刻面灰色相交点,最后点击 CUT 按钮,得到 8 个冠主面。

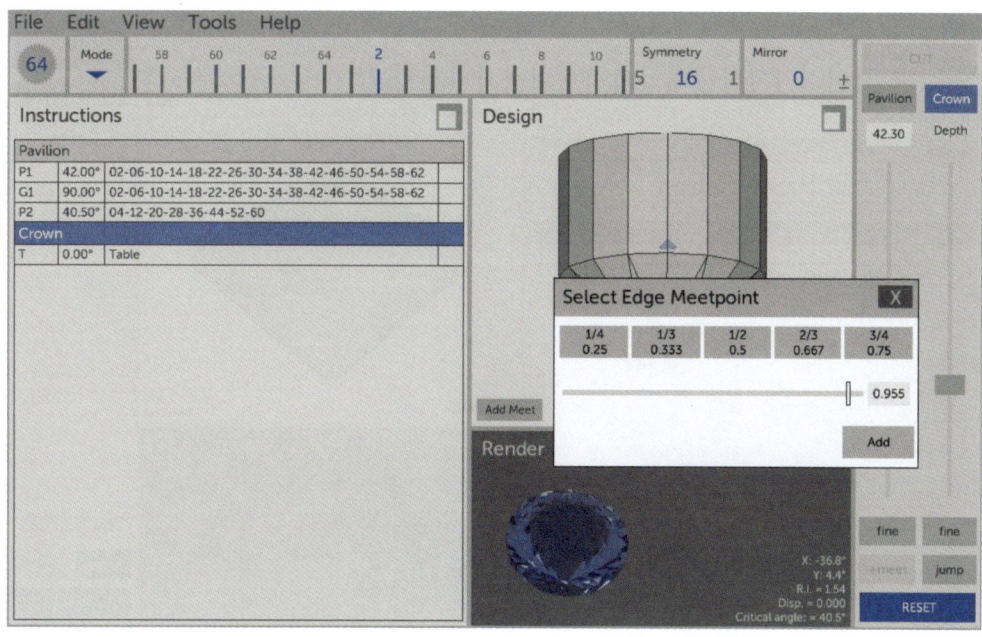

图 4-126　设置上腰面相关数据（Add Meet 交点设置）

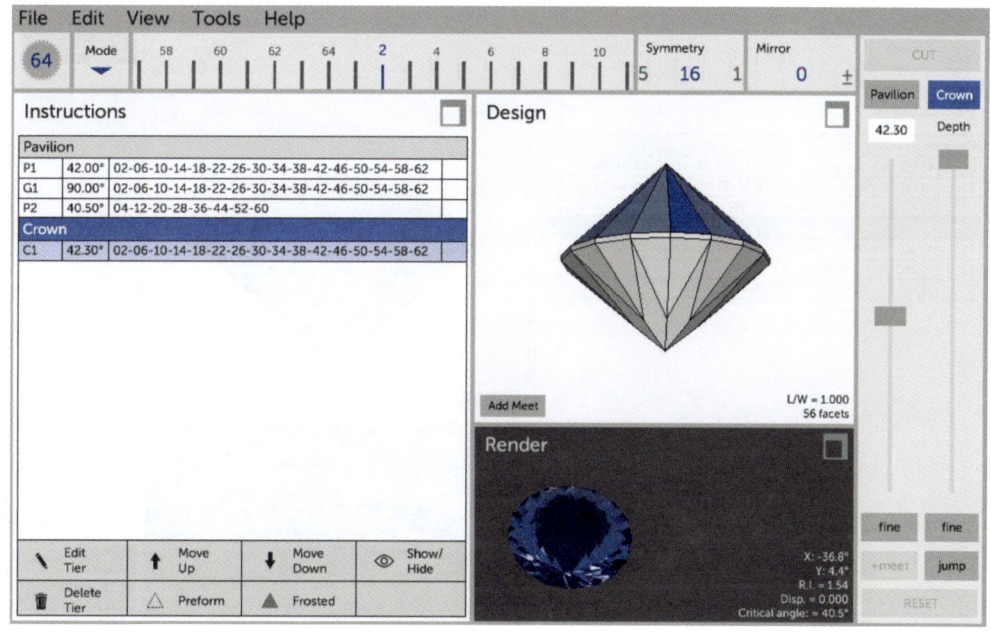

图 4-127　完成设计上腰面

（6）设计星刻面 C3。如图 4-129 所示，将切磨分度设置为 64，对称值（Symmetry）设置为 8，镜像值（Mirror）设置为 0，在冠部（Crown）数据框中输入切磨角度 19.80°，调整深度（Depth）控制杆滑块至切面与冠主面顶点相交，或者点击 jump 按钮贴合相关交点，然后点击 CUT 按钮，得到 8 个星刻面。

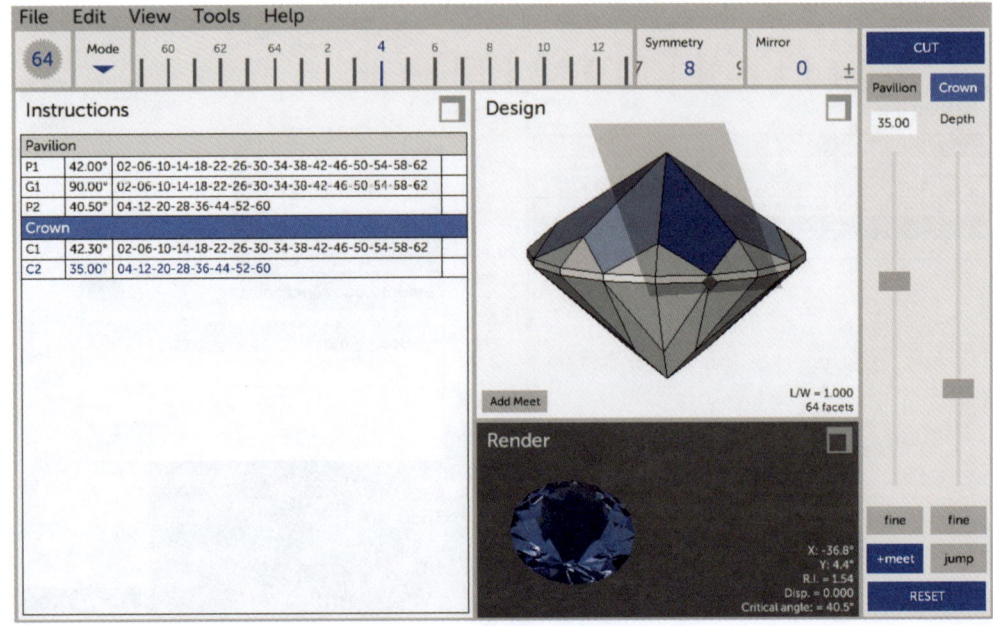

图 4-128　设置冠主面相关数据

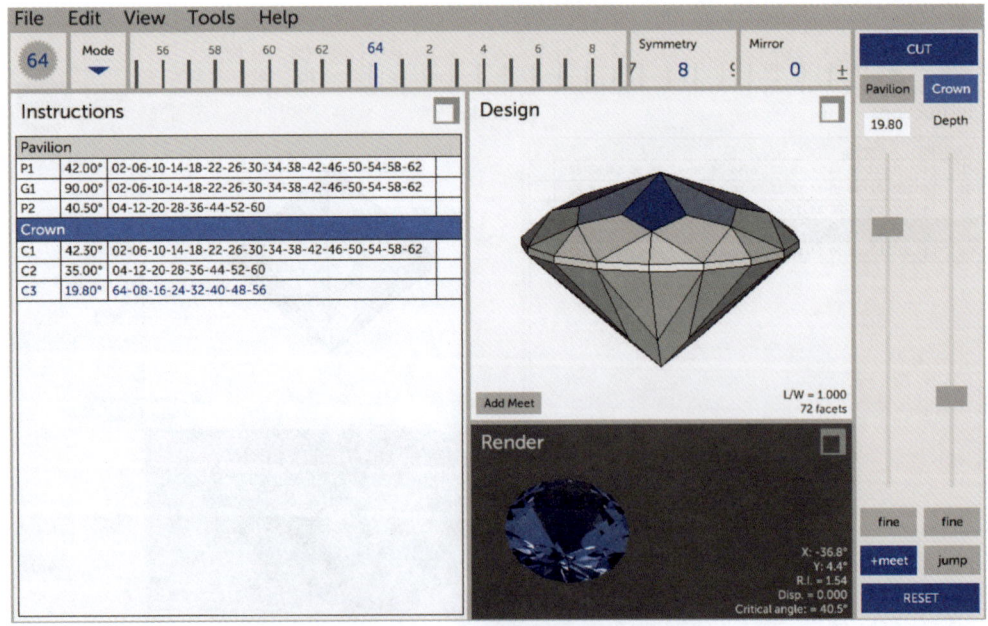

图 4-129　设置星刻面相关数据

(7) 设计台面 T。如图 4-130 所示,切磨分度、对称值、镜像值可以不作更改,在冠部 (Crown) 数据框中输入切磨角度 0.00°或者将角度控制杆滑块调至最顶端,然后调整深度 (Depth) 控制杆滑块至切面与星小面顶点相交,或者点击 jump 按钮贴合相关交点,然后点击 CUT 按钮,完成台面设计。至此,整个标准圆形明亮琢型的建模已基本完成。

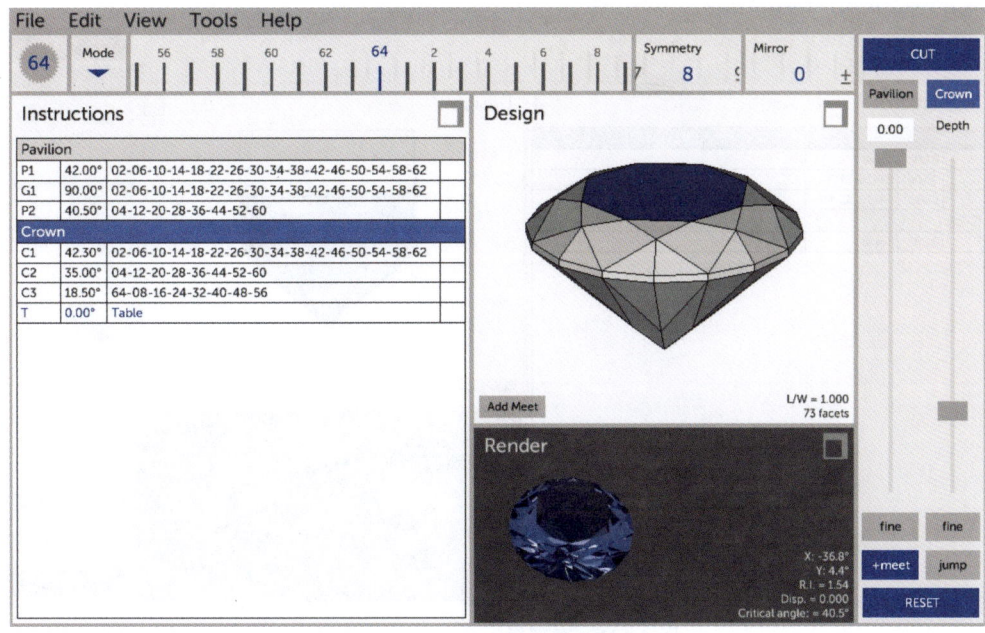

图 4-130 设置台面相关数据

3. 文件输出

造型设计完成后,可以在 Edit 菜单 info/Comments 对话框中输入设计相关信息,然后保存 Gem Cut Studio GCS 文件,并输出 PDF 格式标准圆形明亮琢型信息文件。

(二)公主方琢型实例(64 分度轮)(▶ 参见实操教学视频 3-4)

1. 基本设置

公主方琢型属于标准的四方体,可以参照圆形明亮琢型基本设置方法,完成公主方琢型的分度轮、切磨模式,及宝石材料属性等信息的基本设置。

2. 创建琢型

用 Gem Cut Studio 设计公主方琢型的顺序是亭部第一层刻面—亭部第二层刻面—亭部第三层刻面—上腰面—冠主面—台面。

(1)设计亭部第一层刻面 P1。如图 4-131 所示,设置切磨分度为 64,对称值(Symmetry)为 4,镜像值(Mirror)为 0。在切磨操作区亭部(Pavilion)按钮下方的数据框中输入切磨角度 51.00°,或者滑动角度控制杆滑块,将切磨角度调节至 51.00°,然后滑动深度(Depth)控制杆滑块,直到 4 个刻面汇聚到亭部中心点,最后点击 CUT 按钮,得到 4 个亭部第一层刻面。

(2)设计亭部第二层刻面 P2。如图 4-132 所示,设置切磨分度为 64,对称值(Symmetry)为 4,镜像值(Mirror)为 0。在亭部(Pavilion)数据框中输入切磨角度 46.00°,点击 Add Meet 按钮,选择亭部第一层刻面的刻面结构线,在 Select Edge Meetpoint 对话

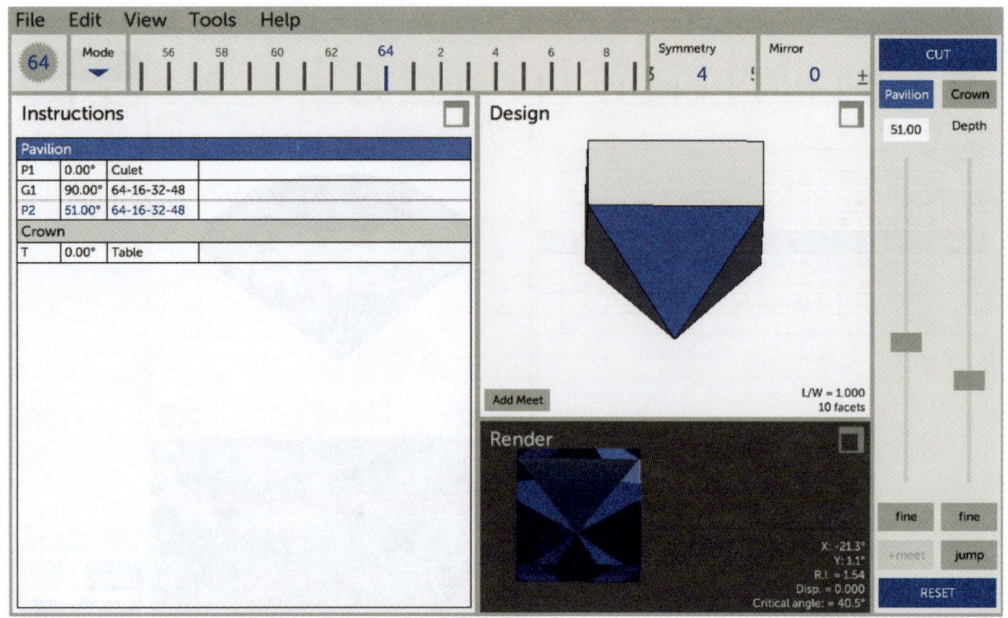

图 4-131　亭部第一层刻面相关数据

框中选择 1/3 位置点,结构线上就会蓝色高亮显示相应的交点位置,然后点击 Add 按钮,再点击 CUT 按钮,如图 4-133 所示,得到 4 个亭部第二层刻面。

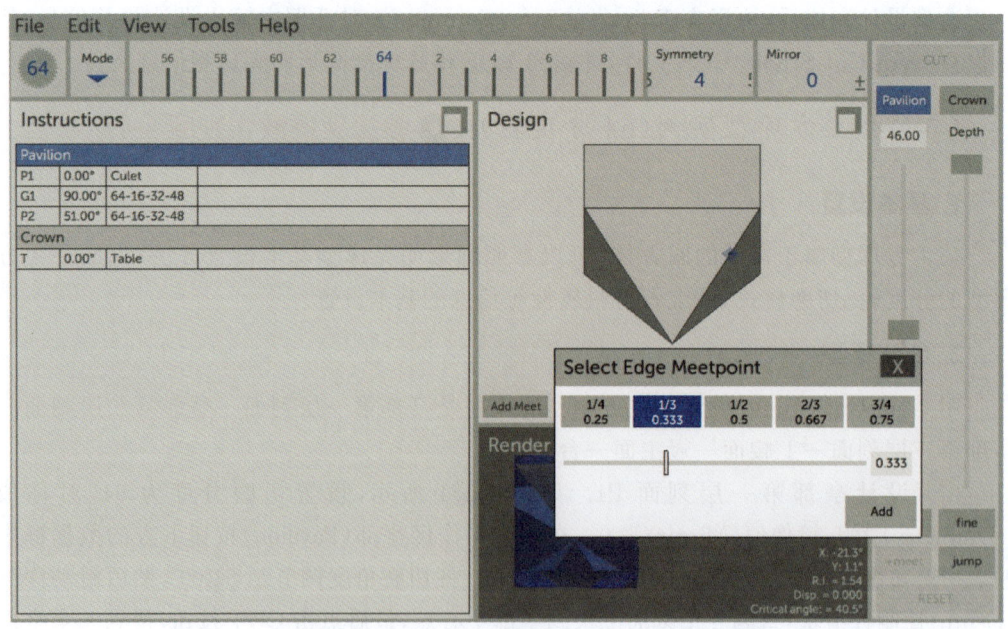

图 4-132　设置亭部第二层刻面相关数据(设置 Add Meet 相交位置)

（3）设计亭部第三层刻面 P3。如图 4-134 所示,设置切磨分度为 64,对称值(Symmetry)为 4,镜像值(Mirror)为 0。在亭部(Pavilion)数据框中输入切磨角度 41.00°,

点击 Add Meet 按钮，选择亭部第二层刻面的刻面结构线，在 Select Edge Meetpoint 对话框中选择 1/2 位置点，结构线上就会蓝色高亮显示相应的交点位置，点击 Add 按钮，再点击 CUT 按钮，如图 4-135，得到 4 个亭部第三层刻面。

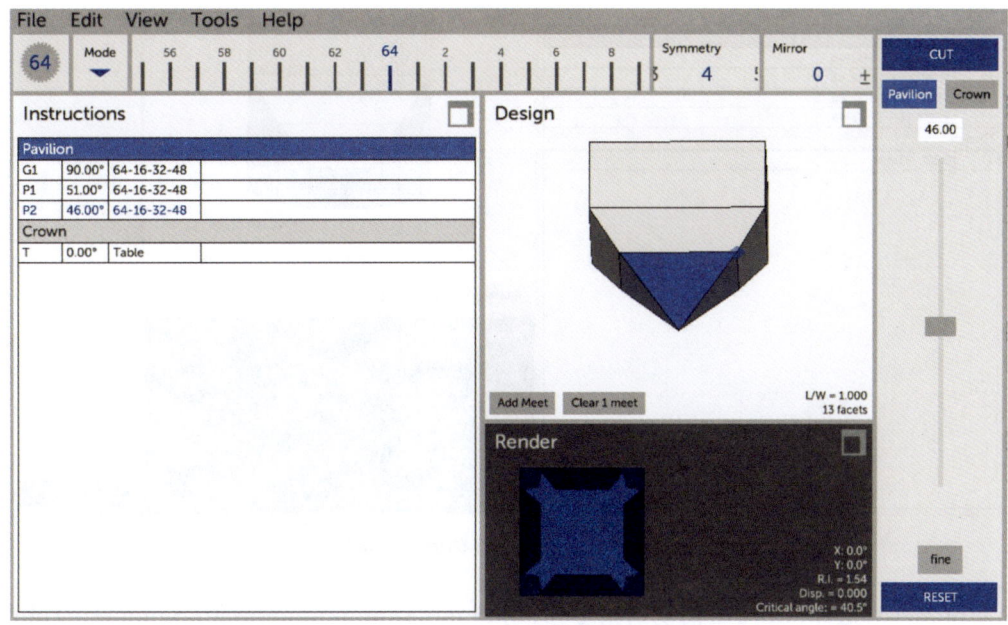

图 4-133　亭部第二层刻面相关数据

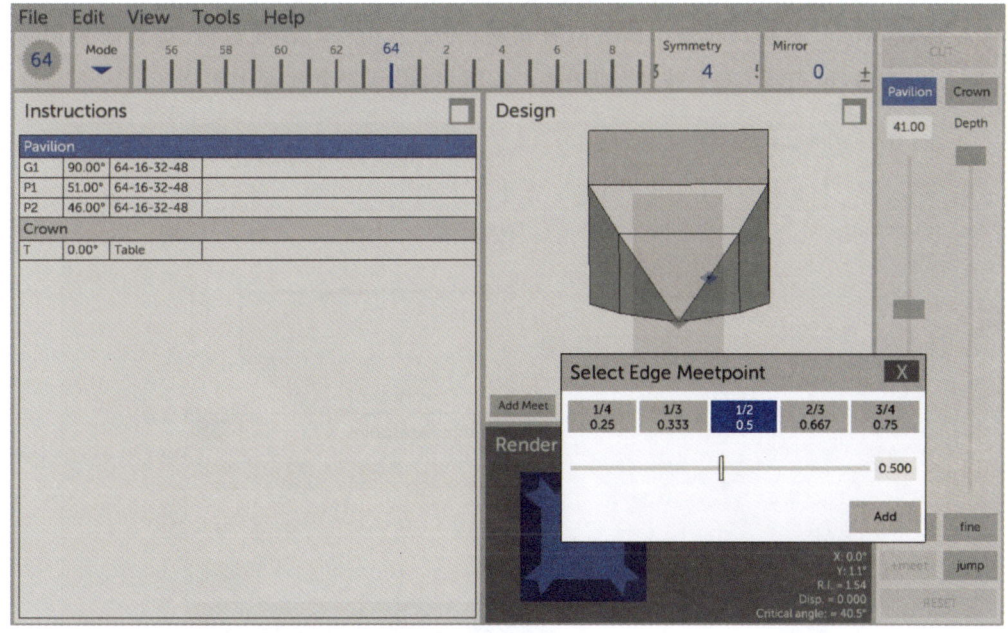

图 4-134　设置亭部第三层刻面相关数据（设置 Add Meet 相交位置）

（4）设计上腰面 C1。如图 4-136 所示，在切磨操作区将针对亭部（Pavilion）的切磨指

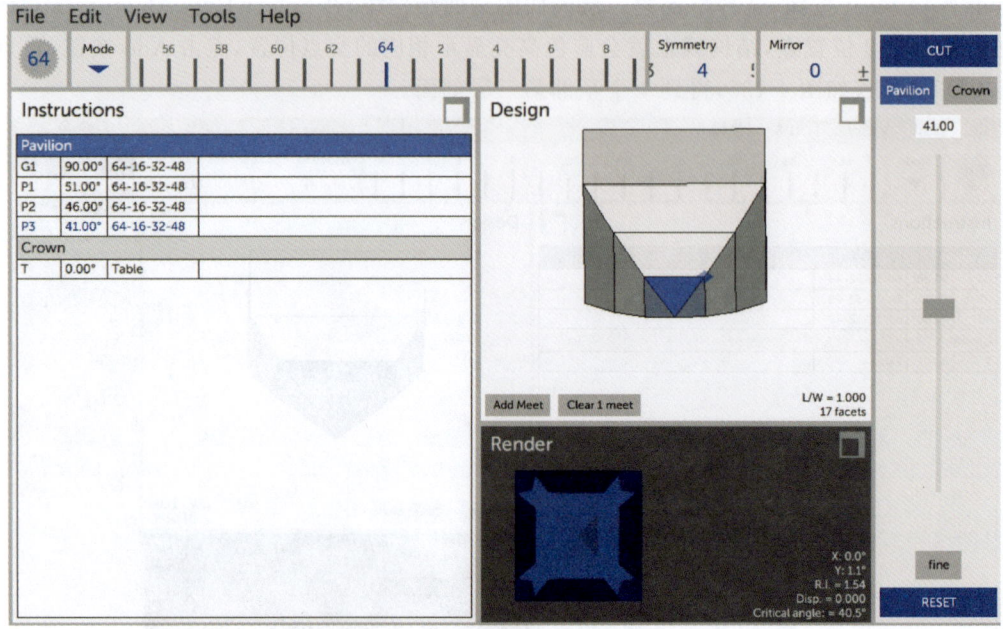

图 4-135　亭部第三层刻面相关数据

令切换为针对冠部（Crown）的切磨指令，将切磨分度设置为 64，对称值（Symmetry）设置为 4，镜像值（Mirror）设置为 0；在切磨操作区冠部（Crown）左下方的数据框中输入切磨角度 38.00°，然后点击设计视图区域左下角 Add Meet 按钮，选择冠部结构线，在弹出的 Select Edge Meetpoint 对话框中调节位置系数，设定 0.950 左右的数值，确定腰棱厚度，点击 Add 按钮，再点击 CUT 按钮，如图 4-137 所示，得到 4 个冠部上腰面。

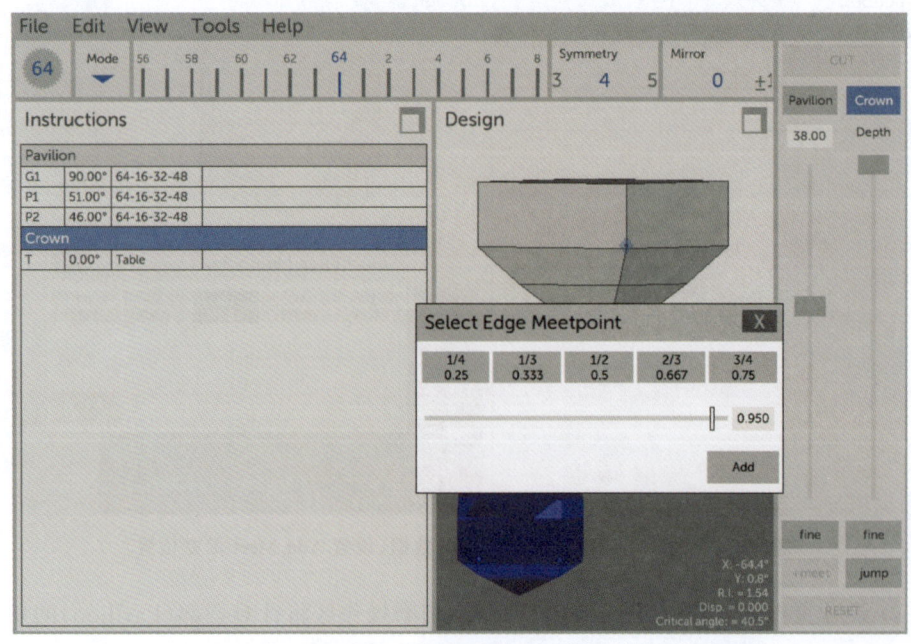

图 4-136　设置上腰面相关数据（设置 Add Meet 相交位置）

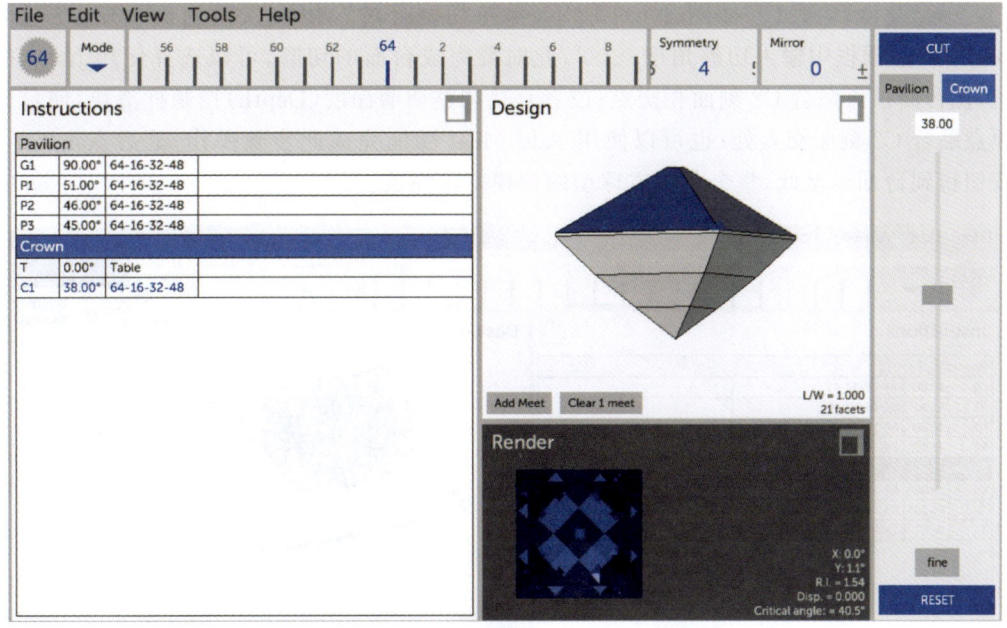

图 4-137 设置冠部上腰面相关数据

（5）设计冠主面 C2。如图 4-138 所示，冠主面为镜像对称面，因此设置切磨分度为 [62—2]，对称值（Symmetry）为 4，镜像值（Mirror）为 2，在冠部（Crown）数据框中输入切磨角度 26.00°，滑动深度（Depth）控制杆滑块，或者点击 jump 按钮，使 C2 刻面顶点贴合 C1 腰棱处相交点，且刻面顶点汇聚到上腰面顶点，然后点击 CUT 按钮，得到 4 组镜像对称的冠主面。

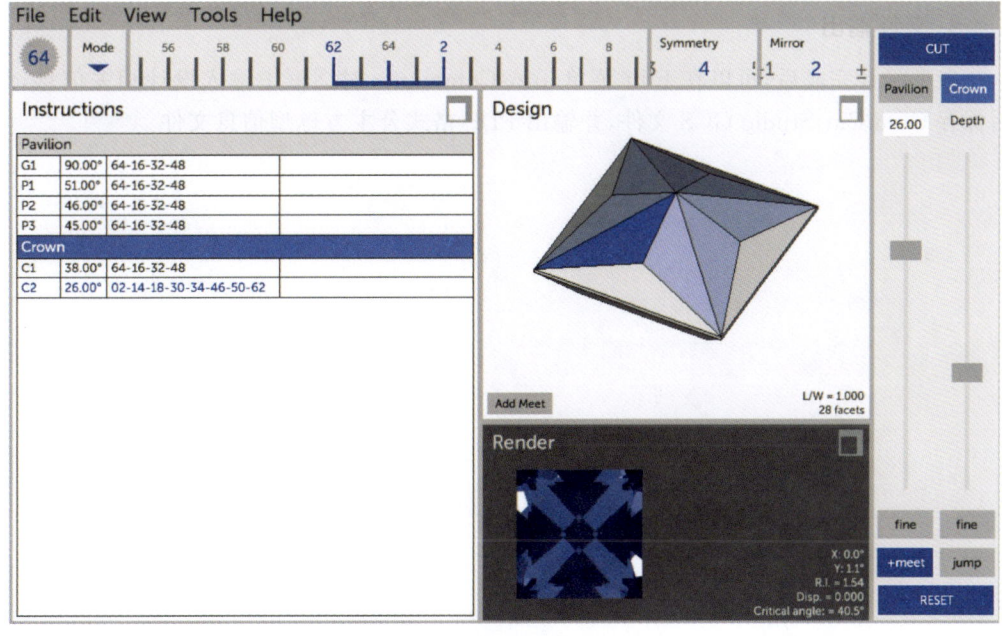

图 4-138 设置冠主面相关数据

（6）设计台面 T。如图 4-139 所示，保持切磨分度、对称值、镜像值不变，在冠部（Crown）数据框中输入切磨角度 0.00°，此时要完成台面的切磨，可以选择使用 jump 按钮，使台面顶点贴合 C2 刻面相交点；或者直接调整切磨深度（Depth）控制杆滑块，使台面顶点贴合 C2 刻面交点处；也可以使用 Add Meet 功能完成此步骤操作，最后点击 CUT 按钮得到台面。至此，整个公主方琢型的建模基本完成。

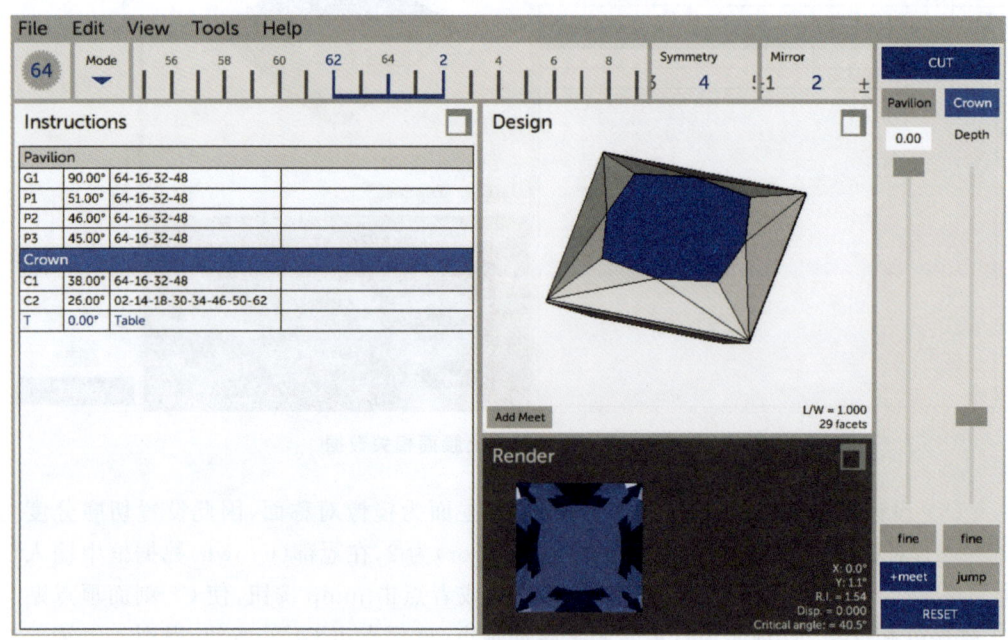

图 4-139　设置台面相关数据

3. 文件输出

造型设计完成后，可以在 Edit 菜单 info/Comments 对话框中输入设计相关信息，然后保存 Gem Cut Studio GCS 文件，并输出 PDF 格式公主方琢型信息文件。

第五章 宝石加工的基本方法和原理

宝石加工的基本方法主要包括锯切、琢磨和抛光。大多数宝石都需要经历这三大方法才能加工完成,这三大方法的作业过程构成了宝石加工的三大工序。

第一节 锯 切

锯切是将宝石材料分割及修整成适当大小和形状的加工方法。锯切作业一般为宝石加工的第一道工序,以便为进一步的琢磨加工提供合适的坯料。对于不同的宝石材料,应视其块度大小和贵重程度,使用不同的切割机和锯片。

一、宝石的锯切机理

图 5-1 是用锯片切割宝石的作用示意图。锯片之所以能将宝石切割开,是因为它带动磨料对宝石材料进行线性磨削。在锯切作用过程中,锯片作为支撑体,通过锯片的运动来带动分布在锯片边缘及两侧的磨料颗粒对宝石材料进行磨削,所产生的磨削力主要是侧向力,使磨削作用面呈线状向宝石材料纵深发展,形成切缝以及切缝两侧的微破碎层,从而使宝石材料被分割开来。

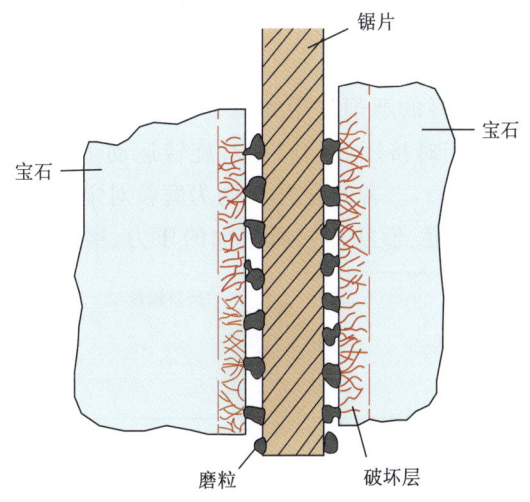

图 5-1 锯切机理示意图

二、宝石锯切的方式和技术要领

锯切法按所使用的锯片与磨料的关系不同,分为以下两种方式。

(1) 使用锯片和游离的磨料切割:即先将磨料调成砂浆,再用钢制锯片带动游离的磨粒对宝石材料进行切割。这是一种传统锯切法,称为"泥砂锯",由于游离磨粒的滚动会减弱其对宝石材料的切削作用,故锯切效率很低,现在已很少使用。

(2) 使用固着磨料的锯片切割:如金刚石锯片,因磨粒被固定在锯片上,故对宝石材料的切削作用强,锯切效率高。这是现代锯切宝石的主要方法。

第二节 琢 磨

琢磨是指对宝石材料进行研磨、造型的加工方法。琢磨一般是在将宝石原料分割和修整成一定规格大小和形状的坯料的基础上进行的,它是宝石加工过程中的重要工序,几乎所有的余料都要通过琢磨去掉,直到工件具备成品的形态。

一、宝石的琢磨机理

宝石的琢磨有两种方式:游离磨料的研磨和固着磨料的研磨。前者指用松散的颗粒磨料(如碳化硅、钻石粉)加水制成的悬浮液,通过一定形状的工具对宝石进行琢磨,这种方式在玉雕业比较常用;后者指用磨料借助其他物质(如金属、树脂、电镀等结合剂)固着在一定形状的基体上制成的磨具,如用金刚石砂盘、碳化硅砂轮等对宝石进行琢磨,这是现代加工宝石的主要方式。

不论采用哪种琢磨加工方式,都存在以下几种作用机理。

1. 摩擦切削作用

单个磨料颗粒对宝石材料的磨削作用如图5-2所示。磨料颗粒一般都有尖锐的棱角,在磨具与宝石表面之间相对挤压并同时相对旋转运动下,磨料颗粒会对宝石表面产生径向压力 F_n 和切向压力 F_t,二者的合力 F 则为磨粒对宝石的磨削力。磨削力的大小主要与磨粒的性质(硬度、粒度、形状等)、所施加的压力、磨具运转线速度等因素有关。

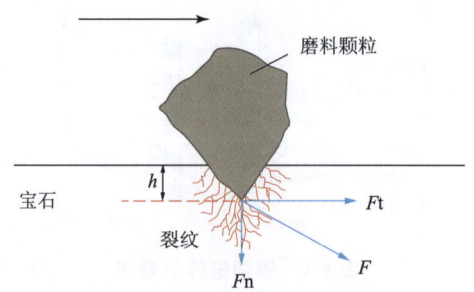

图 5-2 单个磨料颗粒的磨削作用

磨料颗粒对宝石的磨削作用有两个方面：一是对宝石表面的压碎作用，主要由径向压力 F_n 产生，使磨料颗粒尖棱角部分压入宝石表层，并产生范围更深的碎裂；二是对宝石表层的切削作用，主要由切向压力 F_t 产生，使磨料颗粒尖棱角部分对宝石产生侧向挤压碎裂，并带出碎屑，形成一条切向凹痕。

单个磨料颗粒对宝石的磨削是线磨削，而多个磨料颗粒对宝石产生的磨削则是面磨削。图 5-3 是多个磨料颗粒的磨削作用示意图。在磨盘和宝石表面之间的往复磨削运动作用下，磨盘上大量随机分布的磨粒所产生的许许多多的切削凹痕方向紊乱，相互交叉和叠加，使宝石表面形成了起伏不平的凹凸层和裂纹层，二者合称为研磨损伤层。随着面磨削作用的持续进行，研磨损伤层不断剥离和生成，使被研磨的宝石材料表面被层层琢磨去掉。

显然，在磨削作用过程中，使用游离磨料的磨削作用要比固着磨料的磨削作用弱。因为前者的磨料颗粒在对宝石的磨削过程中还会发生滚动，切向压力 F_t 较小，使侧向的切削作用减弱，琢磨效率较低。

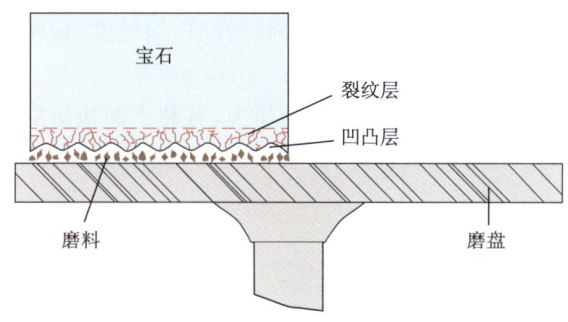

图 5-3　多个磨料颗粒的磨削作用

2. 冲击振动作用

在琢磨过程中，宝石表面承受的压强是非常大的。这是因为磨具表面并非理想的平整面，磨料颗粒在不同方向上的尺寸不同，粒度大小不均匀，造成部分大颗粒的磨料先起作用，使研磨过程中带有冲击和振动的性质。而且由于磨具的高速运转，这种冲击和振动力往往很大，甚至超过宝石本身的强度。宝石表面在冲击和振动力作用下产生裂纹并使裂纹加深，伴随内应力释放，宝石碎屑脱落，逐渐形成研磨面。

3. 水解挤裂作用

在琢磨宝石过程中，一般都要加水冷却。冷却水渗入压裂纹中，在摩擦热的作用下会发生膨胀，同时还可能与宝石（特别是硅酸盐类宝石）的新生表面发生水解反应。如水与宝石中的硅质发生水解反应生成硅酸薄膜，硅酸薄膜体积不断增大，对周边裂隙产生挤压。热膨胀作用和水解作用都会增加对宝石裂隙的压力，从而促使裂纹发展，加速琢磨过程。

一般认为，宝石的琢磨是摩擦切削、冲击振动和水解挤裂等作用综合的复杂过程，但以摩擦切削作用为主，其他作用对提高琢磨效率起到一定的促进作用。

二、影响宝石琢磨的主要因素

宝石的琢磨是各种因素共同作用的结果。各因素之间相互影响,但又有一定的规律性。掌握好这些因素,有利于加快琢磨速度,提高细磨质量,使宝石表面粗糙度更接近于抛光要求。这些因素主要包括以下几个方面。

(1) 研磨方式。研磨分为使用游离磨料和使用固着磨料两种方式。前种研磨方式是将磨料连续加注在研磨表面,磨料在宝石与磨具之间不断滑动和滚动,形成切削运动,但因磨料颗粒的可动性,研磨效率较低;后种研磨方式是将磨料固着在磨具表层,磨料颗粒不具可动性,直接对宝石产生切削作用,故研磨效率较高。

(2) 磨料粒度。磨料的粒度越大,造成的研磨损伤层(凹凸层和裂纹层)就越厚,按丁·卡兹马来科提出的理论,损伤层厚度约为磨料粒度的 0.5~1 倍。

(3) 磨盘硬度。磨盘的硬度较高,有利于加强磨料颗粒对宝石的磨削作用。

(4) 磨料浓度。一般,磨料浓度越大,研磨效率越高。

(5) 磨料种类。不同种类的磨料具有不同的性质,如硬度、韧性、自锐性等,磨削能力各异。

(6) 施加压力。研磨时,适当加大施加的压力,有利于加快研磨速度。

(7) 机械设备性能。包括电机转速、振动幅度、磨盘或磨具表面的平整度、机械主轴是否摆动等。

三、宝石细磨的技术要领

宝石的琢磨一般分为粗磨、细磨两道工序,有时为了抛光需要,还要增加一道精磨工序。粗磨的目的是去除毛坯的大部分多余量,使宝石达到一定的几何形状和表面粗糙度;细磨的目的是为抛光作准备,使宝石达到抛光前的精确几何形状和一定的表面粗糙度。其中,细磨是宝石琢磨的关键,细磨质量的好坏将直接影响抛光效率和最终效果。

细磨表面特征对抛光的影响主要表现在以下两个方面。

一是细磨留下的宝石表面凹凸层和裂纹层厚度。凹凸层可以在一定程度上起到防止抛光面釉化的作用。宝石表面一旦釉化,薄而均匀的釉化面不易被抛除,厚而斑驳的釉化面则会延长抛光时间。向宝石内延伸的最大裂纹层厚度决定了要抛除的宝石表层厚度,同时也决定了抛光时间。

二是细磨后的宝石表面粗糙度。若表面粗糙度太大,则抛光时去除量增大,同时掉落的大量碎屑极易与抛光剂混结成球或黏附于抛光盘表面,使宝石刻面出现划痕和麻点。相反,若表面粗糙度太小,光滑的表面会使磨削效率降低,同时易使宝石刻面釉化,影响抛光。细磨后的最佳表面粗糙度与抛光的粒度紧密相关。

宝石的细磨需要注意的技术问题主要如下。

(1) 防止宝石刻面釉化。有些宝石极易釉化,如刚玉质宝石。如果宝石刻面发生釉化,处理方法是改变其研磨方向,同时减轻压力,由磨盘的边部向中心推进,因为中心区域的转速较慢,磨粒浓度(对游离磨料而言)相对较高一些。但不能用粗磨盘细磨,否则会延长抛光时间。

（2）合理选择细磨磨具或磨料的粒度。应合理选择细磨磨具或磨料的粒度，既要保证磨盘较高的磨削速度，又要使细磨后的宝石产生较佳的表面粗糙度。因此，常采用1200♯～3000♯粒度的磨料进行细磨，也可以用600♯的电镀盘细磨后直接抛光，效果较好。

（3）细磨质量的判断。可以按照如下方法来判断细磨的质量与完成情况：在不同的方向上细磨，如果旧的磨痕全部消失，新的磨痕产生，说明细磨质量较好，可以进入抛光阶段[图4-4(a)、图4-4(b)]。如果旧的磨痕没有消失，新的磨痕又出现，则说明磨痕产生于前一阶段，需要继续细磨[图4-4(c)]。

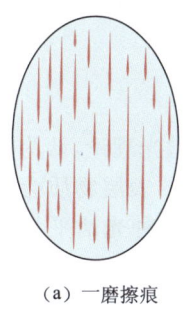
（a）一磨擦痕

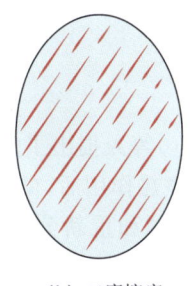
（b）二磨擦痕

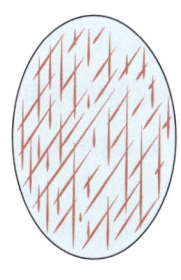
（c）新旧磨痕重叠

图 5-4　细磨质量的判断

第三节　抛　光

抛光一般是宝石加工的最后一步，也是最关键的一道工序。抛光的作用是消除宝石表面因前道研磨工序所残留的破坏层（凹凸层、裂纹层），以获得光滑明洁的光学表面，同时还可以精确地修正宝石的几何形状，使之更符合原设计要求。只有对宝石进行彻底的抛光，它才能形成光学特性并展现出晶莹的光泽、闪烁的火彩。

一、宝石的抛光机理

国内外对抛光机理的研究已有近百年历史，但由于宝石的抛光作用是一个极其复杂的过程，因而抛光机理至今尚未彻底明了。根据目前各方面的研究资料，一般认为在宝石的抛光过程中主要产生3种作用——微粒磨削抛光作用、热物化抛光作用和化学抛光作用。

1. 微粒磨削抛光作用

传统的抛光理论认为，抛光过程实际上是精细研磨工作的继续，其作用与研磨类似，都是以较硬质的磨料摩擦切削相对较软质材料表面的过程，所用的磨料粒度越小，在宝石表面产生的磨痕就越细微，磨削深度就越小，当磨削深度达到100nm左右时，被加工的宝石表面就会出现镜面反射效果，成为光滑明洁的光学表面。该理论主要有如下几个实验依据：①在高倍显微镜下观察已抛光的宝石表面可见到明显的起伏变化，即磨削微痕，用多光波干涉显微镜可以测定其起伏层深度；②硬度最高的金刚石微粉可以对几乎所有的宝石进行抛光,而且效果可达最佳,可见金刚石微粉具有一定的切削作用;③当用金刚石微粉对刻面型宝石某一小面进行抛光时,发现随抛光时间加长,该小面面积增大,也表明了金刚石微粉对宝石的切削作用。

按照微粒磨削抛光理论,抛光时所用的抛光剂硬度应当越高越好。基于这种认识,现在许多宝石的抛光都使用硬质抛光剂(如钻石粉)和硬质抛光盘配合的抛光工艺技术,确实可获得较好的抛光效果。

微粒磨削抛光作用可以解释大多数宝石的抛光机理,但也有不少例外,它不能解释某些抛光剂的硬度较宝石小,但却能很好地抛光宝石这样一个矛盾的现象,如使用硬度较低的玛瑙粉(摩氏硬度为7)或硅藻土粉(摩氏硬度为5.5),可以很好地抛光高硬度的刚玉(摩氏硬度为9)。

2. 热物化抛光作用

20世纪初,国外学者贝尔毕(Beilby)等人提出了塑性流布说抛光理论,认为抛光是一种热物理化学作用过程。抛光面受到摩擦热作用后,微米级范围内的表层物质会发生热塑性变形或热熔化流动,其内的分子发生迁移和重新分布,于是形成一种光洁平整的表面抛光层(也称Beilby层),它形似光漆一样蒙在表面,而使抛光面呈现出光泽。

1937年,电子绕射测试技术出现。芬奇(G. I. Finch)利用这一新技术对抛光固体的表面层结构进行了研究,证实和扩展了热物化抛光作用理论。他通过对若干宝石材料的试验,将抛光机理分为4种情况:①抛光层一直保持非结晶性,这类宝石一般较难抛光,如尖晶石、锆石等;②抛光层开始保持非结晶性,但在其形成后,在主要结晶面上有再结晶,如方解石、玛瑙、海蓝宝石等;③抛光层形成后,立即按下面的晶体结构再结晶,如水晶、刚玉等;④宝石表面不形成抛光层,如钻石,其抛光只是一种单纯的精细研磨作用。这或许是矿物发生热塑性变形或热熔化所要求的温度、压力条件过高的缘故。钻石可以用不同粒级的混合钻石粉进行抛光。

可见,抛光层可以是非结晶性的,也可以是结晶性的。这主要与被抛光宝石材料的物理化学性质、抛光剂种类以及抛光所需要的温度和压力条件等因素有关。

1999年,我国研究者杨中喜等使用电子显微镜研究了花岗石的抛光机理,也证实了表面抛光层的存在。具体的研究方法和结果如下:取抛光后的花岗石的石英和长石部位分别制成扫描电镜试样,在扫描电镜下观察矿物横断面,发现抛光表面到基体内部有厚约 $0.2\sim0.5\mu m$ 的抛光层[图5-5(a)、图5-5(b)],抛光层的结构较基体明显致密,抛光层下是 $3.0\sim5.0\mu m$ 的破碎层,破碎层内裂隙发育,再往下是基体;另将样品用离子轰击法制成透射电镜薄膜试样,用透射电子显微镜对矿物的抛光层进行微观形貌观察和选区电子衍射分析,微观形貌显示抛光层中有大量的微晶存在,选区电子衍射图谱分析也表明抛光层内的矿物是晶质的,且取向不同。这些结果说明,抛光过程中的物质是花岗石表面在摩擦产生瞬间高温和压力下发生塑性变形和快速重结晶形成的,即抛光层由热物理化学作用形成。同时,肉眼看起来很光滑的花岗石抛光表面,在电子显微镜及高倍显微镜下仍可见到一些很细密的沟痕,说明微粒磨削在抛光过程中也起了一定的作用[图5-5(c)]。故花岗石的抛光机理是以热物化抛光作用为主,微粒磨削抛光作用为辅。

热物化抛光作用理论在一定程度上更深刻地揭示了宝石抛光的物理本质,可以用来解释许多宝石的抛光机理,包括合理解释软质抛光剂能对高硬度宝石抛光的现象,但同

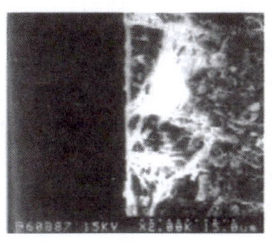 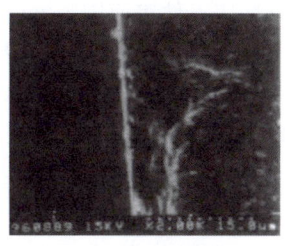 

（a）长石抛光层　　　　　　（b）石英抛光层　　　　　（c）石英抛光面微裂纹

图 5-5　花岗石抛光层的电子显微镜下特征
（据杨中喜等，1999）

时不排除有微粒磨削抛光作用的存在。

3. 化学抛光作用

化学抛光作用有两种方式。一种是在机械研磨抛光过程中，通过抛光剂、水或其他添加剂与宝石表面层产生化学反应，达到消除磨痕并形成光洁抛光面的过程。

例如，利用玛瑙粉（或硅藻土粉）对刚玉类宝石进行抛光时，抛光剂、水和宝石成分（Al_2O_3）会发生如下化学反应：

$$Al_2O_3 + 2SiO_2 + 2H_2O = Al_2Si_2O_7 \cdot 2H_2O$$

抛光剂和水对宝石表面的这种腐蚀作用，使宝石得以形成平整的抛光面。这也是一种对低硬度的玛瑙粉（或硅藻土粉）能抛光高硬度刚玉类宝石的一种解释。

实践证明，在抛光过程中，适当加入一些化学添加剂，能明显提高宝石的抛光效果。早在 1965 年前后，卡梅伦（E.N.Comeron）就曾用这种方法对 20 多种宝石矿物进行了抛光实验，均获得了很好的抛光效果。

抛光添加剂大多属于酸类物质，如草酸、盐酸、硝酸、氢氟酸等。一般认为，这些酸性物可在宝石与抛光材料、磨盘之间产生电解作用，从而在表面产生缓慢的分子迁移或转移，促使宝石表面形成良好的抛光效果。例如，在碳酸盐质宝石的抛光中加入适量的草酸或盐酸均可以获得良好的抛光效果；在合成立方氧化锆的抛光中加入适量的氢氟酸会使抛光效果极佳；在氧化铈中加入 5% 的硝酸锌可以明显提高火山玻璃和铅玻璃的抛光效率，等等。

化学抛光作用的另一种方式是直接使用一定浓度的酸性溶液对某种材料进行浸泡处理，利用酸溶液的化学腐蚀作用使材料获得光滑的表面。应用这种作用的抛光方法称为酸抛光法，它主要适用于成分比较单一的材料。被抛光材料的成分不同，选用的酸液也有所不同。如玻璃的成分是 SiO_2，在玻璃制品加工中常使用酸抛光法，将玻璃制品浸入等量的氢氟酸和硫酸的混合液中，玻璃表面受到腐蚀，通过搅动除去反应生成物，可以达到抛光目的。近年来，酸抛光法也广泛地用于碳酸盐质白玉饰品（如用阿富汗白玉或其他白色大理石制作的玉白菜、玉如意、镂雕玉球、玉佩、玉镯等）的抛光。

由于碳酸盐质白玉是由比较纯净的方解石（$CaCO_3$）组成的集合体，依据碳酸盐与盐酸（HCl）反应的化学特性，抛光酸液宜选用稀盐酸溶液。反应式如下：

$$CaCO_3 + 2HCl = CaCl_2 + H_2O + CO_2 \uparrow$$

据作者实验观察，在这一反应过程中会产生大量的二氧化碳，并在被抛光物表面出现一些白色的粉末状物质。这些物质是从玉件表面因受酸腐蚀而剥离的碎屑颗粒。

玉石制品在研磨时由于受到磨料的破坏作用,会在表面残留一定深度的不平滑表面层(称凹凸层),并在其下面产生一定深度的裂纹群(称裂纹层)。而在使用酸抛光法过程中,酸液在对玉件表面均匀腐蚀的同时,渗入到裂纹层中的酸液也会对破坏层深部腐蚀,使表层物质脱落形成粉状碎屑。当酸液浓度较大时,这些粉状物会很快溶解消失。当酸液浓度或pH值降低到一定程度时,反应会趋于缓慢。如果在酸抛光的操作过程中控制得当,可以使玉件获得光滑表面,达到抛光效果。

不过,酸抛光法与机械抛光法所获得的抛光面具有不同的表面特征。抛光良好的机械法抛光面是光滑而又平整的表面,呈玻璃光泽;而酸抛光后的抛光面只是光滑却不十分平整,看上去仍有轻微起伏的现象,呈油脂光泽。扫描电镜图像显示,抛光表层的玉石结构有腐蚀残留痕迹,方解石片晶颗粒形态遭到一定程度的破坏(图5-6、图5-7,据周汉利等,2003)。

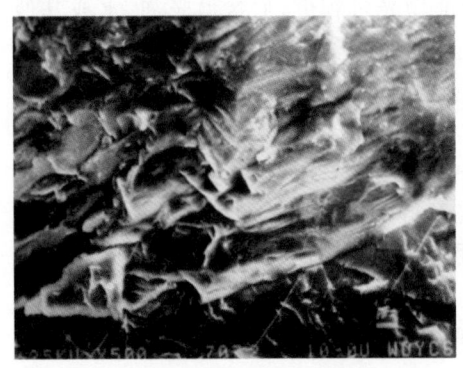

图5-6 阿富汗白玉酸抛光后的表层结构
(平行层面,扫描电镜,500×)

图5-7 阿富汗白玉酸抛光后的表层结构
(垂直层面,扫描电镜,2000×)

总之,宝石的抛光机理十分复杂。一般来说,抛光作用的过程是机械磨削作用和各种物理、化学作用的综合作用过程,只是对于不同的宝石材料,当采用不同的抛光剂和抛光工艺时,抛光作用会有一定的差别,可能以某种作用为主,其他作用为辅,而对酸液抛光法来说,则主要是化学浸蚀抛光作用。

二、影响宝石抛光的主要因素

1. 宝石的种类及品质

宝石材料种类多,涉及面广,从晶质到非晶质、单晶质到多晶质,有百余种。不同种类的宝石材料,其抛光性能常有明显差异,有时甚至使用同一种抛光工艺对同一品种宝石进行抛光,也会因宝石品质的差异而出现不同的抛光效果。其原因是多方面的,就宝石材料本身而言,主要与宝石的内部结构、成分、硬度、解理、表面性质等因素有关。一般来说,结构致密细腻者、成分纯净者对抛光有利;相反,结构粗糙疏松者、矿物成分复杂或含杂质、包裹体较多者对抛光不利,易在抛光中产生脱粒而出现空洞或凹凸现象,影响整体抛光效果。宝石的硬度越高,抛光难度也会相应增大。解理发育的宝石,如果切磨定位方向不当,会使抛光困难,达不到应有的效果。

近年来,在研究宝石的抛光机理中发现,宝石表面的吸附性和酸碱度对抛光的影响很大。宝石表面吸附性主要是指对水分子的吸附作用,随宝石种类的不同而有一定差别,一般宝石的表面大多具有吸水性,如水晶、翡翠、金绿宝石、绿柱石、碧玺等;也有的宝石表面具有疏水性,如钻石,其吸水性弱,吸油性强。宝石的种类不同,其表面酸碱度(也称抛光表面 pH 值)也有所不同(表5-1)。了解各种宝石表面的吸附性和酸碱度,对于合理选择抛光工具和抛光剂有重要意义。

表 5-1 宝石表面的酸碱度

宝石	pH 值	宝石	pH 值
紫晶	5	辉石	8
月光石	6	红宝石、蓝宝石	8
托帕石	7	石榴石	9
海蓝宝石	7	尖晶石	10
翡翠	7	橄榄石	13

2. 细磨及精磨的质量

细磨通常是宝石琢磨成型的最后工序,也是粗抛光工序的开始。如果细磨没有达到一定的质量水平,要想通过抛光过程去除细磨中保留的擦痕和磨点是很困难的,即使花很长的时间进行抛光也达不到较好的效果。要解决这一技术问题,仍需返回细磨工序,或加入一道精磨工序。只有提高了研磨质量,再进行抛光,才能提高抛光的速度和效果。

3. 抛光工具和抛光剂的选择

实践证明,由于不同种类的宝石在物理、化学性质及工艺性能方面存在差异,因而抛光时要选用与其相适应的抛光工具和抛光剂,并采用相应的抛光工艺,才可能获得最佳的抛光效果。如对于水晶,应当使用软质金属抛光盘或皮革盘,再配合使用氧化铈、氧化锡、氧化铬类抛光剂对其进行抛光,这种搭配可以快速获得极佳的抛光效果;若使用硬质金属抛光盘及其他类型的抛光剂,其抛光效果与前者比则相差很大。

宝石与抛光工具、抛光剂,三者对抛光作用及抛光效果的影响是相互关联、错综复杂的。例如,宝石的硬度、韧性和表面性质,抛光盘的硬度和韧性,抛光剂的硬度和表面活性等都会相互影响。在选择使用时,要综合考虑各方面因素。一般来说,抛光高硬度的宝石,宜选用较硬质的抛光盘;抛光硬度较低的宝石,宜选用较软质的抛光盘。高硬度的抛光剂,如钻石粉和红宝石粉等,抛光效果均比低硬度抛光剂好,适用范围广。表面活性强的抛光剂,如氧化铈、氧化铝、氧化硅等,对绿柱石、托帕石、石榴石、碧玺、水晶、玛瑙、玉髓、欧泊等宝石的抛光,一般可获得较好的抛光效果。宝石与抛光盘、抛光剂的合理配合,可以通过抛光实验法来对比确定。常见宝石与抛光盘和抛光剂的合理配合选择见表5-2。

表 5-2 常见宝石与抛光盘、抛光剂的合理配合选择（据张险峰等，1994，有修改）

宝石名称及摩氏硬度	紫铜盘	铝合金盘	锡盘	锡铝盘	木盘	布盘	皮革盘	毡盘	有机玻璃盘	塑料盘（赛璐珞）	沥青盘	尼龙盘
红宝石、蓝宝石(9)		钻石粉	氧化铈粉、火油		钻石粉				钻石粉	钻石粉、火油	钻石粉	
尖晶石(8)		钻石粉	氧化锡粉、红宝石粉	铝氧粉、红宝石粉								
托帕石(8)		钻石粉	铝氧粉	铝氧粉		氧化铬粉			铝氧粉、氧化铈粉			
绿柱石(7.5~8)		钻石粉、氧化铈粉	氧化锡粉、铝氧粉	铝氧粉、红宝石粉			铝氧粉、氧化铬粉、红宝石粉	氧化铈粉、氧化铬粉、红宝石粉		氧化铈粉		
锆石(7.5)		钻石粉	钻石粉、红宝石粉	铝氧粉、红宝石粉								
石榴石(7.5)	氧化铈、红宝石粉	钻石粉	氧化锡粉、铝氧粉	铝氧粉		氧化铬粉	氧化铬粉、铝氧粉、红宝石粉	氧化铈粉		氧化铈粉		
碧玺(7~7.5)		钻石粉	铝氧粉、氧化锡粉、红宝石粉	铝氧粉、氧化锡粉		氧化铬粉	氧化铬粉、铝氧粉、红宝石粉	氧化铈粉	氧化铈粉			

表5-1(续)

宝石名称及摩氏硬度	抛光盘及抛光剂											
	紫铜盘	铝合金盘	锡盘	锡铝盘	木盘	布盘	皮革盘	毡盘	有机玻璃盘	塑料盘(赛璐珞)	沥青盘	尼龙盘
水晶(7)			氧化锡粉	氧化锡粉、氧化铬粉、铝氧石粉	氧化铈粉、氧化锡粉、红宝石粉	氧化铬粉	氧化铬粉、红宝石粉	氧化铈粉	氧化铈粉			
玛瑙(7)			氧化锡粉	氧化锡粉	氧化铈粉、氧化铬粉	氧化铬粉	氧化铈粉、铝氧粉、氧化铬粉	氧化铬粉	氧化铈粉			
翡翠(6.5~7)				氧化锡粉	红宝石粉、氧化铬粉	氧化铬粉	铝氧粉、氧化锡粉、红宝石粉、氧化铬粉	氧化铬粉				
长石(6~6.5)			红宝石粉				红宝石粉、氧化铬粉、玛瑙粉	红宝石粉、氧化铬粉、玛瑙粉				
软玉(6~7)		钻石粉、氧化铈粉				氧化铬粉	氧化锡粉、红宝石粉	氧化铬粉				
橄榄石(6)												
欧泊(5.5~6.5)							氧化铈粉	氧化铈粉			氧化铈粉、红宝石粉	氧化铈粉、红宝石粉

149

表5-1（续）

宝石名称及摩氏硬度	抛光盘及抛光剂											
	紫铜盘	铝合金盘	锡盘	锡铅盘	木盘	布盘	皮革盘	毡盘	有机玻璃盘	塑料盘（赛璐珞）	沥青盘	尼龙盘
绿松石 (5.5~6)						氧化铬粉	铝氧粉、氧化锡粉、氧化铬粉	氧化铬粉				
玻璃 (5~6)			氧化铈粉、氧化铬粉			氧化铬粉、氧化铁粉		氧化铬粉、氧化铁粉				
黑曜岩 (5)						氧化铬粉		氧化铬粉、玛瑙粉			氧化铬粉、玛瑙粉	
蛇纹石 (4~5)					氧化铬粉、玛瑙粉	氧化铬粉		氧化铬粉			氧化铬粉、玛瑙粉	
青金石 (5.5)						氧化铬粉	氧化铬粉、红宝石粉	氧化铬粉				
孔雀石 (4)						氧化铬粉、硅藻土粉	氧化铬粉、铝氧粉					
萤石 (4)						铝氧粉、氧化铁粉、硅藻土粉						
珊瑚 (3)											氧化铈粉	
琥珀 (2~2.5)						氧化铬粉、铝氧粉、硅藻土粉	氧化铬粉、铝氧粉、硅藻土粉	氧化铬粉、铝氧粉、硅藻土粉				

4. 抛光剂的供给量和浓度

在宝石抛光过程中,抛光剂一般都要用水或油调配成一定浓度的悬浮液,不断涂刷在抛光盘上来对宝石进行摩擦抛光。抛光剂供给量对抛光的速度和效果有很大影响。若抛光剂量过少,会使宝石表面直接与抛光盘面摩擦,抛光速度较慢;若抛光剂量过大,则会在宝石表面与抛光盘面之间形成糊状隔层,使宝石、抛光剂和抛光盘三者之间的摩擦作用减弱,从而也使抛光速度降低。两种情况都会造成宝石久抛不亮的结果。抛光剂浓度对抛光的影响与供给量类似,浓度过大或过小者会使抛光速度降低。此外,抛光剂浓度过大,还会在抛光过程中造成宝石升温过快、温度过高,有时还会出现擦痕。总之,在抛光中要注意掌握好抛光剂的最佳供给量和合适浓度。

5. 抛光施加的压力和转速

一般来说,在抛光时施加给宝石抛光面的压力适当增大,可以使抛光速度加快,但压力过大会使抛光剂微粒的磨削作用加强,不利于低粗糙表面的形成。抛光盘的转速适当加快,使得单位时间内参与抛光的微粒数量增加,有利于提高宝石的抛光速度,但抛光盘转速的加快也会使抛光剂在离心力作用下被甩出抛光盘外造成浪费,同时也会加剧抛光盘的振动作用。因此,在抛光时要根据宝石的不同性质,适当控制施于宝石抛光面的压力和抛光盘的转速,否则会使宝石在抛光中产生崩棱、崩角甚至炸裂、灼烧等现象。

三、宝石抛光中的常见技术问题及处理方法

在宝石抛光过程中,经常会遇到宝石抛光面上有不易清除的擦痕或波痕,宝石出现裂纹或碎裂现象,以及宝石大刻面抛光困难等问题。下面分析这些问题的产生原因及处理方法。

1. 擦痕或波痕问题

抛光面上出现擦痕或波痕是抛光中最常见的问题,其产生原因可能有以下 3 种。

(1) 细磨质量不够高,或细磨时选用的磨盘粒度过大,导致在抛光中仍有部分擦痕残留在抛光面上,难以清除。这种擦痕一般有疏有密、深浅不均匀。处理方法:调整抛光剂型号并延长抛光时间,或者返回细磨工序,选用更细的磨盘重新研磨后再抛光。

(2) 选用的抛光剂质量差,粒度粗细不匀,或选用的抛光剂型号过粗,或抛光剂及抛光盘受到磨料污染等。这种情况产生的擦痕一般比较发育,没有方向性。处理方法:换用高质量的抛光剂,粒度型号选择 W2.5~W1.5 的为好;清洗抛光工具和周边环境,消除各种可能的污染来源。

(3) 抛光盘面在抛光过程中产生了细小的瘤状结核,而使宝石抛光面出现擦痕或波痕。据研究,瘤状结核多发生在铝质抛光盘中,主要由 Al_2O_3 在摩擦高温下结晶而成,有时还混合有抛光剂微粒(如钻粉)、油污等。瘤状结核体黏附在抛光盘表面,细小而坚硬,因而造成宝石抛光面出现擦痕或波痕。这些擦痕或波痕的特点是具有明显的方向性。处理方法:在抛光剂中加入适量的橄榄油或纯净机油进行稀释,在抛光中勤用海绵或卫生纸擦拭抛光盘面,可有效地防止瘤状结核产生;如果已经出现瘤状结核,可以用水性细

砂纸均匀地打磨抛光盘表面,并用水冲洗干净,然后再按前述方法进行抛光。

2. 裂纹或碎裂问题

有些宝石(如橄榄石、碧玺、绿松石等)在抛光过程的中后期容易出现裂纹或发生破裂,原因主要是这类宝石的热敏效应明显,或者解理、裂理、隐裂比较发育,若在抛光中施加的压力过大或连续抛光的时间过长,宝石会升温过快,温度过高。对于容易发生这类情况的宝石,在加工中要注意采取如下措施:在锯切前要加强选料的观察研究,查明解理、裂理、隐裂的发育情况,做好定向和定位切割取料工作;在抛光中要注意因料施用操作技法,对热敏效应强的宝石要采取抛—停—抛的工艺,以避免温压能量过度聚集;在抛光中还要注意勤观察,下盘时手法要轻灵,用力不能过猛,避免磕碰等。

3. 宝石大刻面的抛光技术问题

在刻面型宝石的抛光中,大刻面(如台面)的抛光是最难的,常出现局部光亮或局部呈毛玻璃状的情况,尽管耗费很多时间但得不到满意的抛光效果。其原因主要与研磨抛光设备的精度和稳定性、操作人员的技术水平等因素有关。对于宝石大刻面的抛光技术,在实践中总结有如下经验:①选用精度较高、稳定性能好的研磨抛光设备和相应的辅助工具;②抛光盘要安装平稳,尽可能避免或减少振动;③抛光盘面要保持平滑,必要时可用细砂纸打磨并冲洗干净后再用;④抛光时,宝石不要靠近抛光盘的边部,因为边缘部位的振动较内侧强;⑤对于台面的抛光,最好在细磨完成后直接转入抛光工序,并且不能轻易改变宝石的角度和分度方位;⑥如果局部仍存在抛光问题,可以用软抛光工具进行修正。

第六章 宝石加工常用磨料、磨具及辅材

第一节 磨　料

一、磨料的基本特性

磨料指可用于研磨或抛光的材料。它是一些具有棱角和一定硬度、韧性的粉状或粒状物质,可以直接用于研磨工件(宝石),也可以制成磨具使用。可以说,磨料是宝石加工设备的"牙齿"。

用作磨料的物质大多是一些天然或人造的矿物材料,一般具有下列基本特性。

(1) 硬度较高,一般不能低于被加工材料的硬度。

(2) 有适当的抗破碎性能,即韧性较好,在研磨压力下不易发生变形和被磨损。

(3) 有适当的自锐性,即因受到研磨压力而破碎时,破碎后的各部分仍然保持贝壳状断口和尖锐的多棱角状。

(4) 在高温下能保持固有的硬度和强度,研磨过程中的发热作用不会使其尖棱角变软或熔化。

(5) 化学性质稳定,不与被加工的材料产生化学反应。

(6) 粒度和形状均匀,每号磨料的粒度都限制在一定范围内。

上述基本特性也是衡量各种矿物材料能否用作磨料的基本工艺要求。

二、磨料的粒度分级与适用范围

磨料的粒度是表示磨料颗粒大小的标志,一般用粒度号和粒径尺寸来表示。世界各国对磨料粒度的分级标准不太一致,我国一般将磨料颗粒划分为磨粒和微粉两类,各类细分多种级别。

(1) 磨粒:指粒径大于 $40\mu m$ 的磨料,主要分为 12♯、14♯、16♯、20♯、24♯、30♯、36♯、46♯、60♯、70♯、80♯、100♯、120♯、150♯、180♯、240♯、280♯等级别。磨粒的粒度号通过筛号"♯"来表示。例如,12♯表示能通过 12♯筛但不能通过 14♯筛的颗粒级。筛号数字越大,表明磨料越细。

(2) 微粉:指粒径小于 $40\mu m$ 的磨料,主要分为 W40、W28、W20、W14、W10、W7、W5、W3.5、W2.5、W1.5、W1、W0.5 等级别。微粉的粒度号常用"W"加数字表示,且以微

米值来体现其粒径范围。例如,W40 表示粒径为 40～28μm 的微粉。粒径值越小,表明磨料越细。

在宝石加工中,不同粒级的磨料,其适用范围不同,因而要根据需要来选择使用相应粒级的磨料,见表 6-1。

表 6-1 我国宝石加工常用磨料粒度和适用范围

粒度分类	粒度号	粒径(μm)	适用范围
磨粒	46#	400～315	大块原石切割
	60#	315～250	
	70#	250～200	
	80#	200～160	
	100#	160～125	片料、条料及小料切割,毛坯倒棱,预形
	120#	125～100	
	150#	100～80	成型粗磨,预形,穿孔,小石切割及修整
	180#	80～63	
	240#	63～50	
	280#	50～40	中磨,穿孔
微粉	W40	40～28	
	W28	28～20	细—精磨
	W20	20～14	
	W14	14～10	粗抛光
	W10	10～7	
	W7	7～5	
	W5	5～3.5	细—精抛光
	W3.5	3.5～2.5	
	W2.5	2.5～1.5	
	W1.5	1.5～1	
	W1	1～0.5	
	W0.5	≤0.5	

三、常用磨料的性能和特点

磨料按成因可分为天然磨料和人造磨料两大类。天然磨料主要有金刚石、刚玉、石榴石、石英等。人造磨料按成分可分为刚玉系、碳化物系和金刚石系 3 个系列、十几个品种。表 6-2 列出了一些常见磨料的商品代号和工艺性能特点。

表 6-2　各种常见磨料的代号和特点

系类	磨料名称	代号	特点
刚玉系	棕刚玉	GZ	棕褐色,含 Al_2O_3 94.5%～97%,维氏硬度(HV)①为 1800～2200 kg/mm^2,韧性较大,抗破碎能力强,适于加工抗张强度高的金属材料
	白刚玉	GB	白色,含 Al_2O_3 98.5%以上,维氏硬度(HV)为 2200～2300 kg/mm^2,韧性比棕刚玉低,主要用于磨削由淬火钢等材料制成的金属工件
	单晶刚玉	GD	灰白色,含 Al_2O_3 98%以上,维氏硬度(HV)为 2000～2400 kg/mm^2,多呈等积形的完整单晶体,具有良好的多角多棱切削刃,韧性较好,切削力强,可加工较硬金属材料,如超硬高速钢等
	铬刚玉	GG	紫红色或玫瑰色,含 Al_2O_3 97.5%、Cr_2O_3 1%～3%,维氏硬度(HV)为 2200～2280 kg/mm^2,韧性比白刚玉高,有较好的切削性能,适合于淬火钢、合金钢刀具的刃磨②
	锆刚玉	GA	灰褐色,为 Al_2O_3 和 ZrO_2 的复合物,维氏硬度(HV)为 1965～2450 kg/mm^2,适于粗磨加工铸铁合金钢和钛合金等材料
	微晶刚玉	GW	棕黑色的聚晶,含 Al_2O_3 94%～96%,维氏硬度(HV)为 2000～2200 kg/mm^2,晶粒细小,磨粒韧性较好,适于不锈钢等金属材料的荒磨③
	黑刚玉	GH	黑色,Al_2O_3 含量为 70%～85%,含 SiO_2 和 Fe_2O_3 杂质较多,硬度大,但韧性较差,主要用于抛光,或制成砂布、砂纸或砂轮
碳化物系	黑碳化硅	TH	黑色,SiC 含量为 98.5%以上,维氏硬度(HV)为 3100～3280 kg/mm^2,性脆、锋利,适于磨削非金属材料及延展性好的有色金属
	绿碳化硅	TL	绿色,SiC 含量超过 99%,维氏硬度(HV)为 3200～3400 kg/mm^2,切削力强,自锐性好,用于硬质金属、宝石及光学玻璃的精密磨削
	立方碳化硅	TF	黄绿色,维氏硬度(HV)为 3380 kg/mm^2,切削力强,专用于轴承沟道的磨削和超细精磨
	碳化硼	TP	灰色至黑色,维氏硬度(HV)为 4000～5000 kg/mm^2,仅次于金刚石,适于磨削加工金属和非金属材料

---

① 维氏硬度:硬度的测试和表示方法有多种,但常用的是维氏硬度(HV)和努氏硬度(HK),二者都属于显微硬度,是作为绝对数值而测得的硬度,区别在于使用的压头形状和硬度值的计算方法不同。
② 刃磨:指对刀具进行磨削处理,使其变得锋利,以提高切削效率。
③ 荒磨:指对工件进行的第一次粗磨处理。

表6-2(续)

系类	磨料名称	代号	特点
金刚石系	天然金刚石	JT	硬度最高,韧性较好,自锐性好,磨削性能很强,适用于各种金属和非金属材料的加工
	人造金刚石	JR	硬度比天然金刚石略低,脆性稍大,磨削能力稍差,适用于各种金属各非金属材料的加工
	立方氮化硼	DL	黑色或棕色,硬度仅次于金刚石,努氏硬度(HK)为 4700kg/mm^2(金刚石相应硬度为 7000kg/mm^2),热稳定性好,适于加工高硬淬火钢等材料

下面按类别介绍几种常见磨料的性质及在宝石加工中的应用特点。

1. 金刚石(C)

金刚石包括天然金刚石和人造金刚石。金刚石是目前所知硬度最高的材料,其摩氏硬度为10,维氏硬度(HV)达 10 000kg/mm^2。有一定韧性,但脆性相对较大(因其发育有八面体完全解理,易沿解理方向破裂),自锐性较好,因而,金刚石耐磨性强,磨削性能好。此外,金刚石的耐热性良好,在无氧化条件下加热到1000℃无变化。化学性质稳定,与酸碱不起作用。人造金刚石具有天然金刚石的主要性能,但比天然金刚石略脆,磨削性能稍差。天然或人造金刚石磨料都属于性能极优良的磨料,适用范围广泛。金刚石磨粒主要用于制作各种钻粉磨具,微粉因价格昂贵,在宝石加工中则主要用于高档宝石的抛光。

2. 碳化硅(SiC)

碳化硅是以石英、石油焦炭为主要原料,在电阻炉内于1800℃以上的高温下炼制而成的结晶化合物,是一种常用的人造磨料。碳化硅按色泽分为黑碳化硅和绿碳化硅两类,二者皆性脆,具有耐高温和不易腐蚀等特点,但相比较而言,绿碳化硅含杂质少,硬度和脆性比黑碳化硅高,磨削力更强,自锐性更好,更适合于磨削宝石材料。碳化硅常用来制造砂轮、砂带、砂布等磨具或供自由研磨,可用来琢磨除钻石以外的所有宝石,更细者还可用于抛光。因其价格低廉,故在宝石加工中用得很多。

3. 碳化硼(B_4C)

碳化硼是用硼酸与碳在电炉中于2000℃以上的高温下合成的,呈灰色至黑色,具有很高的硬度,维氏硬度(HV)为 4000~5000kg/mm^2,耐磨性好。它是一种高级的人造磨料,常代替金刚石,用于研磨和抛光中、高档宝石。

4. 刚玉(Al_2O_3)

除天然刚玉外,还有许多人造的刚玉磨料品种,如棕刚玉、微晶刚玉、单晶刚玉、白刚玉、锆刚玉等。虽然它们的性能各有差异,但总的特点是硬度较高,韧性较好,切削能力强,而自锐性相对较低。它们更适合用来磨削高硬度、韧性好的金属材料,在宝石加工中也适用于磨削韧性较好的翡翠、软玉、虎睛石等,对其他宝石材料的磨削能力却不如金刚石、碳化硅和碳化硼,故用得较少。

四、常用抛光剂的性能和特点

抛光剂是可用于抛光的松散粉料或膏剂,主要用磨料微粉制成。抛光剂的品种很多,但常用的主要有如下几种。

1. 金刚石粉(C)

金刚石粉常称为钻石粉,一般呈灰白色。将天然或人造的工业金刚石压碎成粉末,经严格的筛选分级,即可制作出不同型号的钻石粉,极精细(W10 或 1500♯以下)者可用作抛光剂。由于钻石粉具有很高的硬度,因而可以用来抛光任何宝石,且抛光效果良好,效率也高,广泛用于中、高档宝石的抛光中。

目前市场上的金刚石粉抛光剂产品分为 3 种:①金刚石干粉,使用时需用油质液体(如缝纫机油或变压器油)调成糊状,涂抹在抛光盘上使用。②金刚石研磨膏,由金刚石微粉和其他辅助材料混合配制成的膏体,分油质和水质两种,其中水质金刚石研磨膏的配方见表 6-3;此种研磨膏在配制时常掺入一些着色剂,使研磨膏呈不同颜色,以便于识别,使用时可用缝纫机油进一步稀释;③金刚石喷雾剂,由金刚石微粉和其他研磨辅料及介质混合配制并充压装罐制成,使用时通过气雾将磨料微粉喷涂到抛光工具表面,这种产品主要用于金相抛光。

表 6-3 水质金刚石研磨膏的配方

磨料粒度	材料占比/%			
	磨料 (人造金刚石)	分散剂 (乙二醇)	载体 (聚乙二醇 硬脂酸脂)	水
W0.5	2	33	33	32
W1.0	2	33	33	32
W1.5	2	33	33	32
W2.5	4	33	32	31
W3.5	4	33	32	30
W5	5	33	32	30
W7	5	33	32	30
W10	6	33	31	30
W14	6	33	31	30

2. 氧化铝粉(Al_2O_3)

氧化铝粉包括铝氧粉、铝矾粉、红宝石粉、蓝宝石粉等品种。这类微粉具有硬度大、耐磨性强且不溶于水的特点,但因原料来源和制备方法不同,纯度不同,所以用途也不同。铝氧粉是不纯的氧化铝粉,铝矾粉也称铝矾土,纯度也较低,它们的抛光效果相对较差,但由于原料来源广泛,价格低廉,在珠型和随型宝石的抛光中大量使用。红宝石粉和蓝宝石粉是用刚玉矿物粉碎分选及精选而成的,红宝石粉呈红色,蓝宝石粉多呈白色,主要用于刻面型和弧面型宝石的抛光,效果极佳。

3. 氧化铈粉(Ce_2O_3)

氧化铈粉由稀土矿提纯而成,颜色为微红色或微黄色,易溶于浓硫酸或浓硝酸,不溶于稀酸和水;可用于抛光具脆性的中硬度宝石,如水晶、橄榄石、锆石、绿柱石、碧玺等,抛光效果很好。

4. 氧化铬粉(Cr_2O_3)

氧化铬粉为一种染色化工产品,俗称绿粉;呈深绿色,摩氏硬度为5~7,性质稳定,不溶于水,微溶于酸,适用于中高硬度宝石的抛光,如水晶、翡翠、绿松石、孔雀石等,抛光效果较佳。氧化铬粉是一种常用的抛光剂,可用于多种宝石特别是玉石的抛光。但由于染色性强,不宜用于浅色和裂隙或孔隙发育的宝石的抛光。

5. 氧化铁粉(Fe_2O_3)

氧化铁粉由赤铁矿精加工而成,是一种染色剂,俗称红粉或铁丹;呈深棕红色,性质稳定,不溶于水,但溶于盐酸;其特点与绿粉类似,广泛用于中低硬度的低档宝石或玻璃制品的抛光。

6. 氧化锡粉(SnO_2)

氧化锡粉由锡矿物提纯加工而成,也称锡粉、白粉;呈白色粉末状,新鲜者常结成块状,加水即可散开;可用于各种中低硬度低档宝石的抛光。

7. 氧化硅粉(SiO_2)

氧化硅粉包括玛瑙粉和硅藻土粉,前者是由玛瑙等纯硅质原料精细研磨加工而成的,后者是用含硅藻壳骸的生物岩经粉碎、分选提纯后制成的;颜色呈灰白色至微黄色,质地细腻,摩氏硬度为5.5~5.6,化学性质稳定,仅微溶于温度较高的强碱溶液,易溶于氢氟酸溶液;可广泛用于多种不同硬度宝石的抛光,特别是玛瑙的精抛光,与氧化铈粉配合使用效果更佳。

在宝石抛光加工中,应尽可能根据宝石品种来选择合适的抛光剂,见表6-4。

表6-4 各种抛光粉与宝石的对应关系(据张险峰等,1994)

抛光粉名称	适用宝石
金刚石粉	红宝石、蓝宝石、绿柱石、橄榄石、金红石、尖晶石、锆石等
铝氧粉、铝矾粉	石榴石、橄榄石、水晶、玉髓、碧玺、尖晶石、托帕石、绿柱石、锆石、琥珀、珊瑚等
红宝石粉	绿柱石、月光石、石榴石、翡翠、青金石、欧泊、水晶、金红石、尖晶石、托帕石、锆石等

表6-4（续）

抛光粉名称	适用宝石
氧化铬粉（绿粉）	绿柱石、月光石、翡翠、玻璃、青金石、孔雀石、黑曜岩、水晶、玉髓、玛瑙、蛇纹石、绿松石、石榴石、碧玺、琥珀等
氧化铁粉（红粉）	红珊瑚、玻璃
玛瑙粉	玛瑙、黑曜岩、蛇纹石等
氧化铈粉	萤石、玻璃、石榴石、欧泊、橄榄石、绿柱石、托帕石、碧玺、水晶、玛瑙等
硅藻土粉	红宝石、蓝宝石、孔雀石、珊瑚、琥珀等
氧化锡粉	尖晶石、绿柱石、红柱石、磷灰石、石榴石、碧玺、水晶、玛瑙等

第二节　磨　具

磨具是切割、研磨和抛光工具的总称。磨具按功能分为3类：①切割磨具，主要指锯片；②研磨磨具，包括砂轮、磨盘、磨头、砂带、砂布等；③抛光磨具，包括抛光轮、抛光盘等。下面主要介绍宝石加工常用的锯片、砂轮、磨盘和抛光盘。

一、锯片

锯片是一种切割刀具，一般为圆形片状。现在，在非金属材料（石料、玻璃、陶瓷、光学晶体、宝石等）的切割中广泛使用的是金刚石锯片，它主要由金属刀基、金刚石磨料和金属结合剂，通过一定工艺技术制造而成，其结构如图6-1所示。各种金刚石锯片的形态见图6-2。

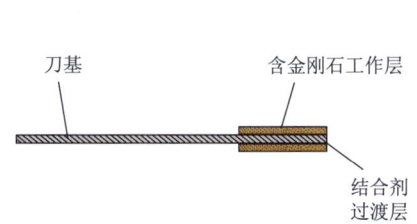

图6-1　金刚石锯片结构示意图

图6-2　金刚石锯片系列

宝石切割中常用的金刚石锯片直径一般在100～400mm之间，厚度为0.2～3.0mm。常用锯片的型号和使用范围见表6-5。

表 6-5 常用锯片型号及其使用范围（据陈兴汉，1996b）

外径（mm）	内径（mm）	锯片厚度（mm）	使用范围
100～150	20	0.2～0.5	适于高、中、低档宝石小料的切割
200	20	0.5～1.0	适于高、中、低档宝石小料的切割
300～400	20	1～3	适于宝石、玉石、彩石块料的切割

二、砂轮

在宝石加工中，砂轮主要用于毛坯倒棱和弧面造型的磨削加工。常用的砂轮是碳化硅砂轮和金刚石砂轮。

碳化硅砂轮主要由碳化硅磨料和结合剂经过烧结或热压黏结而成，按结合剂分为陶瓷、树脂和橡胶砂轮等。结合剂类型不同，砂轮的性能各异，使用范围也不同，其中陶瓷和树脂结合剂砂轮比较适合用于宝石加工（表 6-6）。碳化硅砂轮的磨料层厚实，自锐性好，但使用一段时间后表面会出现明显凹陷变形，需要及时修整。

表 6-6 砂轮结合剂特点及应用

结合剂	代号	特点及应用
陶瓷	A	耐热，不怕水、油及酸碱，硬度高，耐磨性强，磨削效率较高但性脆，适合磨削高硬度的脆性宝石
树脂	S	有一定的弹性，耐冲击，自锐性好，磨削效率较高，但耐热性、抗酸碱性差，适合磨削中低硬度的韧性宝石
橡胶	X	有较高强度，自锐性好，耐热性和化学稳定性差，很少用于宝石加工
金属	J	强度高，耐磨性好，但自锐性较差，适合磨削各种宝石

金刚石砂轮是将金刚石磨料电镀到金属基体上制成的，其形态和结构分别如图 6-3 和图 6-4 所示。金刚石砂轮的磨料层较薄，但由于金刚石的硬度极高，以及金属结合剂具有高强度的特性，因而金刚砂轮的强度高，耐磨性好，不易变形，目前在宝石加工中广泛使用。

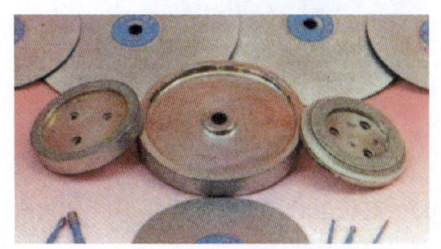

图 6-3 金刚石砂轮

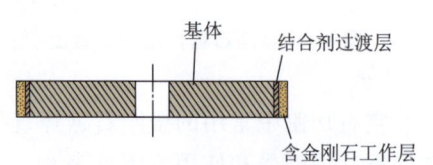

图 6-4 金刚石砂轮结构示意图

三、磨盘

磨盘也称砂盘,是用于刻面型宝石及部分凸面型宝石研磨加工的磨具,其中金刚石磨盘较为常用。

金刚石磨盘直径通常为150～300mm,磨盘形状主要有平面型和环槽型两种(图6-5),前者用于刻面型宝石的研磨,后者用于弧面型宝石的研磨。

金刚石磨盘由金刚石粉、金属结合剂和盘基构成,一般采用电镀法制作,其结构如图6-6所示。下部的盘基多用1mm左右的冷轧钢片,上部的电镀金刚石层一般用镍作为结合剂,起到把持磨粒和连接盘基的作用。

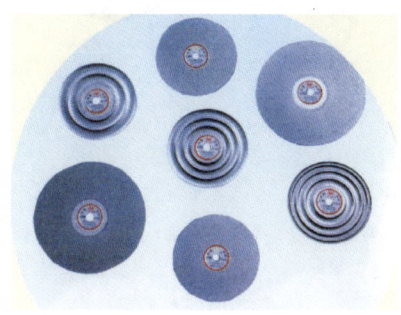

图6-5 金刚石磨盘系列

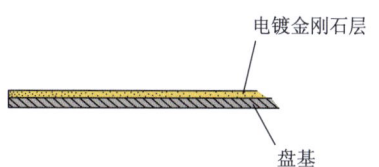

图6-6 电镀金刚石磨盘结构示意图

磨盘按磨料的粒级及使用范围可划分为如下4个档次:①粗磨盘,磨料粒级为46♯～120♯;②中磨盘,磨料粒级为180♯～320♯;③细磨盘,磨料粒级为400♯～600♯(W40～W20);④精磨盘,磨料粒级为800♯～1200♯(W10～W5)。

四、抛光盘

抛光盘是宝石加工中最常用的抛光工具。一般来说,不同种类的宝石对抛光盘材质的要求不是很严格,抛光盘的选用主要根据所抛光宝石的琢型而定。抛光盘按硬度大致可分为硬质抛光盘、中硬质抛光盘和软质抛光盘3类。

1. 硬质抛光盘

硬质抛光盘指陶瓷、铸铁、紫铜以及铝合金、锡合金等硬质材料制成的抛光盘,主要用于各类刻面型宝石的抛光。由于这类抛光盘的盘面都比较坚硬,故抛光出的宝石棱角比较尖锐,轮廓分明。

陶瓷盘是目前最硬的抛光盘,其盘面不仅坚硬、光滑,还具有较多的孔隙。孔隙的作用是使抛光剂"寄居"在其内,抛光剂在孔隙中微微向上突起,略高于抛光盘表面,起到抛光作用,同时又可以在一定程度上防止抛光剂在抛光盘转动离心力作用下被甩脱盘面。

铸铁盘也是一种硬度很大的抛光盘,在硬度、平面度和孔隙量等方面与陶瓷盘很相似,通常用于钻石的研磨和抛光。

紫铜盘、铝合金盘、锡合金盘是有色宝石加工中常用的抛光盘（图6-7），它们的特点和适用范围见表6-7。

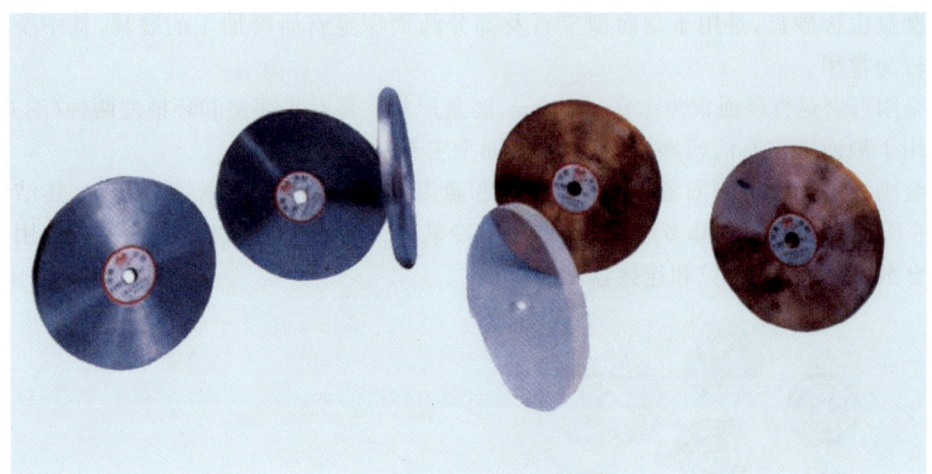

图 6-7　各种抛光盘

（左边3个为铝合金盘，中间靠前为有机玻璃盘，右边2个为紫铜盘）

表 6-7　常用金属抛光盘类型及其适用范围（据陈兴汉，1996b）

名称	物理性质	规格			适用范围
		外径/内径（mm）	厚度（mm）	质量（g）	
铝合金盘	硬，摩氏硬度为4.5	150/12	10	1210	用于摩氏硬度大于7的宝石的抛光
紫铜盘	中硬，摩氏硬度为4~4.5	150/12	10	1380	用于摩氏硬度为5.5~8的宝石的抛光
锡合金盘	软，摩氏硬度为2.5	150/12	10	1850	用于石英类宝石的抛光

2. 中硬质抛光盘

中硬质抛光盘指用塑料、有机玻璃、木料等中硬质材料制成的抛光盘，可以用于刻面型和弧面型宝石的粗抛光。

这类抛光盘与陶瓷盘及金属抛光盘相比硬度较低，抛光时会使宝石轻微陷入盘面，导致刻面宝石棱角较圆滑，因而不宜用于刻面型宝石的精细抛光；而与软质抛光盘相比其柔性又较差，用于弧面型宝石的抛光则不如软抛光盘效率高。所以，这类抛光盘在宝石加工中较少使用。

塑料盘和有机玻璃盘在使用一段时间后，盘面会变硬、变光滑，而且往往会因为吸收水分而产生弯曲及变形。如果出现盘面变硬、变光滑的情况，可以用细砂纸打磨修整表面，之后继续使用。

3. 软质抛光盘

软质抛光盘指用具有柔性的帆布、皮革、毛呢、毛毡、尼龙、橡胶、沥青等软质材料制成的抛光盘,也称柔性抛光盘。

软质抛光盘的最大特点是当盘面受到抛光宝石的压力时,易变形为一凹面,这对弧面的抛光非常有利,可以快速高效地抛光弧面型宝石,而不适合用于刻面型宝石的抛光,因为它会使宝石的棱角变得明显圆滑,影响其美观。

软质抛光盘主要由盘基(金属或木盘)和抛光面料层组成,制作方法比较简单。如果选用的抛光面料较厚,可以直接用黏结剂胶合在基盘上;如果抛光面料较薄,可以用铁箍将抛光面料蒙于基盘上,内面适当衬以毛毡、泡沫塑料或硬海绵等,以增加其弯曲面深度。沥青盘用浇铸法制作,将沥青加热熔融后浇铸在盘基上,厚度为10~15mm,要求盘面平整,厚薄均匀。

第三节 辅 材

一、冷却液

在宝石切割和琢磨加工过程中,会产生大量热量,使宝石和磨具的温度急剧升高,为了防止宝石和磨具受到损坏,需要用冷却液及时降温。冷却液除了起冷却作用外,还有清洗作用和润滑作用。宝石加工常用的冷却液是水和皂化液。

水作为冷却液,具有降温作用好,清洗能力较强,但润滑性较差等特点。水的来源多,价格低廉,被广泛用于宝石的切割、琢磨及抛光等各道工序中。

皂化液是将肥皂溶解在水中制成,浓度一般为5%。它不仅降温作用好,而且清洗能力强,润滑性能也好,与纯水相比性能更优越,因而常代替水作冷却液。

二、胶黏剂

胶黏剂是在宝石加工中起联系作用的物质,用它将宝石材料粘接到粘杆上,便于机械加工。

宝石加工中使用的胶黏剂,多为热塑性或热熔性的有机胶原料配比物。它有比较严格的配方,从而决定了它的流动温度、黏附性、韧性和化学稳定性,并且无毒。这种配比物在一定的温度范围内为固态,在宝石加工中使用时,必须加热,使胶黏剂重新活化。宝石加工中常用的几种胶黏剂及其配比见表6-8。

各种胶黏剂的流动温度、黏附性和韧性强度有所不同。一般来说,虫胶的黏附性较强,但流动温度低;红火漆、黑火漆的流动温度高,但黏附性较差;而红胶和绿胶的流动温度、黏附性和韧性的总体性能都相对较好。在不同的季节里,应针对不同宝石选用不同的胶黏剂。冬天气温低,可选用流动温度较低、韧性好的宝石胶黏剂。如黑火漆在冬天使用,可提高宝石粘接的牢固性。夏季气温高,可选用流动温度较高的红火漆或红胶,但前者的韧性较差,宝石的脱杆率较高;后者因加入了一定量的虫胶成分,其韧性有明显改善。所以灵活选用宝石胶黏剂,是保证加工顺利进行的关键。

表 6-8　宝石加工常用的胶黏剂配比及流动温度

胶黏剂	成分配比	流动温度
虫胶	虫胶50%～70%,松香30%～50%	110℃
红火漆	松香30%,滑石粉68%,环氧树脂1%,氧化铁粉(Fe_2O_3)1%	150℃
黑火漆	钙粉($CaCO_3$)31%,松香61%,沥青8%	140℃
红胶	虫胶45%,红火漆55%	140℃
绿胶	虫胶40%,松香15%,石膏粉35%,环氧树脂1%,白石蜡9%	120℃

三、清洗剂

清洗剂主要用于清除宝石表面的残余胶、油污及其他杂质。清洗剂液体应具有对不同附着物的良好溶解能力,又不致引起宝石表面新的污染。常用的清洗剂是一些有机溶液或酸液,见表6-9。

表 6-9　常用清洗剂的性质

名称	特性	备注
酒精（乙醇）	无色透明,易挥发,易燃,易溶于水,能溶解多种有机物,沸点为78℃	能溶解宝石表面的虫胶、松香,可配制成各种不同比例的水溶液
乙醚	无色,透明,易挥发,易燃,对某些有机物的溶解能力强,有麻醉神经作用	能溶解沥青、油脂、蜡、松香及其他混合物,使用时注意通风
汽油	无色—浅色,透明,易挥发,易燃,对某些有机物的溶解能力强	能溶解沥青、油漆、松香、蜡、机油、柴油等物质
丙酮	无色,透明,味臭,易挥发,易燃,对有机物溶解能力特强,有毒	能溶解树脂、油漆、某些有机物等,使用时需注意通风
松节油	无色—棕黄色,透明,易挥发,易燃	能溶解石蜡、松香、树脂、残胶等物质
苯、甲苯、二甲苯	无色,透明,味臭,易燃,有毒	能溶解松香、树脂、沥青、石蜡、油及污物
盐酸	无色—浅色,透明,味酸,有腐蚀性	可配制成不同比例的水溶液酸,用于清洗金属或非金属污染物。配制时应注意是酸入水(先加水,后加酸),绝不能水入酸,以免爆炸伤人

第七章 弧面型宝石加工工艺

第一节 弧面型宝石的设计

一、弧面型宝石的选料

弧面型宝石又称凸面型或素面型宝石,其琢型主要由简单的圆弧面组成,具有素雅大方的简约美特点。弧面型宝石饰品用途广泛,因而款式类型繁多。但就其单件琢型而言,按弧面特点分为单凸型、双凸型、凹凸型和扁豆型;按弧面曲率分为高凸型、中凸型和低凸型;按腰围形态主要分为圆形、椭圆形、橄榄形、梨形、心形、菱形、十字形、随形等。

弧面型宝石的用料种类很多,对材料的要求不拘一格,多为不透明、半透明或具有特殊光学性质的宝石,或有较多瑕疵的透明宝石。一般选料要求是:①颜色艳丽、花纹美观的不透明宝石;②颜色艳丽、花纹美观、质地细腻的玉石;③具有特殊光学效应(星光效应、猫眼效应等)的宝石;④颜色较深但色调较美的透明宝石;⑤宝石中可有一定量的绵纹和包裹体,但不宜有严重的裂纹或脏色杂斑等瑕疵。

但是,由于弧面型宝石的用料范围很广,对原料的质量要求不一,在选料时应根据不同种类宝石和用途的具体工艺要求来灵活把握,尽可能做到料尽其用。

二、弧面型宝石的设计

1. 设计原则

弧面型宝石琢型设计的基本原则与刻面宝石一致,就是保持和发挥宝石本身的优点,去除或掩饰宝石的瑕疵,尽可能表现宝石美的品质,提高宝石的价值。具体设计原则主要考虑如下几个方面。

1)颜色

要发挥弧面宝石的颜色优势。针对宝石材料的不同颜色特点,要注意处理好3种情况:一是宝石材料的透明度较好,但颜色过深,可设计成薄型款式,如低凸型或凹凸型;二是宝石透明度较好,而颜色过浅,可设计成较厚型款式,如中高凸型或双凸型;三是宝石材料颜色不均匀,设计时要注意定向,要使最好的颜色或花纹出现在凸面顶部并顺应琢型长轴方向。例如:玛瑙、孔雀石等常具纹带结构,设计时应使最好的纹带出现在弧面型宝石的顶面,纹带垂直于琢型底面并与椭圆腰形的长轴方向一致。

2)特殊光学效应

对于有特殊光学效应的弧面型宝石要定向设计。尤其对有星光、猫眼、月光效应的宝石,设计时要注意产生特殊光学效应的特定方向,既要使其光学现象集中出现在琢型的顶弧面中部,还要使光学现象的展布形式与琢型形态协调一致。如星光宝石,应使星线交点居中,一道星线平行椭圆长轴方向;猫眼宝石,应使猫线光带居中,并平行椭圆长轴方向;月光宝石,则应其晕彩集中出现在顶弧面中央区域。对有变彩、砂金等效应的宝石,不同方向上的光学效果有较大差别,设计时也要注意定向。

3)质量

保重原则对于弧面型宝石的设计也很重要,尤其是对于高档宝石。一般来说,小料要依形设计,大料要合理分割,做到料尽其用。对于某些中高档的弧面型宝石,如星光宝石、翡翠等,可以选用双凸型,这样可以在琢型底部增重。但是,有时为了较好地发挥宝石的特殊光学效应或颜色优势,必须对宝石定向或减薄加工,损失一定质量也是合理的。

4)瑕疵

对于瑕疵的处理也是弧面型宝石设计中经常遇到的问题,如裂纹、脏色斑点、孔洞等。由于弧面型宝石材料大多不透明,在设计中主要是注意"避脏躲绺",尽可能使瑕疵不出现在弧面宝石的顶面,可藏于宝石底部或边缘部位。

2. 琢型选择

在弧面型宝石的加工设计中,必须要为发挥宝石本身的潜在价值而合理选用琢型,特别是对一些具有瑕疵和特殊光学效应的宝石,要运用挖脏躲绺和定向取料的技术进行合理选型。根据宝石材料的性质和特点,选用合适的弧面型琢型(表7-1)。

表7-1 常见宝石材料及其适用的弧面型琢型

弧面型款式	常见宝石材料
单凸型	石榴石、绿松石、青金石、孔雀石、翡翠、玛瑙、蔷薇辉石、月光石、虎睛石、猫眼宝石、星光宝石、欧泊等
双凸型	星光宝石、欧泊、翡翠、软玉、独山玉、绿玉髓、东陵石、玛瑙、紫晶、茶晶等
扁豆型	透明度较差,需增加透明度及改善颜色的宝石
凹凸型	颜色较深,需使颜色变浅的宝石
高凸型	星光宝石、月光石
中凸型	猫眼宝石、翡翠及各种中低档宝石
低凸型	欧泊、翡翠(水头差)

第二节 弧面型宝石加工设备

一、研磨设备

1. 砂轮机

砂轮机是弧面型宝石加工的常用设备,由电动机、横轴及冷却系统组成。轴的两端可用于安装锯片、砂轮、砂轮鼓、抛光轮等,用于弧面型宝石的切割、造型、研磨和抛光。设备技术参数一般为电压 220V 或 380V,功率 450W,转速 1200~3000r/min,磨具直径 150~200mm。所用的砂轮有平形砂轮、弧形砂轮、磨针砂轮、斜边砂轮等(图 7-1)。

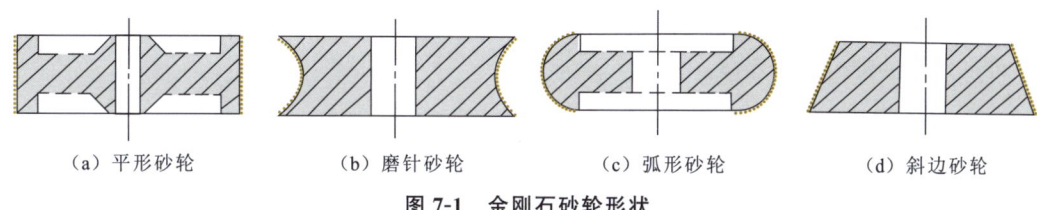

(a) 平形砂轮　　(b) 磨针砂轮　　(c) 弧形砂轮　　(d) 斜边砂轮

图 7-1　金刚石砂轮形状

2. 盘磨机

盘磨机主要用于弧面型宝石的细磨和精磨。设备与刻面宝石研磨机基本相同,且所需部件更加简单,只需装配上软面的砂磨盘即可。软面砂磨盘因具有柔性表面,当施加压力研磨宝石时,磨盘表面会向内凹,把宝石包住而易于磨成圆滑的弧面。

软面砂磨盘一般可以自行制作,结构如图 7-2 所示,基盘使用金属或硬木料制成,上面铺上一层毛毡、软橡皮或泡沫塑料,再在上面蒙上一层耐水砂布,周边用钢箍或铁丝固定,使盘面紧绷上凸。砂布也可以自制,用树脂胶将碳化硅磨料均匀涂布黏附在细帆布上即可。

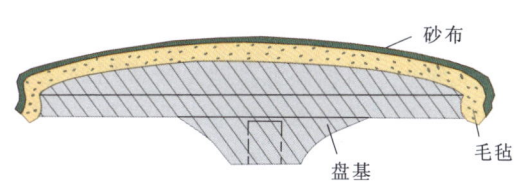

图 7-2　软面砂磨盘结构图

3. 砂带机

砂带机主要用于弧面型宝石的细磨。它主要由电机、主动轴筒、被动轴筒、环状砂带、支架及冷却系统等部件组成,环状砂带张紧套在两个轴筒上,通过主动轴筒的转动来带动砂带和被动轴筒一起转动(图 7-3)。绷张的砂带具有较好的柔韧性和弹性,很适合用来打磨宝石的各种弧面,且磨削面积大,效率很高。

由于砂带较为昂贵,因而使用砂带机磨削宝石时,不要用来打磨有尖锐棱角的坯料,以防划破砂带,同时还要注意经常变换砂带上的磨削部位,不要局限在一个部位上磨,这

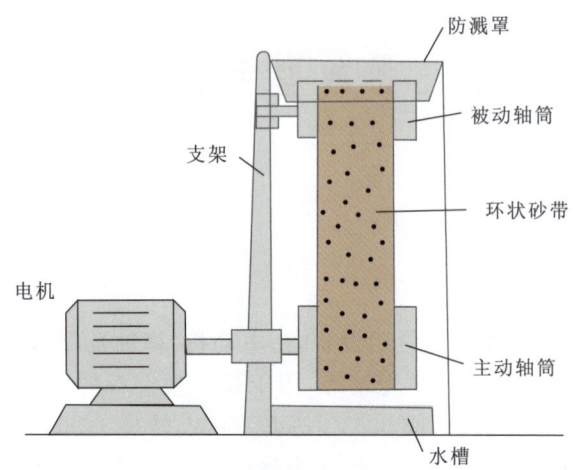

图 7-3　砂带机结构简图

样可以延长砂带的使用寿命。

4. 自动成型机

自动弧面成型机的设备结构及工作原理与刻面型宝石的自动成型设备基本一样,不同的是在用作弧面型宝石的加工时,其磨轮必须换成槽型砂轮和模块。

二、抛光工具

弧面型宝石的抛光设备与细磨设备基本相同,抛光工具也与细磨工具有类似之处,即弧面型宝石的抛光也要使用软质柔性的抛光工具,要求其表面柔软而富有弹性,以便适应宝石的外形而进行均匀的抛光。

柔性抛光工具可以用毛毡、皮革、毛呢或橡胶等材料来自行制作,可以制作成抛光盘、抛光轮等。弧面型宝石抛光最常用的是软面抛光盘,因为抛光盘面在宝石的压力下向内凹,更易于适应弧面型宝石的曲率,与宝石的接触面大,抛光效率高。

软面抛光盘因所用的具体材料不同,制作方法也不一样。若直接用毛毡作为抛光面料,需要用耐水胶或沥青将毛毡粘贴在基盘上,以免盘体旋转时纤维松解脱落;若用较单薄的帆布、呢绒、皮革等作抛光面料,则其下面与基盘之间最好要垫上一层毛毡或塑料泡沫等物,以增加其柔软性,厚度为 5～10mm;若用较厚而结实的皮革,可以绷在中空的凹形基座上,制成空心抛光盘(图 7-4);若是用相对较硬的橡胶等材料,一般制成厚约 20mm 的实体抛光盘。

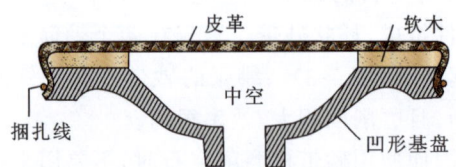

图 7-4　空心皮抛光盘结构图

三、弧面型宝石加工全流程解析

(一) 弧面型宝石加工工艺流程

弧面型宝石的一般加工工艺流程如图7-5所示。

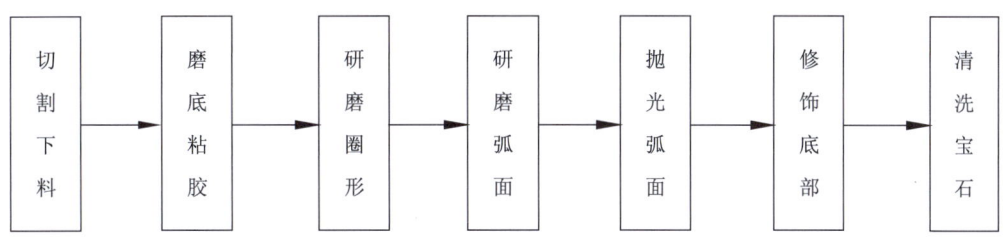

图7-5 弧面型宝石加工工艺流程图

(二) 弧面型宝石加工工序概述

1. 切割下料（▶ 参见实操教学视频4-1）

弧面型宝石加工的第一道工序是切割毛坯料，一般包括3个步骤。

(1) 切片：对大块的宝石原料，先要将其切割成一定厚度的片料，然后才能分割成小块的毛坯；对小块的宝石原料，通常也需要切磨出一定的平面，以便于画样。

(2) 画样：在片料或坯料的表面，用模板套样画线的方法，绘出宝石琢型的取料部位和造型轮廓（图7-6）。

(3) 出坯：用锯将宝石坯料按设计的样式切取下来，并用修整锯加以修切，或用嵌具夹除突出棱角，使其大体接近于设计款式的形态（图7-7）。

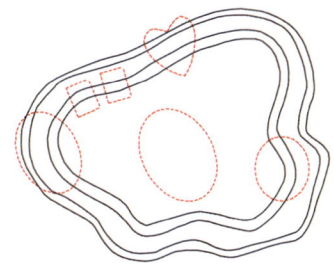

图7-6 用模板选择花纹及画样

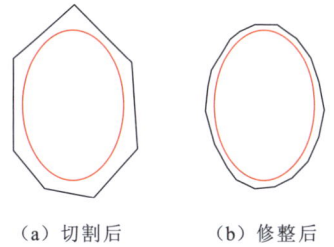

(a) 切割后　　(b) 修整后

图7-7 坯料的切割(左)及修整(右)

切割下料是一道极为重要的工序，它关系到宝石原料是否能得到合理利用，因而要遵照如下技术要求进行。

(1) 对大块的宝石原料，在切片前应对宝石的颜色深浅、均一程度、花纹形态、棉绺和裂纹等情况进行观察研究，然后划定切片方向，尽可能使切出的片料中保留最佳的色彩和花纹。对小块的宝石原料，则要因料的形态、颜色、花纹、绺裂等特点来合理选择款式和规格而进行分割及修整取料。对具特殊光学效应的宝石原料，要严格按其特定的方向切割坯料,若一时难以把握定位方向,则要选择试磨面,经试磨寻找好定位方向后才能切割坯料。

(2) 片料和坯料的切割厚度要因料、琢型款式和规格而异,若过厚会造成原料浪费,过薄则难以琢磨成理想的款式造型。原则上要根据高凸型、中凸型、低凸型等常用款式的规格来计算切片厚度及坯料厚度,一般最小厚度为 4.7mm,最大厚度为 9.5mm。但同时还要根据宝石的透明度、颜色深浅等特点来灵活把握,适当加厚或减薄,以利于提高宝石的透明度及颜色鲜艳度。

(3) 切割下料时要根据料的品种档次合理选用不同厚度的切割刀具。一般,切割中高档宝石料应选用厚 0.2~0.5mm 的锯片,切割低档宝玉石料选用厚 0.5~1.0mm 的锯片。

2. 磨底粘胶

磨底粘胶工序就是把宝石坯料用作琢型底的一面研磨平整,然后粘接在粘杆上,以便于后面进行弧面的研磨抛光加工。其技术要求如下。

(1) 磨底粘胶前应正确选择好琢型的顶弧面和底平面,顶弧面要求颜色鲜艳、花纹美观、净度较好,底面可以适当保留脏、绺等瑕疵。此外,还要用 80♯~120♯ 粗砂轮打磨去掉宝石的突出棱角,沿画线轮廓初步打磨成型,但要求保留一定的加工余量,距离画线外 1.5mm。

(2) 研磨底面时要根据料的硬度及其他石质特点合理选用磨具,一般硬度大的料应先选用 180♯~320♯ 磨具进行粗磨,然后用 600♯~800♯ 磨具细磨;硬度小的料则可以直接用细磨磨具研磨;对一些质地硬度不均一、具有易剥蚀性特点的料,也应直接用细磨磨具研磨。

(3) 粘胶时要根据加工琢型的款式和规格大小合理选用粘杆,一般粘接大规格坯料时应选用粗杆或相适应的圆头型粘杆,粘接小规格坯料时应选用细杆或针尖型粘杆。粘胶要依序进行:清洗坯料—预热宝石—烤裹胶团—粘接上杆—插板冷却。其中预热宝石时根据料的性质把握好火候,切忌过度加热,以防宝石炸裂。要求宝石粘接牢固,宝石底平面与粘杆轴线垂直,且二者中心基本重合。粘胶量要适当,以恰好粘接布满宝石底面为宜,若胶量过多会遮盖坯料下部,影响研磨圈形。

3. 研磨圈形

研磨圈形就是按照设计的形态对宝石腰部进行精细打磨,使之成型,一般采用手工法在砂盘或砂轮上研磨成型,有条件的加工厂也使用自动围形机成型。其技术要求如下。

(1) 要根据料的特性选用合适的磨具,一般宝石硬度在 7 左右时,可选用 400♯~600♯ 的磨盘或磨轮。

(2) 手工研磨圈形时,要顺逆交互旋转研磨,并注意宝石腰面与工具平行,先打磨突出的无用部位或棱角,然后逐步圈磨成设计腰形。

(3) 圈形后的坯料要求尺寸符合设计比例,曲面流畅,对称性好。

4. 研磨弧面

研磨弧面是弧面型宝石加工的重要工序，一般需要经过粗磨、中磨、细磨3道子工序来完成。

1）粗磨和中磨

粗磨和中磨弧面多使用砂轮机进行。粗磨使用80♯～120♯砂轮，其作用是快速打磨出宝石的弧面造型。操作手法如图7-8所示，手握并转动粘杆将坯料送往砂轮打磨，首先从坯料下部开始以10°～15°角磨出第一层斜面，然后向上以30°（高凸型）～60°（低凸型）角磨出第二层斜面，再依次延续向上磨出几层小斜面至弧顶，最后再上下反复轮磨几圈以消除各层斜面交线，直至整个弧面形成（图7-9）。中磨使用180♯～320♯砂轮，其作用主要是修整弧面和降低表面粗糙度，以便为细磨创造条件，其操作方法与粗磨相同。

当然，粗磨及中磨弧面也可以在刻面宝石研磨机的金刚石砂盘上进行，磨盘的选择和研磨弧面的方法与轮磨相同。

粗磨及中磨弧面的技术要求：要根据料的物理性质合理应用粗磨、中磨工序及相应的磨具，一般对摩氏硬度在7左右的宝石料应分别采用粗磨磨具、中磨磨具依序进行研磨成型，而对摩氏硬度在7以下的宝石料可以直接用中磨磨具成型。研磨顺序要从腰部斜面开始，逐步向上圈磨成弧面，并注意不断转动粘杆变换宝石研磨部位，切忌在同一位置停留太久，以免磨削过度。在腰部要保留一定腰棱厚度，一般为0.2～0.5mm，最厚不大于1mm。成型后的弧面要看上去比较规整，无明显的斜歪或凹坑等现象。

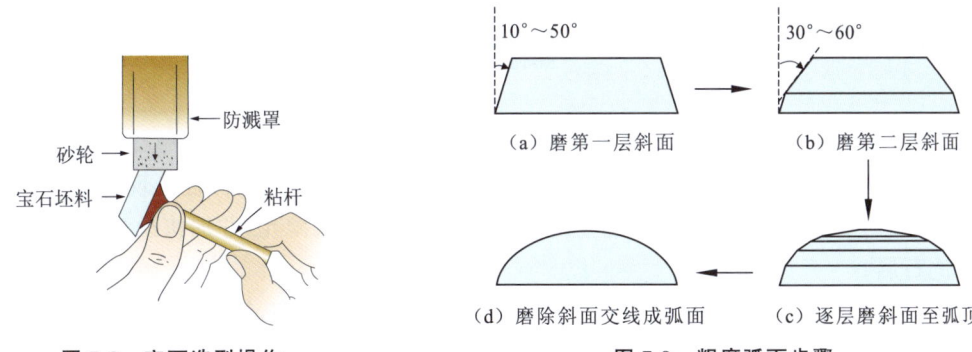

图7-8 宝石造型操作　　　　图7-9 粗磨弧面步骤

2）细磨

用砂轮或砂盘粗磨和中磨工序形成的宝石弧面，表面不会很圆滑，会留下有许多细小面棱，需要进一步细磨。细磨工序需要使用柔性研磨工具，磨料粒度为400♯～600♯，其作用是使曲面趋于圆滑，进一步降低表面粗糙度，为抛光创造条件。

细磨常用的磨具是软面磨盘，也可以使用柔性细砂轮或砂带等。其操作方法与粗磨、中磨基本相同，也是从宝石腰部开始研磨，逐步向上圈磨推至弧顶面。研磨时手法要轻柔、灵活，粘杆不断转动和移动，使弧面各部位都能均匀磨到。加压要适当，要注意用水保持冷却,切忌加压过大或水冷不足,以免产生烧伤。细磨成型后的宝石要求款式和尺寸符合设计要求,弧面对称性好,圆滑流畅,无明显小面和棱线出现,腰部厚度均匀。

5. 抛光弧面

抛光是弧面型宝石加工中最重要的一道工序,抛光质量的好坏影响到宝石的外观色泽、透明度和特殊光学效应等。为此,抛光弧面应遵循如下技术要领和要求。

(1) 要根据宝石料的性质而合理选用抛光工具和抛光剂。弧面型宝石抛光应使用柔性抛光工具,如软面抛光盘或软质抛光轮。但一般对高硬度的宝石,抛光盘不宜太软,应使用沥青盘或木盘,抛光剂以红宝石粉和金刚石粉为佳,也可以使用氧化铈粉和氧化铬粉,效果有时较好。对硬度比较低的宝石,可用毛毡、皮革等软面盘,抛光剂可用氧化铬粉、氧化铁粉、玛瑙粉、硅藻土粉等。

(2) 软抛光工具在抛光前应先用水浸湿,然后再涂上抛光剂进行抛光。抛光剂要用水或其他分散剂调成糊状,用刷子涂于抛光盘面上,一次涂量不要太多。在抛光过程中一般不需要加水冷却。

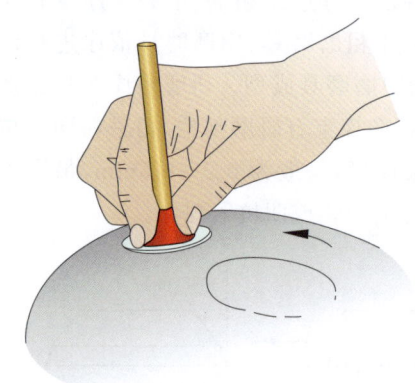

图 7-10 凸面型宝石抛光操作

(3) 在抛光中要注意操作手法:握持粘杆时应用手指抵住宝石反面,并使宝石顺着抛光盘旋转方向,防止宝石边缘被绊住而造成断胶或划伤抛光盘面(图 7-10);抛光时要对宝石适当施压,并不断转动粘杆,使整个弧面抛光均匀;弧面的抛光顺序应从腰缘斜面开始,然后逐步扩展至弧顶,并不断用柔软布擦拭弧面检查抛光质量,以免出现漏抛或抛光不匀的部位。

(4) 对易剥蚀的宝石材料抛光时,因其含有硬度不同的矿物成分或杂质物,抛光时间长则易产生剥蚀麻点(小坑)或凹陷,若出现此种现象应改用皮革盘或木质盘抛光,并加快抛光速度,多用水冲洗石屑。

(5) 在抛光过程中,往往当抛光工具接近干燥时的抛光效率最高,尤其是皮制抛光工具最为明显。近干燥的抛光工具虽然可以促进抛光作用,但同时也会因摩擦而产生的高热而导致宝石炸裂。实际操作中可以利用此种特性,通过采用加大压力和间歇简短的快动作干抛光方法来提高抛光速度和抛光质量,但要注意施加压力的均匀性和宝石的硬度、脆性和热敏感效应等,否则将会使宝石产生崩口、炸裂甚至碎裂现象。

6. 修饰底部

弧面型宝石的弧面研磨和抛光完成后,通常还要对其底部进行修饰加工,主要是抛光底面和修磨腰缘。

弧面型宝石底面要求平整,但是否需要抛光则视其透明度而定,一般透明度较好的宝石底面要求抛光,且抛光质量要好;而对不透明的宝石底面可以降低抛光要求,或者不抛光。

底部的腰缘一般要求修磨成一向底面内倾斜的小斜面(图7-11),这有利于镶嵌牢固和不产生崩口。修磨方法是使用细砂轮轻轻打磨宝石底面的周围边棱一圈,也可以用细砂盘或细砂纸轻轻擦磨。要求小斜面不能太宽,以斜角约45°、高度约0.5mm为宜。

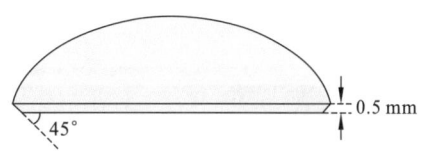

图 7-11　单凸型宝石腰缘斜小面

四、特殊弧面型宝石的加工方法

上述介绍的弧面型宝石加工工艺适用于大多数普通单凸型宝石,包括圆形、椭圆形、梨形、橄榄形、方形等。但对少数凸面型宝石,如双凸型、凹凸型、心形、十字形等,由于它们的形态比较特殊,因而在具体加工方法上需要使用特别技巧。

1)双凸型宝石

双凸型宝石的加工方法与单凸型宝石基本一样,不同之处主要在于,由于其琢型上下均为弧面,因而粘胶上杆前不需要压磨底面;顶弧研磨和抛光完成后,再翻粘宝石上杆,研磨和抛光底弧面。要求腰棱厚度为0.2～0.5mm,对于较大规格者腰棱最厚不大于1mm。

2)凹凸型宝石

凹凸型宝石在修饰底面前,加工方法与单凸型宝石相同。在完成顶弧面研磨和抛光后,再对底部进行挖空心处理。此时,需要将宝石的顶弧面粘接在粘杆上,然后用磨头为球形的钢制或铜制磨具加碳化硅磨料来研磨凹面,再用小橡皮轮进行抛光。底部边缘也要求修磨一圈小斜面,高度约0.5mm。

3)心形、十字形弧面型宝石

心形、十字形及其他具有凹角特征的弧面型宝石,用普通砂轮、砂盘和抛光工具一般很难到达较深的凹进部位,因而加工难度相对较大一些。不过,对于心形弧面型,可以利用平形砂轮的直角边棱来磨削心形琢型顶面的"V"形槽,轮磨时须手持宝石向下倾斜45°,使"V"形槽边缘成斜面,并要注意切忌磨削过度。对于十字形弧面琢型,也可以用平形砂轮的直角边部来磨削其90°缺口而进行造型。至于抛光,一般情况下可以用较小的软质抛光轮来解决。

第八章 刻面型宝石加工工艺

第一节 刻面型宝石的设计

一、宝石原料的审查及分选

刻面琢型主要适合于透明的宝石材料,它不仅能体现宝石晶莹透明、棱角分明的外观美,更重要的是能发挥宝石潜在的光泽、亮度、火彩等特殊光学效果美。

透明宝石的品种很多,原料形状千姿百态,加工性质各异,品质差别很大。因而,在宝石加工前必须对宝石原料进行认真的审查和分选,然后根据宝石材料的加工性质进行合理的设计。对宝石原料的审查主要包括如下内容:①宝石原料的鉴别,正确定名;②宝石原料的形状和质量,包括自然形状、可用部分形状、估算成品质量;③宝石原料的颜色,包括体色、色彩分布、多色性等;④宝石原料的光学性质,包括透明度、折射率、双折射率、色散、光轴方向等;⑤宝石原料解理的发育情况及方向;⑥宝石原料中的裂隙及其他瑕疵情况,包括裂隙大小、延伸方向及深度,瑕疵种类、大小、数量等。

审料时,要全面仔细地观察每块宝石原料的外部和内部特征。对于表面粗糙的原料,可用水喷湿表面后观察;对于颜色较深而显得透明度较低的原料,要用强光照射进行观察;对于有较厚外皮的原料,可以在不重要的部位切磨去一部分外皮后再进行观察。

根据审料结果,按照各种宝石材料的品质标准并结合生产条件及市场情况,将宝石原料分选出相应的若干品级,然后再分别进行设计。

二、刻面型宝石的设计原则

宝石设计工作要在审料的基础上周密进行。刻面型宝石的设计原则主要如下。

(1) 对于中高档宝石原料和可加工的大规格原料,必须对单粒宝石进行琢型款式和规格尺寸设计;对于低档宝石原料及小规格尺寸的原料,可根据市场需求对其琢型款式和规格尺寸进行综合设计。

(2) 设计中必须根据颜色、透明度、净度、裂理等因素合理地选择琢型款式和规格尺寸,以求得宝石的最大质量,突出反映原料的潜在美。

(3) 无色透明的宝石原料以选择最能发挥宝石亮度、火彩及闪烁效果的琢型款式为好,如各种明亮琢型;有色透明的宝石原料则可以选择各种刻面琢型款式;部分半透明或不透明的有色宝石原料以及裂纹不太明显的原料可以选择平底刻面琢型款式。

（4）具有强烈双折射、明显多色性、颜色不均匀、解理发育等特点的宝石原料，要注意定向设计。

（5）设计中必须注意宝石的物理性质和包裹体，如脆性大的宝石应该选择尖棱不太明显的款式，包裹体应尽量保留在腰部等。

（6）设计的琢型要注意尽量避开裂纹性瑕疵，原则上不能使裂纹性瑕疵保留到宝石的成品中。

总之，宝石原料加工琢型款式的设计要依据宝石的性质、市场需求、客户要求，做到因料选择款式，合理用料，用料干净，款式新颖，在保持宝石最大质量的前提下凸显其美感。

第二节 刻面型宝石的加工设备

一、切割设备

宝石切割设备用于宝石原料的分割和修整，常用的为金刚石锯片切割机。为了适应不同块度大小原料切割的需要，切割机分为大、中、小3种类型。大型切割机主要用于切割块度[①]为20～30cm的原料，锯片直径450～900mm；中型切割机主要用于切割块度为5～15cm的原料，锯片直径200～400mm；小型切割机主要用于切割块度在5cm以下的小料，锯片直径100～200mm。切割机一般由动力部件、刀具轴及轴承、冷却槽或喷淋装置、料夹或托架等部分组成。

在刻面型宝石加工中，最常用的还是小型宝石切割机。除了分割宝石原料外，它还可用于修整宝石毛坯形状，使之适合于加工琢型的要求，故也称为修整机。小型宝石切割机的主要技术参数：电机电压220V，功率180W，转速700～3000r/min；常用锯片的直径为100～150mm，厚度0.15～0.20mm。因为锯片很薄，对原料的损耗小。

图8-1、图8-2和图8-3是3种不同型号的宝石切割机。其中，图8-1是一种台式宝石切割机，体积小巧，适合切割小料；图8-2是一种立式宝石切割机，结构也比较紧凑、轻便、小巧，且精度较高，在宝石加工行业使用广泛；图8-3是一种多功能宝石切割机，其左边安装砂轮用于打磨，右边安装锯片用于切割。

图8-1 台式宝石切割机

---

① 块度：指宝石原料碎块两端的最大距离。

图 8-2　立式宝石切割机

图 8-3　多功能宝石切割机

二、成型设备

宝石成型设备主要用于加工宝石琢型的腰部造型，按自动化程度不同可分为手工圈型机和自动成型机等类型。

手工圈型机的结构比较简单（图 8-4），主要由动力部件、转动主轴及轴承、金刚石磨盘、冷却装置及排水盘等部分组成。其磨盘直立安装，使用时，操作者须手持宝石在磨盘上把宝石打磨成型。手工圈型机适合于腰形为圆形、方形等琢型的打磨成型，但效率低，精度差。

自动成型机的结构比较复杂（图 8-5），由动力部件、工件传动加压部件、成型模块和尺寸控制部件、冷却部件等组成。设备技术参数：电机电压 220～380V，砂轮转速 800～1200r/min，工件转速 120～600r/min。其工作原理是，通过一个旋转轴芯，在轴芯尾端装配某种形状的模块，前端装卡粘接有宝石的粘杆，轴芯带动模块和宝石一起旋转，使宝石在砂轮的研磨下形成与模块相似的形状。自动成型机具有成型效率高、规格标准化、精度高等优点，但主要适用于圆弧类腰形（如圆形、椭圆形、橄榄形、梨形等）琢型宝石的围形加工。

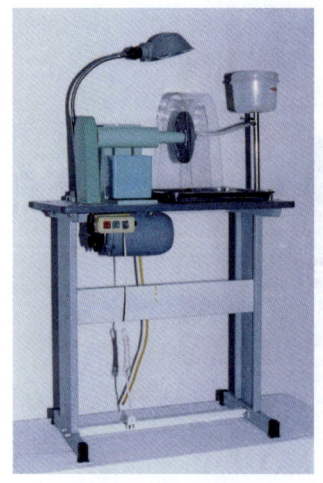

图 8-4　手工圈型机

图 8-5　自动成型机

三、研磨抛光设备

目前国内外普遍使用的刻面宝石研磨及抛光设备主要有两大类型：机械手刻面机和八角手刻面机。它们的工作原理大体相同，都需要将宝石粘接在粘杆上，通过一定的夹具装置控制粘杆与水平面（磨盘）的夹角和粘杆的转动来研磨刻面实现造型，差别主要是两类机械的夹具装置不同。

1. 机械手刻面机

机械手刻面机主要通过分度轮型夹具（俗称机械手）来控制粘杆转动和定位，按机械手与支撑装置的结构不同，又有丝杠升降式机械手刻面机、支杆吊式机械手刻面机、卧式机械手等多种机型。机械手刻面机一般电机电压为220～380V，功率为180～250W，磨盘直径为150～200mm，转速为1400～3000r/min，部分刻面机还具有变速功能。分度轮有96、88、80、72、64、48、32等几种分度齿轮。

图8-6是一种丝杠升降式机械手刻面机。它由主机、工作台及支架上下两大部分组成，主机的左侧为电动机、传动轴及轴承、磨盘、防溅罩等部件，右侧为机械手、丝杠、升降基座等部件。机械手安装在丝杠顶端，用手转动丝杠基座上的刻度轮，可使丝杠带动机械手上升或下降。还可以将机械手卸掉，换上托盘和八角手，因而刻面机可以实现机械手和八角手的两用功能。

机械手的结构如图8-7所示。加工宝石时，将粘有宝石的粘杆插入机械头的夹头杆内。宝石刻面的各个角度由扇形角度器和指针控制，可以根据各个刻面的角度要求将指针调整到扇形角度器上的相应角度值位置上。加工台面时，可将指针调至0°角位置。磨腰围面时，则可将指针置于90°角位置。宝石刻面的分度指数由分度齿轮和插入齿槽的分度板机控制，可选择使用64、80、96等齿数的配备分度轮。

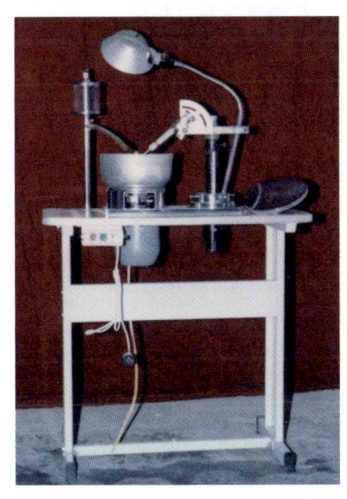

图8-6　丝杠升降式机械手刻面机

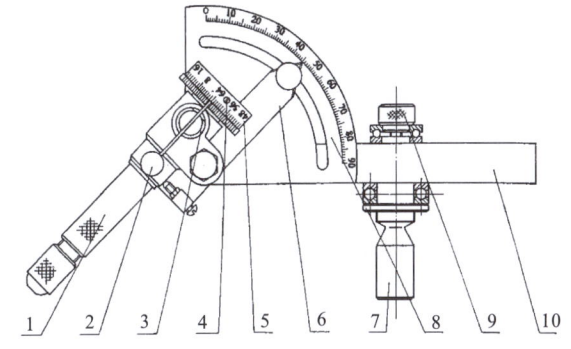

1.夹头杆；2.分度板机；3.扳机支座；4.紧定螺钉；
5.分度齿轮；6.指针；7.定位轴；8.扇形角度器；
9.滚花螺钉；10.滑座。

图8-7　机械手的结构

机械手刻面机的精度较高,但加工效率低,一般适合于中高档宝石的加工生产厂家使用。

2. 八角手刻面机

八角手刻面机的结构比较简单,主要由工作台支架、动力部件、托盘及支架、活动辅件八角手夹具等组成。图 8-8 是一种常用的双杆支架升降式八角手刻面机,八角手夹具的结构见图 8-9。

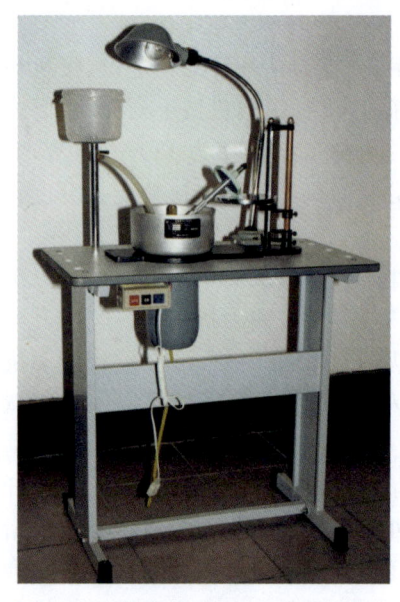

图 8-8　双杆支架升降式八角手刻面机

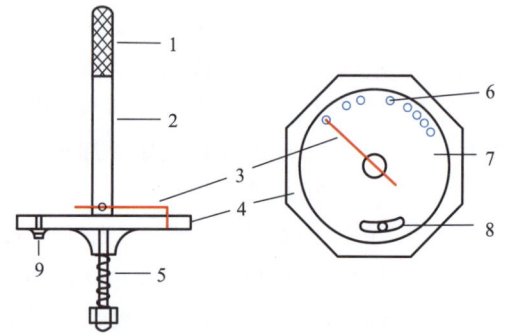

1.粘杆螺栓;2.手柄;3.孔制子;4.八角模块;
5.弹簧;6.孔;7.孔盘;8.微调孔;9.定位螺栓。

图 8-9　八角手夹具结构图

八角手刻面机可以任意配备八角手或六角手、五角手夹具,但最常用的还是八角手夹具,其工作原理相同。通过托盘的提升高度变化来决定夹具—粘杆与磨盘之间的夹角,从而控制宝石的研磨角度;通过八角手夹具的孔、边组合变化,来控制宝石的研磨分度。

八角手刻面机的加工效率相对较高,但精度较低,适合于中低档宝石的加工生产。技术熟练的操作人员可将刻面研磨角度及分度的误差控制在 1.5°～2° 范围内,因而使用低精度的八角手刻面机也可满足生产要求。

3. 多功能宝石刻面机

多功能宝石刻面机指同时具有机械手和八角手功能的宝石刻面机。近年来,国内宝石加工行业和高校宝石加工实验室都普遍配备了这类宝石刻面机。

图 8-10 所示的 ZHU93 型宝石研磨抛光机就属于此类刻面机,为桂林市七星珠宝设备厂研制的产品。该机结构紧凑、协调合理,表面采用高强度喷塑,具有吸震降噪功能。配装执行欧盟标准环保节能电机并装有热敏自动保护装置,电机在非正常运行状态下升

温过高时能自动切断电源,以确保电机的安全。该机兼有机械手和八角手功能,机械手备有双臂机械手和单臂机械手以供选用,且所有机械手的簧杆(含夹持宝石粘杆)都能轻便取下,以便于检查所加工宝石的精度。机械手立柱和八角手升降架均刻有清晰醒目的标尺。该机还设有手控和脚控电气开关,脚控开关能作点动调速,利于试磨、对线、接线,并能满足低速抛光工艺要求。与其他同类型磨机相比,该刻面机更加灵便、快捷、轻巧、多功能。

它可用于对各种质地硬度的宝石坯料进行仿型、粗磨、精磨及抛光。根据不同品质的宝石,选取不同材质和粒度的磨具与抛光剂即可对尺寸 $\Phi1\sim50mm$ 的宝石进行各种款式的加工。低档宝石可采用八角手,以利于提高工效;中档宝石采用单臂机械手比较得心应手;高档宝石和祖母绿型宝石宜采用双臂机械手以确保各种刻面之间良好的对称性与均匀性。

4. 八角手与机械手的数据转换应用

在宝石设计中,一般使用圆周分度来表示刻面在琢型上的方位,所设计的琢型数据只能使用机械手来直接实施加工;同样,用八角手的孔、边组合来确定刻面方位的琢型数据,也只能使用八角手来直接实施加工。这里,有必要深入介绍八角手的设计原理,了解八角手的孔、边组合与圆周分度的关系,以便于宝石设计和加工人员在机械手和八角手这两种工具上沟通应用。

1) 八角手的孔、边初始定位

如图 8-11 所示,八角手的八边形模块与内侧嵌套的圆形孔盘的相对方位,通过预先设定的微调孔和螺栓来固定,使孔盘上 1 号孔的位置恰好与八边形模块一个边(即Ⅰ号边)的中点相对应。按顺时针方向,孔的编号依次为 1、2、3、4、5、6、7、8;边的编号依次为Ⅰ、Ⅱ、Ⅲ、Ⅳ、Ⅴ、Ⅵ、Ⅶ、Ⅷ。8 个孔集中分布在Ⅰ、Ⅱ、Ⅲ边范围内。这个初始定位,是用八角手加工宝石时,能有规律地变化刻面方位形成不同造型款式的前提。

图 8-10 ZHU93 型多功能宝石刻面机

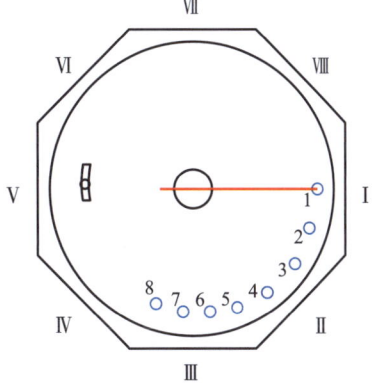

图 8-11 八角手的孔、边分布规则图

2) 八角手的孔、边与圆周分度的关系

八角手的设计思路,是期望通过改变其模块的孔、边组合关系,刻磨出多个方位的平面。这种思想是以"等分圆"作为变化基础,即由8个孔和8个边组合而成的64个变化单元去平分360°的圆。可见,利用八角手作方位变化时,其最基本的圆心角变化单元(ϕ)是:$\phi=360°/64=5.625°$。因此,在设计刻面款式时,必须遵循这个规律,使变化角度为ϕ或ϕ的整数倍。

同时,为了只需通过不同孔、边组合就能实现全圆的64分度平分,使1~8孔各两孔之间的圆心夹角既不全等于ϕ,也不全均等,而是依ϕ的一定倍数分布,最终落在了八边形模块3个邻边(Ⅰ、Ⅱ、Ⅲ)范围内。通过测量,各相邻两孔之间的夹角如下:1∧2=22.5°,2∧3=11.25°,3∧4=22.5°,5∧6=11.25°,6∧7=11.25°,7∧8=11.25°。

根据以上夹角关系可知,经过初始定位(即圆心→1孔线段外延恰好垂直交于Ⅰ边中点)之后,各孔与各边之间就形成ϕ整数倍的变化规律,表现为圆心→各线段的垂线与各边不同的夹角关系。在1~8孔间圆心夹角值已定的情况下,各夹角的数值及各孔、边的关系列于表8-1;再将表中的各单元格中夹角数据分别除以基本圆心夹角ϕ(5.625°),于是就得到等分圆0~64的分度值,见表8-2。

表8-1 八角手孔、边与变化角度间的关系(据雷威和季小红,1995) 单位:(°)

孔编号	边编号							
	Ⅰ	Ⅱ	Ⅲ	Ⅳ	Ⅴ	Ⅵ	Ⅶ	Ⅷ
1	0	45	90	135	180	225	270	315
2	337.5	22.5	67.7	112.5	157.5	202.5	247.5	292.5
3	326.5	11.25	56.25	101.25	146.25	191.25	236.25	281.25
4	303.75	348.75	33.75	78.75	123.75	168.75	213.75	258.75
5	286.88	331.88	16.88	61.88	106.88	151.88	196.88	241.88
6	275.63	320.63	5.63	50.63	95.63	140.63	185.63	230.63
7	264.38	309.38	354.38	39.38	84.38	129.38	174.38	219.38
8	253.13	298.13	243.13	28.13	73.13	118.13	163.13	208.13

表8-2 八角手的孔、边与分度的关系(据雷威和季小红,1995)

孔编号	边编号							
	Ⅰ	Ⅱ	Ⅲ	Ⅳ	Ⅴ	Ⅵ	Ⅶ	Ⅷ
1	64	8	16	24	32	40	48	56
2	60	4	12	20	28	36	44	52
3	58	2	10	18	26	34	42	50
4	54	62	6	14	22	30	38	46
5	51	59	3	11	19	27	35	43

表8-2(续)

孔编号	边编号							
	I	II	III	IV	V	VI	VII	VIII
6	49	57	1	9	17	25	33	41
7	47	55	63	7	15	23	31	39
8	45	53	61	5	13	21	29	37

表8-2有着重要的实用价值。通过查表,可以很方便地将琢型的圆周分度数据转换成八角手的孔、边组合;反之,也可以将八角手的孔、边组合转换成圆周分度数据。从而,可以使八角手与机械手在使用上得到沟通。

第三节 刻面型宝石加工全流程解析

一、刻面型宝石加工工艺流程

刻面宝石的加工工艺流程一般划分为10个工序,如图8-12所示。

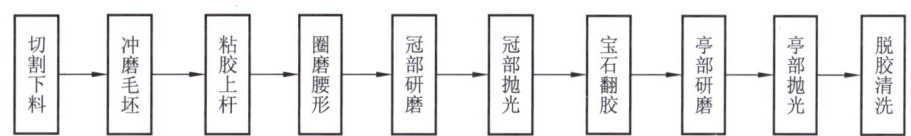

图8-12 刻面型宝石加工工艺流程图

二、刻面型宝石加工工序概述

1. 切割下料(▶ 参见实操教学视频4-2)

切割下料是宝石加工中的重要工序之一,它直接影响到宝石原料能否做到合理用料、用料干净、保留成品宝石的最大质量。

切割下料主要是对宝石原料块度较大、需要分割成两粒或两粒以上的毛坯进行的,在切割中要注意的首要问题是如何保持成品宝石的最大质量(俗称"保重")。从原则上讲,"保重"有两层含义:一是设法保有一粒主要成品尽可能大的质量,二是设法使所有宝石成品的质量总和最大。因此,在切割前要对宝石原料的形状、品质等特点进行再观察,并最终确定宝石琢型款式、切割方向和规格尺寸,以便于切割中能获得宝石毛坯的最大规格和最大总和质量。

宝石毛坯的规格尺寸一般根据产品要求及经验数据确定,计算公式为:毛坯规格尺寸=成品规格尺寸+刀具厚度+研磨余量(0.5～1mm);毛坯厚度=成品规格尺寸×(60%～70%),但是还需要根据颜色深浅和透明度好坏而灵活地进行减薄或加厚处理。

切割下料时还要注意对部分具有特殊性质的宝石原料进行定向和定位取料。如对具有明显多色性或强烈双折射宝石原料要定向切割取料,对解理发育的宝石应尽量使琢型台面避开解理面,对有色带、色团、色斑的宝石原料要"俏色"利用和合理选款取料。

对不需要再分割的毛坯和小料,要用小型宝石切割机进行适当的修整,使其形态初步符合加工款式的形态特点。一般要求毛坯的锯切面平整,对颜色、解理、裂纹、包裹体等的处理合理。

2. 冲磨毛坯

冲磨毛坯就是将切割下来的坯料或不需进行切割的小料用砂轮机进行打磨修整,使之形成与加工琢型款式相近的粗样。

冲磨毛坯一般手持坯料进行,先用粗砂轮(80♯～100♯)倒棱,再用细砂轮(220♯)冲磨出初具雏形的粗样,加工余量控制在0.3～0.5mm之间。

粗样的形状必须要符合加工琢型所要求的形态特征,但各部分的比例和角度要比琢型的设计比率略大一些。圆钻型、椭圆型、梨型、橄榄型的粗样一般为锥形桶柱体,祖母绿型的粗样为矩形桶锥体。从毛坯到粗样的冲磨步骤见图8-13。

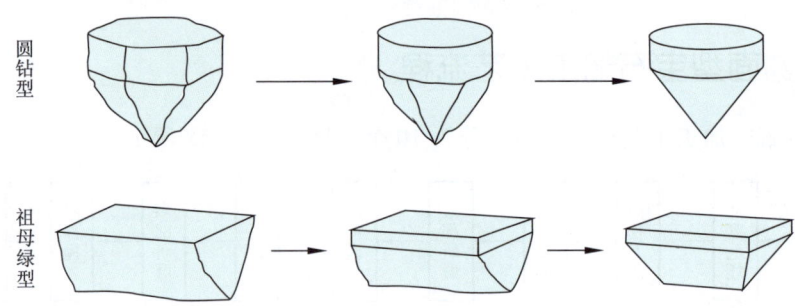

图8-13 毛坯冲磨步骤示意图

3. 粘胶上杆

冲磨好的粗样用火漆或虫胶粘接在粘杆上,以便于后续的圈形和研磨工序对宝石进行精确的加工。

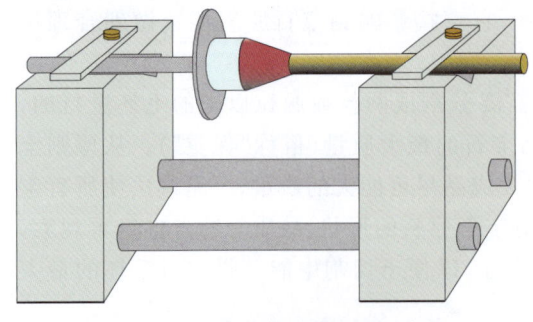

图8-14 利用粘接架顶正宝石台面

粘胶前,要先将宝石台面压磨平整,并选择好合适的粘杆。压磨台面一般选用320♯～600♯磨盘进行。粘杆一般由钢铁或黄铜制成,规格大小和形状各异,要根据宝石的琢型、大小和所用的夹具装置合理选用。粘胶方法:首先用酒精灯将粘杆头加热,涂裹上适量的胶并滚压成团状,同时把宝石也适度预热;然后将宝石粘接到粘杆上,并调准好粘接中心;最后在粘接架上将宝石台面顶正(图8-14)。

粘胶技术质量的好坏将影响宝石的加工精度和效率。其技术要求是:①粘杆、胶、宝石都要适度的加热,使宝石与粘杆粘接牢固,加热不足容易造成宝石在研磨时脱胶,加热过度则容易造成在研磨时断胶;②粘胶量适当,粘接的胶不能超过宝石腰线,胶团形状应呈似蘑菇状,且表面平整光滑,中间无空隙;③粘杆中心线与宝石中心线重合,与台面垂直,允许偏差小于1mm。

4. 圈磨腰形

经过冲磨工序的粗样虽然已基本呈现出设计琢型的腰形,但精度一般不够,需要进一步进行精细的研磨造型。

圈磨腰形在自动成型机或盘磨机上进行。自动成型机主要适合于具有对称弧形腰围特征(如圆形腰、椭圆形腰等)琢型的造型,而盘磨机对琢型无限制。在盘磨机上采用手工法圈形时,要注意操作手法:手持粘杆,使粘杆与磨盘面保持平行,边转动粘杆边圈磨宝石,这样才能磨出与腰平面相垂直的桶柱状腰带面(图8-15);对于矩形、菱形、三角形、五角形、六角形等多边形琢型的腰形,可以利用机械手或八角手夹具来辅助造型。由于刻面型宝石的腰部很薄(腰厚比2%左右),圈形后带一般不需要抛光,故要选用较细的磨盘圈形。

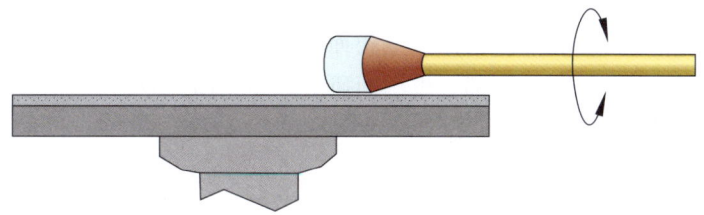

图8-15　圈磨宝石腰形示意

圈形工序的技术要求:①造型好的宝石腰形必须符合琢型设计要求,圆形、椭圆形、橄榄形、梨形等腰形的弧线要流畅,方形、菱形等腰形的对应边平行度要好,交角符合设计要求,对称性强;②腰围形态为桶柱状,其柱高和柱径要符合琢型规格,允许公差为0.02～0.1mm,不允许成喇叭形;③腰面研磨细腻,无空洞,无崩口缺陷。

5. 冠部研磨及抛光

宝石冠部刻面和亭部刻面的研磨及抛光是宝石加工中重要且技术性较强的工序。行业中对于先磨冠部还是先磨亭部没有明确的规定,一般情况下先磨冠部。下面主要以圆钻型为例,介绍其研磨、抛光顺序和方法。

冠部的加工,首先是研磨和抛光台面。用八角手刻面机或部分机械手刻面机来加工台面,通常需要利用45°转换器。如图8-16所示,将宝石粘杆插入45°转换器中孔并旋紧固定螺丝,然后用量角器(半圆仪)度量粘杆轴线与磨盘面之间的夹角并定位在90°位置,即使粘杆与磨盘面垂直,以便在这种状态下研磨和抛光出水平的台面。

台面研磨、抛光好后,再研磨和抛光斜小面。各组小面的研磨和抛光,要严格按照设计的角度和圆周分度进行。机械手和八角手的使用方法在前面(本章第二节"研磨抛光设备"相关内容)已述,这里需要特别说明一下,用八角手来研磨和抛光斜小面时,通常要将刻面角度作必要的转换:如图8-17所示,粘杆轴线与磨盘面夹角(α)和宝石琢型刻面角度(β)互为余角关系,$\alpha = 90° - \beta$,按此公式,将所有小面角度转换成其余角,然后利用量角器(半圆仪)进行角度定位,分别研磨和抛光。

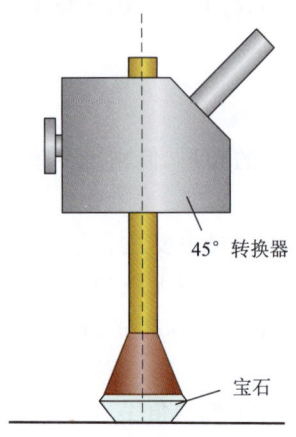

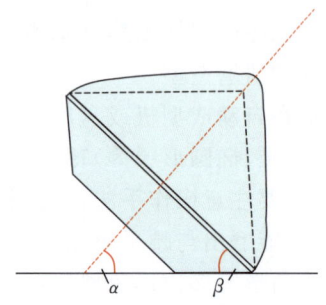

α.粘杆轴线角;β.刻面角。

图 8-16 利用 45°转换器磨抛台面　　　　图 8-17　粘杆轴线角与刻面角的关系

研磨顺序一般是冠主面→星刻面→上腰面。抛光顺序一般是从上到下:星刻面→冠主面→上腰面。圆钻型琢型的冠部各组刻面研磨顺序见图 8-18。

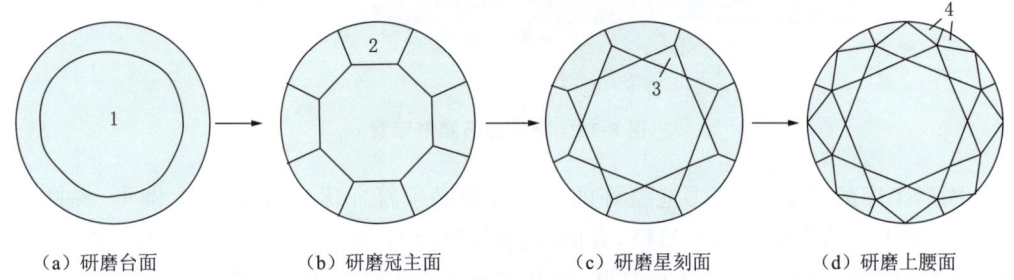

(a) 研磨台面　　　　(b) 研磨冠主面　　　　(c) 研磨星刻面　　　　(d) 研磨上腰面

1.台面;2.冠主面;3.星刻面;4.上腰面。

图 8-18　冠部的研磨顺序

冠部研磨及抛光的技术要求:①台面与腰平面平行,研磨和抛光时必须使用 45°转换器,不能仅凭手持进行;②冠主面角度要根据宝石折射率及琢型特点来设计和研磨,不能有较大偏差,其他小面角度允许在一定范围内变化,一般星刻面角小于冠主面角 4°~18°,上腰面角大于冠主面角 2°~13°,在实际操作中以保证各小面接线位置准确、接线尖头好为标准,星刻面和上腰面接线位置约在冠高 1/2 处;③宝石研磨中要求整体均匀,尺寸比例和谐,各组小面大小均匀。圆钻型台面宽度占腰棱直径的 53%~60%,其他款式可灵活加大到 58%~67%,冠部高度一般占宝石全高的 1/3。

6. 宝石翻胶

宝石翻胶就是在冠部加工完成后,把宝石从粘杆上卸下来,翻转后再粘接冠部,以便在下道工序中加工亭部。

宝石翻胶可以利用粘接架进行,方法如图 8-19 所示,将已加工好冠部的宝石连同粘杆放入粘接架上一端的"V"形槽中,另取一支合适的粘杆并涂裹上胶团,趁热放置在粘接架上的另一端"V"形槽中,向内推压对向粘接宝石冠部,冷却后取下,再用酒精灯轻微加热宝石的亭部粘接端,拆开原有粘杆。当然,宝石翻胶也可以手持进行,但要求操作人员具备较熟练的操作技术。

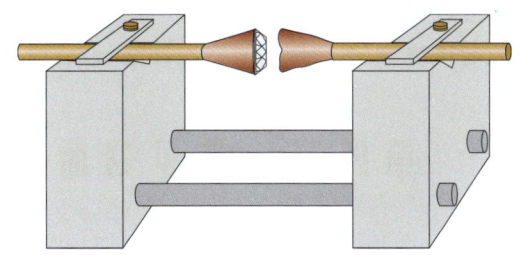

图 8-19　利用粘接架翻胶宝石

宝石翻胶的技术要求与上述粘胶上杆工序类同,要点如下:①宝石中心与粘杆中轴线重合,以确保亭部的研磨造型与冠部对接准确;②冠部的腰际线尽量不要被胶覆盖,以便容易确定腰的位置和厚度;③由于已经磨抛好的宝石冠部表面很光滑,粘胶时要更加注意使宝石粘接牢固,宝石和胶剂的加热温度要适中,以免在宝石磨抛时断胶或脱胶。

7. 亭部研磨及抛光

翻胶后,重新将粘有宝石的粘杆装卡入夹具,进行亭部小面的研磨和抛光。研磨顺序一般是先从亭主面开始,后磨其他小面。如圆钻型的亭部研磨顺序是亭主面→下腰面;抛光顺序与之相同(图 8-20)。

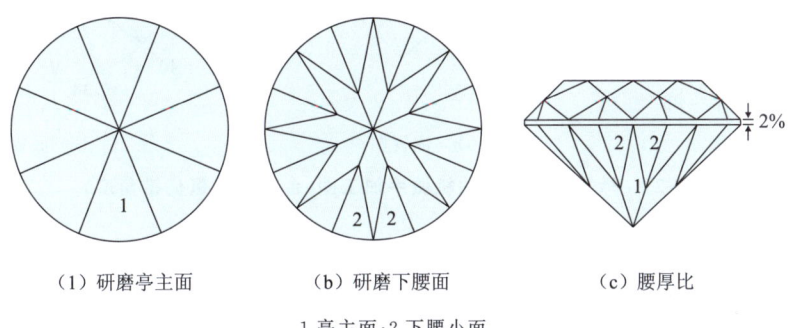

（1）研磨亭主面　　　　（b）研磨下腰面　　　　（c）腰厚比

1.亭主面;2.下腰小面。

图 8-20　亭部的研磨顺序及腰厚比

由于亭部的小面角度对光线的内反射作用及宝石的光学效果影响较大,因此要注意合理设计、准确研磨。亭部的研磨和抛光技术要求:①腰棱厚度一般控制在占腰径的1‰～2‰左右(0.1～0.2mm),亭部高度约占全高的 2/3;②圆钻型亭主面角一般小于下腰面角 2°～3°,下腰面和亭主面接线位置在亭高 1/3 处(以底尖为标准),但其他琢型款式的亭部小面的角度差和接线位置变化较大;③亭主面和下腰面要与冠主面和上腰面位置上下对应,不允许有明显错位;④宝石底尖中心无偏斜、无明显底小面,腰线厚薄均匀无崩口,各组小面对称性好。

8. 脱胶清洗

宝石的亭部和冠部研磨、抛光好后,即完成了刻面加工任务,最后就是将加工好的宝石从粘杆上拆卸下来,包括拆胶、浸胶、清洗。

需要注意的事项:①必须用加热法拆胶,切忌用手硬掰或用钳子敲打拆胶;②不允许在拆胶过程中损伤宝石的棱角或刻划出新的擦痕;③浸胶必须因地制宜地使用碱液、酒精或超声波等,然后用清水多次冲洗,最后用棉绸布或绒布擦拭干净。

第四节　常见刻面宝石琢型的加工方法

一、用机械手刻面机加工法

1. 标准圆钻琢型（▶ 参见实操教学视频 4-3）

下面以使用 64 分度轮,加工合成立方氧化锆的标准圆钻琢型为例(图 8-21)。

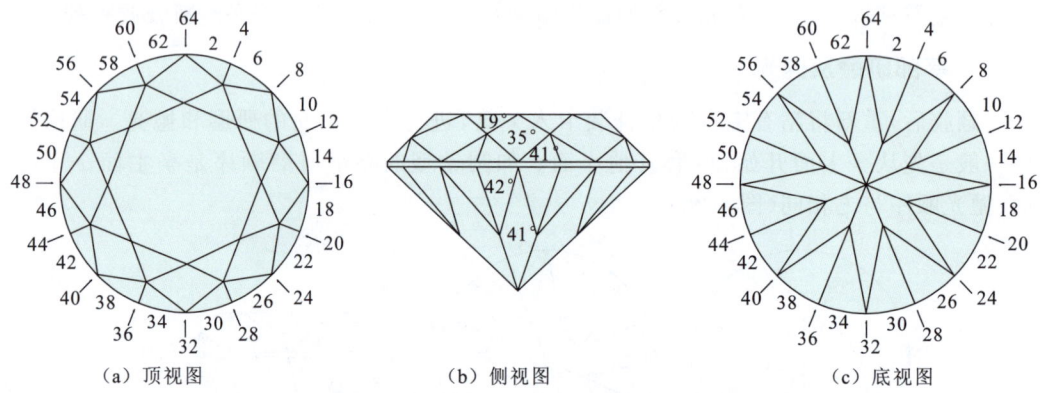

（a）顶视图　　　　　　　（b）侧视图　　　　　　　（c）底视图

图 8-21　标准圆钻琢型的机械手加工图(合成立方氧化锆角度)

(1) 研磨和抛光台面。将宝石粘杆插入机械手,将机械手上的角度盘指针定位在 0°,或使用 45°转换器使粘杆垂直于磨盘面。

(2) 研磨冠部各组小面。研磨角度和分度指数如下。

一磨:8 个冠主面,研磨角度 35°,分度指数 8—16—24—32—40—48—56—64。

二磨:8 个星刻面,研磨角度 19°,分度指数 4—12—20—28—36—44—52—60。

三磨:16 个上腰面,研磨角度 41°,分度指数 2—6—10—14—18—22—26—30—34—38—42—46—50—54—58—62。

(3) 抛光冠部各组刻面。抛光顺序:一抛星刻面,二抛冠主面,三抛上腰面。抛光面的角度及分度指数与研磨工序相同。

(4) 宝石翻胶。

(5) 研磨亭部各组刻面。研磨角度和分度指数如下。

一磨:8 个亭主面,研磨角度 41°,分度指数 8—16—24—32—40—48—56—64。

二磨:16 个下腰面,研磨角度 42°,分度指数 2—6—10—14—18—22—26—30—34—38—42—46—50—54—58—62。

(6) 抛光亭部各组刻面。抛光顺序:一抛亭主面,二抛下腰面。抛光面的角度及分度指数与研磨工序相同。

2. 祖母绿琢型（▶ 参见实操教学视频 4-4）

下面以使用 64 分度轮，加工合成立方氧化锆的祖母绿琢型为例（图 8-22）。

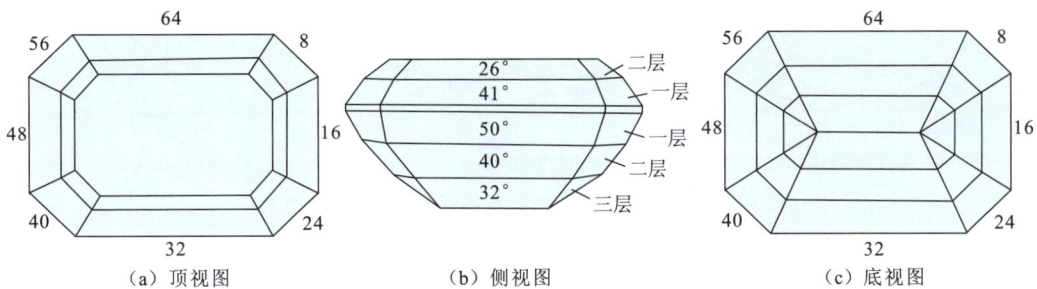

图 8-22　祖母绿琢型的机械手加工图（合成立方氧化锆角度）

在宝石粘杆插入 64 分度轮机械手时，须将宝石长轴方向对准分度轮的 16—48 分度，短轴方向对准分度轮的 32—64 分度，然后按下列步骤进行研磨和抛光。

（1）研磨腰部。研磨角度 90°，共 8 个边：先磨 4 个长边，分度指数 64—16—32—48；后磨 4 个角边，分度指数 56—8—24—40。

（2）研磨和抛光台面。将机械手的角度盘指针定位在 0°，或使用 45°转换器使粘杆垂直于磨盘面。

（3）研磨冠部各组刻面。冠部自下而上分为二层面。研磨顺序：一磨一层 8 个面，研磨角度 41°，先磨长边面，分度指数 64—16—32—48，后磨角边面，分度指数 56—8—24—40。二磨二层 8 个面，研磨角度 26°，研磨顺序和分度指数与一磨工序相同。三磨一层 8 个面，研磨角度 55°，研磨顺序和分度指数与一磨工序相同。

（4）抛光冠部各组刻面。抛光顺序及抛光面角度和分度指数与研磨工序一致。

（5）宝石翻胶。

（6）研磨亭部各组刻面。亭部自上而下分为三层面。研磨顺序：一磨一层 8 个面，研磨角度 50°，先磨长边面，分度指数 64—16—32—48，后磨角边面，分度指数 56—8—24—40。二磨二层 8 个面，研磨角度 40°，研磨顺序及分度指数与一磨工序相同。三磨三层 8 个面，研磨角度 32°，研磨顺序及分度指数与一磨工序相同。

（7）抛光亭部各组刻面。抛光面角度及分度指数与研磨工序相同。抛光最好按研磨的逆序进行，以减少角度调整次数，即先抛三层面，后抛二层面，再抛一层面。

3. 椭圆形阶梯琢型

下面以使用 64 分度轮，加工水晶的椭圆形阶梯琢型为例（图 8-23）。

研磨前要先将宝石长轴两端对准分度轮 16—48 分度，短轴端对准分度轮 32—64 分度，然后按下列步骤进行研磨和抛光。

（1）研磨和抛光台面。将机械手的角度盘指针定位在 0°，或使用 45°转换器使粘杆垂直于磨盘面。

（2）研磨冠部各组刻面。冠部研磨从腰际线以上一层面开始。

一磨一层 16 个面，顺序为：短轴端 4 个面，研磨角度 42°，分度指数 62—2、34—30；侧

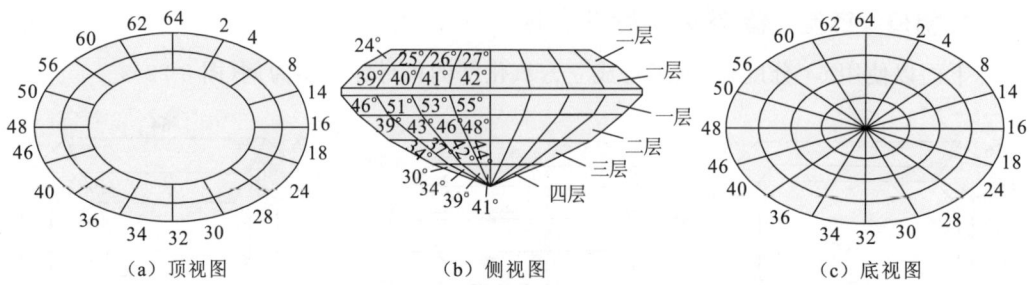

（a）顶视图　　　　　　　　　（b）侧视图　　　　　　　　（c）底视图

图 8-23　椭圆形阶梯琢型的机械手加工图（水晶角度）

旁 4 个面，研磨角度 41°，分度指数 60—4、36—28；再侧旁 4 个面，研磨角度 40°，分度指数 56—8、40—24；长轴端 4 个面，研磨角度 39°，分度指数 50—46、14—18。

二磨二层 16 个面，顺序为：短轴端 4 个面，研磨角度 27°，分度指数 62—2、34—30；侧旁 4 个面，研磨角度 26°，分度指数 60—4、36—28；再侧旁 4 个面，研磨角度 25°，分度指数 56—8、40—24；长轴端 4 个面，研磨角度 24°，分度指数 50—46、14—18。

（3）冠部各组刻面的抛光。抛光一般按研磨的逆序进行，即先抛二层面，后抛一层面，这样可以减少角度调整次数。抛光面的角度及分度指数与研磨一致。

（4）宝石翻胶。

（5）亭部各组刻面的研磨。亭部研磨从腰际线以下三层面开始。

一磨一层 16 个下腰面，顺序为：短轴端 4 个面，研磨角度 55°，分度指数 62—2、34—30；侧旁 4 个面，研磨角度 53°，分度指数 60—4、36—28；再侧旁 4 个面，研磨角度 51°，分度指数 56—8、40—24；长轴端 4 个面，研磨角度 46°，分度指数为 50—46、14—18。

二磨二层 16 个面，顺序为：短轴端 4 个面，研磨角度 48°，分度指数 62—2、34—30；侧旁 4 个面，研磨角度 46°，分度指数 60—4、36—28；再侧旁 4 个面，研磨角度 43°，分度指数 56—8、40—24；长轴端 4 个面，研磨角度 39°，分度指数 50—46、14—18。

三磨三层 16 个刻面，顺序为：短轴端 4 个面，研磨角度 44°，分度指数 62—2、34—30；侧旁 4 个面、研磨角度 42°，分度指数 60—4、36—28；再侧旁 4 个面，研磨角度 37°，分度指数 56—8、40—24；长轴端 4 个面，研磨角度 34°，分度指数 50—46、14—18。

四磨四层 16 个面，顺序为：短轴端 4 个面，研磨角度 41°，分度指数 62—2、34—30；侧旁 4 个面，研磨角度 39°，分度指数 60—4、36—28；再侧旁 4 个面，研磨角度 34°，分度指数 56—8、40—24；长轴端 4 个面，研磨角度 30°，分度指数 50—46、14—18。

（6）抛光亭部各组刻面。抛光按研磨的逆序进行，即一抛四层面，二抛三层面，三抛二层面，四抛一层面，这样可以减少角度调整次数。抛光面的角度及分度指数与研磨工序相同。

4. 心形阶梯琢型

下面以使用 72 分度轮，加工水晶的心形阶梯琢型为例（图 8-24）。

研磨抛光前将宝石粘杆插入 72 分度轮机械手时，必须将心形尖端轴线对准分度轮的 72—36 分度中心线。研磨中要求心形两侧的对应组面大小均匀、对称性好。

（1）研磨和抛光台面。将机械手上的角度盘指针定位在 0°，或使用 45°转换器使粘杆

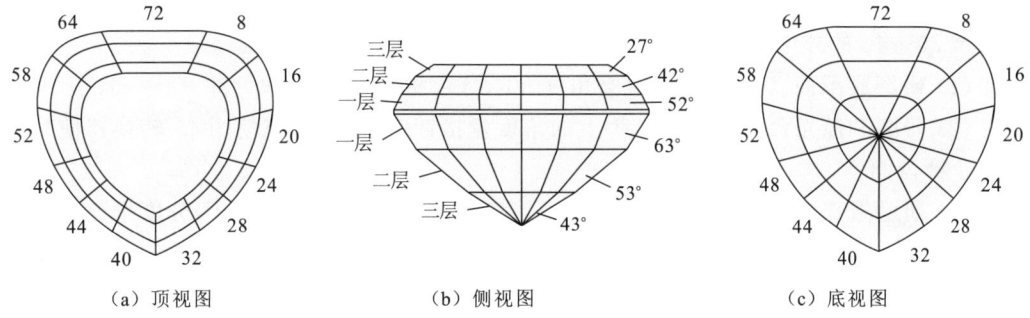

(a) 顶视图　　　　　　　　(b) 侧视图　　　　　　　　(c) 底视图

图 8-24　心形阶梯琢型的机械手加工图（水晶角度）

垂直于磨盘面。

(2) 研磨心形顶部腰边。研磨角度 90°，分度指数 72。

(3) 研磨冠部各组刻面。冠部自腰际而上分为三层面，研磨顺序：一磨一层的 13 个面，研磨角度 52°，分度指数为 72—8—16—20—24—28—32—40—44—48—52—58—64；二磨二层的 13 个面，研磨角度 42°，分度指数同一磨工序；三磨三层的 16 个面，研磨角度 27°，分度指数同一磨工序。

(4) 抛光冠部各组刻面。抛光按研磨的逆序进行，即一抛三层面，二抛二层面，三抛一层面，这样可以减少角度调整次数。抛光面的角度及指数与研磨相同。

(5) 宝石翻胶。

(6) 研磨亭部各组刻面。亭部自腰际而下分为三层面，研磨顺序为：一磨一层的 13 个面，研磨角度 63°，分度指数为 72—8—16—20—24—28—32—40—44—48—52—58—64；二磨二层的 13 个面，研磨角度 53°，分度指数与一磨工序相同；三磨三层的 13 个面，研磨角度 43°，分度指数与一磨工序相同。

(7) 抛光亭部各组刻面。抛光顺序按研磨的逆序进行，即一抛三层面，二抛二层面，三抛一层面。抛光面的角度及分度指数与研磨工序相同。

5. 五角星形琢型

下面以使用 80 分度轮，加工水晶的五角星形琢型为例（图 8-25）。

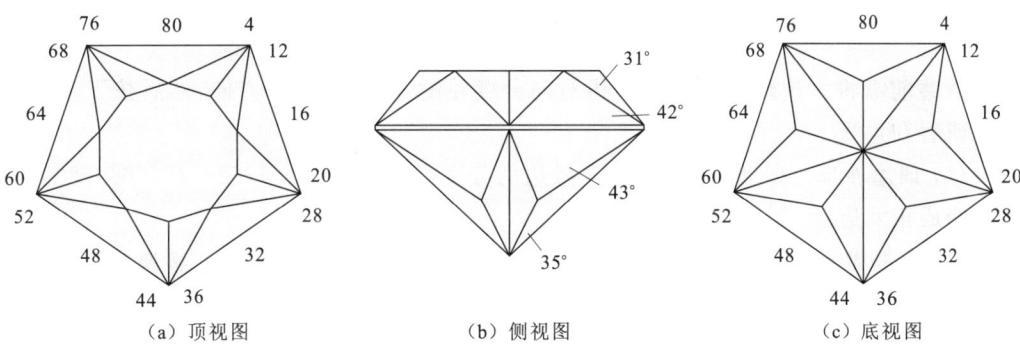

(a) 顶视图　　　　　　　　(b) 侧视图　　　　　　　　(c) 底视图

图 8-25　五角星形琢型的机械手加工图（水晶角度）

研磨抛光前将宝石粘杆插入 80 分度轮机械手时,必须把宝石的一个腰边及其对应角对准 80—40 的分度方向。要求各组刻面的大小均匀、对称。

（1）研磨腰围面。5 个边面,研磨角度 90°,分度指数为 80—16—32—48—64。

（2）研磨和抛光台面。将机械手上的角度盘指针定位在 0°,或使用 45°转换器使粘杆垂直于磨盘面。

（3）研磨冠部各组刻面。研磨顺序：一磨 5 个冠主面,研磨角度 42°,分度指数分别为 80—16—32—48—64；二磨 10 个角刻面,研磨角度 31°,分度指数分别为 4—12、20—28、36—44、52—60、68—76。

（4）抛光冠部各组刻面。抛光顺序：先抛角刻面,再抛冠主面。抛光面角度及分度指数与研磨工序相同。

（5）宝石翻胶。

（6）研磨亭部各组刻面。研磨顺序：一磨 5 个下腰面,研磨角度 43°,分度指数为 80—16—32—48—64；二磨 10 个亭尖面,研磨角度 35°,分度指数为 4—12、20—28、36—44、52—60、68—76。

（7）抛光亭部各组刻面。抛光顺序：先抛亭尖面,再抛下腰面,抛光面角度及分度指数与研磨工序相同。

6. 六角星形琢型

下面以使用 96 分度轮,加工水晶的六角星形琢型为例(图 8-26)。

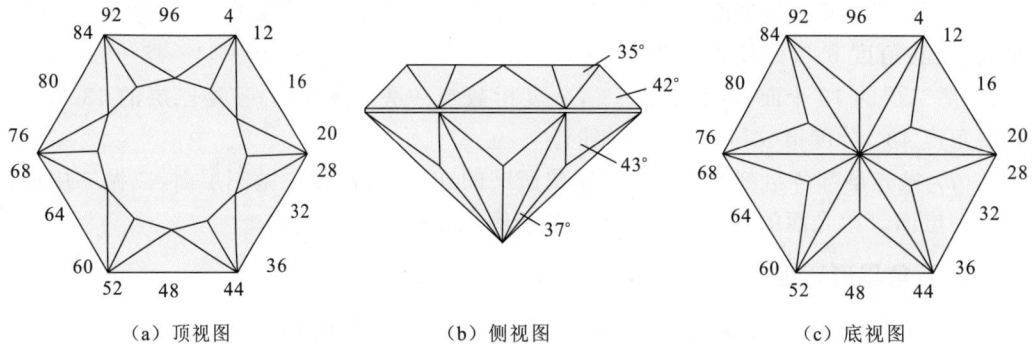

（a）顶视图　　　　（b）侧视图　　　　（c）底视图

图 8-26　六角星形琢型的机械手加工图(水晶角度)

研磨前需将六边形的任意两个边对向分度轮的 96—48 分度方向,然后按下列步骤进行研磨和抛光。

（1）研磨腰部。研磨角度 90°,6 个腰边的分度指数为 96—16—32—48—64—80。要求研磨成正六边形。

（2）研磨抛光台面。将机械手上的角度盘指针定位在 0°,或使用 45°转换器使粘杆垂直于磨盘面。

（3）研磨冠部各组刻面。研磨顺序：一磨 6 个冠主面,研磨角度 42°,分度指数为 96—16—32—48—64—80；二磨 12 个角刻面,研磨角度 35°(可根据台面大小在 35°～37°之间合理选用),分度指数为 4—12、20—28、36—44、52—60、68—76、84—92。

(4) 抛光冠部各组刻面。抛光顺序：一抛冠主面，二抛角刻面。抛光面角度和分度指数与研磨工序相同。

(5) 宝石翻胶。

(6) 研磨亭部各组刻面。研磨顺序：一磨 6 个下腰面，研磨角度 43°，分度指数为 96—16—32—48—64—80。二磨 12 个亭尖面，研磨角度 37°，分度指数为 4—12、20—28、36—44、52—60、68—76、84—92。

(7) 抛光亭部各组小面。抛光顺序：先抛亭尖面，后抛下腰面，抛光面的角度及分度指数与研磨工序相同。

7. 三角形琢型

以使用 96 分度轮，加工水晶的三角形琢形为例（图 8-27）。

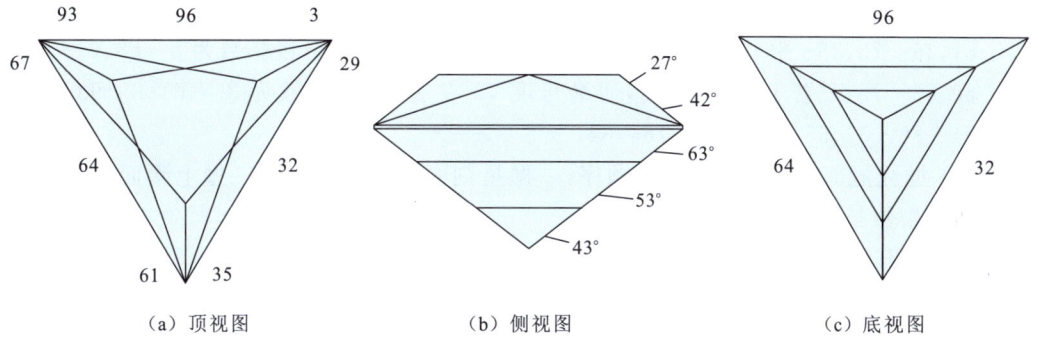

图 8-27 三角形琢型的机械手加工图（水晶角度）

研磨抛光前需将三角形的一个腰边和其对应角对准分度轮的 96—48 分度方向。

(1) 研磨腰部。研磨角度 90°，分度指数为 96—32—64。要求磨成正三角形。

(2) 研磨和抛光台面。将机械手上的角度盘指针定位在 0°，或使用 45°转换器使粘杆垂直于磨盘面。

(3) 研磨冠部各组刻面。研磨顺序：一磨 3 个冠主面，研磨角度 42°，分度指数为 96—32—64；二磨 6 个角刻面，研磨角度 27°，分度指数为 3—29、35—61、67—93。

(4) 抛光冠部各组刻面。抛光顺序：先抛角刻面，后抛冠主面。抛光面的角度和分度指数与研磨工序相同。

(5) 宝石翻胶。

(6) 研磨亭部各组刻面。亭部自腰而下分为三层面，研磨顺序：一磨一层 3 个面，研磨角度 63°，分度指数 96—32—64；二磨二层 3 个面，研磨角度 53°，分度指数 96—32—64；三磨三层 3 个面，研磨角度 43°，分度指数 96—32—64。

(7) 抛光亭部各组刻面。抛光按研磨的逆序进行：一抛三层面，二抛二层面，三抛一层面。抛光角度和分度指数与研磨工序相同。

8. 梨形琢型

下面以使用 96 分度轮，加工合成立方氧化锆的梨形琢型为例（图 8-28）。

研磨前应将宝石长轴端对准分度轮的 96—48 分度方向。

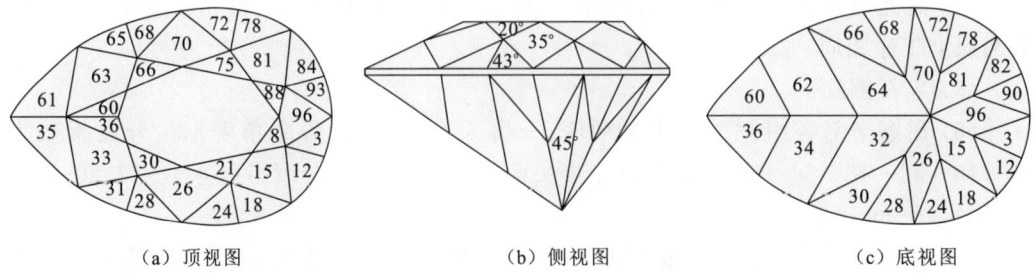

(a) 顶视图　　　　　　　(b) 侧视图　　　　　　　(c) 底视图

图 8-28　梨形琢型的加工分度和角度（合成立方氧化锆角度）

(1) 研磨抛光台面。将机械手上的角度盘指针定位在 0°，或使用 45°转换器使粘杆垂直于磨盘面。

(2) 研磨冠部各组刻面。研磨顺序：一磨 7 个冠主面，研磨角度 35°，分度指数为 96、15—81、26—70、33—63；二磨 8 个星刻面，研磨角度 20°左右，分度指数为 8—88、21—30、36—60、66—75；三磨 14 个上腰面，研磨角度 43°左右，分度指数为 35—61、3—93、12—18—24—28—31、65—68—72—78—84。

(3) 抛光冠部各组刻面。抛光顺序：一抛星刻面，二抛冠主面，三抛上腰面。研磨角度和分度指数与研磨工序相同。

(4) 宝石翻胶。

(5) 亭部各组刻面的研磨。研磨顺序：一磨弧端 5 个亭主面，研磨角度 45°，分度指数分别为 96、15—26、70—81；二磨尖端 6 个亭主面，研磨角度不定，以接线好为准，分度指数分别为 36—60、34—62、32—64；三磨 12 个下腰面，研磨角度不定，以接线好为准，分度指数分别为 3—12—18—24—28—30、90—82—78—72—68—66。

(6) 抛光亭部各组刻面。抛光顺序：一抛亭主面，二抛下腰面，抛光面的角度及分度指数与研磨工序相同。

9. 橄榄形琢型

下面以使用 96 分度轮，加工合成立方氧化锆的橄榄形琢型为例（图 8-29）。

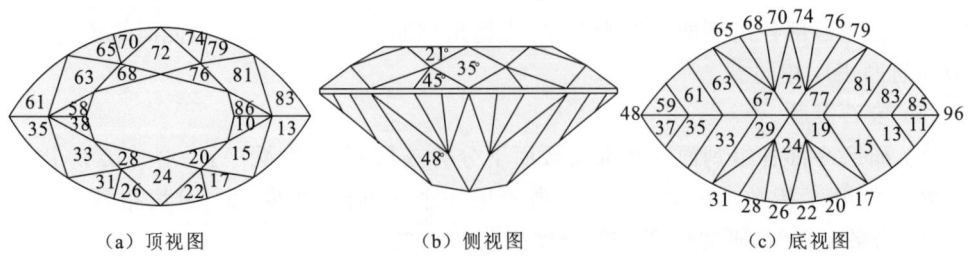

(a) 顶视图　　　　　　　(b) 侧视图　　　　　　　(c) 底视图

图 8-29　橄榄形琢型的机械手加工图（合成立方氧化锆角度）

研磨前需将宝石长轴方向对准分度轮的 96—48 分度，短轴方向对准分度轮的 72—24 分度，然后才能进行研磨抛光。

(1) 研磨和抛光台面。将机械手上的角度盘指针定位在 0°，或使用 45°转换器使粘杆垂直于磨盘面。

(2) 研磨冠部各组刻面。研磨顺序：一磨 6 个冠主面，研磨角度 35°，分度指数为 24—72、15—81、33—63。二磨 8 个星刻面，研磨角度 21°，分度指数为 20—28、68—76、38—58、10—86。三磨 12 个上腰面，研磨角度 45°，分度指数为 13—35、61—83、22—26、70—74、17—31、65—79。

(3) 抛光冠部各组刻面。抛光顺序：一抛星刻面，二抛冠主面，三抛上腰面。抛光面的角度和分度指数与研磨工序相同。

(4) 宝石翻胶。

(5) 研磨亭部各组刻面。研磨顺序：一磨中间 6 个亭主面，研磨角度 48°，分度指数为 24—72、19—29、67—77；二磨长轴两尖端 12 个刻面，研磨角度不定，以接线好为准，分度指数为 11—85、37—59、13—83、35—61、15—81、33—63；三磨短轴两端 12 个下腰面，研磨角度不定，以接线好为准，分度指数为 17—20—22—26—28—31、65—68—70—74—76—79。

(6) 抛光亭部各组刻面。抛光顺序：一抛短轴两端 12 个下腰面，二抛长轴两尖端 12 个刻面，三抛底尖 6 个亭主面。抛光面角度及分度指数与研磨工序相同。

二、用八角手刻面机加工法

1. 标准圆钻琢型（参见实操教学视频 4-5）

使用八角手加工标准圆钻琢型时，孔、边号如图 8-30 所示，以合成立方氧化锆的加工角度为例。

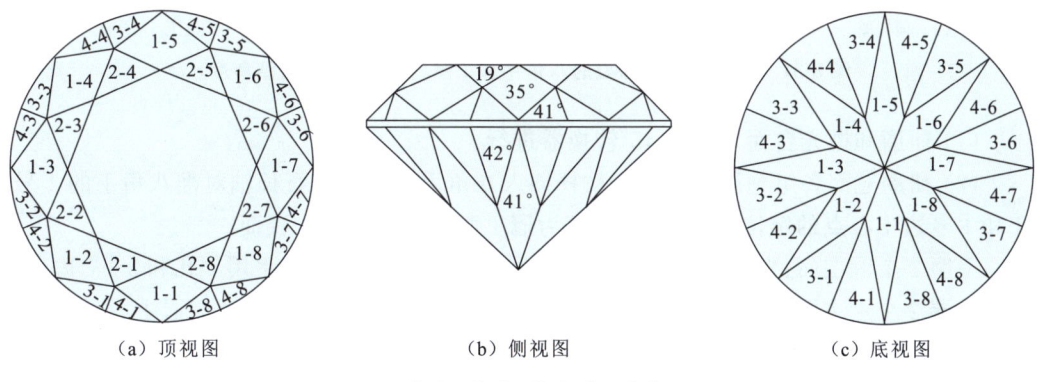

(a) 顶视图　　　(b) 侧视图　　　(c) 底视图

1-2 表示 1 孔对 2 号边，余下类推。

图 8-30　标准圆钻琢型的八角手加工图（合成立方氧化锆角度）

首先调整好八角手孔、边的相对位置，即定位 1 号孔对准 1 号边的中心点，并利用标准杆按宝石冠部三层面的角度分别固定好托盘的支撑高度，然后按下述步骤进行研磨和抛光。

(1) 研磨和抛光台面。利用 45°转换器进行。

(2) 研磨冠部各组刻面。

一磨冠主面：8 个面，研磨角度 35°，八角手用 1 孔和 1—2—3—4—5—6—7—8 边。

二磨星刻面：8 个面，研磨角度 19°，八角手用 2 孔和 1—2—3—4—5—6—7—8 边。

三磨上腰面:研磨角度41°,16个面分两组进行:一组用八角手3孔和1—2—3—4—5—6—7—8边;二组用八角手4孔和1—2—3—4—5—6—7—8边。

(3) 抛光冠部各组刻面。抛光顺序:一抛冠主面,二抛星刻面,三抛上腰面。抛光面角度和八角手的定位孔、边号与研磨工序相同。

(4) 宝石翻胶。

(5) 研磨亭部各组刻面。

一磨亭主面:8个面,研磨角度41°,八角手用1孔和1—2—3—4—5—6—7—8边。

二磨下腰面:16个面,研磨角度42°,分两组进行:一组用八角手3孔和1—2—3—4—5—6—7—8边;二组用八角手4孔和1—2—3—4—5—6—7—8边。

(6) 抛光亭部各组刻面。抛光顺序:一抛亭主面,二抛下腰面。抛光面角度和八角手的定位孔、边号与研磨工序相同。

2. 椭圆形明亮琢型（▶ 参见实操教学视频4-6）

使用八角手加工椭圆形明亮琢型的孔、边号见图8-31。下面以合成立方氧化锆的加工角度为例,介绍用八角手加工该琢型的顺序及方法。

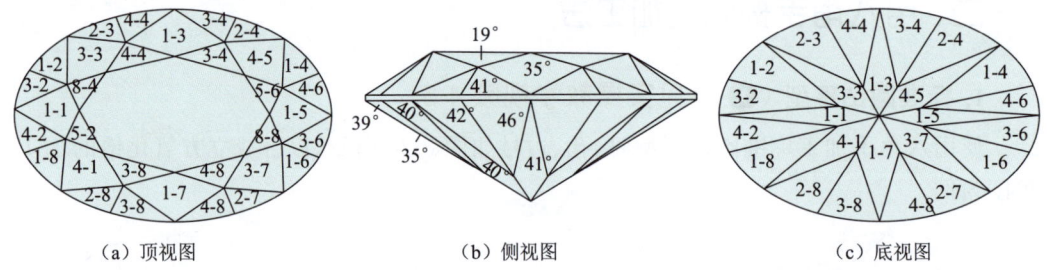

(a) 顶视图　　　　　(b) 侧视图　　　　　(c) 底视图

图8-31　椭圆形明亮琢型的八角手加工图（合成立方氧化锆角度）

(1) 研磨和抛光台面。利用45°转换器进行。

(2) 研磨冠部各组刻面。在宝石粘杆插入八角手时需将宝石长轴对准八角手的1号孔和1号边中心点的定位方向,研磨顺序为冠主面—星刻面—上腰面。

一磨8个冠主面:先磨短轴端2个冠主面,研磨角度35°,八角手用1孔和3—7边;次磨长轴端2个冠主面,研磨角度35°,八角手用1孔和1—5边;后磨4个侧冠主面,研磨角度35°,八角手分别用3孔和1—5边,4孔和3—7边。

二磨8个星刻面:先磨短轴端4个星刻面,研磨角度19°,八角手分别用5孔和4—8边,8孔和2—6边;后磨长轴端4个星刻面,研磨角度19°,八角手分别用5孔和3—7边,8孔和3—7边。

三磨16个上腰面:先磨短轴端8个上腰面,研磨角度41°,八角手分别用2孔和3—4—7—8边,3孔和4—8边,4孔和4—8边;后磨长轴端8个上腰面,研磨角度41°,八角手分别用1孔和2—4—6—8边,3孔和2—6边,4孔和2—6边。

(3) 抛光冠部各组刻面。抛光顺序:一抛冠主面,二抛星刻面,三抛上腰面。各面角度及八角手孔、边号与研磨工序相同。

(4) 宝石翻胶。

(5) 研磨亭部各组刻面。在重新装卡宝石粘杆时仍需将宝石长轴对准八角手的1号孔和1号边中心点的定位方向。亭部自腰际而下可分为两层面,研磨顺序如下。

一磨亭主面:短轴端2个面,研磨角度41°,八角手用1孔和3—7边;长轴端2个面,研磨角度35°,八角手用1孔和1—5边;侧面4个面,研磨角度40°,八角手分别用3孔和3—7边,4孔和1—5边。

二磨下腰面:短轴端8个面,研磨角度分别为46°和42°,八角手分别用3孔和4—8边,4孔和4—8边,2孔和3—4—7—8边;长轴端8个面,研磨角度分别为40°和39°,八角手分别用1孔和2—4—6—8边,3孔和2—6边,4孔和2—6边。

(6) 抛光亭部各组刻面。抛光顺序:一抛亭主面,二抛下腰面。各抛光面的角度及八角手孔号和边号与研磨工序相同。

3. 橄榄形明亮琢型(参见实操教学视频4-7)

使用八角手加工橄榄形明亮琢型的孔、边号见图8-32。下面以合成立方氧化锆的加工角度为例,介绍用八角手加工该琢型的顺序及方法。

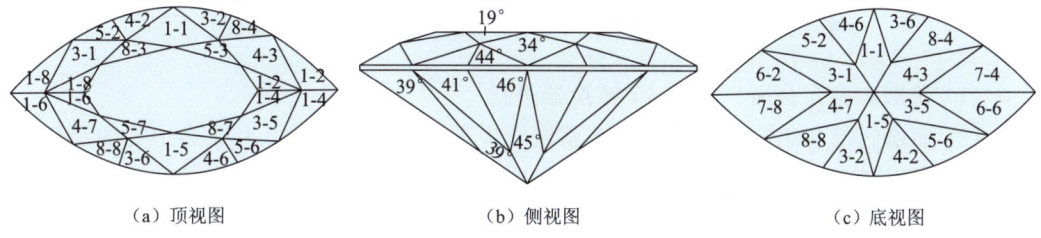

(a) 顶视图 (b) 侧视图 (c) 底视图

图8-32 橄榄形明亮琢型的八角手加工图(合成立方氧化锆角度)

(1) 研磨和抛光台面。利用45°转换器进行。

(2) 研磨冠部各组刻面。研磨顺序为冠部主刻面—星刻面—上腰面。

一磨冠主面:短轴端2个面,研磨角度34°,八角手用1孔和1—5边;侧旁4个面,研磨角度34°,八角手分别用3孔和1—5边,4孔和3—7边。

二磨星刻面:长轴端4个面,研磨角度约19°,八角手用1孔和2—4—6—8边。短轴端4个面,研磨角度约19°,八角手分别用5孔和3—7边,8孔和3—7边。

三磨上腰面:短轴端4个面,研磨角度约44°,八角手分别用3孔和2—6边,4孔和2—6边;长短轴之间的4个面,研磨角度约44°,八角手分别用5孔和2—6边,8孔和4—8边;长轴端4个面,研磨角度约44°,八角手用1孔和2—4—6—8边。

(3) 抛光冠部各组刻面。抛光顺序:一抛冠主面,二抛星刻面,三抛上腰面。抛光面的角度及八角手的孔、边号与研磨工序相同。

(4) 宝石翻胶。

(5) 研磨亭部各组刻面。重新装卡宝石粘杆,将宝石长轴方向与八角手1号孔和1号边中心点的定位方向平行。亭部研磨顺序如下。

一磨亭主面:侧旁4个面,研磨角度约39°,八角手分别用3孔和1—5边,4孔和3—7边。短轴端2个面,研磨角度约45°,八角手用1孔和1—5边。

二磨下腰面:短轴端4个面,研磨角度约46°,八角手分别用3孔和2—6边,4孔和

2—6边;长短轴之间4个面,研磨角度约41°,八角手分别用5孔和2—6边,8孔和4—8边;长轴端4个面,研磨角度约39°,八角手分别用6孔和2—6边,7孔和4—8边。

(6) 抛光亭部各组刻面。抛光顺序:一抛亭主面,二抛下腰面。抛光面角度及八角手的孔、边号与研磨工序相同。

4. 梨形明亮琢型（▶ 参见实操教学视频 4-8）

使用八角手加工梨形明亮琢型的孔、边号如图8-33所示。下面以合成立方氧化锆的加工角度为例,介绍该琢型的加工方法。

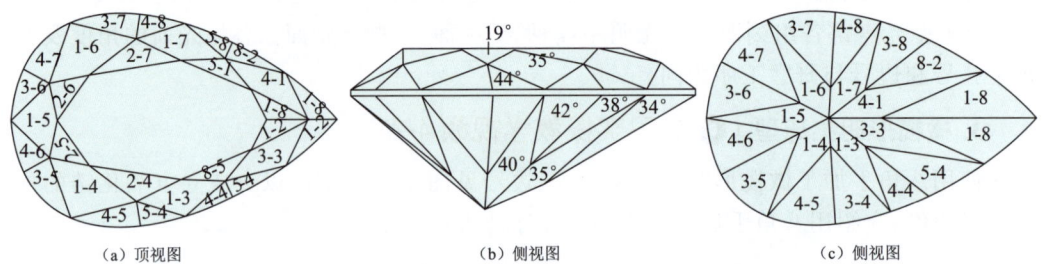

图 8-33 梨形明亮琢型的八角手加工图（合成立方氧化锆角度）

(1) 研磨和抛光台面。利用45°转换器进行。

(2) 研磨冠部各组刻面。研磨前需将宝石尖端对准八角手1孔和1边中心的定位方向。研磨顺序为冠主面→星刻面→上腰面。

一磨冠主面:7个面,研磨角度35°,八角手分别用1孔和3—4—5—6—7边,3孔和3边,4孔和1边。

二磨星刻面:8个面,研磨角度19°,八角手分别用2孔和4—5—6—7边,1孔和2—8边,5孔和1边,8孔和5边。

三磨上腰面:16个面,研磨角度44°,八角手分别用3孔和4—5—6—7—8边,4孔和4—5—6—7—8边,1孔和2—8边,5孔和4边,8孔和2边。

(3) 抛光冠部各组刻面。抛光顺序:一抛冠主面,二抛星刻面,三抛上腰面。抛光面角度及使用八角手孔、边号与研磨工序相同。

(4) 宝石翻胶。

(5) 研磨亭部各组刻面。将宝石尖端对准八角手1孔和1边中心的定位方向。亭部研磨顺序如下。

一磨亭主面:尖端2个面,研磨角度35°,八角手分别用3孔和3边,4孔和1边;圆弧端5个面,研磨角度40°,八角手用1孔和3—4—5—6—7边。

二磨下腰面:尖端2个面,研磨角度34°,八角手用1孔和2—8边;短轴端2个面,研磨角度38°,八角手分别用5孔和4边,8孔和2边;圆弧端10个面,研磨角度42°,八角手用3孔和4—5—6—7—8边,4孔和4—5—6—7—8边。

(6) 抛光亭部各组刻面。抛光顺序:一抛亭主面,二抛下腰面。抛光面角度及八角手孔号、边号与研磨亭部各组刻面相同。

5. 祖母绿琢型

使用八角手加工祖母绿琢型的孔、边号如图 8-34 所示。下面以合成立方氧化锆的加工角度为例,介绍该琢型的加工方法。

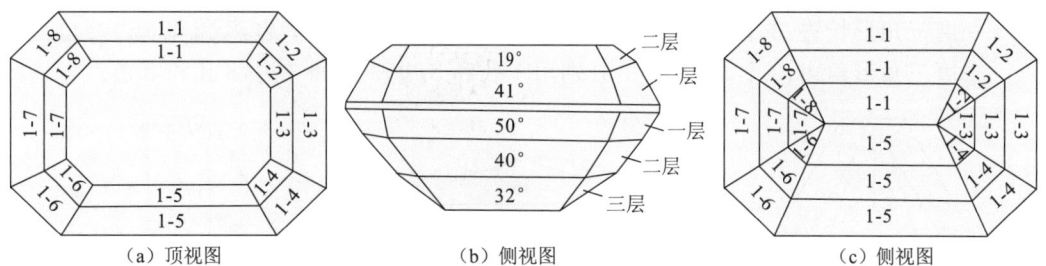

（a）顶视图　　　　　（b）侧视图　　　　　（c）侧视图

图 8-34　祖母绿琢型的八角手加工图（合成立方氧化锆角度）

（1）研磨、抛光台面。用 45°转换器进行。

（2）研磨腰围面。将宝石长轴平行于八角手的 1 孔和 1 边中心点的定位方向,然后按先磨长边后磨短边的顺序进行研磨,要求使宝石腰部形成一个规整的截角矩形。

一磨长轴边:2 个面,研磨角度 90°(粘杆平行于磨盘面),八角手用 1 孔和 1—5 边。

二磨短轴边:2 个面,研磨角度 90°(粘杆平行于磨盘面),八角手用 1 孔和 3—7 边。

三磨截角边:4 个面,研磨角度 90°(粘杆平行于磨盘面),八角手用 1 孔和 2—4—6—8 边。

（3）研磨冠部各组刻面。冠部自腰棱而上分为二层面,研磨时按先一层后二层、先长边后短边的顺序进行。

一磨一层面:8 个小面,研磨角度 41°,八角手分别用 1 孔和 1—5、3—7、2—4、6—8 边。

二磨二层面:8 个小面,研磨角度 26°,八角手分别用 1 孔和 1—5、3—7、2—4、6—8 边。

（4）抛光冠部各组刻面。抛光顺序:一抛二层面,二抛一层面。抛光面角度和八角手孔、边号与研磨工序相同。

（5）宝石翻胶。

（6）研磨亭部各组刻面。亭部自腰棱而下分为三层面,研磨时也是按先一层后二、三层,先长边后短边的顺序进行。

一磨一层面:8 个小面,研磨角度 50°,八角手分别用 1 孔和 1—5、3—7、2—4、6—8 边。

二磨二层面:8 个小面,研磨角度 40°,八角手分别用 1 孔和 1—5、3—7、2—4、6—8 边。

三磨三层面:8 个小面,研磨角度 32°,八角手分别用 1 孔和 1—5、3—7、2—4、6—8 边。

（7）抛光亭部各组刻面。抛光顺序:一抛一层面,二抛二层面,三抛三层面。各层抛光面角度和八角手定位孔、边号与研磨工序相同。

6. 三角形琢型

图 8-35 所示是一种截角三角形琢型,下面以合成立方氧化锆的加工角度为例,介绍

其加工方法。

(1) 研磨、抛光台面。利用 45°转换器进行。

(2) 研磨腰围面。先将三角琢型的一个腰边平行于八角手的 1 号边,研磨角度 90°(即使粘杆与磨盘面平行),然后按先磨长边后磨角边的顺序进行研磨。

一磨三角形长边:3 个面,八角手分别用 1 孔和 1 边,3 孔和 7 边,8 孔和 6 边。

二磨三角形角边:3 个面,八角手分别用 1 孔和 5 边,3 孔和 3 边,8 孔和 2 边。

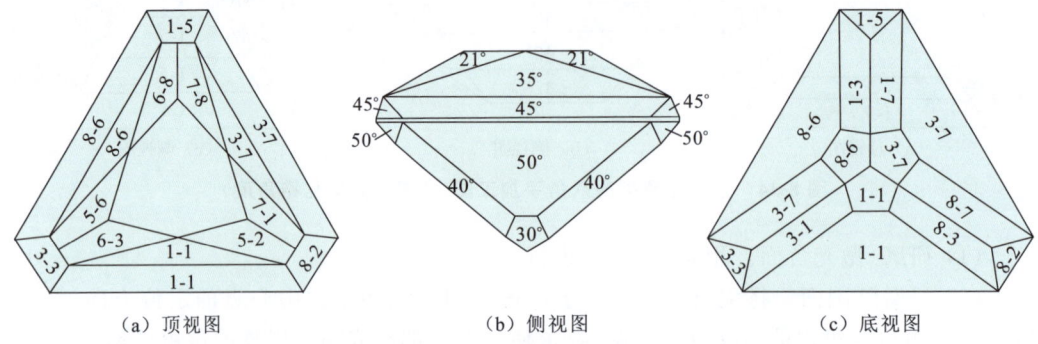

图 8-35 三角形琢型的八角手加工图(合成立方氧化锆角度)

(3) 研磨冠部各组刻面。冠部自腰棱而上可分为三层面,依其顺序研磨。

一磨一层面:研磨角度 45°,6 个面,其 3 个长边面分别用八角手的 1 孔和 1 边、3 孔和 7 边、8 孔和 6 边;3 个角边面分别用八角手的 1 孔和 5 边、3 孔和 3 边、8 孔和 2 边。

二磨二层面:研磨角度 35°,3 个面,八角手分别用 1 孔和 1 边、3 孔和 7 边、8 孔和 6 边。

三磨三层面:研磨角度 21°,6 个面,八角手分别用 5 孔和 2—6 边、6 孔和 3—6 边、7 孔和 1—7 边。

(4) 抛光冠部各组刻面。抛光顺序:一抛三层面,二抛二层面,三抛一层面。抛光面角度和八角手孔、边号与研磨工序相同。

(5) 宝石翻胶。

(6) 研磨亭部各组刻面。亭部自腰棱而下也可分为三层面,依其顺序研磨。

一磨一层面:研磨角度 50°,6 个面,八角手分别用 1 孔和 1—5 边、3 孔和 3—7 边、8 孔和 2—6 边。

二磨二层面:研磨角度 40°,6 个面,八角手分别用 1 孔和 3—5 边、3 孔和 1—7 边、8 孔和 3—7 边。

三磨三层面:研磨角度 30°,3 个面,八角手分别用 1 孔和 1 边、3 孔和 7 边、8 孔和 6 边。

(7) 抛光亭部各组刻面。抛光顺序:一抛三层面,二抛二层面,三抛一层面。抛光面角度和八角手孔、边号与研磨工序相同。

7. 五角星形琢型

使用八角手加工五角星形琢型时,孔、边号如图 8-36 所示。下面以水晶的加工角度为例,介绍该琢型的加工方法。

(1) 研磨、抛光台面。利用 45°转换器进行。

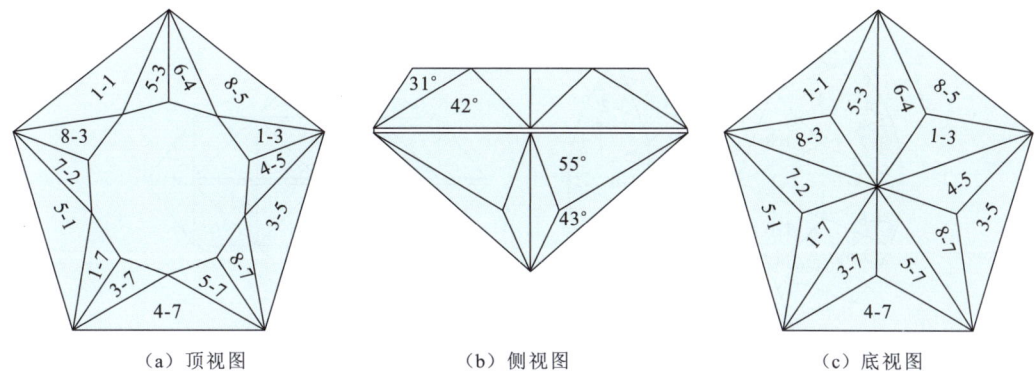

(a) 顶视图　　　　　　(b) 侧视图　　　　　　(c) 底视图

图 8-36　五角星形琢型的八角手加工图（水晶角度）

（2）研磨腰围面。需先将八角手的 1 号孔对准 1 号边的中心点，并使宝石琢型的一个边与八角手的 1 号边平行。然后使粘杆与磨盘面平行，即研磨角度 90°，分别使用八角手 1 孔和 1 边、3 孔和 5 边、4 孔和 7 边、5 孔和 1 边、8 孔和 5 边，依次研磨出 5 个腰围面。要求各边面的长短一致，对称性好。

（3）研磨冠部各组刻面。冠部刻面自腰棱而上分为二层，依序研磨。

一磨一层冠主面：5 个刻面，研磨角度 42°，分别用八角手的 1 孔和 1 边、3 孔和 5 边、4 孔和 7 边、5 孔和 1 边、8 孔和 5 边研磨。

二磨二层星刻面：10 个刻面，研磨角度 31°，分别用八角手的 1 孔和 3—7 边、3 孔和 7 边、4 孔和 5 边、5 孔和 3—7 边、8 孔和 3—7 边、6 孔和 4 边、7 孔和 2 边研磨。

（4）冠部各组刻面抛光。抛光顺序：一抛二层星刻面，二抛一层冠主面，抛光面角度及八角手孔、边号与研磨工序相同。

（5）宝石翻胶。

（6）研磨亭部各组刻面。亭部刻面自腰棱而下分为两层，依序研磨。

一磨一层下腰面：5 个刻面，研磨角度约 55°，分别用八角手的 1 孔和 1 边、3 孔和 5 边、4 孔和 7 边、5 孔和 1 边、8 孔和 5 边。

二磨二层亭主面：10 个刻面，研磨角度 43°，分别用八角手的 1 孔和 3—7 边、3 孔和 7 边、4 孔和 5 边、5 孔和 3—7 边、6 孔和 4 边、7 孔和 2 边、8 孔和 3—7 边研磨。

（7）抛光亭部各组刻面。抛光顺序：一抛二层亭主面，二抛一层下腰面。抛光面角度及八角手孔、边号与研磨工序相同。

8. 双玫瑰琢型（▶ 参见实操教学视频 4-9）

双玫瑰琢型的特点是没有台面且上、下完全对称，因而加工其冠部和亭部的顺序和方法也完全相同。使用八角手加工双玫瑰琢型时，孔、边号如图 8-37 所示，下面以合成立方氧化锆的加工角度为例，介绍其冠部和亭部各组刻面的加工顺序和方法。

（1）冠部各组刻面的研磨。

一磨冠主面：研磨角度 35°，8 个面，分别用八角手的 1 孔和 1—2—3—4—5—6—7—8 边进行研磨。

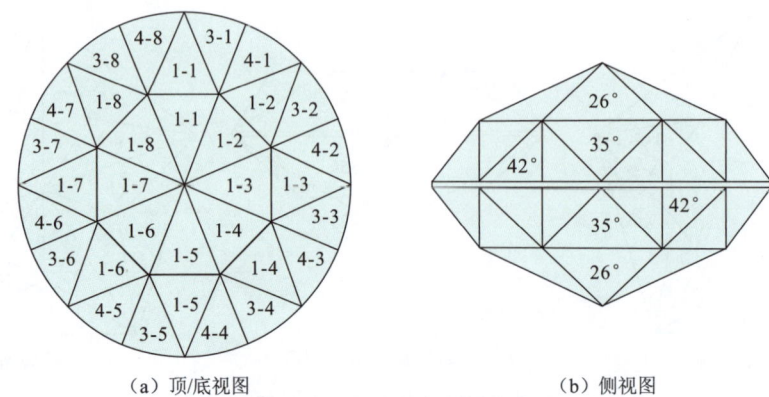

(a) 顶/底视图　　　　　　　　(b) 侧视图

图 8-37　双玫瑰琢型的八角手加工图（合成立方氧化锆角度）

二磨冠尖面：研磨角度 26°，8 个面，分别用八角手的 1 孔和 1—2—3—4—5—6—7—8 边进行研磨。

三磨上腰面：研磨角度 42°，16 个面分成两组，一组用八角手的 3 孔和 1—2—3—4—5—6—7—8 边进行研磨；另一组用八角手的 4 孔和 1—2—3—4—5—6—7—8 边进行研磨。

(2) 冠部各组刻面的抛光。抛光顺序：一抛冠部主刻面，二抛冠尖面，三抛上腰面。各组抛光面的角度和八角手孔、边号与研磨工序一致。

(3) 宝石翻胶。

(4) 亭部各组刻面的研磨。

一磨亭主面：研磨角度 35°，8 个面，分别用八角手的 1 孔和 1—2—3—4—5—6—7—8 边进行研磨。

二磨亭尖面：研磨角度 26°，8 个面，分别用八角手的 1 孔和 1—2—3—4—5—6—7—8 边进行研磨。

三磨下腰面：研磨角度 42°，16 个面分成两组，一组分别用八角手 3 孔和 1—2—3—4—5—6—7—8 边进行研磨；另一组分别用八角手的 4 孔和 1—2—3—4—5—6—7—8 边进行研磨。

(5) 亭部各组刻面的抛光。抛光顺序：一抛亭部主刻面，二抛亭尖面，三抛下腰面。各组抛光面的角度和八角手孔、边号与研磨一致。

双玫瑰琢型的加工技术要求比较严格，要求冠部和亭部的高度一致，相同组刻面的上下对应且大小一致，以确保琢型的完全对称性。

第五节　数控技术在宝石加工中的应用

随着科技进步和机械工业的发展，数控机械设备已成为工业机械领域的主流产品，数控式宝石加工设备也因具有精密、准确的切磨特点而逐渐代替传统分体式机械手刻面机、八角手刻面机,以及其他机械式宝石刻面机。由于宝石材料的独特性及加工工序的复杂性,如粘胶上杆、宝石翻胶、替换磨盘和抛光盘等工序仍然需要人工来操作,因此目前市场上的宝石加工设备普遍属于半自动数控型,这些设备在宝石研磨与抛光的核心功能基础上,针对特定的加工需求和市场应用场景,融入了相应的数控技术,如角度数显控制系统、升降传动导向系统,以及集成了宝石加工全流程的编程控制系统等。这些数控技术的应用,不仅大幅度提升了宝石加工的精度与效率,还推动了整个行业的技术进步与产业升级。

一、便携式"梦想家"宝石研磨机

如图 8-38 所示,便携式"梦想家"宝石研磨机(Dreamer Portable)是美国宝石切磨师协会顶尖大师级宝石切磨师、中国台湾几何宝石精研工作室创办人胡乃尹(Daniel Hu)研发的最新一代 Dreamer 系列精准宝石切磨设备。该设备集宝石研磨和抛光功能为一体,其出色的综合效能使机器本身从普通工具机提升至仪器等级。便携式"梦想家"宝石研磨机特别开发了 6 寸磨盘和精度高达 0.001°的角度感应装置,构建了一个高精度的工作平台。仪器采用直轴式马达设计,其实时极限转速可达 3000r/min,限制转速为 1000r/min,操作者能够精确地定向抛光至微米级别的精度。此外,机箱采用全碳纤维箱体,机箱尺寸为 360mm×185mm×125mm,质量仅为 12kg 左右,是市面同类设备的 60%,便于携带。便携式"梦想家"宝石研磨机还采用医疗级电源,工作电压为 90~250V,在世界绝大部分地区适用,实现全世界第一台携带式仪器级精准宝石切磨机,完成对宝石精准切磨的追求。

图 8-38　便携式"梦想家"宝石研磨机(Dreamer Portable)

(图片来源:中国台湾几何宝石精研工作室胡乃尹)

二、高精度宝石刻面研磨机

如图 8-39 所示，高精度宝石刻面研磨机属于半自动宝石研磨和抛光一体机，配备了先进的数字角度显示系统、精密切磨角度调整系统、精密百分指示表等数控功能，操作者可以即时观测和调整各项数据，以实现对宝石加工过程的精密控制。该设备提供 5 种不同型号的分度轮，包括 64/72/80/96/120，能够满足多种不同琢型的设计和切磨需求；数字化的角度显示系统直观且清晰，能够以 0.01°的读数精度显示切磨角度，且误差精度可达±0.02°；精密百分指示表能够精准控制研磨和抛光的深度，精度可达 0.01mm；同时，通过结合使用高度快速调整和高度微调系统两种高度调整结构，该设备在保证切磨精度的同时，也提升了宝石加工效率。由于具有易于掌握、操作简便及高精度的特点，高精度宝石刻面研磨机常被应用于中高档宝石的加工中。该设备的技术参数为：电机电压 110V/220V，功率 350W，主轴磨盘直径 200mm，孔径 12.7mm，转速 0~3000r/min，设备尺寸为 45cm×30cm×45cm，质量为 19kg。

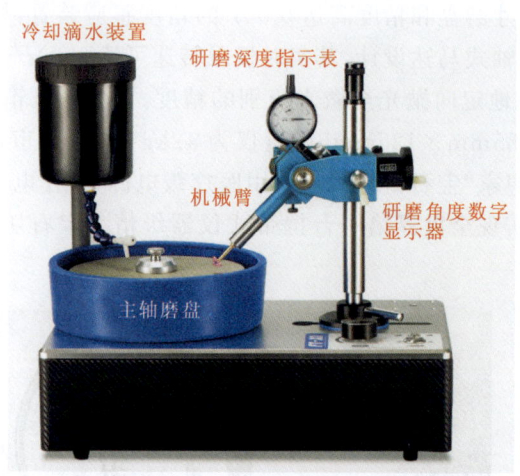

图 8-39　宝石高精度刻面研磨机

（图片来源：广州卓的宝玉石机械有限公司）

三、一体化数控宝石研磨机

如图 8-40 所示，此设备为一体化数控宝石研磨机，采用现代自动化数控技术，配备了触控式大屏数控显示系统，运用参数化配置与智能化导向机制，大幅提升了宝石加工的准确性和效率。如图 8-41 所示，该设备整合高精度传感器和先进的控制算法，实现了平台自动升降与角度的精准调控，解决了传统研磨机高度调整存在误差与操作繁复两大问题。控制系统还内置了 3 种不同切磨操作工具的应用程序，如图 8-42 所示，包括传统八角手、传统机械手、精密机械手，系统将依据所选工具自动适配相应的操作模式，以满足不同操作需求。此外，该设备还配备了智能循环供水系统、照明系统，设有台面及台下工具收纳区域，设备前侧板配红色急停开关按钮，遇紧急突发情况时，轻触按钮即断电、停止,确保操作者的人身安全。在宝石加工课程教学及行业技能赛事培训领域中,一体化数控宝石研磨机因其标准化、参数化及高精度、高安全的特性而备受关注。该设备的技术参数如下:电机电压220V、功率250W;轴电机可0～2800转变频调速,以满足研磨不同种类宝石材料所需转速;主轴磨盘直径150mm;升降台2轴(X轴和Z轴)机械运动控制平台,X轴精度为±3mm,移动范围为0～200mm,Z轴精度为±0.01mm,移动范围为0～260mm,设备尺寸为78cm×40cm×80cm。

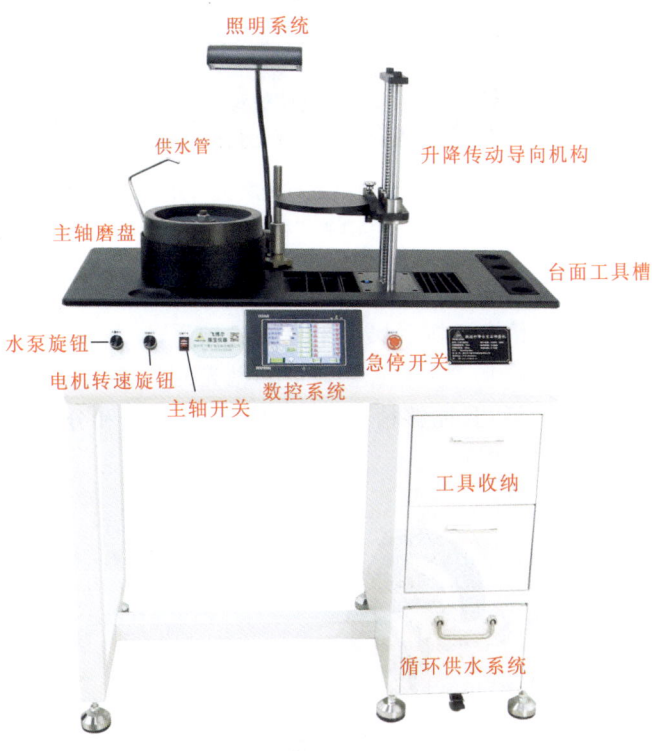

图 8-40　一体化数控宝石研磨机

(图片来源:深圳飞博尔珠宝科技有限公司)

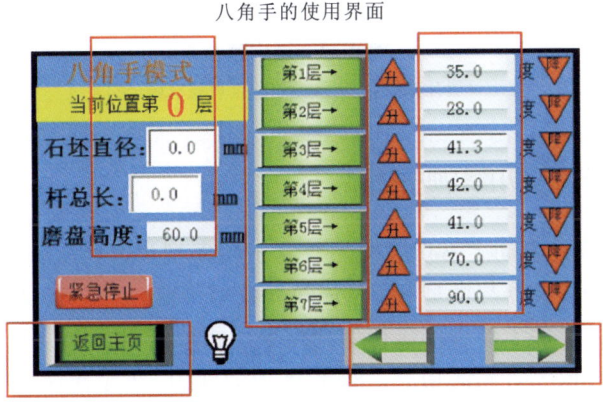

图 8-41　一体化数控宝石研磨机角度设置图示

(图片来源:深圳飞博尔珠宝科技有限公司)

图 8-42 一体化数控宝石研磨机工具选择图示
(图片来源:深圳飞博尔珠宝科技有限公司)

因传统机械手加工效率低,目前一体化数控宝石研磨机普遍采用的是宝石加工精密机械手。如图 8-43 所示,精密机械手属于平放式机械手,3 个落脚点增强了加工的稳定性、平衡性;精密机械手上扇形刻度盘控制研磨和抛光的角度,分度齿轮控制研磨和抛光的分度,操作简单,结构灵活,且能够精准控制切磨的角度值和分度值,因此精密机械手使用率较高。

图 8-43 精密机械手
(图片来源:深圳飞博尔珠宝科技有限公司)

四、自动宝石切磨抛光机

图 8-44 所呈现的自动宝石切磨抛光机属于精密型半自动宝石加工设备。依托于微电脑宝石加工编程控制器与微型 SD 芯片间的数据传输,通过 SD 芯片载入的数据信息,设备控制器按照预设的工作程序执行切磨指令。相较于前述三类研磨机,自动宝石切磨抛光机具备自主完成宝石刻面切磨及抛光工序的能力,在操作流程中,操作者仅需负责粘胶上杆、宝石翻胶以及替换磨盘和抛光盘的工作。自动宝石切磨抛光机的操作工作台

布局设计合理,功能分区明确,其切磨操作区能够直观且清晰地观察宝石加工的全过程,实现了对宝石精细加工的可视化管理。目前自动宝石切磨抛光机仅适用于标准圆形明亮琢型宝石的切磨,如图8-45所示,在圆形明亮琢型宝石的规模化、自动化生产过程中,该设备展现出了卓越的高效性能,大幅提升圆形明亮琢型宝石加工的生产力,有效降低人工操作的成本。

图8-44 自动宝石切磨抛光机

(图片来源:SABAI ONE TRADING CO.,LTD.)

图8-45 圆形明亮琢型宝石加工现场

(图片来源:SABAI ONE TRADING CO.,LTD.)

五、数控宝石加工兼教学设备

数控宝石加工兼教学设备拥有功能强大的数控电脑编程系统,是集计算机辅助设计系统和宝石加工实操系统为一体的精密型半自动数控设备。如图8-46所示,数控宝石研磨机计算机辅助系统支持Windows XP/Windows 7中文操作系统,操作者能够直接下载专业宝石设计软件如Gem CAD、Gem Cut studio等,按需设计宝石琢型样式并建立相关数据库;也可以从系统内置的宝石模型库中导入宝石琢型数据文件直接应用或再设计。启动宝石加工实操系统后,系统通过自动编程技术精确执行相应的加工工序指令。该系统的加工模式主要分为围型、刻面和抛光3种,操作者可以根据具体加工需求,灵活选择或组合不同的加工环节。

数控宝石加工兼教学设备的实操加工区配备了拥有高精度、高灵活的5轴机械运动加工平台,A轴(分面控制)、B轴(分层控制)、Z运动轴、X运动轴、Y运动轴,各个轴均设有限位、零位传感器,保证设备控制精确、可靠、安全。宝石加工的琢型样式种类繁多,覆盖范围广泛,包括球形、柱形、方形、梨形、圆形、三角形、椭圆形、蛋形及其他异形等各类形状宝石,可加工宝石尺寸范围在3～15mm之间。其主要技术参数:电机电压220V,功率180W;主轴砂盘直径250mm,最高转速2800r/min,主轴光盘直径180mm,最高转速2800r/min;5轴机械加工平台中A轴(分面控制)精度为±0.056°,角度范围0°～360°,B轴(分层控制)摆动角度范围0°～90°,Z轴(升降)精度±0.01mm,移动范围160mm,X轴(左右)精度±0.01mm,移动范围120mm,Y轴(前后)精度±0.01mm,移动范围200mm。

图 8-46　数控宝石加工兼教学设备

(图片来源:梧州市海创机械设备科技有限公司)

数控宝石加工及教学设备因具有科学性设计、规范化流程、自动化操作等特点,在标准化产品加工以及宝石加工设计教学等领域得到了广泛应用。然而,因为自动化设备无法规避宝石的天然瑕疵,该设备目前主要适用于加工合成宝石、低档宝石及小颗粒配石等需要大规模、批量化生产的宝石种类。

六、数控雕刻设备

随着人们对宝石文化认识的不断深入,审美水平的提升以及个性化需求的增长,花式琢型逐渐受到关注,设计师们亦开始不断推陈出新,打破传统宝石琢型的造型框架,创造出一系列多样化、个性化的琢型样式。目前市场上,对于珍贵且稀有的宝石,其花式琢型会采用特制的宝石切磨设备进行手工打磨,以确保其独特性、高品质和高价值;然而,对于需要大批量生产的不规则的或特殊造型的花式琢型而言,需要借助精雕数控车床、数控异形切割机等现代化设备对其进行围型预处理。操作者提前应用精雕软件或三维建模软件创建宝石琢型,然后将设计数据导入到数控车床中,编程系统根据指令执行琢型雕刻。数控雕刻车床的应用大幅缩短传统手工雕刻所需的时间,显著提高了切磨的效率,同时还降低因手工操作带来的误差和不确定性,确保了这些花式琢型能够被精确地加工和复制,满足了市场对花式琢型宝石独特性与个性化的追求。但是因为这类型的数控雕刻或切割车床均属于减材制造加工原理,其加工的缺点是原石损耗较大,因此更适用于中低端宝石或合成宝石的加工。

第九章 常见宝石的设计及加工要领

第一节 红宝石和蓝宝石

红宝石和蓝宝石同属刚玉矿物,或统称刚玉宝石。其中,红宝石是指因含铬(Cr)而呈红色的宝石级刚玉。其他各种颜色的刚玉宝石都统称为蓝宝石,命名时在名称前加上其颜色前缀。通常所说的蓝宝石(狭义)一般专指因含铁(Fe)和钛(Ti)而呈蓝色的宝石级刚玉,即蓝色蓝宝石。红宝石和蓝宝石同被列入世界"四大珍贵宝石",但相比之下,红宝石因色美而稀少,显得更加珍贵。

一、材料性质

1. 化学成分

刚玉为铝氧化物矿物,成分为 Al_2O_3,可含微量的杂质元素,如 Fe、Ti、Cr、Mn 和 V 等。如红宝石含有微量的 Cr 和 Fe,蓝宝石含有微量的 Fe 和 Ti。

2. 晶体习性

刚玉宝石属三方晶系,常呈六边形的柱状、桶状或板状晶体,也可呈六方双锥状晶体。红宝石多呈板状,而蓝宝石多呈桶状。聚片双晶较为发育,常见百页窗式双晶纹、晶面横纹和三角形生长标志,对于晶形不完整的块状原石,可以根据这些特征判断晶体方位。各种刚玉宝石的原石晶体如图9-1所示。

图 9-1 各种刚玉宝石的原石晶体

3. 力学性质

刚玉宝石的解理差,韧性强,但有时裂理发育,裂理多沿双晶面裂开,有底面裂理和菱面体裂理;摩氏硬度为9,平行光轴面的努氏硬度(HK＝2140kg/mm^2)略大于垂直光轴面的努氏硬度(HK＝1880kg/mm^2)。

4. 光学性质

刚玉宝石的颜色丰富多彩。其中,红宝石只有深浅不同的红色,蓝宝石除了有深浅不同的蓝色外,还有橙色、黄色、绿色、紫色、褐色、灰色、无色等。刚玉宝石的颜色通常不均匀,常见有平行于六边形晶面的色带及色斑。具玻璃至亮玻璃光泽。透明至不透明。折射率1.76～1.78,双折射率0.008,色散值0.018。多色性明显,如红宝石具红色/橙红色二色性,蓝宝石具蓝色/蓝绿色二色性。

5. 特殊效应

刚玉宝石可产生星光效应、猫眼效应和变色效应。三方晶系的刚玉常呈六方柱状,常含有3组平行于晶面排列的针状、丝状的金红石包裹体,排列密集者加工成弧面型即可显示星光效应,常见六射星光。有些刚玉宝石按一定方向加工成弧面型后可呈现猫眼效应,但比较少见。变色效应仅见于蓝宝石,在日光下呈蓝色、灰色,在灯光下呈暗红色、褐色,但变色效应不太明显。

二、工艺要求

在宝石加工中,一般对刚玉宝石要求如下:①颜色鲜艳纯正、色带不明显。其中,红宝石的颜色从优到劣依次为鸽血红、鲜红、纯红、粉红、紫红到深紫红;蓝色蓝宝石的颜色从优到劣依次为深蓝、海蓝、鲜蓝、天蓝、蓝绿、淡蓝到灰蓝;其他颜色的蓝宝石也以色鲜、纯正者为佳。②裂纹和杂质少。③透明的原石质量一般要求大于0.5ct,优质者可放宽到0.3ct。④半透明至不透明的具有星光或猫眼效应的原石以能琢磨成一个戒面为宜。近年来,由于优质刚玉宝石的稀缺,一些不具特殊光学效应的半透明至不透明刚玉原石也可以琢磨成普通低档的弧面型宝石加以利用。

三、宝石设计

根据刚玉宝石的透明度和有无特殊光学效应等情况,可以将其划分为透明红、蓝宝石,半透明至不透明红、蓝宝石,星光和猫眼红、蓝宝石,块状红宝石4类。

1. 透明红、蓝宝石的设计

透明度高的原石应加工成刻面型宝石。通常选用圆形明亮琢型、椭圆形明亮琢型和祖母绿琢型,而后两种款式更受欢迎,价值相对较高。此外,根据原石形状特点,也常加工成垫型、心型、梨型和橄榄型等琢型。小粒透明原石多加工成圆钻型,用于群镶。透明红、蓝宝石的常见琢型如图9-2所示。

图 9-2 透明红、蓝宝石的常见琢型

为了充分发掘红、蓝宝石最好的色彩，加工时要注意定向设计和把握合理的琢型比例。红、蓝宝石均具有较强的二色性，通常 C 轴方向的颜色要好于其他方向，如图 9-3 所示，红宝石沿 C 轴方向呈比较纯正的红色，而垂直 C 轴方向为橙红色或深红色；蓝宝石沿 C 轴方向呈比较纯正的蓝色或深蓝色，而垂直于 C 轴方向为蓝绿色。因此，不论是红宝石还是蓝宝石，都应使台面垂直于 C 轴方向，以获得其较好的颜色。但是，对于色带明显的红、蓝宝石，若沿台面垂直于 C 轴方向切磨，会严重影响宝石外观，则应当考虑使宝石的台面平行于 C 轴方向。红、蓝宝石刻面琢型的台面比例一般应适当大点（58%左右），以凸显其漂亮颜色。对于浅色的红、蓝宝石，应适当加大亭部比例以加深宝石颜色；如果颜色不均匀，含有色块或色斑者，应使色块或色斑分布在切磨好的宝石亭部或底尖处或宝石中心，这样有利于色块或色斑的颜色映照到整个宝石，使宝石看似整体颜色分布均匀，更加漂亮。

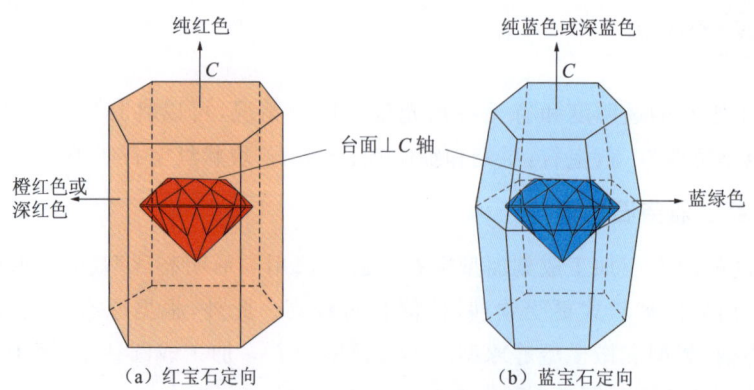

（a）红宝石定向　　　（b）蓝宝石定向

图 9-3 透明红、蓝宝石的定向设计

2. 半透明至不透明红、蓝宝石的设计

颜色深暗而透明度较差的半透明原石,可以设计和加工成较薄的刻面宝石琢型,如扁薄的橄榄型、菱型、平板型等,设计中采取减小刻面角度、减少刻面层数及刻面数量的方法,以达到减薄增透的效果。如中国(山东)、澳大利亚产的蓝宝石,因含铁较多而呈墨水蓝色,颜色暗、透明度差且蓝绿多色性明显,若按常规比例加工成刻面型,则反光效果较差;若加工成扁薄的刻面型如平板型(主要用于男戒,俗称"老板戒面"),同时注意定向切磨以凸显其蓝色,则可获得较好的效果。对于不透明的无星光和猫眼效应的普通红、蓝宝石,甚至裂纹发育或包裹体较多的原石,只要颜色稍好和块度够大,均可加工成弧面型宝石,但宜选择中、低凸面型琢型。

3. 星光和猫眼红、蓝宝石的设计

半透明至不透明、内部含有密集排列的针状或丝状包裹体且表面有明显"丝光"现象的原石,均应加工成弧面型,因这类红、蓝宝石大多会产生星光效应或猫眼效应,加工设计时要注意准确的定向和定位。对于星光红、蓝宝石,因内部所含的3组定向排列金红石包裹体呈60°相交,每组包裹体各在其垂直方向产生一条光带,相交构成六射星光[图9-4(a)],其正中的交点部位应位于刚玉晶体的 C 轴上,所以应尽可能使弧面琢型的底平面(或腰棱平面)垂直于刚玉晶体的 C 轴方向,以确保其星光交点出现在弧顶面的中心部位,否则,会使星光偏移,甚至不出现星光效应。对于只能产生一条光带效应的原石,则可以加工成猫眼,要注意使"眼线"即光带的方向与椭圆形琢型的长轴方向一致[图9-4(b)、图9-4(c)]。为了使星光或猫眼的光带细窄明亮,应将琢型顶面的弧度适当增大,即要选择中高凸面型琢型,如果为了保重,还可以加工成双凸面型,其中顶面弧度较大,底面弧度较小。另外,底面一般不需要抛光,以免光线从底部透过而使光带不清晰。

(a)星光红宝石　　　(b)粉色蓝宝石猫眼　　　(c)蓝宝石猫眼

图 9-4　星光和猫眼红、蓝宝石的定向设计

4. 块状红宝石的设计

这是一种红宝石与绿色黝帘石密切共生的块状集合体(图9-5),红宝石斑晶或被包裹于绿色的黝帘石之中,或与黝帘石呈互层分布,呈鲜明的红、绿两色,半透明至不透明,

俗称"红绿宝"(或"鸳鸯宝")。对这类原石进行设计和加工时,块度较大者可以做成雕件,进行俏色雕琢利用;块度较小者可以琢磨成弧面型戒面,如圆形、椭圆形、水滴形和心形等,要注意尽可能使红、绿两色在同一戒面上左右均匀对称,以表现出"鸳鸯宝"的配色效果,增加宝石卖点(图9-6)。

图9-5 "红绿宝"原石及定位设计

图9-6 "红绿宝"椭圆形弧面型戒面

四、加工要领

(1) 红、蓝宝石刻面琢型理想的台宽比为58%,冠角37°,亭角42°。加工时要选用无双晶和裂隙的透明晶体,按照设计要求进行定向切割和琢磨。用小型的金刚石锯片进行定向切割和修整。用80♯～120♯的金刚石砂轮冲坯预型。分别用180♯和600♯的金刚石磨盘进行粗磨和细磨造型。用粒度为W1～W2.5的金刚石粉抛光剂进行抛光,抛光盘可选用锡盘、铜盘、铸铁盘、锌合金盘以及丙烯树脂盘或塑料盘等。

(2) 弧面型的刚玉宝石也用80♯～120♯的金刚石砂轮进行冲坯预型,可用100♯和400♯的碳化硅砂布进行粗磨和细磨,然后将宝石放在环槽形凹面研磨盘或木盘上,用1200♯的金刚石微粉进行精磨或粗抛光,再用W3.5的金刚石粉抛光剂在橡胶、皮革、软木或沥青抛光盘上进行细致抛光,最后用硅藻土粉或玛瑙粉再抛光一次以提高其光洁度。

(3) 刚玉宝石的硬度高,韧性强,因而对磨具的损耗和能耗较大,在加工中要尽可能使用金刚石磨料和磨具,同时要遵从粗磨—细磨—粗抛光—精抛光的循序渐进的步骤,以利于提高宝石造型的精确度和抛光质量,同时还可以降低磨具损耗和能耗,提高工效。

(4) 刚玉宝石的导热性较好,但高热可能使有双晶和裂纹的宝石沿双晶面或裂纹裂开,还会导致宝石从胶上位移或脱落,尤其是在抛光过程中,过热会使宝石抛光面上产生烧灼痕。因此,在切割和研磨加工过程中要注意用水进行冷却,在抛光过程中可以采取间歇性抛光法适度降温。

红、蓝宝石常用琢型的加工角度和分度数据见表9-1。

第九章 常见宝石的设计及加工要领

表 9-1 红宝石、蓝宝石常见琢型加工角度和分度（顶视图、侧视图、底视图）

琢型	顶视图	侧视图	底视图
标准圆钻琢型		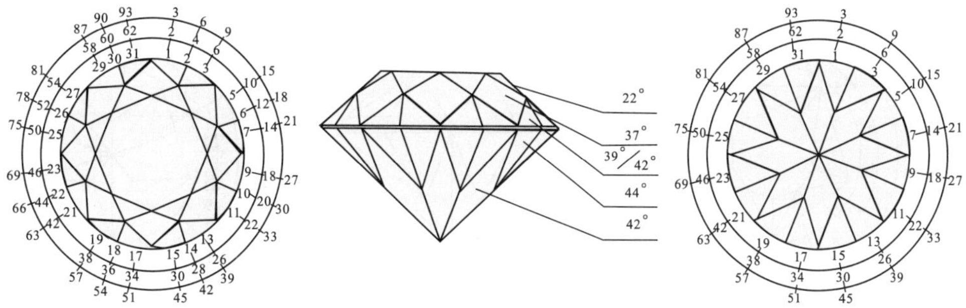 22°／37°／39°／42°／44°／42°	
祖母绿琢型		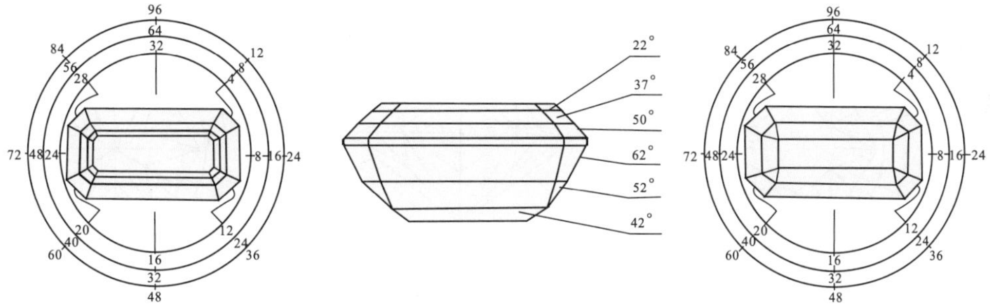 22°／37°／50°／62°／52°／42°	
四角星形琢型		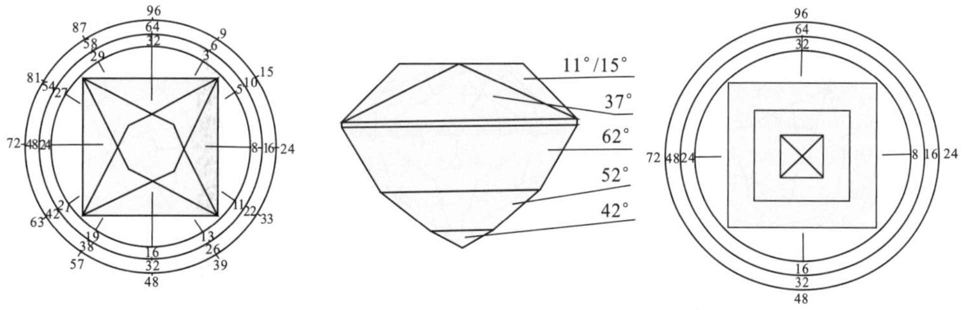 11°/15°／37°／62°／52°／42°	
三角形阶梯琢型		22°／37°／66°／60°／54°／48°／42°（底侧饰面 84°）	

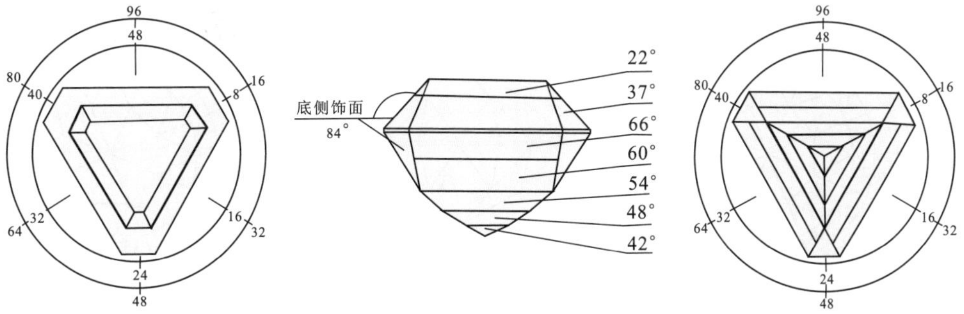

表9-1（续）

琢型	俯视图	侧视图	仰视图
五角星形琢型			
六角星形琢型			
八角星形琢型			
双玫瑰琢型			

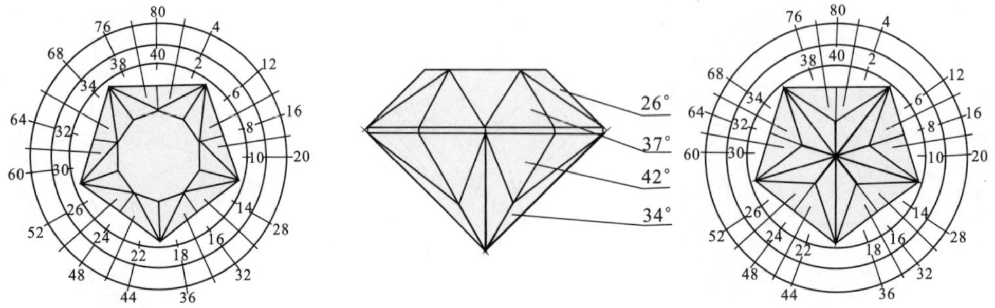

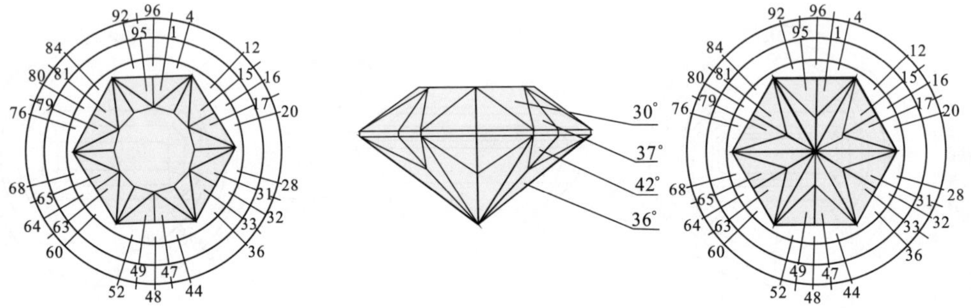

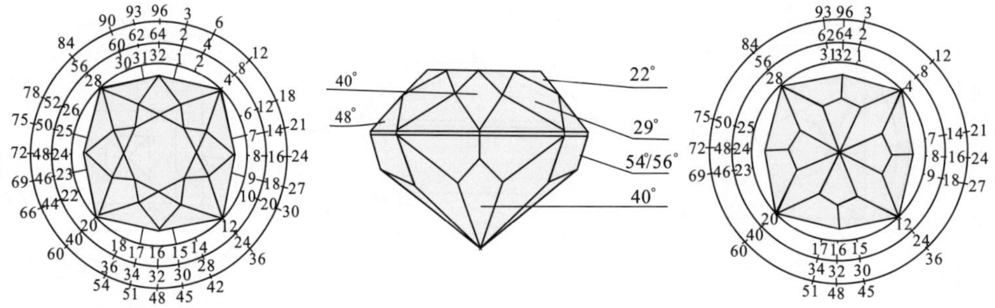

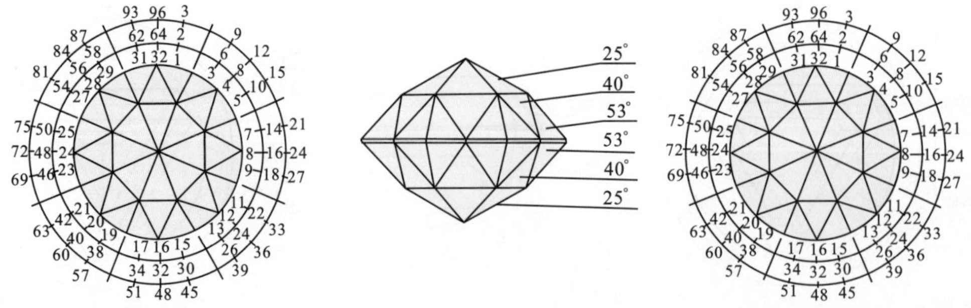

表9-1（续）

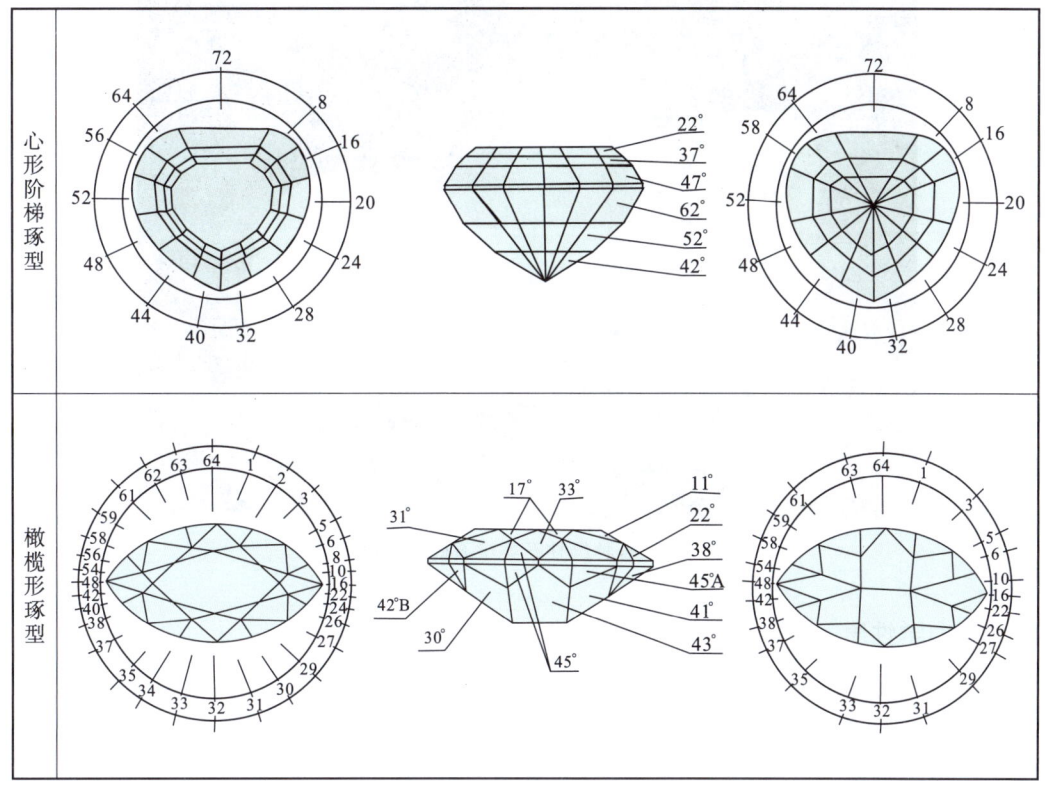

第二节　绿柱石

绿柱石类宝石包括祖母绿、海蓝宝石以及其他多种颜色的绿柱石品种。其中，祖母绿指含铬（Cr）或钒（V）而呈绿色的宝石级绿柱石，海蓝宝石指含铁（Fe）而呈蓝绿色的宝石级绿柱石。祖母绿是世界"四大珍贵宝石"之一，海蓝宝石则是一种较常见的中档宝石，两者的性质、设计和加工特点不尽相同。其他的绿柱石宝石也大多属中档宝石，设计和加工特点与海蓝宝石基本相同。

一、材料性质

1. 化学成分

绿柱石为铍铝硅酸盐矿物，成分为 $Be_3Al_2(SiO_3)_6$，但 Be 和 Al 可不同程度地被其他金属元素所替换，常含有 Cr、V、Cs、Fe、Ni 等色素离子。

2. 晶体习性

绿柱石属六方晶系，通常呈六方柱状，由六方柱面、锥面和平行双面组成，柱面常有纵纹。绿柱石类宝石大多是结晶形状较为完好的晶体，如图9-7所示。

图 9-7　各种绿柱石类宝石的原石晶体

3. 力学性质

绿柱石具有不完全底面解理，摩氏硬度为 7.5~8。其中，祖母绿因常裂纹发育而性脆，海蓝宝石和其他绿柱石则韧性良好。

4. 光学性质

绿柱石可呈绿色、蓝色、黄色、红色、粉红色、无色等，透明至不透明，具玻璃光泽；折射率为 1.56~1.59，色散值为 0.014；多色性明显，祖母绿具有蓝绿/黄绿二色性，海蓝宝石具有蓝或绿/无色二色性。

5. 特殊效应

绿柱石晶体中常含有平行于 C 轴的针状、管状包裹体，排列密集者琢磨成弧面型后可产生猫眼效应，因而，部分祖母绿、海蓝宝石、粉色绿柱石、黄色绿柱石等均可显猫眼效应，但通常较弱（图 9-8）。此外，祖母绿还罕见星光效应。

　（a）祖母绿猫眼　　　　（b）海蓝宝石猫眼　　　　（c）黄色绿柱石猫眼

图 9-8　各种绿柱石类宝石的猫眼

二、工艺要求

祖母绿：颜色以翠绿色为最佳，次为绿色、淡绿色和深绿色；裂纹或棉绺越少越好；质量在 0.25ct 以上的优质原石可制成首饰镶嵌品。

海蓝宝石：一般以鲜艳、纯净的蓝色为佳，且蓝色越深越好。颜色从优到劣依次为海水蓝、天蓝色、绿蓝色到淡蓝色。颜色太浅的原石加工后会失去颜色，价值很低。一般要求透明，若为半透明至不透明的原石，要注意是否有"云雾"感外观，具有这种现象的材料常经琢磨可出现猫眼效应。原石质量一般要求在 0.5ct 以上。无裂纹和少杂质。

其他绿柱石类宝石：以透明、颜色鲜艳纯正者为佳。其他要求与海蓝宝石相同。

三、宝石设计

1. 祖母绿的设计

透明的绿柱石类宝石可以加工成各种刻面琢型，常见的刻面琢型如图 9-9 所示。但是，对祖母绿而言，只要原石形状允许，宜尽可能加工成祖母绿琢型，这种琢型不仅能充分展示宝石美丽的颜色，而且对于长柱状的晶体原石来说，还具有省工省料、出成率高的优点；有时也可加工成祖母绿琢型的变型，如长方形阶梯琢型、三角形阶梯琢型、菱形阶梯琢型或风筝形阶梯琢型等。小粒透明原石也可琢磨成正方形或长方形阶梯琢型，用于群镶。品质较差的半透明至不透明原石，或含杂质和裂纹较多的原石，也可以制成弧面型、珠型或雕件等进行利用。罕见的半透明至不透明且含有大量平行排列的针状、管状包裹体的原石，琢磨成弧面型后可呈现猫眼效应。

图 9-9　透明绿柱石类宝石的常见琢型

对祖母绿进行设计及加工时要注意定向。对于透明的祖母绿，因其有较明显的多色性,垂直于 C 轴为翠绿色、深绿色,平行于 C 轴为蓝绿色,故垂直于 C 轴方向的颜色通常较好,加工设计时应使刻面琢型的台面平行于 C 轴,同时使琢型的长轴与晶体 C 轴方向一致[图 9-10(a)]。而对于有猫眼效应的祖母绿,因晶体中的针状包裹体沿平行于 C 轴的方向排列,故应使弧面琢型的长轴方向垂直于晶体 C 轴,同时使琢型底面平行于针状包裹体[图 9-10(b)]。

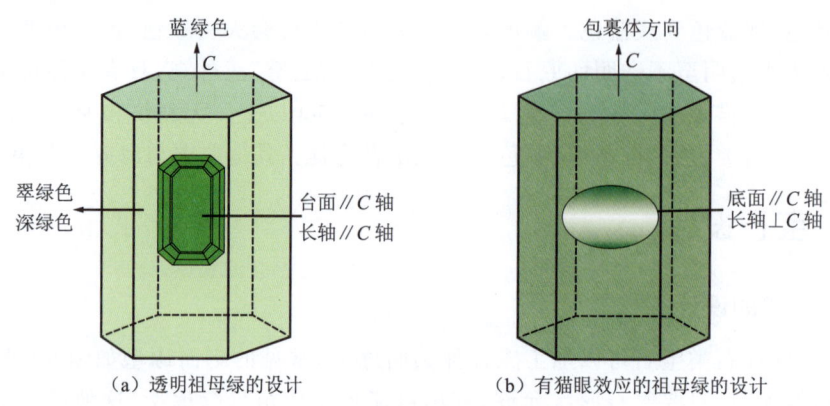

(a) 透明祖母绿的设计　　　　　(b) 有猫眼效应的祖母绿的设计

图 9-10　祖母绿的定向设计

2. 海蓝宝石的设计

透明的海蓝宝石原石多琢磨成明亮琢型,如圆形、椭圆形、梨形、橄榄形等的明亮琢型(图 9-9)。对于色浅者,要注意加厚亭部,以增强颜色。半透明至不透明、含有大量细长管状包裹体而表面有"云雾"感的原石应琢磨成弧面型,以显示出猫眼效应。透明度较差或含杂质较多的无特殊光学效应的原石也可以磨制成弧面型或珠型,块度大者可用于制作雕件。

对海蓝宝石进行设计及加工时也要注意定向。其多色性从无色、淡蓝色到蓝色,但通常是平行于 C 轴方向的颜色较深或较好一些,因而设计及加工时应使刻面琢型的台面垂直于 C 轴[图 9-11(a)]。对于具有猫眼效应的海蓝宝石,要使弧面琢型的底面平行于晶体 C 轴(即细长管状包裹体延长方向),同时使琢型的长轴方向垂直于晶体 C 轴[图 9-11(b)]。

其他绿柱石类宝石的设计及加工要点与海蓝宝石基本相同。

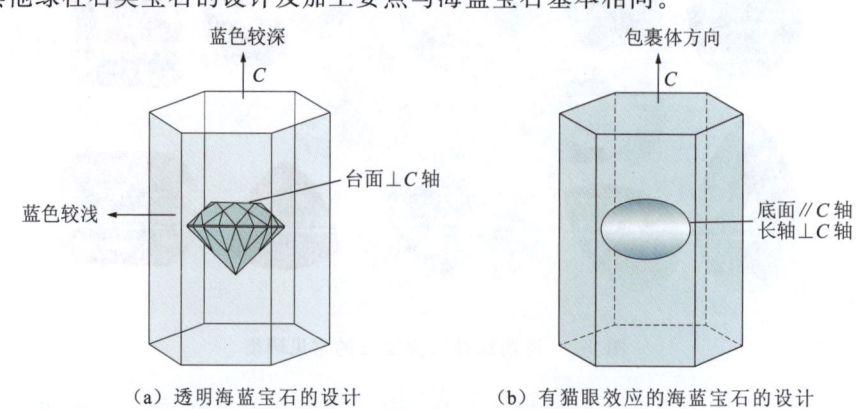

(a) 透明海蓝宝石的设计　　　　　(b) 有猫眼效应的海蓝宝石的设计

图 9-11　海蓝宝石的定向设计

四、加工要领

（1）选用杂质和裂纹较少的晶体，加工前要仔细检查原石中可用部分的形状和大小，同时根据晶形和内部针状、管状包裹体特征确定晶体C轴方向，然后按设计要求进行定向切割和研磨。

（2）刻面型宝石理想的台宽比为54%，冠角42°，亭角43°。通常分别用260♯和800♯的金刚石磨盘进行粗磨和细磨。用W2.5的金刚石粉或刚玉粉在铝合金盘或锡铅合金盘上抛光；或用氧化铈或氧化锡在有机玻璃盘上抛光，均可获得满意的抛光效果。

（3）弧面型宝石用100♯和200♯的碳化硅砂轮分别预型和粗磨，用400♯的砂布细磨，在皮盘上用刚玉粉抛光，也可用氧化铈在毛呢盘或毡盘上抛光，都可获得较好的效果。

（4）对于含有空管状包裹体和裂隙的宝石，尽量不用氧化铬、氧化铁等易污染的抛光剂。如果需要使用，可以在抛光前先均匀适度加热宝石，浸入虫胶或石蜡液体进行封口处理，抛光后再用酒精浸泡清除，以避免有色抛光剂对宝石造成污染。

（5）祖母绿通常裂隙易发育而性脆，要注意在切磨和抛光过程中施力不宜过大，同时还要注意冷却，以免由于机械振动和冲击，或温度过高，造成宝石的裂纹扩大甚至破碎。而对于海蓝宝石等绿柱石，由于其韧性较好，裂纹少，可以按常规操作。

绿柱石类宝石常见刻面琢型的加工角度和分度数据见表9-2。

表9-2　绿柱石常见琢型加工角度和分度（顶视图、侧视图、底视图）

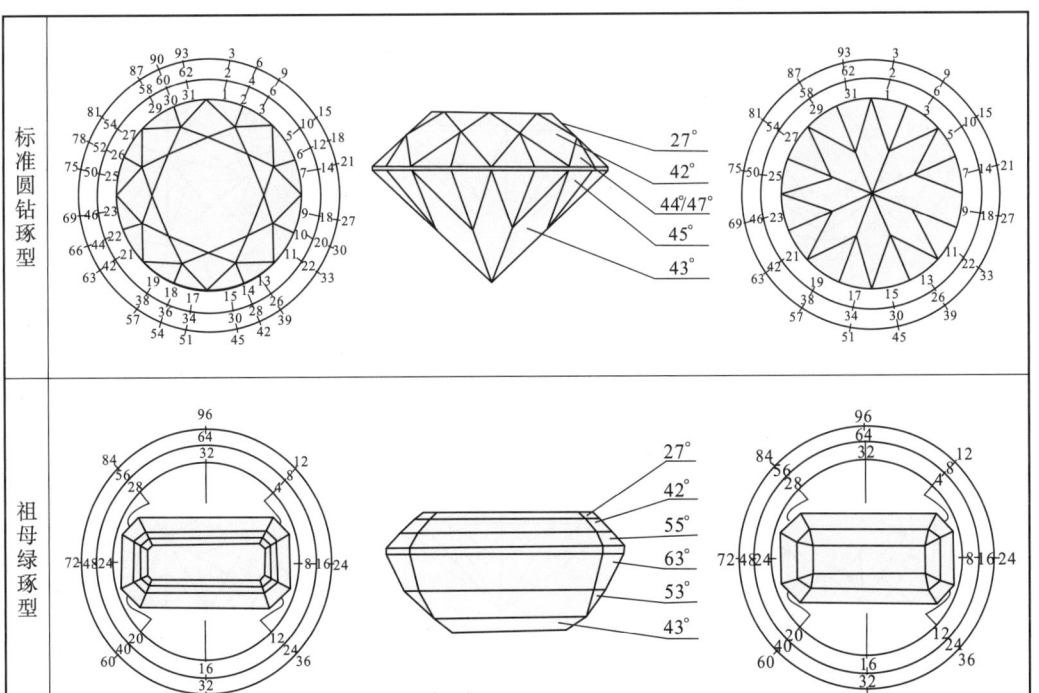

表9-2（续）

琢型	俯视图	侧视图	仰视图
四角星形琢型		16°/20°, 42°, 63°, 53°, 43°	
三角形阶梯琢型		27°, 42°, 67°, 61°, 55°, 49°, 43°（底侧饰面 85°）	
五角星形琢型		31°, 42°, 43°, 35°	
六角星形琢型		35°, 42°, 43°, 37°	

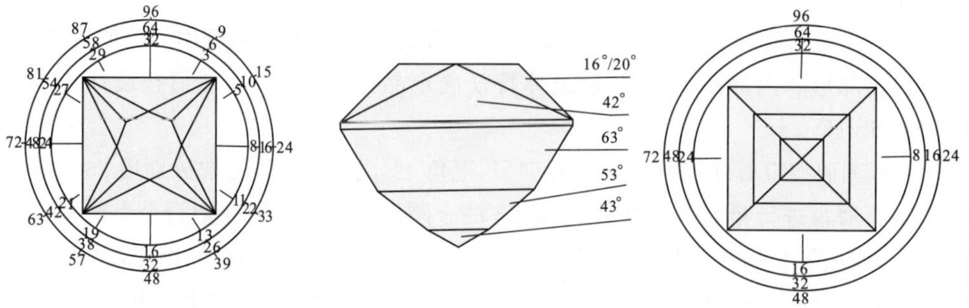

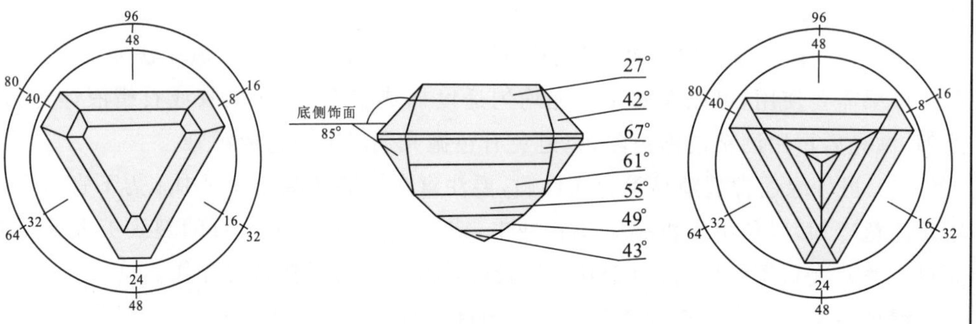

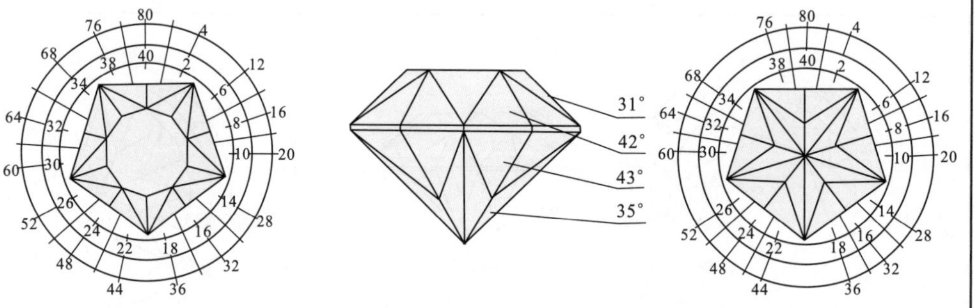

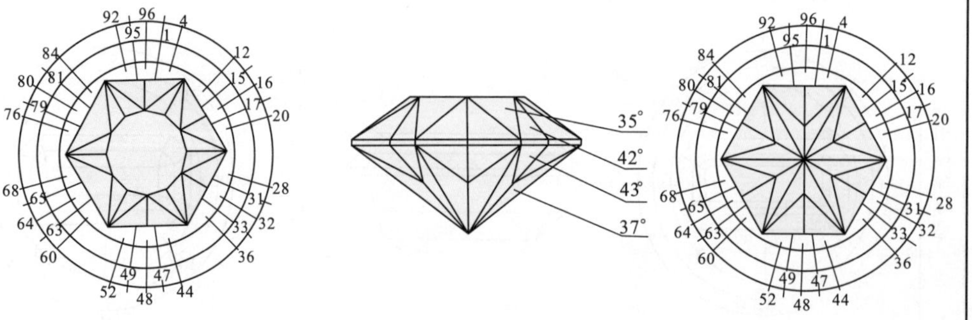

第九章 常见宝石的设计及加工要领

表9-2（续）

琢型	冠部	侧面	亭部
八角星形琢型			
双玫瑰琢型			
心形阶梯琢型			
橄榄形琢型			

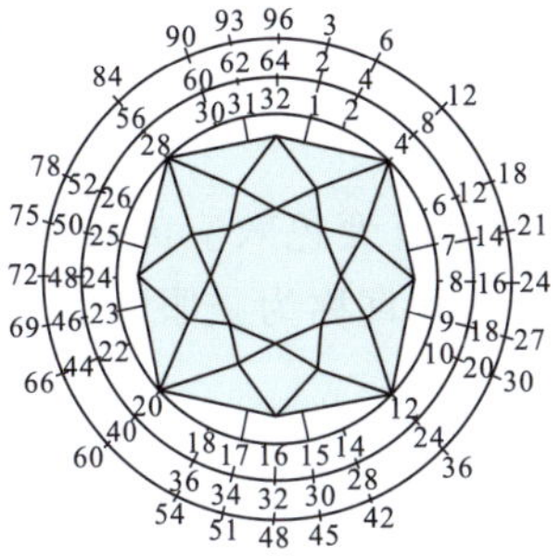

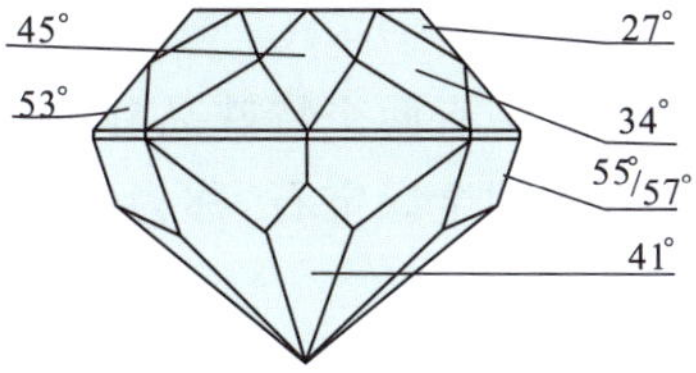

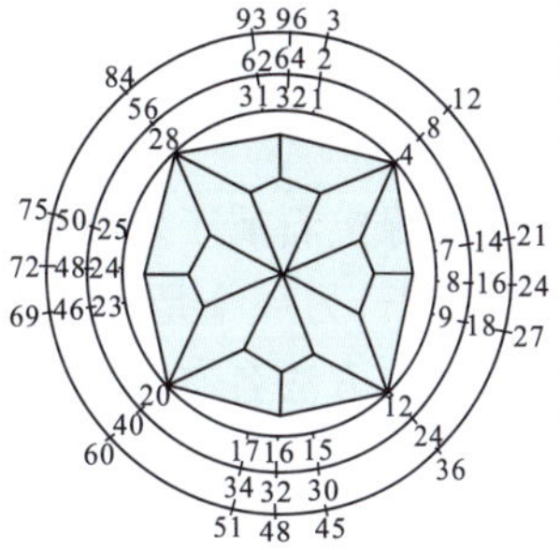

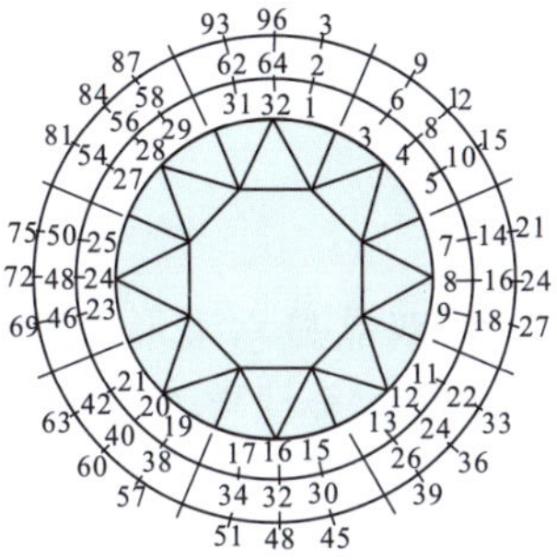

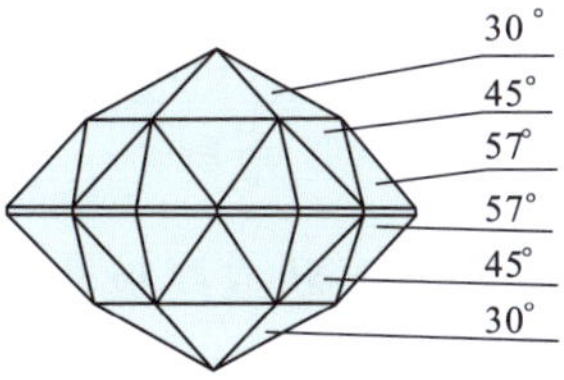

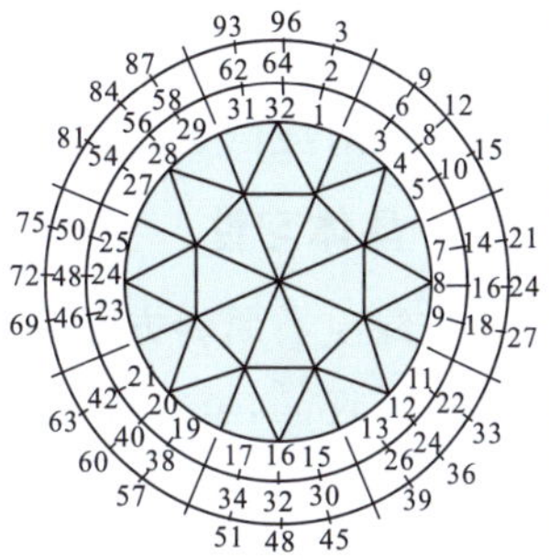

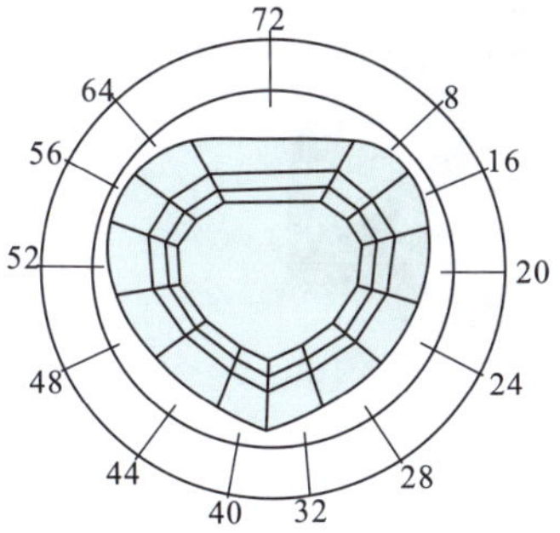

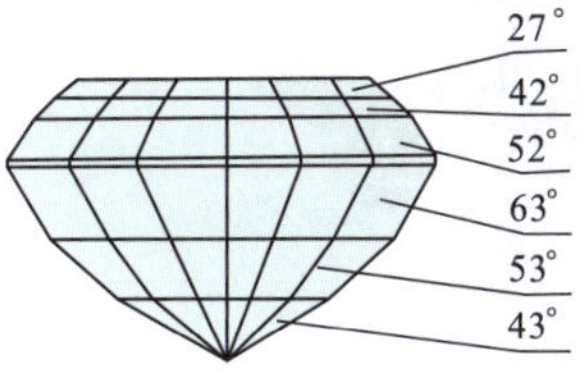

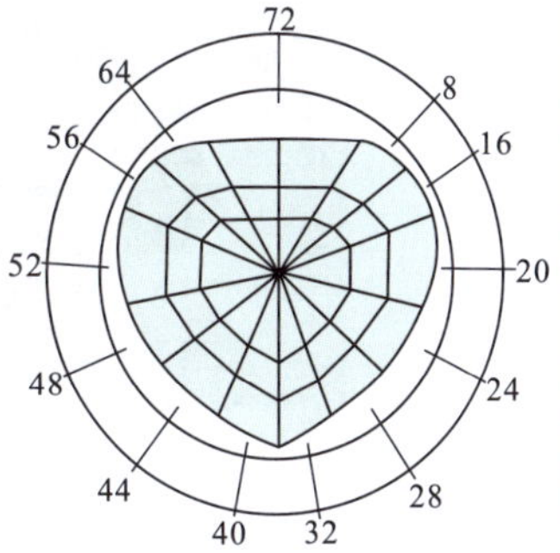

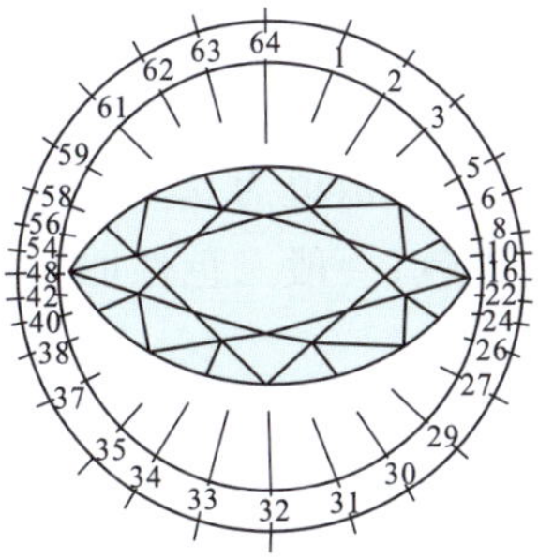

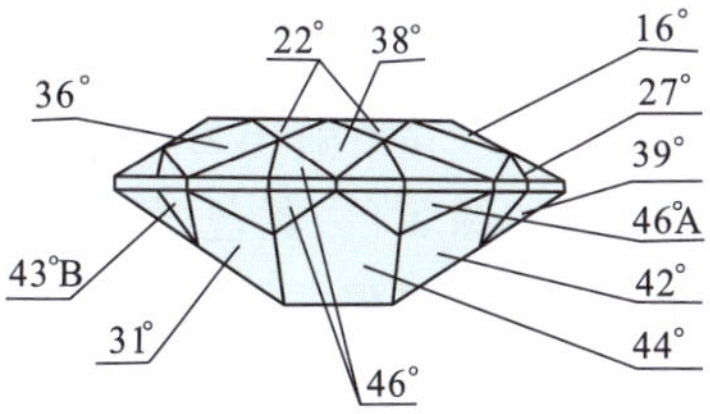

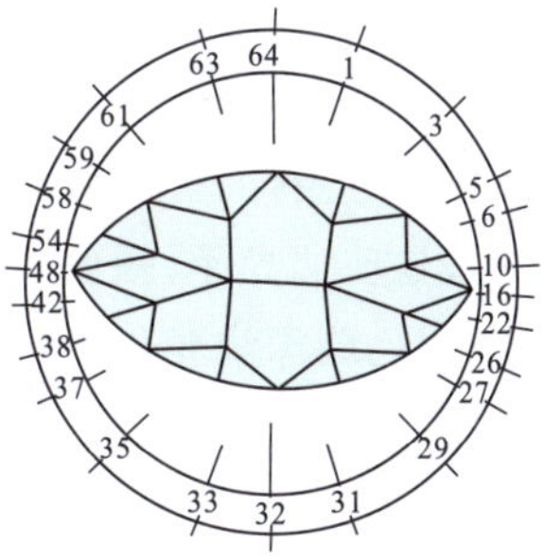

221

第三节　金绿宝石

金绿宝石属于珍贵的宝石,其中有两个特殊品种:一个是具有变色效应的金绿宝石,称为变石;另一个是具有猫眼效应的金绿宝石,称为猫眼石,也可直称为猫眼。它们的设计及加工方法各有不同。

一、材料性质

1. 化学成分

金绿宝石为铍铝氧化物矿物,成分为 $BeAl_2O_4$,其中 Al 可少量被 Cr 置换,这是变石具有变色效应的重要原因。

2. 晶体习性

金绿宝石属斜方晶系,晶体呈扁平状或厚板状,双晶常见,双晶显六边形习性,称为假六方三连晶,呈六边形偏锥状。在晶体底面(轴面)上常有条纹。金绿宝石原石晶体如图 9-12 所示。

图 9-12　金绿宝石原石晶体

3. 力学性质

金绿宝石有不完全到中等的板面解理,摩氏硬度为 8.5,韧性较好。

4. 光学性质

金绿宝石的折射率为 1.74～1.75,双折射率为 0.008～0.01,色散值为 0.01,透明至不透明,具玻璃光泽;颜色主要为绿色、绿黄色、黄色、蜜黄色或褐色;一般三色性明显,主要表现为色调深浅变化,但变石的三色性很强。

5. 特殊效应

部分金绿宝石可显示变色效应或(和)猫眼效应。其中,变石显示变色效应,在日光下为蓝绿色或草绿色,在白炽灯光下为玫红色,这与它含有微量的铬(Cr)有关(图 9-13)。

猫眼可显示出最典型的猫眼效应,其原因是晶体中含有大量平行于 C 轴的针状包裹体,大多是出溶的金红石,也有一些被认为是管状孔洞。变石猫眼则同时具有变色效应和猫眼效应(图 9-14)。

图 9-13　变石

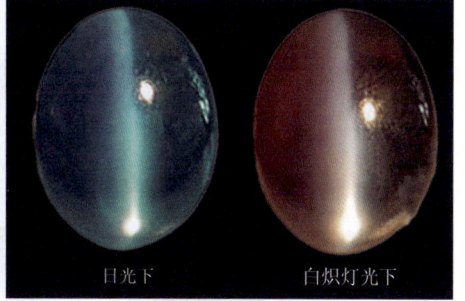

图 9-14　变石猫眼

二、工艺要求

宝石级的金绿宝石,一般要求是解理不发育的透明晶体,晶体直径在 2mm 以上。因为金绿宝石多为板状晶体,晶体厚度太小则很难加工利用。

变石:透明、半透明乃至不透明者均可利用,以透明度高且变色明显者为佳,在日光下颜色从优到劣依次为翠绿色、绿色、淡绿色;在白炽灯光下颜色从优到劣依次为红色、紫红色、淡粉红色。变石通常无须抛光就可观察到变色现象。

猫眼:应具有大量的微细针管状包裹体,平行定向排列,这样才能产生较好的猫眼亮带。如果内部平行排列的针管状包裹体有缺陷,则宝石亮带上也会有缺陷。如内部包裹体结构不均匀,则亮带也会不均匀、不连续;内部包裹体结构粗而疏,则亮带混浊而粗。只有内部包裹体的结构细而密,亮带才可能清晰明亮。猫眼颜色从优到劣依次为葵花黄色、黄绿色、褐绿色、黄褐色及褐色。原石质量应不低于 0.5ct。

三、宝石设计

1. 透明金绿宝石和变石的设计

透明的普通金绿宝石和变石都应加工成刻面型,多琢磨成圆形明亮型、椭圆形明亮型等,如图 9-15 所示。而变石以混合型最为常见,冠部为圆形明亮型,亭部为阶梯型。这种设计虽然加工难度较大,但变石的加工费用与其本身的价值相比可以忽略不计。在设计中要以最能体现变色效应并尽量减少瑕疵为原则。

变石具有极强的多色性,其三色性变化为翠绿色—淡黄色—血红色,因而在设计及加工时要注意定向。宝石定向后必须能够从台面方向看到红色或绿色,即使台面与其中一种颜色方向垂直,这样才能充分地显示变石的变色效果。

据研究,光线沿金绿宝石 a 轴方向透射时,颜色变化最大。为了显示出最佳的变色效应,宝石台面应尽可能平行(100)面。图 9-16 为金绿宝石双晶和单晶体在切磨时,台面

图 9-15　透明金绿宝石的常见琢型

与原始晶形的关系,这样就可使金绿宝石显示出翠绿到红色的最佳色彩变化。

2. 具猫眼效应的金绿宝石的设计

具猫眼效应的金绿宝石有金绿宝石猫眼和变石猫眼,两者都应加工成弧面型,且以中高凸面型、双凸型为宜。

在加工设计时,首先要注意定向,要使弧面型琢型的底面与针管状包裹体排列方向即 C 轴平行,若为椭圆形琢型还应使椭圆的长轴与 C 轴垂直,如图 9-17 所示。其次要注意适当加大顶面弧度,以使亮带细窄而明晰,但顶面弧度过大会使眼线(亮带)不够灵活,故以中高凸面型为宜。另外,如果琢磨成双凸面型,底面外凸主要是想增加宝石的质量,但是,猫眼宝石过厚会影响其单价,因此底面的弧度没有必要做得太大。

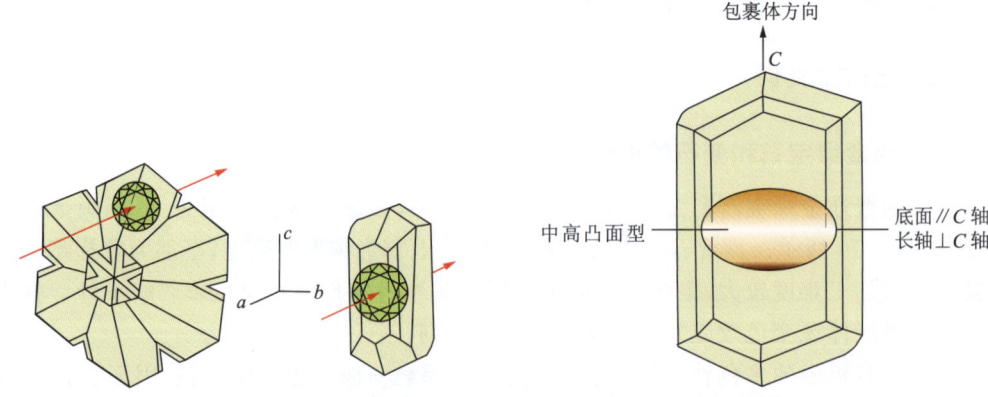

图 9-16　金绿宝石双晶和单晶体的宝石台面定向　　图 9-17　金绿宝石猫眼的定向设计

对于变石猫眼,因它集变色效应和猫眼效应于一身,而猫眼亮带和变色效果的显现都要选择最佳方向,往往相互矛盾,造成定向琢磨时有较大困难。笔者认为,应以优先考虑按猫眼的定向设计原则进行。

四、加工要领

（1）金绿宝石具有良好的韧性，对热不敏感，尽管硬度大，仍然可在碳化硅砂轮上造型，但为了保证造型精度和提高工效，用金刚石砂轮打磨更为合适。

（2）刻面型宝石分别用180♯和600♯的金刚石磨盘进行粗磨和细磨，用W2.5的金刚石粉在锡或锌合金盘上抛光。一般台宽比为56%，冠角37°，亭角42°。

（3）弧面型宝石用100♯和400♯的碳化硅砂布粗磨和细磨，用W3.5的金刚石粉或刚玉粉在环槽形木盘或有机玻璃盘上抛光。

金绿宝石常见刻面琢型的加工角度和分度见表9-3。

表9-3　金绿宝石常见琢型加工角度和分度（顶视图、侧视图、底视图）

琢型	顶视图	侧视图	底视图
标准圆钻琢型		22°/37°/39°/42°/44°/42°	
祖母绿琢型		22°/37°/50°/62°/52°/42°	
四角星形琢型		11°/15°/37°/62°/52°/42°	

表9-3（续）

琢型	顶视图	侧视图	底视图
三角形阶梯琢型		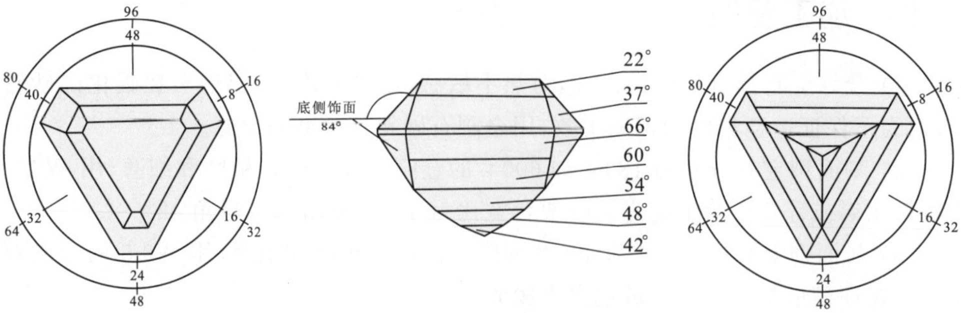 底侧饰面 22°/37°/66°/60°/54°/48°/42° 84°	
五角星形琢型		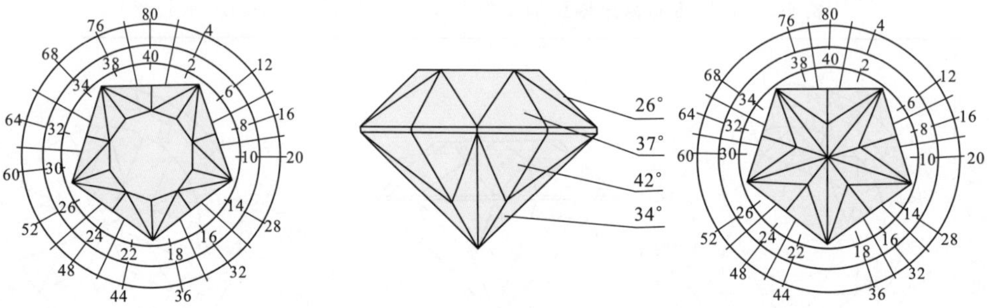 26°/37°/42°/34°	
六角星形琢型		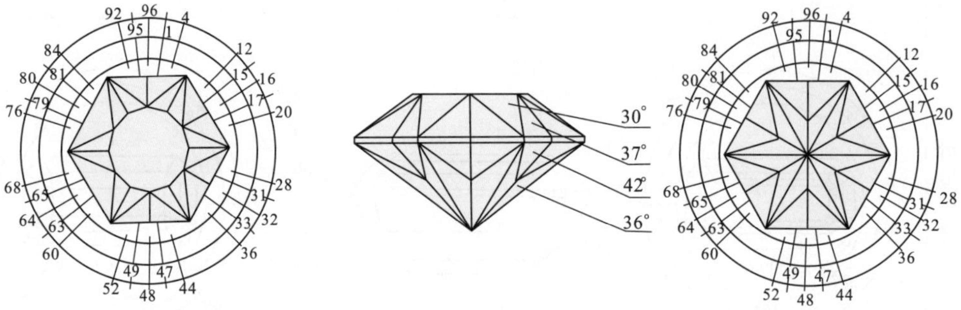 30°/37°/42°/36°	
八角星形琢型		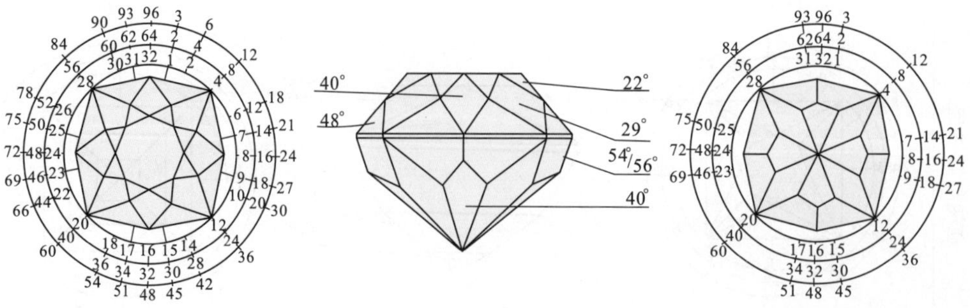 40°/48°/29°/54°/56°/40° 22°	

表9-3（续）

类型			
双玫瑰琢型			
心形阶梯琢型			
橄榄形琢型			

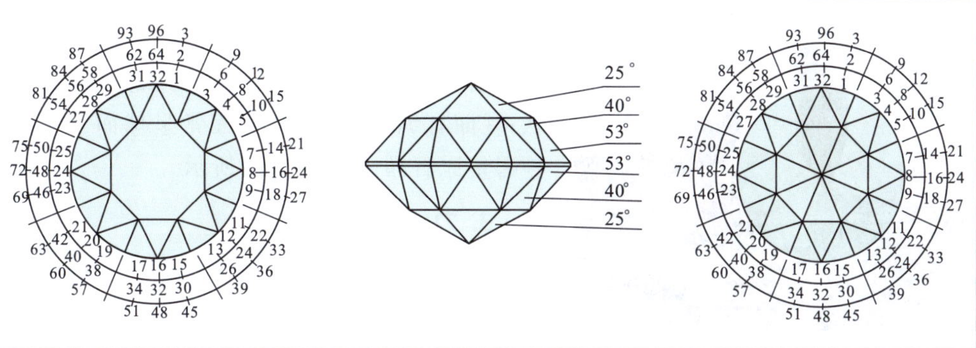

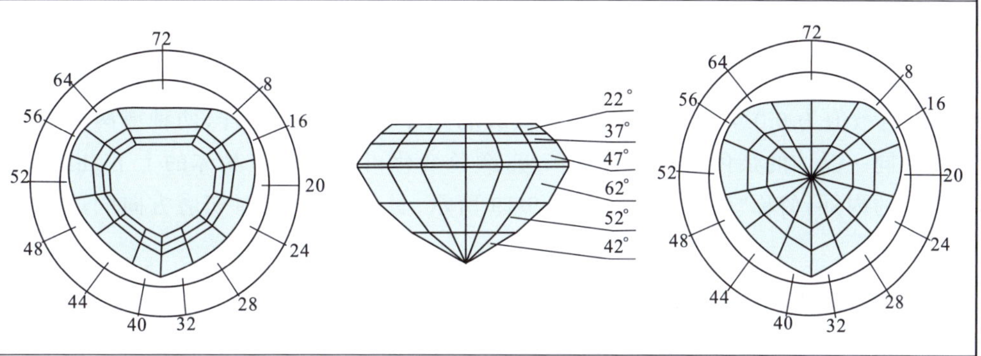

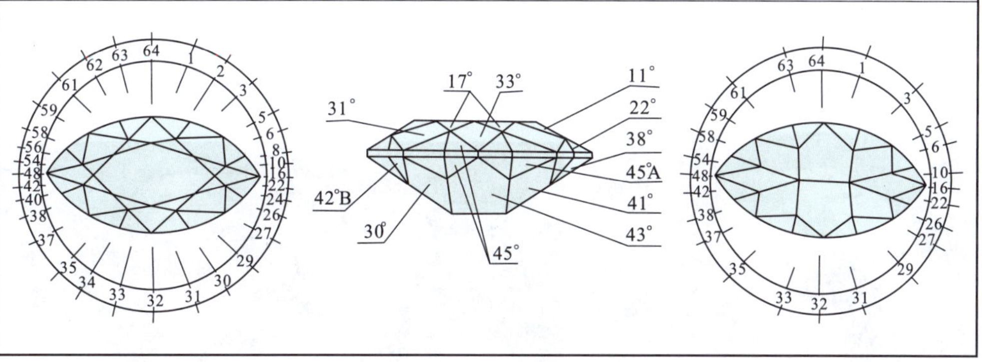

第四节 碧 玺

碧玺，矿物学名称为电气石，是一种复杂硼硅酸盐矿物，以其丰富的颜色和独特的物理性质而闻名，深受一些珠宝爱好者和收藏家青睐，属于中档宝石。

一、材料性质

1. 化学成分

碧玺的化学成分为$(Ca,Na)(Mg,Fe,Li,Al)_3Al_6[Si_6O_{18}](BO_3)_3(OH,F)_4$，其中包

含多种金属元素,如 Fe、Mg、Li、Mn、Al 等,这些元素的种类和含量直接影响碧玺的颜色。

2. 晶体习性

碧玺属三方晶系,晶形以柱状为主,偶有板柱状;柱面有纵纹,柱体横截面常呈球面三角形。各种碧玺原石晶体如图 9-18 所示。

图 9-18　碧玺原石晶体

3. 力学性质

碧玺无解理,摩氏硬度为 7～7.5,晶体(尤其是粉红色碧玺)中常存在有棉绺或蝉翼状裂纹,性脆。

4. 光学性质

碧玺的折射率为 1.62～1.65,双折射率一般为 0.019,色散值为 0.017,透明至不透明,具玻璃光泽;颜色多种多样,两种或两种以上颜色出现在同一晶体的杂色碧玺也非常普遍,颜色变化可以出现在晶体的上下,也可以出现在晶体的内外,俗称"西瓜碧玺",如图 9-19 所示;具强二色性,对切磨方向的选择有重要影响。

5. 特殊效应

碧玺晶体内部常含有沿平行于 C 轴方向分布的线管状包裹体,密集者可产生猫眼效应,如图 9-20 所示。某些碧玺可出现变色效应,如坦桑尼亚产的某些碧玺,在日光下为深绿色,白炽灯光下为红色。

图 9-19　西瓜碧玺

图 9-20　碧玺猫眼

二、工艺要求

碧玺按颜色可分为无色、红色、粉红色、紫红色、绿色、蓝色、黄色、黑色等品种,其中最好的是红色品种,次为绿色和蓝色品种。各种碧玺均以颜色鲜艳纯正为佳,对于有多种颜色或色带的杂色碧玺,应按不同颜色确定其工艺性能。

一般要求原石晶体透明,裂纹和棉绺尽量少。原石质量要求在 0.5ct 以上。对于不透明或半透明的原石,如果晶体内部有平行分布的管状包裹体,可加工成具猫眼效应的宝石。对于透明度差但没有猫眼效应而颜色较好的原石,亦可加工成廉价的饰品,但常见的不透明黑色碧玺目前尚无利用价值。

三、宝石设计

1. 琢型选择

透明的碧玺材料应加工成刻面型宝石,常用琢型主要为圆形明亮琢型、椭圆形明亮琢型、正方形阶梯琢型和长方形阶梯琢型(图 9-21)。其中,无色或浅色者宜选择圆形明亮琢型,以增强宝石的反光效果;颜色较深艳者宜选择椭圆形明亮琢型和祖母绿琢型,以显示宝石的亮丽色彩;若为细长柱状的晶体原石,宜选择长方形阶梯琢型。

半透明至不透明的、具猫眼效应的碧玺应加工成弧面型宝石;不具猫眼效应但颜色较好者也可加工成弧面型、珠型或小雕件。

图 9-21 碧玺常见琢型

2. 琢型定向

多数碧玺具有较强的二色性,应将美丽、鲜艳的颜色放在台面方向上,但是,同时又要根据宝石体色的深浅和颜色分布特点来灵活确定琢型方向。一般,碧玺沿 C 轴方向的颜色比较深暗,垂直于 C 轴方向的颜色比较鲜艳。如绿色碧玺沿 C 轴方向为深绿色或深橄榄绿色,垂直于 C 轴方向为鲜艳的草绿色或蓝绿色。根据这一多色性特点,应使台面平行于 C 轴方向定向,如图 9-22(a)所示。但是,对于颜色较浅的碧玺则应使台面垂直于 C 轴,因为碧玺沿 C 轴方向的透光性相对较低一些,这样定向能使宝石的颜色看上去较深或明亮一点,如图 9-22(b)所示。

对于杂色碧玺,琢型台面平行于 C 轴方向,可以使同一宝石显示多种颜色,给人以多彩的美感(图 9-23);但对于色带明显的西瓜碧玺,若使琢型台面垂直于 C 轴方向并位于横跨色带分界处,则可以使同一宝石显示两种截然不同的颜色(图 9-24),称为"鸳鸯"宝石。

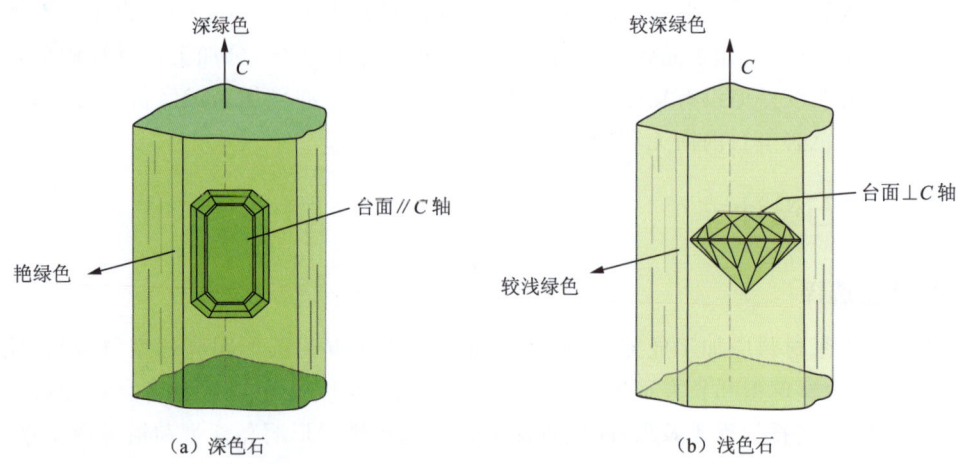

图 9-22 绿色碧玺的定向设计

图 9-23 杂色碧玺的定向设计　　图 9-24 西瓜碧玺的定向设计

具有猫眼效应的碧玺，因所含的密集管状包裹体平行于 C 轴定向分布，故弧面琢型的底面或腰棱应平行于管状包裹体，若为椭圆形琢型，同时其长轴要垂直于晶体 C 轴方向，如图 9-25 所示。

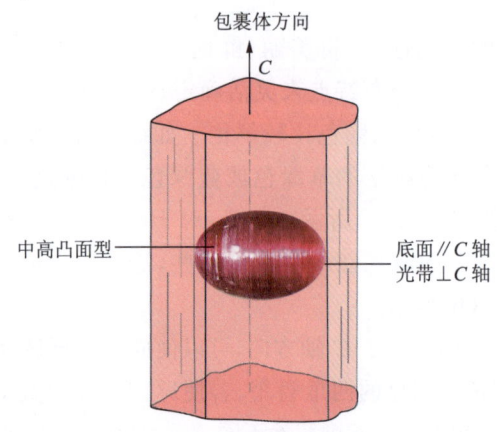

图 9-25 碧玺猫眼的定向设计

四、加工要领

(1) 刻面型宝石用 260♯ 和 600♯ 的金刚石磨盘分别进行粗磨和细磨,用 W2.5 的金刚石粉在锡合金盘上抛光。抛光过程中应不断地改变方向,压力也不要过大。冠角 43°,亭角 39°。

(2) 弧面型宝石用 100♯ 和 400♯ 的碳化硅砂布进行粗磨和细磨,用刚玉粉或氧化铬在皮盘上抛光。由于碧玺中存在空管包裹体和裂隙,抛光剂容易渗入而污染宝石,所以,抛光前需要将孔隙封住。通常使用液态的虫胶或石蜡浸入封口,抛光完成以后,将宝石放在酒精中浸泡,清洗去掉封口的胶或蜡。

碧玺常见刻面琢型的加工角度和分度数据见表 9-4。

表 9-4 碧玺常见琢型加工角度和分度(顶视图、侧视图、底视图)

琢型	顶视图	侧视图	底视图
标准圆钻琢型		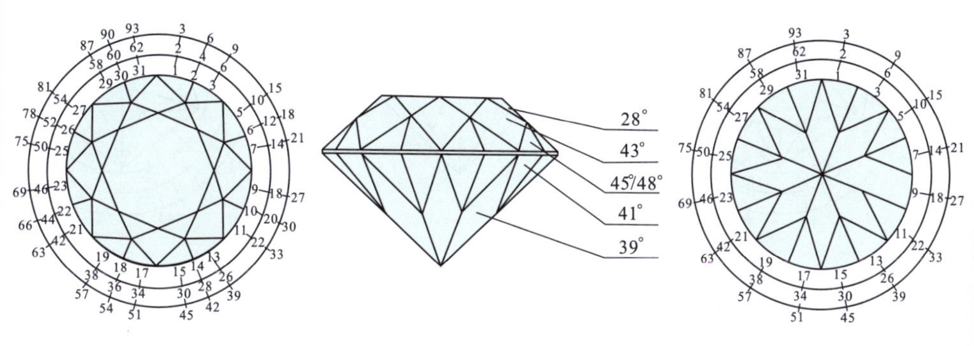 28° / 43° / 45°/48° / 41° / 39°	
祖母绿琢型		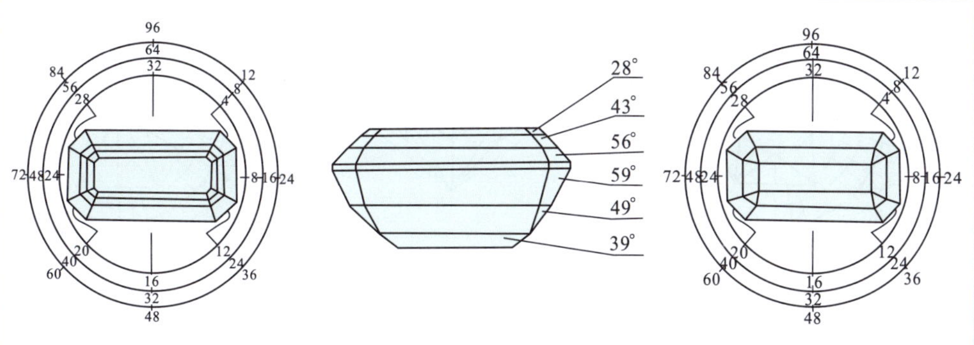 28° / 43° / 56° / 59° / 49° / 39°	
四角星形琢型		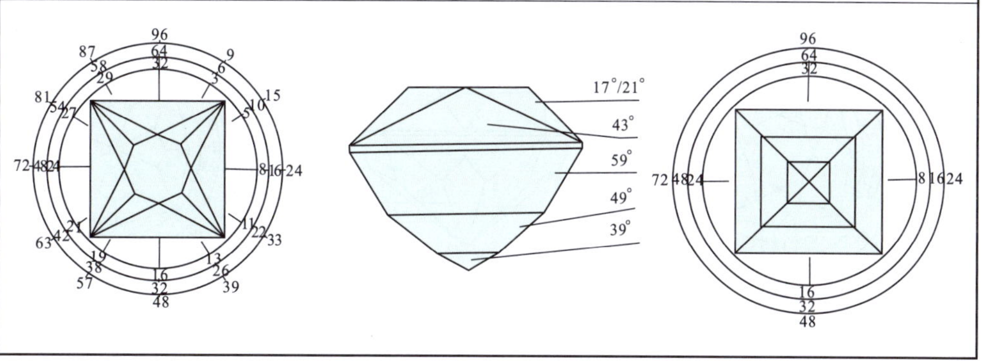 17°/21° / 43° / 59° / 49° / 39°	

231

表 9-4（续）

琢型	图示
三角形阶梯琢型	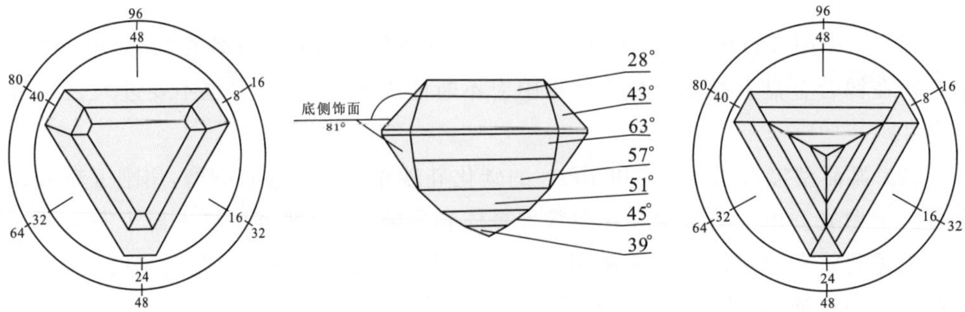 底侧饰面 81°；28°、43°、63°、57°、51°、45°、39°
五角星形琢型	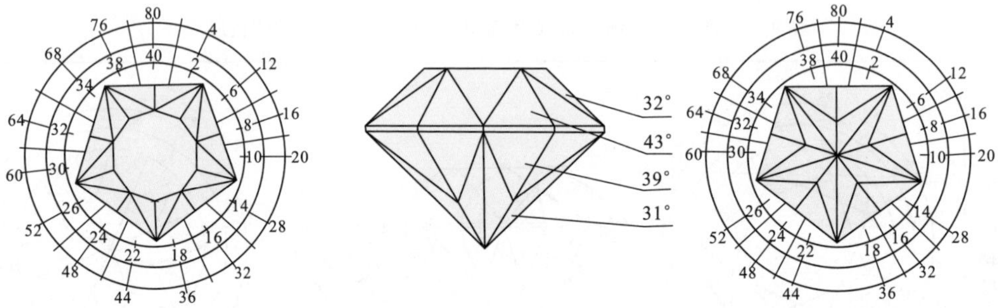 32°、43°、39°、31°
六角星形琢型	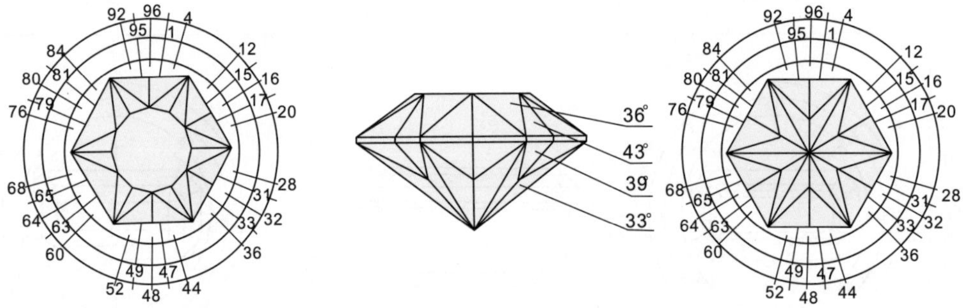 36°、43°、39°、33°
八角星形琢型	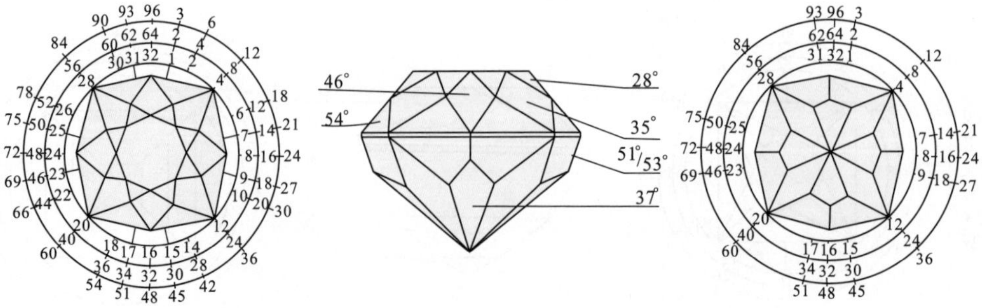 46°、54°、28°、35°、51°/53°、37°

表9-4（续）

双玫瑰琢型			
心形阶梯琢型			
橄榄形琢型			

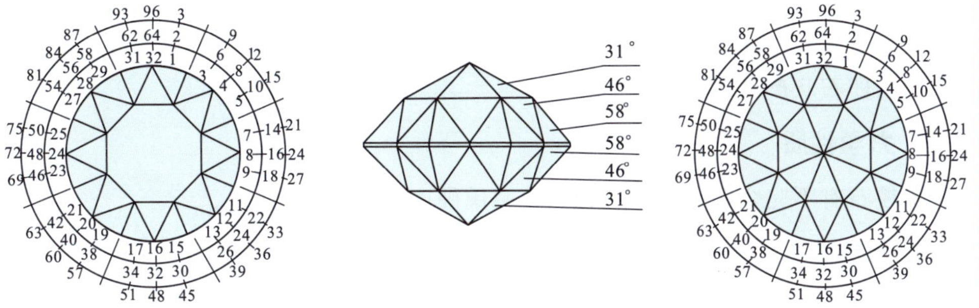

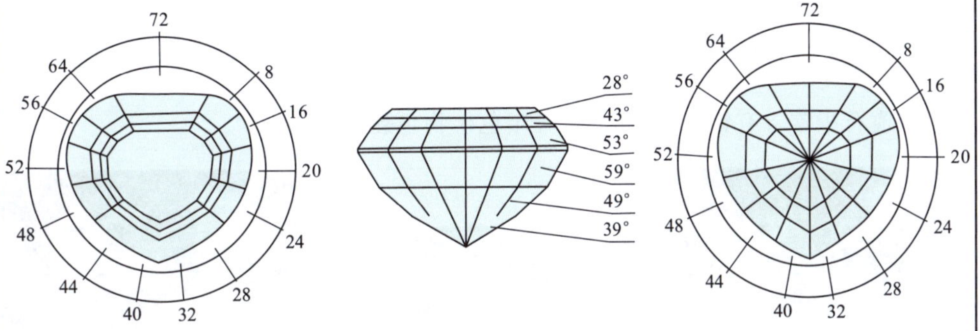

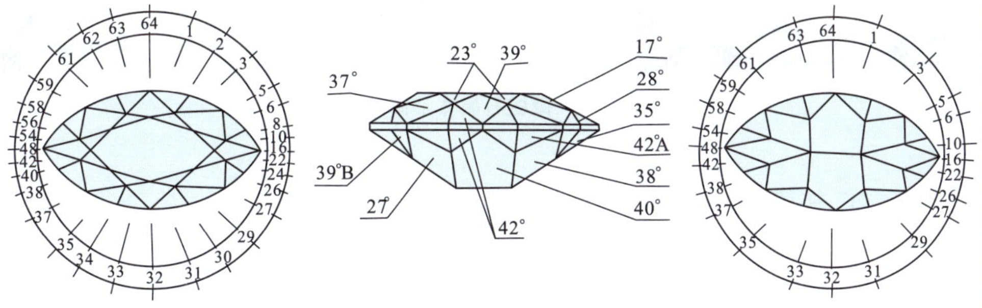

第五节　橄榄石

一、材料性质

1. 化学成分

橄榄石为镁铁硅酸盐，成分为$(Mg,Fe)_2[SiO_4]$。在可用作宝石的橄榄石中，

$Fe_2[SiO_4]$ 分子占比为 12%～15%,此种橄榄石也称贵橄榄石。

2. 晶体习性

橄榄石属斜方晶系,具柱状晶形;晶面常见垂直条纹;晶体完好的少见,常呈粒状碎块或滚圆卵石状产出,如图 9-26 所示。

3. 力学性质

橄榄石有不完全解理,贝壳状断口,摩氏硬度为 6.5～7,性脆。

4. 光学性质

宝石级橄榄石为透明晶体,颜色从浅黄绿色、深绿色到绿褐色,具油脂到玻璃光泽;折射率为 1.65～1.69,双折射率为 0.036,色散值为 0.020,因双折射率较高,可见刻面棱重影;多色性弱,绿色到浅黄绿色。

5. 内含物

橄榄石中常含有铬铁矿、黑云母等暗色矿物包裹体。

图 9-26 橄榄石晶体及碎块状原石

二、工艺要求

宝石级橄榄石要求绿色深而鲜艳,颜色从优到劣依次为翠绿色、浓绿色、金黄绿色和黄绿色;裂纹或解理不发育,不含或含少量暗色矿物包裹体;原石直径在 3mm 以上。直径在 10mm 以上者为一级品,我国目前采用直径 5mm 以上的橄榄石。

三、宝石设计

橄榄石的设计比较简单。它多色性不明显,加工中不存在定向问题。由于宝石透明,主要加工成刻面型。对琢型的选择也比较随意,可以根据原材料的外形设计成适合的款式,如圆形明亮型及其各种变型、阶梯型、混合型等,如图 9-26 所示。

橄榄石刻面琢型理想的台宽比为 54%,冠角 43°,亭角 39°。这种设计可以使宝石获得较好的亮度。较高的冠部可以增强双折射,使宝石外观更加美丽,如图 9-27 所示。

透明度或净度较差的橄榄石原料也可以加工成弧面型或随形琢型。

图 9-27　橄榄石常见琢型

图 9-28　橄榄石双折射外观

四、加工要领

(1) 橄榄石性脆,在加工过程中应避免压力过大、振动和冲击,以免造成宝石破裂。避免过热,否则易使橄榄石原有的裂纹扩大或产生新的裂纹。

(2) 冲坯工序一般用碳化硅砂轮完成,也可以用金刚石砂轮进行冲坯和预形,提高工效。

(3) 粗磨用 260♯ 金刚石磨盘,细磨用 800♯ 的金刚石磨盘。

(4) 用 W2.5～W1.5 的金刚石粉在铅合金盘上抛光,可获得很好的抛光效果。也可以使用刚玉粉或氧化铬在铅合金盘上抛光,但可能会出现划痕,这时应改变抛光方向并降低抛光盘的转速。对于块度大的原石,最好用有机玻璃盘或树脂盘抛光。

(5) 橄榄石近于干抛时的抛光效果较好,但要注意避免过热。

橄榄石常见刻面琢型的角度和分度数据见表 9-5。

表 9-5　橄榄石常见琢型加工角度和分度(顶视图、侧视图、底视图)

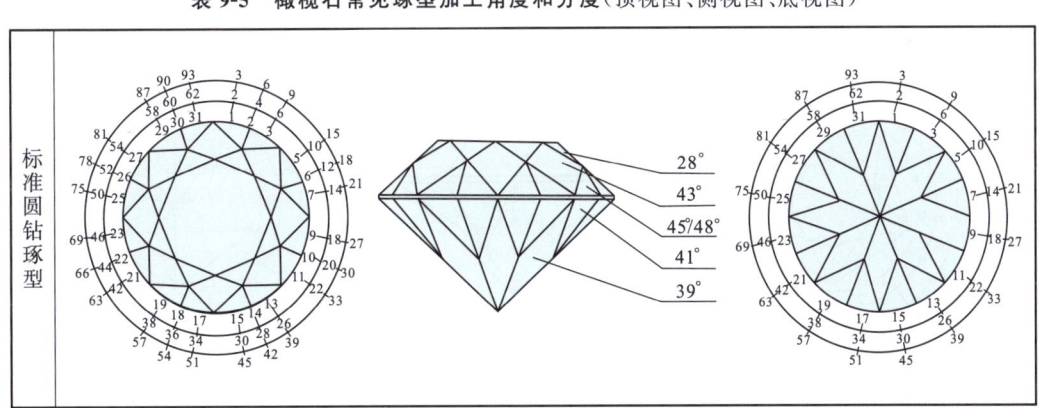

表9-5（续）

琢型	冠部视图	侧视图	亭部视图
祖母绿琢型		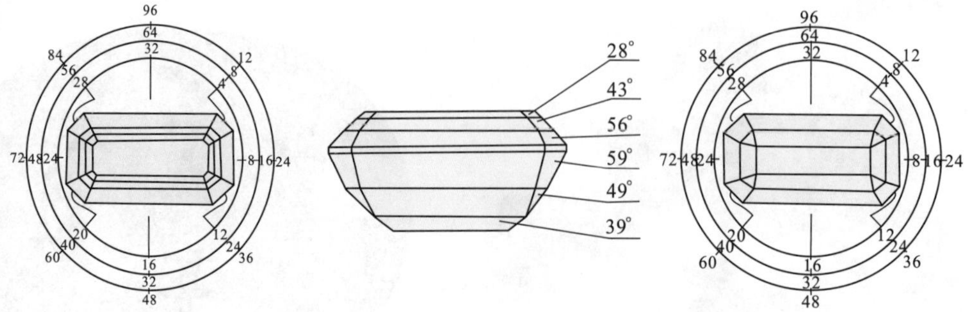 28°, 43°, 56°, 59°, 49°, 39°	
四角星形琢型		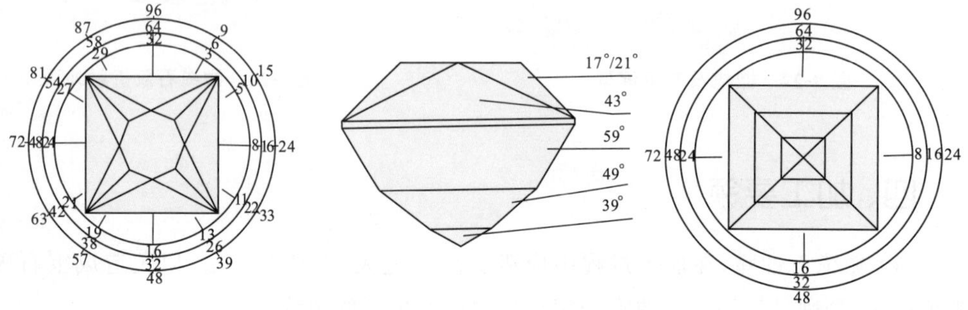 17°/21°, 43°, 59°, 49°, 39°	
三角形阶梯琢型		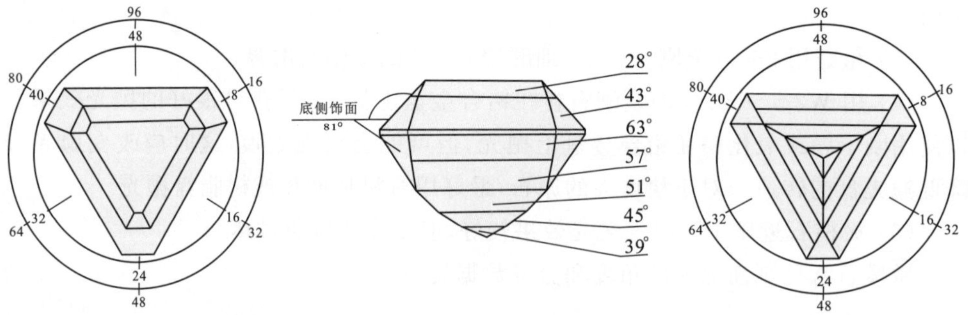 底侧饰面 81°; 28°, 43°, 63°, 57°, 51°, 45°, 39°	
五角星形琢型		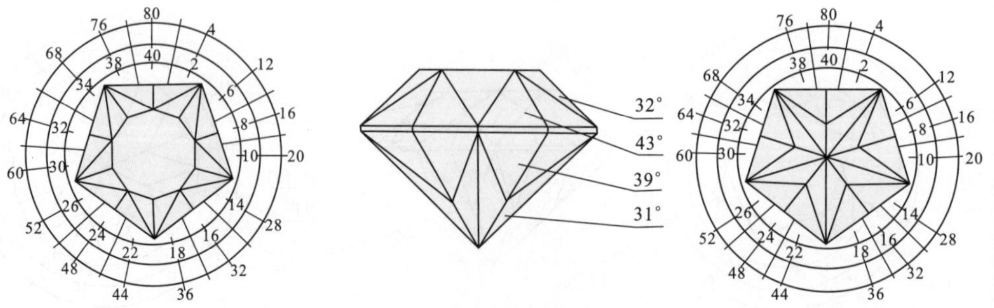 32°, 43°, 39°, 31°	

表9-5（续）

琢型	俯视图	侧视图	底视图
六角星形琢型		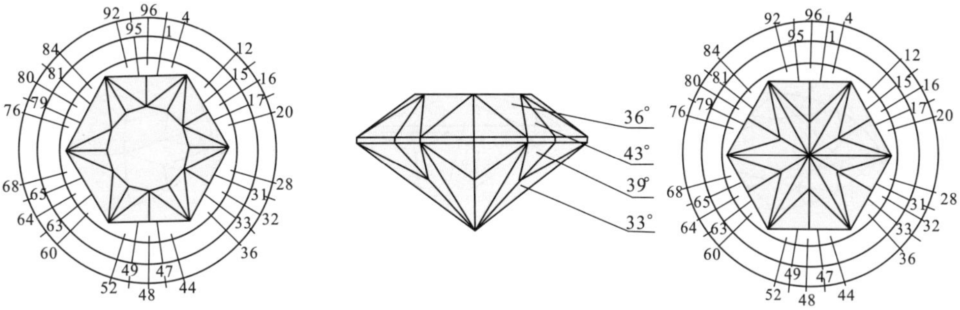 36° / 43° / 39° / 33°	
八角星形琢型		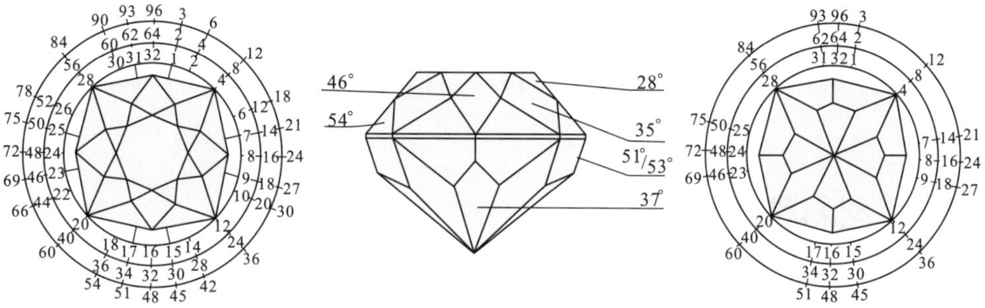 46° / 28° / 54° / 35° / 51°/53° / 37°	
双玫瑰琢型		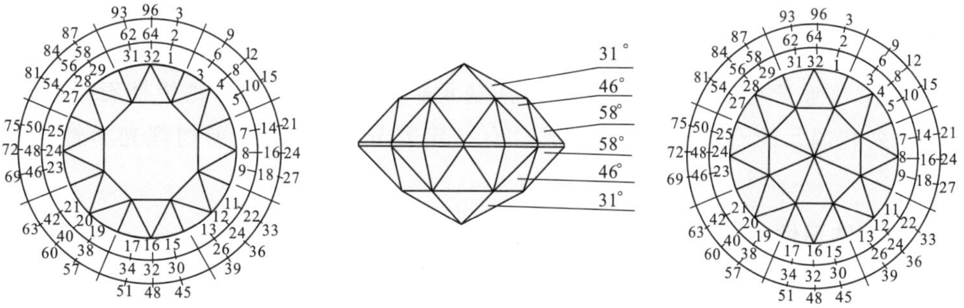 31° / 46° / 58° / 58° / 46° / 31°	
心形阶梯琢型		28° / 43° / 53° / 59° / 49° / 39°	

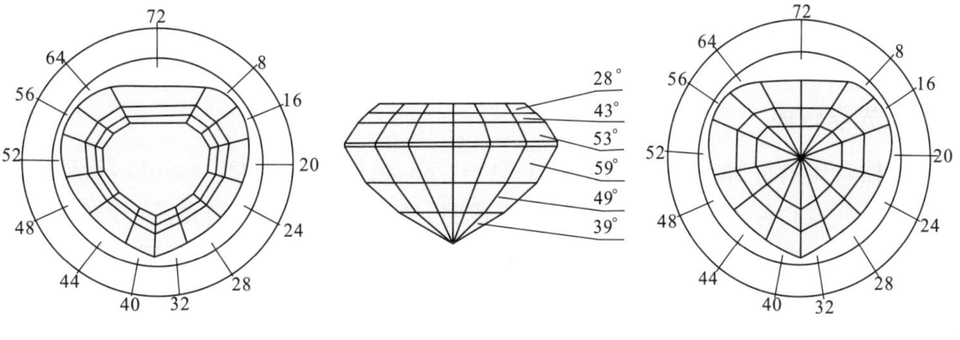

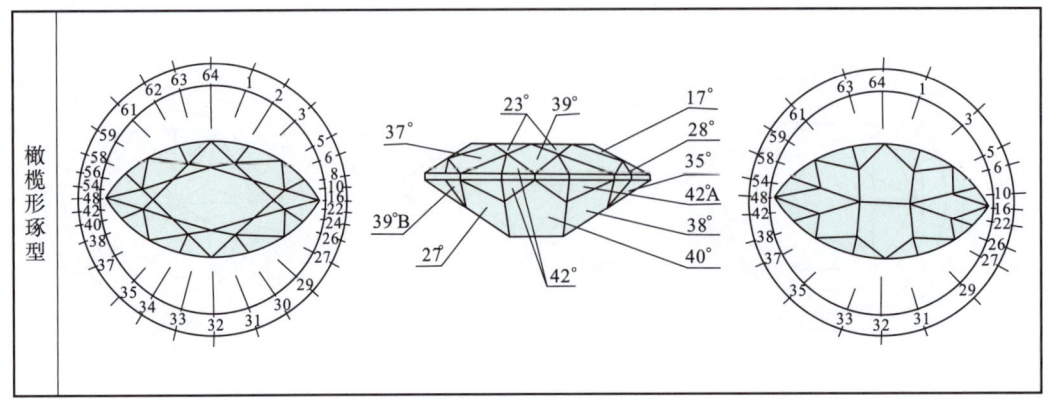

表9-5（续）

橄榄形琢型

第六节 石榴石

一、材料性质

1. 化学成分

石榴石是具有相近化学成分和结晶习性的一类岛状硅酸盐矿物，其化学分子式可表示为 $X_3Y_2[SiO_4]_3$，分为铝榴石和钙榴石两个类质同象系列。在铝榴石系列中，X 是 Mg、Fe 或 Mn，而 Y 为 Al，其端元矿物为镁铝榴石—铁铝榴石—锰铝榴石；在钙榴石系列中，X 是 Ca，而 Y 可以是 Cr、Al 和 Fe，其端元矿物为钙铬榴石—钙铝榴石—钙铁榴石。不同系列和端元的石榴石，因化学成分有一定差异，宝石的各项物理光学性质也略有差异。

2. 晶体习性

石榴石属立方晶系，晶形主要为菱形十二面体、四角三八面体及它们的聚形。各种石榴石原石晶体如图 9-29 所示。

3. 力学性质

石榴石解理不发育，但有时有平行于菱形十二面体的裂理，摩氏硬度为 6.5～7.5。

4. 光学性质

石榴石属单折射宝石，折射率为 1.74～1.88，色散值为 0.027～0.057，折射率和色散值都随成分或品种不同而变化；透明至不透明，具玻璃光泽至树脂光泽，有红色、粉红色、紫红色、无色、黄色、橙色、绿色、褐色、黑色等多种颜色。通常成分不同，颜色也不同，但总体看，镁铝榴石、钙铝榴石、锰铝榴石以紫红色、红色、褐红色至黄褐色调为主；钙铬榴石、钙铝榴石、钙铁榴石以黄褐色、黄绿色、绿色至深绿色调为主，如图 9-28 所示。

5. 特殊效应

少数品种的石榴石可产生星光效应、变色效应,但是罕见。

（a）镁铝榴石　　　　（b）铁铝榴石　　　　（c）锰铝榴石

（d）钙铬榴石　　　（e）铬钒钙铝榴石　　　（f）铬钙铁榴石

图 9-29　石榴石原石晶体

二、工艺要求

石榴石类宝石矿物产出较多,晶体有时也比较大,工艺要求的关键在于颜色和透明度。一般要求颜色鲜艳、透明。

对于红色品种,以血红色为最佳,其他红色从优到劣依次为纯红色、浅红色、深红色、紫红色。但其颜色常常发暗,带有一定的暗红或暗紫红色调。对于绿色品种,颜色从优到劣依次为深绿色、绿色、浅绿色、黄绿色至黄色,其中以翠绿色为佳。

透明度以加工后的情况为准,对于晶体或块度较大的原石,必须用强光源初步检查透明度情况,然后试磨出透明度适中的宝石。对于不透明的原石,应注意检查是否有平行管状包裹体,有无可能产生星光效应。

此外,还要求原石裂纹少,晶体中无黑心(晶体中心变为暗色)或颜色不纯的带状构造。黑心和带状构造都是石榴石原石中比较常见的现象。

三、宝石设计

石榴石类宝石的常见琢型如图 9-30 所示。透明的石榴石材料适合加工成刻面宝石,加工无定向问题。应根据颜色和原石形状,选择圆形、椭圆形、心形、梨形、橄榄形、垫形等明亮琢型,也可选用方形或长方形阶梯型、混合型等。

图 9-30　石榴石类宝石的常见琢型

绿色的石榴石,如钙铬榴石、铬钒钙铝榴石和铬钙铁榴石等,可与祖母绿媲美,因而有时被加工成祖母绿琢型。但由于其折射率和色散值较高,具有高亮度和强光泽,传统的祖母绿切工压抑了石榴石的光彩,而明亮式切割可以发挥其潜能,故市场上常见琢型为刻面从中心呈辐射状排列的明亮式切工款式。

对于颜色较深暗的材料,应当加工成薄型款式;不太透明的材料,可以加工成低凸面型或凹凸型款式,以增加其透明度、改善颜色。

无色透明的石榴石品种罕见,因色散值高(有的接近钻石)可加工成标准圆钻琢型,有可能出现像钻石一样的火彩。

某些含有两组平行排列的针状包裹体的铁铝榴石,定向加工成弧面型,可显示星光效应,但一般比较弱。

四、加工要领

(1) 石榴石略显脆性,对热的敏感性中等,加工过程中应避免机械振动,注意冷却,以防宝石破裂。

(2) 对于刻面型宝石,应分别用 260♯ 和 600♯ 的金刚石磨盘进行粗磨和细磨。W2.5 的金刚石粉或刚玉粉在锡铝合金盘上抛光。台宽比 56%,冠角 37°,亭角 42°。

(3) 对于弧面型宝石,应分别用 100♯~120♯ 和 400♯ 的碳化硅砂布进行粗磨和细磨,用刚玉粉或氧化铬在皮盘或毛呢盘上抛光。

石榴石常见刻面琢型的加工角度和分度数据见表 9-6。

第九章 常见宝石的设计及加工要领

表 9-6 石榴石常见琢型加工角度和分度（顶视图、侧视图、底视图）

琢型	顶视图	侧视图角度	底视图
标准圆钻琢型	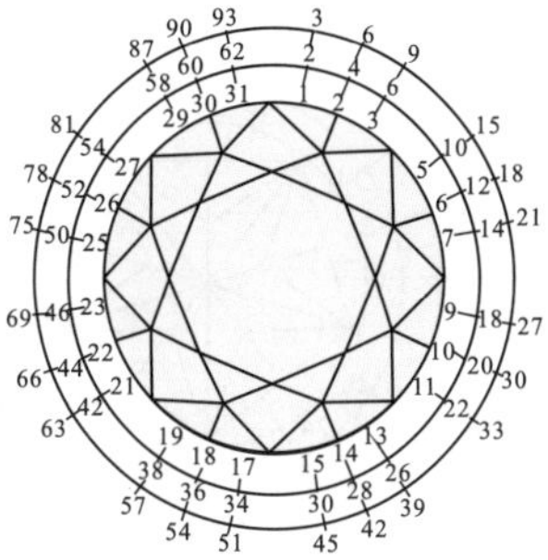	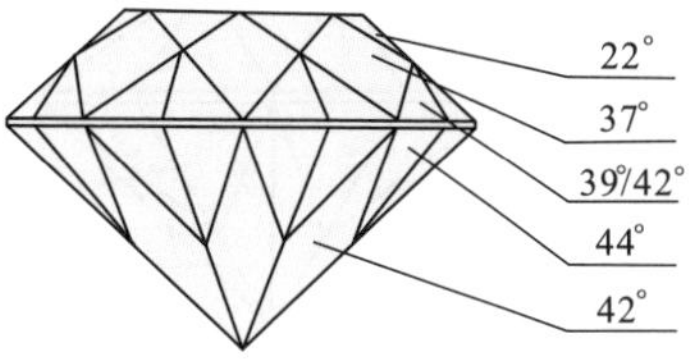 22°／37°／39°／42°／44°／42°	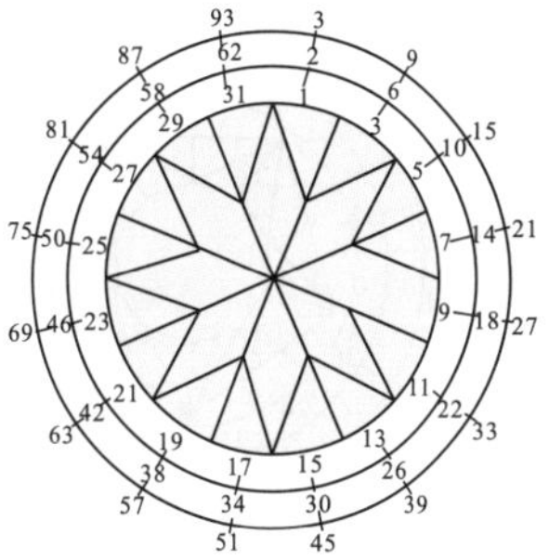
祖母绿琢型	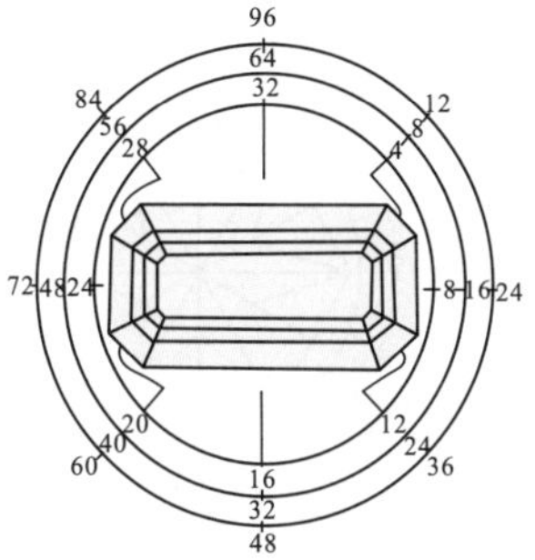	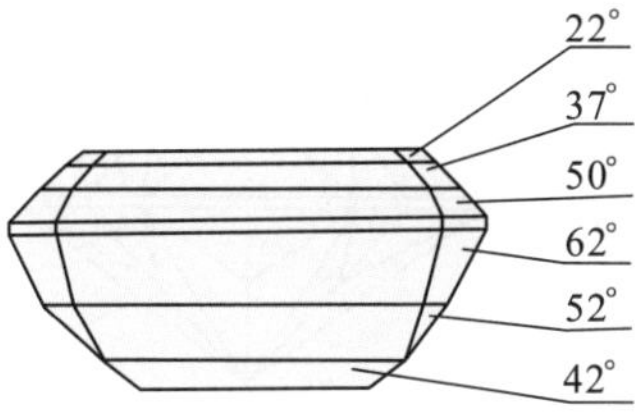 22°／37°／50°／62°／52°／42°	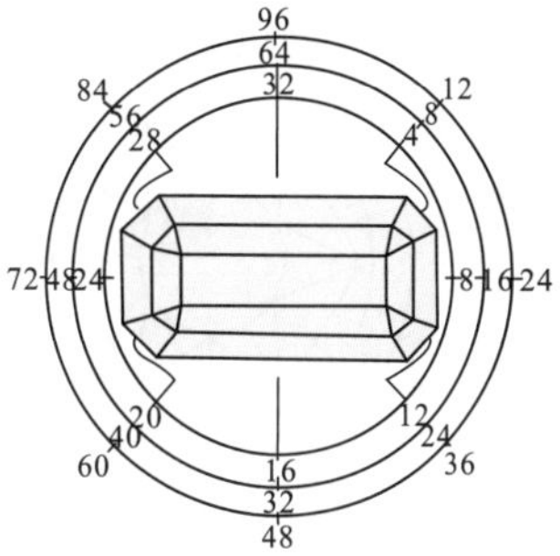
四角星形琢型	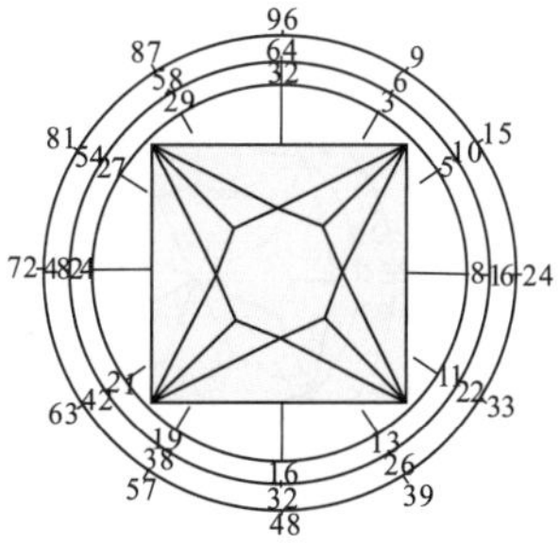	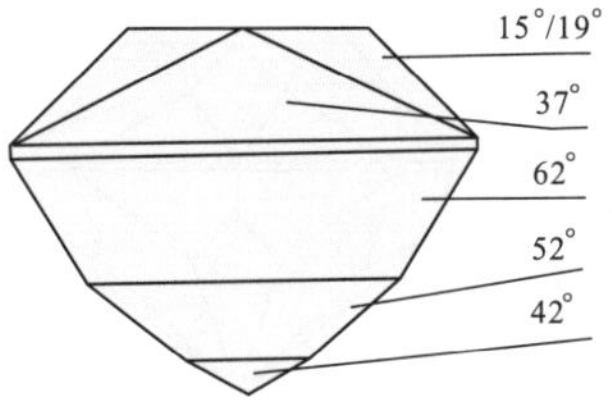 15°/19°／37°／62°／52°／42°	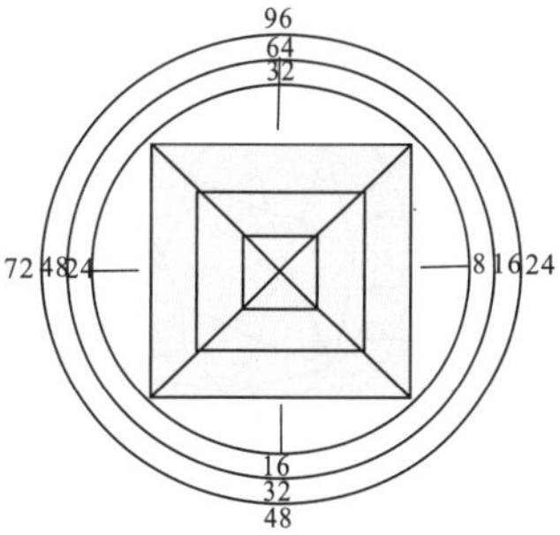
三角形阶梯琢型	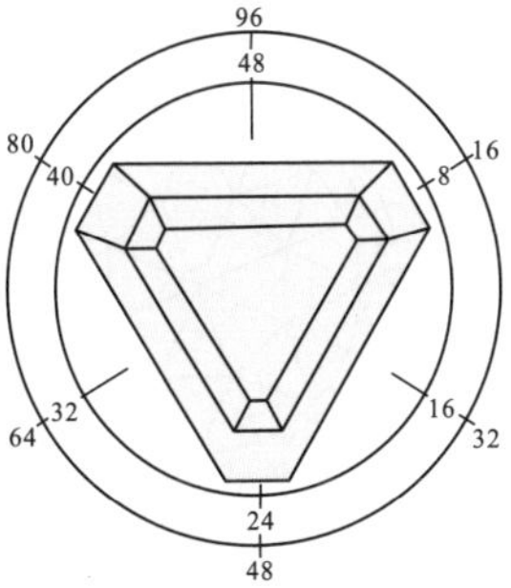	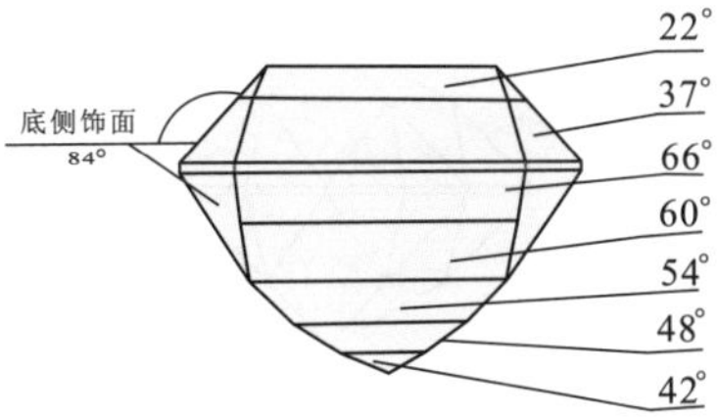 22°／37°／66°／60°／54°／48°／42°（底侧饰面 84°）	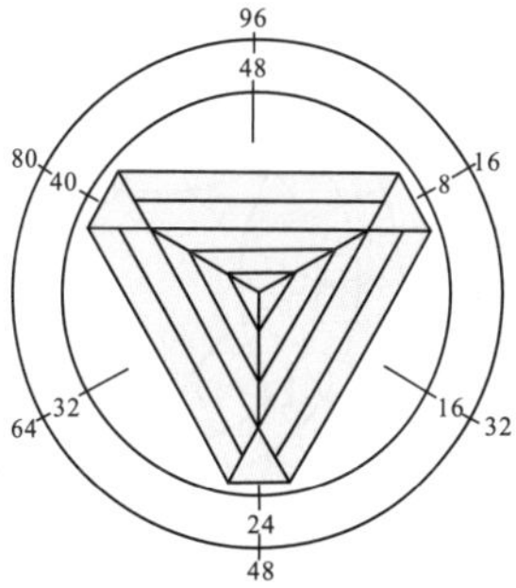

表9-6（续）

五角星形琢型			
六角星形琢型			
八角星形琢型			
双玫瑰琢型			

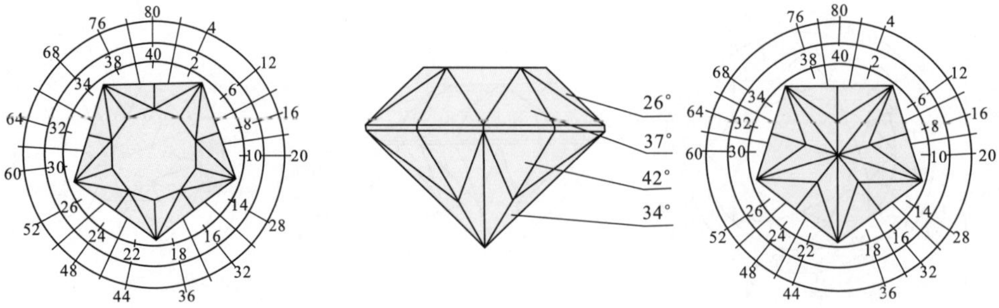

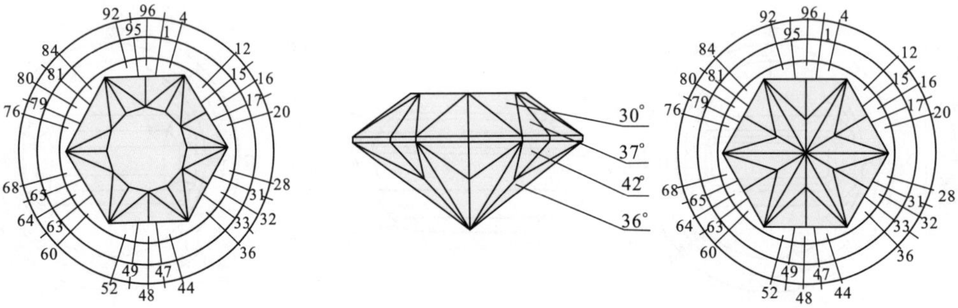

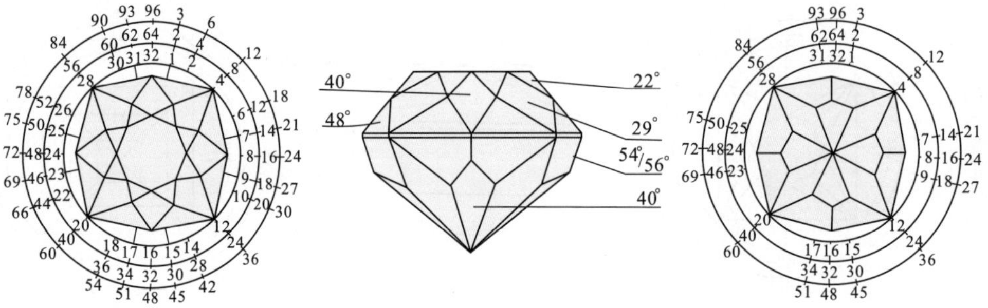

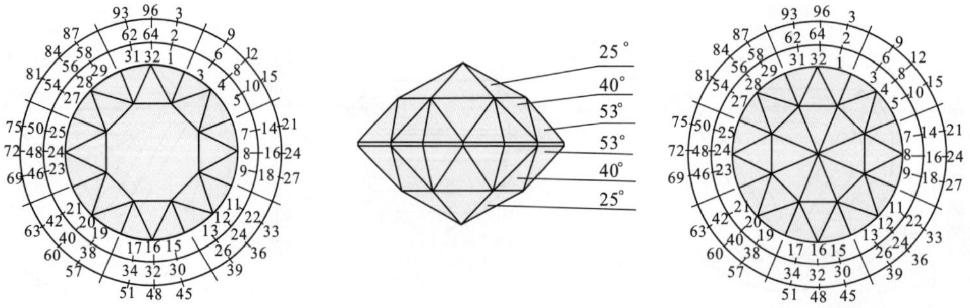

表9-6（续）

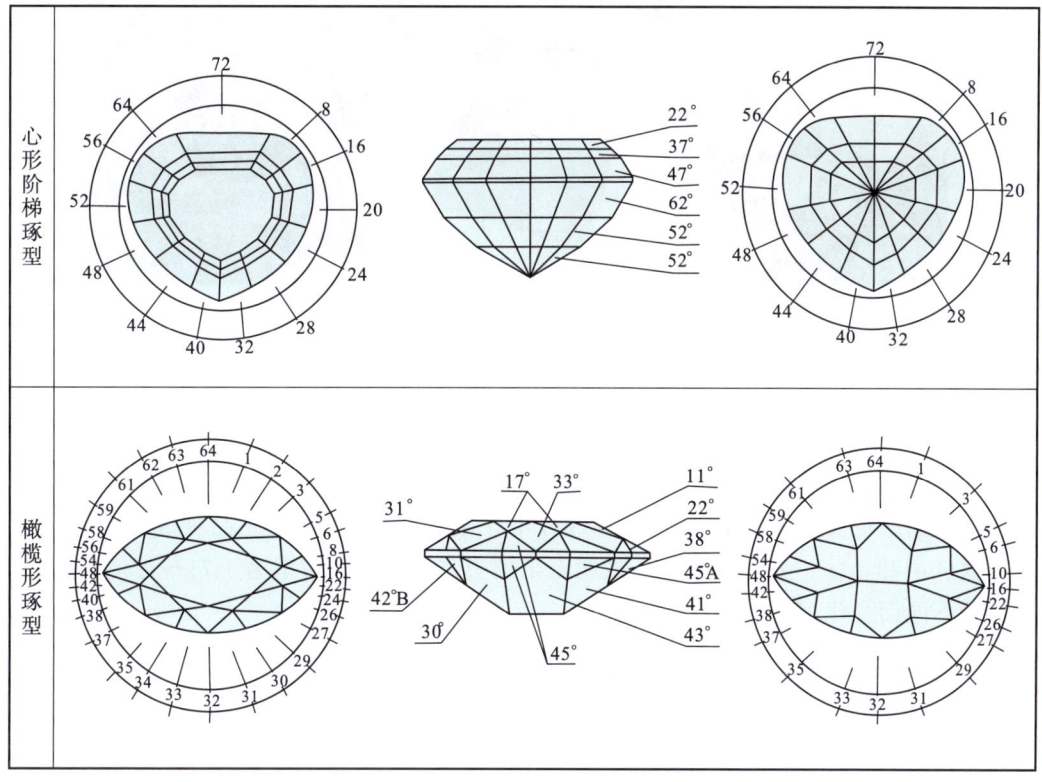

心形阶梯琢型			
橄榄形琢型			

第七节 尖晶石

一、材料性质

1. 化学成分

尖晶石为镁铝氧化物，成分为 $MgAl_2O_4$。其中的 Mg^{2+} 可被 Fe^{2+}、Zn^{2+}、Mn^{2+} 置换，Al^{3+} 可被 Fe^{3+}、Cr^{3+} 置换，从而形成多种尖晶石矿物，而宝石级尖晶石大多属镁尖晶石。但自然界纯的镁尖晶石也很少见，常含有 Fe、Cr、Mn 等。

2. 晶体习性

尖晶石属立方晶系，晶形主要为八面体，双晶发育，也可见八面体与菱形十二面体或立方体的聚形。原石常呈较完好的八面体晶体和磨蚀卵石，如图 9-31 所示。

3. 力学性质

尖晶石的摩氏硬度为 8，无解理，但性脆，大多数易碎。

(a) 红色尖晶石　　　　　(b) 蓝色尖晶石　　　　　(c) 紫色尖晶石

图 9-31　尖晶石原石晶体

4. 光学性质

尖晶石的颜色非常丰富,常见的颜色为各种色调的红色、粉色、蓝色、橙色、紫色、灰色、黑色,而绿色及无色少见,红色品种成分中含微量的铬(Cr),蓝色品种成分中含一定量的铁(Fe)和钴(Co);具玻璃光泽,透明至半透明;单折射,折射率为 1.71～1.80,随成分和品种不同而变化;色散值中等,为 0.020。

5. 特殊效应

少数尖晶石可产生四射和六射星光,其原因是晶体中含有平行于八面体定向排列的针状金红石包裹体(图 9-32)。有的尖晶石还可出现变色效应,在日光下呈灰蓝色,在白炽灯光下呈淡紫色(图 9-33)。

图 9-32　星光尖晶石　　　　　　　　　图 9-33　变色尖晶石

二、工艺要求

尖晶石原石要求晶体透明,颜色深艳、均匀,原石质量在 0.5ct 以上。尖晶石一般很少含明显的包裹体瑕疵,但由于性脆,要注意原石中是否存在裂纹。

尖晶石宝石中以红色尖晶石较为珍贵,以深艳的血红色为最佳(具有此种颜色的尖晶石,其价值略低于红宝石),其他红色从优到劣依次为深红色、紫红色、橙红色、粉红色。

蓝色尖晶石的颜色以明亮的钴蓝色为最佳,其他蓝色从优到劣依次为深蓝色、蓝色、浅蓝色、灰蓝色。暗绿色和黑色的尖晶石一般不透明,不适合用作首饰材料。

已知具有星光效应的尖晶石颜色都比较深暗,呈暗紫色、灰色到黑色,但由于稀少而珍贵。因而,对不透明、色深的大粒尖晶石晶体,不要轻易弃掉,应试磨成弧面型,检查是否具有星光效应。

三、宝石设计

尖晶石一般都琢磨成刻面型,常见的琢型如图 9-34 所示。比较适合的琢型主要有圆形、椭圆形、方形或长方垫形等的明亮琢型,也可以加工成心形、梨形、橄榄形等的明亮琢型以及祖母绿琢型,应根据原石的形状和颜色深浅灵活选用琢型。冠角 37°,亭角 42°。其设计和加工没有定向要求。

图 9-34 透明尖晶石的常见琢型

对于一些有缺陷但色好的尖晶石原石,也可以加工成椭圆弧面型戒面或加工成珠型。

少数有星光效应的尖晶石宝石,应加工椭圆弧面型。但要注意定向,方法是先试磨原石的表面,确定产生星光的最佳方位后,再进行定向切磨。

四、加工要领

(1) 尖晶石性脆、易碎,因而在加工中施加的压力不宜过大,应尽量避免机械振动,并不断保持冷却。

(2) 研磨工序在碳化硅砂轮或金刚石砂轮上完成。用 260♯ 和 600♯ 的金刚石磨盘分别进行粗磨和细磨。

（3）尖晶石的抛光比较容易，而且抛光面的反光效果很好。用 W2.5 的金刚石粉在铜盘、铅盘或锡铅合金盘上抛光，都可以获得较好的效果。

尖晶石常见琢型的加工角度和分度数据见表 9-7。

表 9-7 尖晶石常见琢型的加工角度和分度（顶视图、侧视图、底视图）

标准圆钻琢型	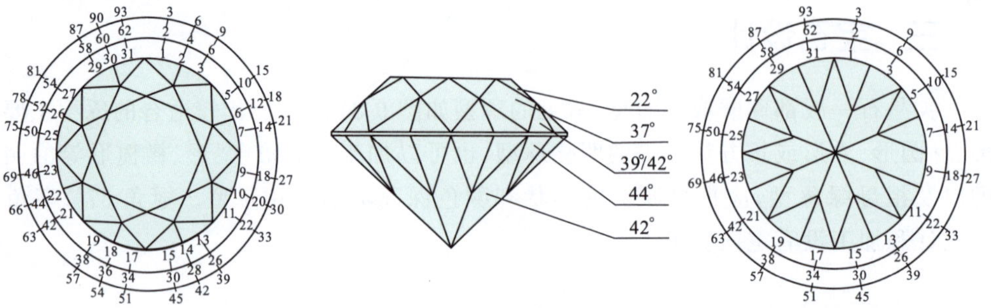
祖母绿琢型	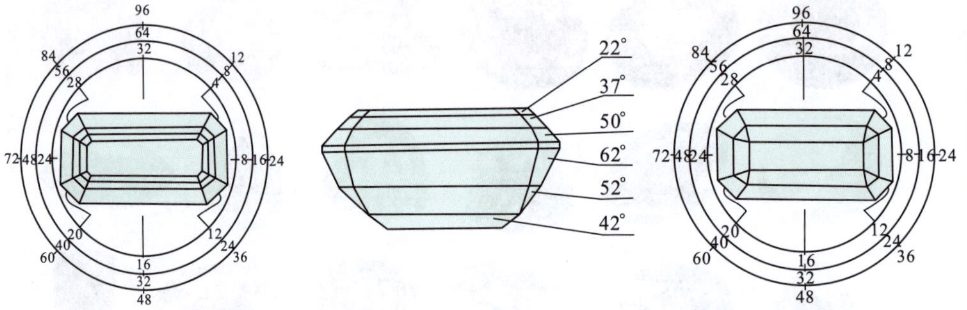
四角星形琢型	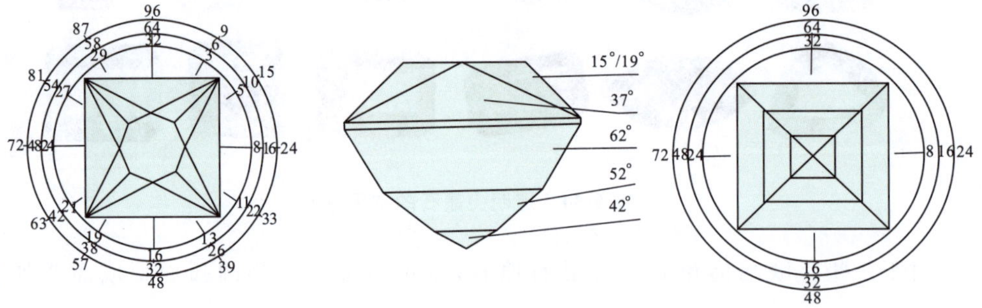
三角形阶梯琢型	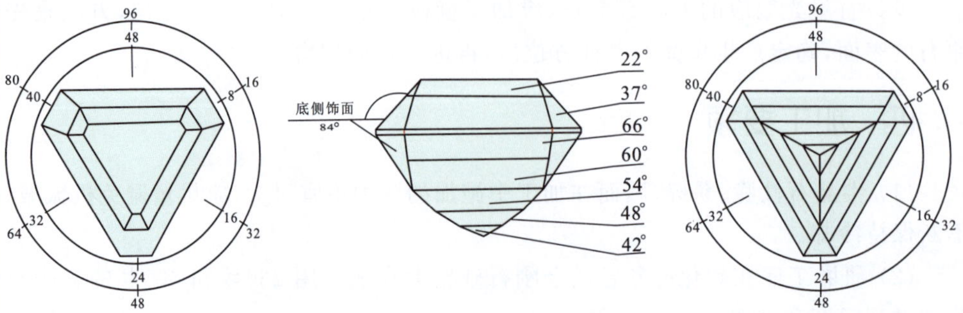

表9-7(续)

类型	俯视图	侧视图	仰视图
五角星形琢型			
六角星形琢型			
八角星形琢型			
双玫瑰琢型			

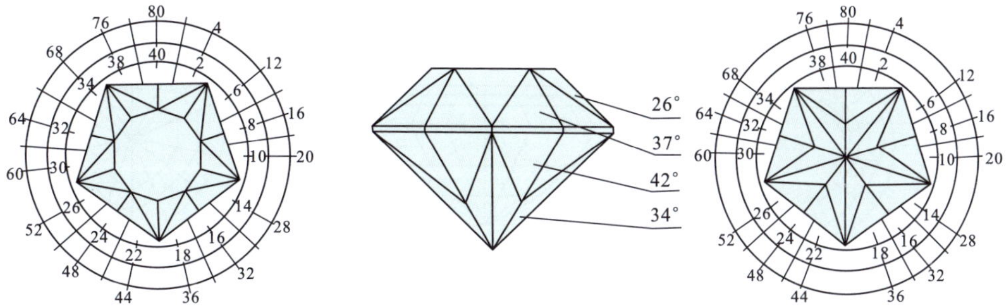

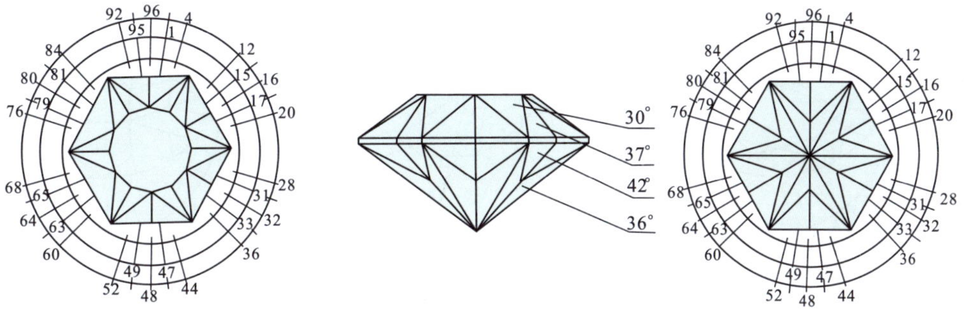

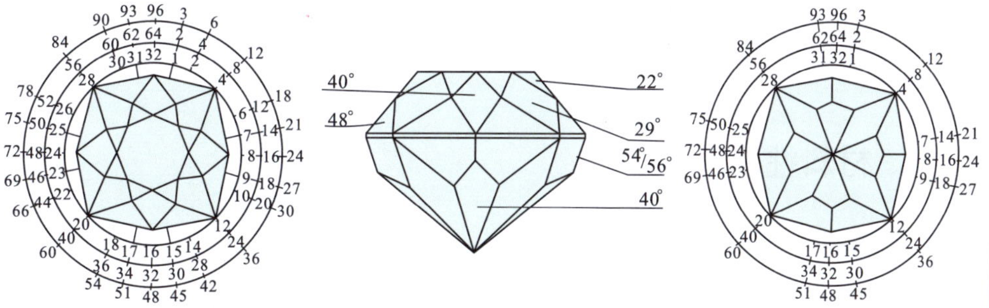

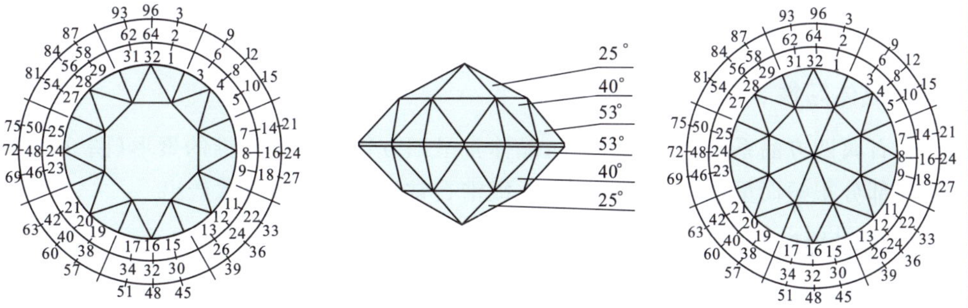

表9-7（续）

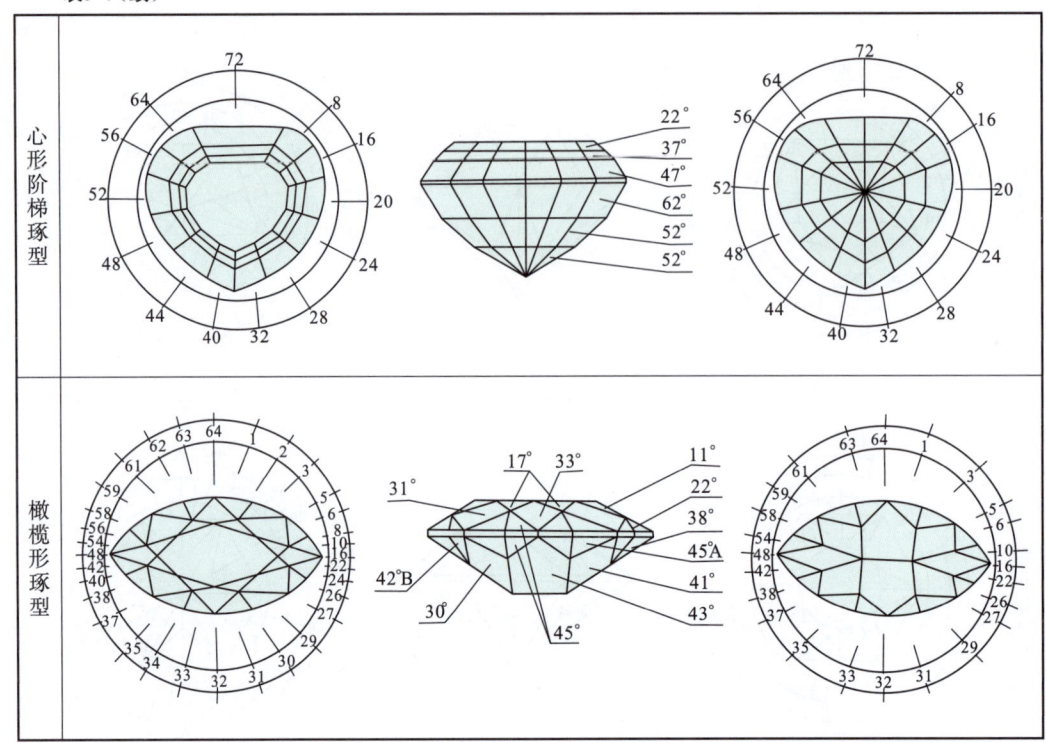

第八节 锆 石

一、材料性质

1. 化学成分

锆石是硅酸锆矿物，成分为 $ZrSiO_4$。因锆石中常混生有含铀和钍的矿物，由放射性元素铀和钍产生的 α 粒子会部分或完全破坏锆石的晶格，使其由晶质渐变为非晶质，根据蜕变程度不同可分为高型、中型和低型 3 种锆石，它们的各种物性参数有显著变化。

2. 晶体习性

锆石属四方晶系，柱状结晶习性，晶体常呈四方柱与四方双锥的聚形（图 9-35），有时因柱体部分很短而呈假八面体状。宝石级锆石常呈磨蚀的卵石状产出。

3. 力学性质

锆石的硬度根据其类型有所不同：高型锆石的摩氏硬度为 7~7.5，低型锆石的摩氏硬度则较低，大约为 6.5。锆石无解理，但性脆、易碎，刻面棱角易被磨蚀损坏，如图 9-36 所示。

(a) 黄色锆石　　　　　　(b) 红色锆石　　　　　　(c) 无色锆石

图 9-35　锆石原石晶体

4. 光学性质

锆石具有亚金刚光泽至明亮玻璃光泽。锆石的折射率根据其类型有所不同：高型锆石的折射率为 1.92～1.99，双折射率为 0.059，加工成刻面琢型后有明显刻面棱线双影（图 9-37）；中型锆石的折射率为 1.83～1.97，双折射率为 0.008～0.043；低型锆石折射率为 1.78，单折射。此外，高型锆石的色散值也很高，达到 0.039，加工成刻面琢型后可展现出强烈的火彩效应。天然锆石的颜色有黄色、红色、橙色、褐色、黄绿色、深绿色、无色等，市场上出现的无色、金黄色和天蓝色锆石多是热处理产物（图 9-38）。锆石的多色性一般较弱，但蓝色锆石的多色性较强，呈蓝色/无色二色性。

图 9-36　锆石刻面棱角被磨蚀　　　　　　图 9-37　锆石刻面棱线双影

二、工艺要求

自然界产出的锆石大多产于冲积砂矿中，呈滚圆卵石状，透明至不透明，其中高型锆石多为浅黄色、褐色至深红褐色；低型锆石多为绿色、褐色及灰黄色，并常含有大量包裹体而呈云雾状。红褐色、褐色和浅黄色的锆石经热处理后可变成无色、蓝色和金黄色，绿色锆石经热处理后颜色也可变浅。因此，市场上所见到的锆石原料及成品大多是经过热处理的。

宝石级锆石皆要求是透明晶体,并要求颜色浓艳均匀或为无色,包括经过热处理获得的颜色。按各种颜色优质锆石的实际市场价格,颜色从优到劣依次为红色、蓝色、绿色、橙色、黄色、无色,但蓝色和无色的锆石最受欢迎。原石还要求无裂纹、少瑕疵,质量在 0.5ct 以上。

三、宝石设计

1. 琢型选择

锆石的琢型选择类似于钻石,最常见的是圆形明亮琢型,因为锆石具有较高的折射率和色散值,加工成圆形明亮琢型后能产生较强烈的火彩,外观酷似钻石。此外,锆石也常被琢磨成其他各种花式明亮琢型,如腰形为椭圆形、梨形、橄榄形、三角形、垫形等的明亮琢型,以及正方形、长方形或条状的阶梯琢型,如图 9-38 所示。

图 9-38　锆石的颜色和常见琢型

锆石还有一种经典琢型,即所谓的锆石琢型,这种琢型实际上是明亮琢型的一种变型,其特点是在亭部主面和底尖之间多磨出一排 16 个小面,以减少漏光、增强亮度。但是,现在这种锆石琢型已经较少使用,普遍采用的还是 57 个刻面的标准圆形明亮琢型(标准圆钻琢型)。尤其是蓝色锆石和无色锆石,加工成标准圆钻琢型后可以作为钻石的代用品。锆石的理想琢磨角度是冠角 35°～37°、亭角 41°,与钻石相似。为了充分展示色散效应,锆石的冠部应比钻石设计得稍厚一些。

2. 琢型定向

高型锆石是具有较强烈的双折射和较明显多色性的宝石,因而需要对琢型进行定向设计,定向方法如图 9-39 所示。由于高型锆石的双折射率较高,加工成刻面型宝石后易出现明显的刻面棱线双影,使宝石棱线看起来模糊不清,影响美观,设计和加工时,应使琢型台面垂直于晶体光轴(C 轴),这样可以避免从台面方向上观察到背面棱线双影。蓝色锆石具有比较明显的多色性,其沿光轴(C 轴)方向的蓝色要好于其他方向,如果宝石琢型取向不当,会使蓝色中出现闪黄的色调,因此,正确的琢型定向是使台面垂直于晶体光轴(C 轴)。

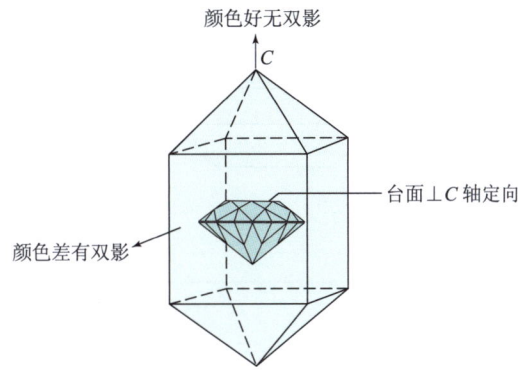

图 9-39　高型锆石的琢型定向设计

四、加工要领

(1) 锆石性脆,在加工过程中应尽量避免振动和冲击,同时也要注意冷却,避免发热过度。

(2) 对于较大块度的锆石原石,需要用金刚石锯片切割开料,但操作时要特别小心,因为锆石有黏阻锯片的习性。

(3) 研磨工序在金刚石砂轮上完成。用 260♯ 和 600♯ 的金刚石磨盘进行粗磨和细磨。低型锆石的各部位硬度可能不一样,研磨时要注意确保各组刻面均匀一致。

(4) 抛光可用 W2.5 的金刚石粉在锡铅合金盘上完成,为了避免过热,可将钻石粉抛光剂调制得稀一些,稀释剂在宝石与抛光盘之间起润滑作用。对于低型锆石中硬度较低的刻面,可以降低抛光盘转速,并减小施加的压力,以免刻面抛光过度。

高型锆石常用琢型的加工角度和分度数据见表 9-8,低型锆石常用琢型的加工角度和分度数据见表 9-9。

表 9-8　高型锆石常用琢型的加工角度和分度(顶视图、侧视图、底视图)

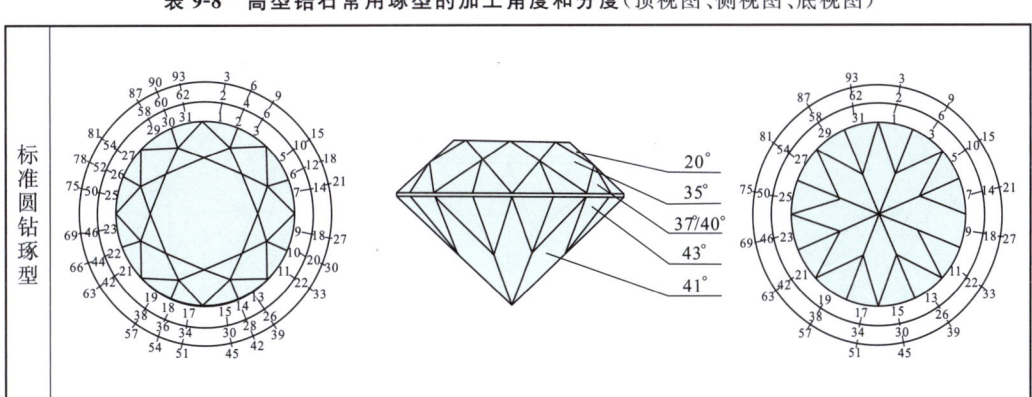

表9-8（续）

琢型			
祖母绿琢型			
四角星形琢型			
三角形阶梯琢型			
五角星形琢型			

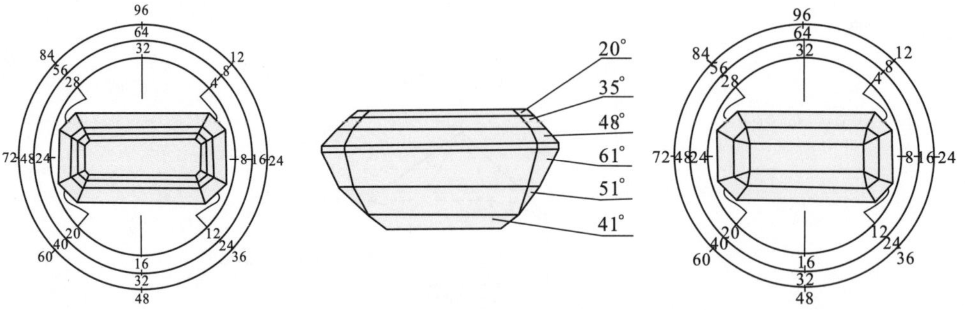

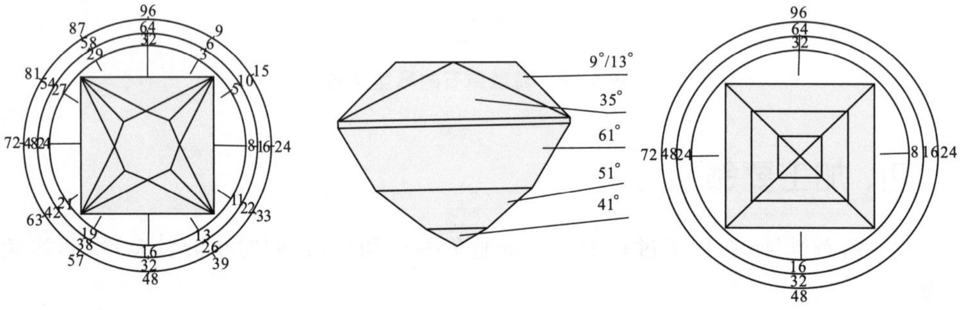

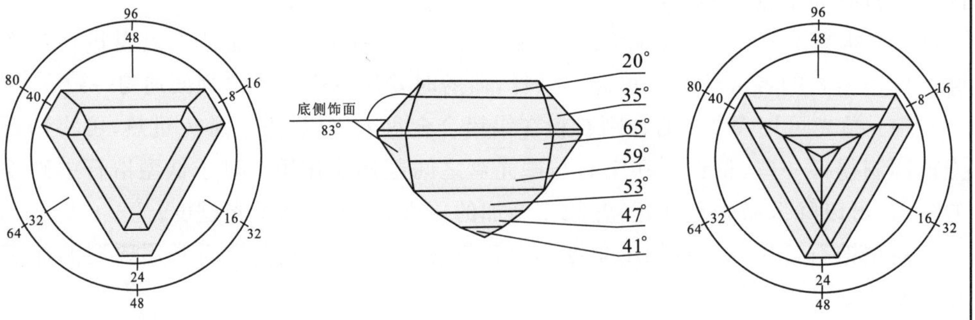

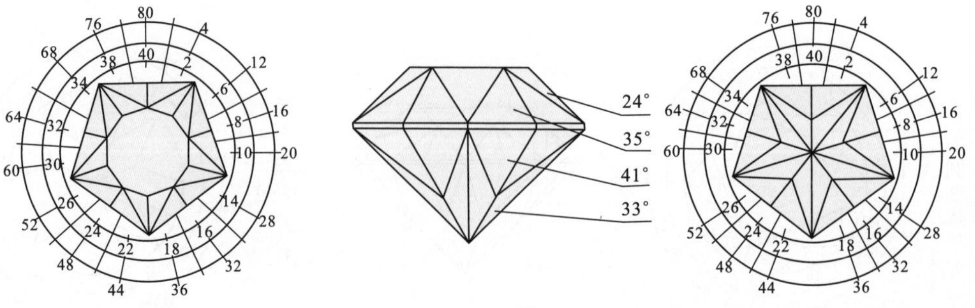

表9-8（续）

琢型	冠部俯视	侧视	亭部俯视
六角星形琢型		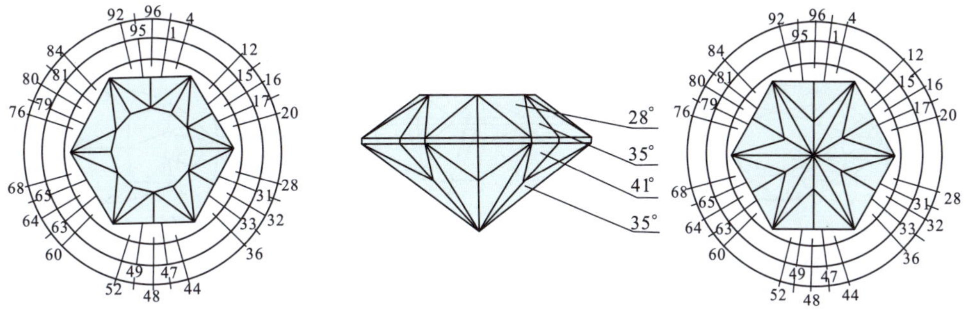 28° 35° 41° 35°	
八角星形琢型		40° 20° 48° 27° 49°/51° 39°	
双玫瑰琢型		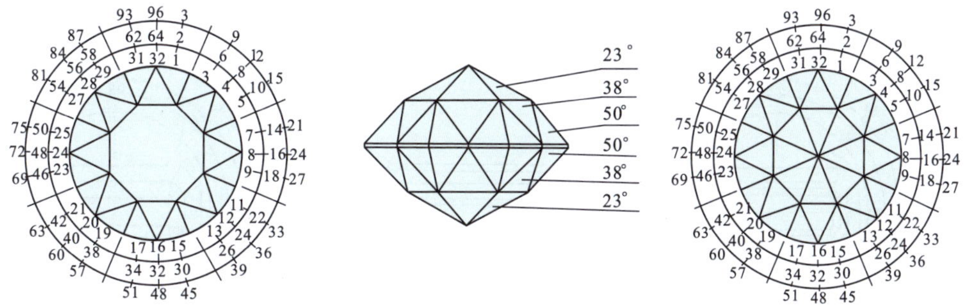 23° 38° 50° 50° 38° 23°	
心形阶梯琢型		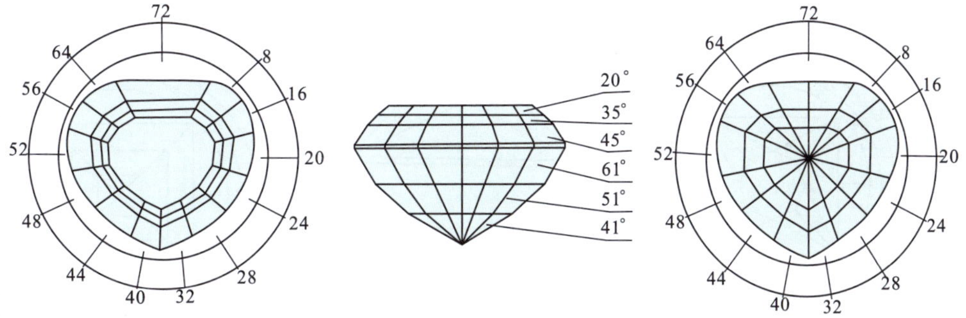 20° 35° 45° 61° 51° 41°	

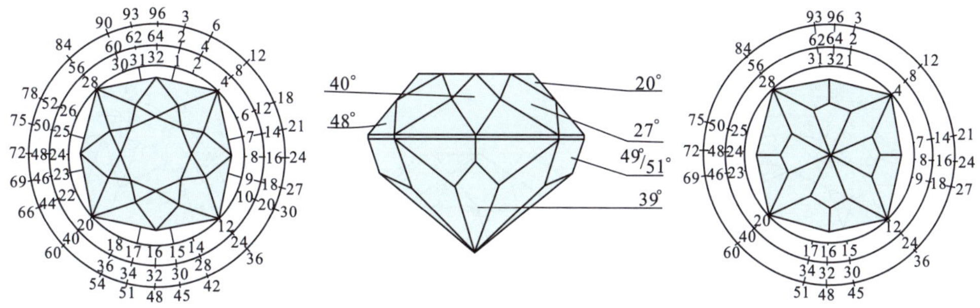

表9-8（续）

橄榄形琢型	

表 9-9　低型锆石常见琢型加工角度和分度（顶视图、侧视图、底视图）

标准圆钻琢型	
祖母绿琢型	
四角星形琢型	

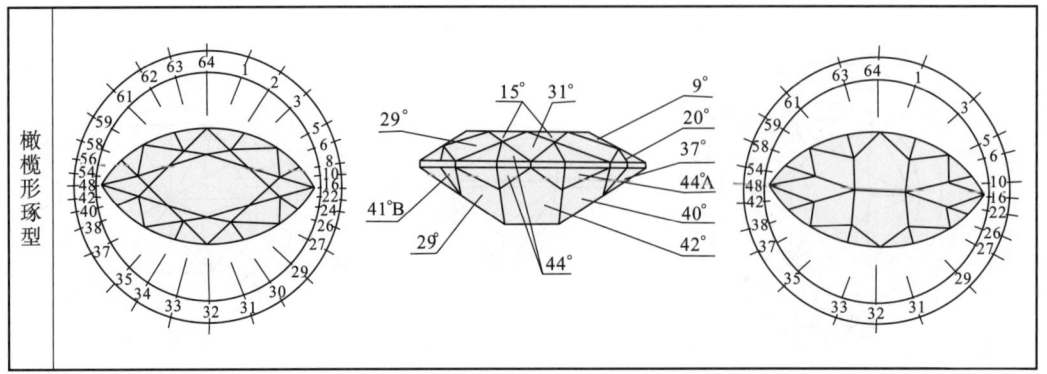

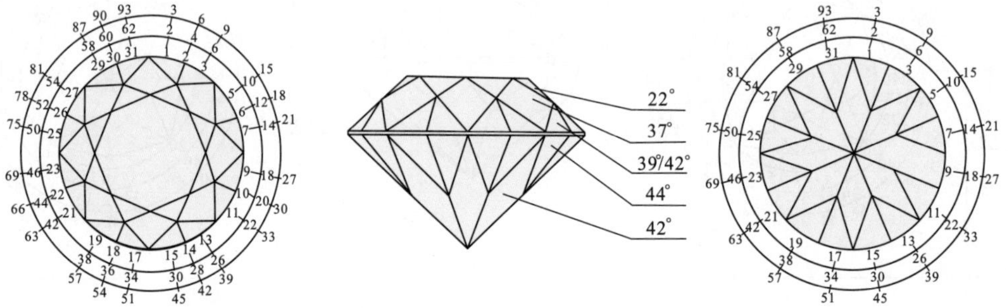

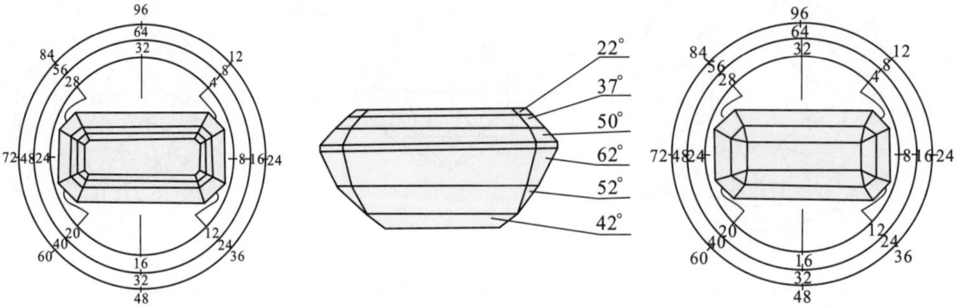

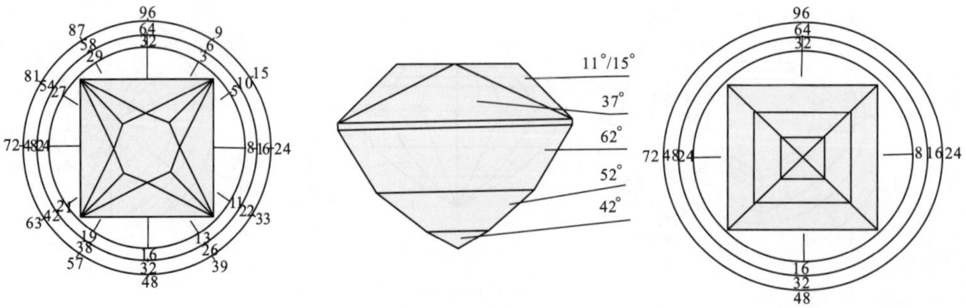

表9-9(续)

琢型	图示
三角形阶梯琢型	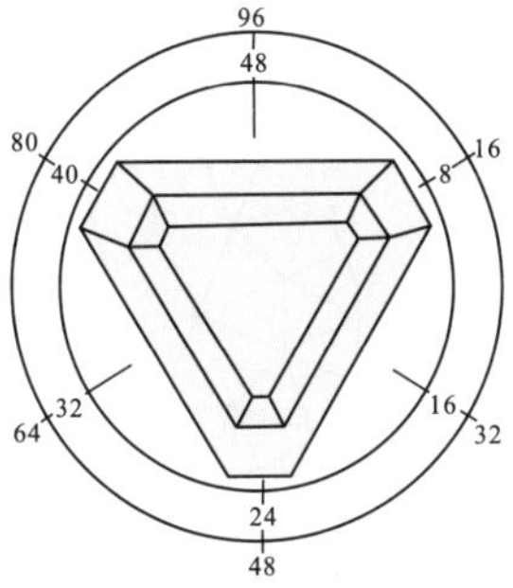 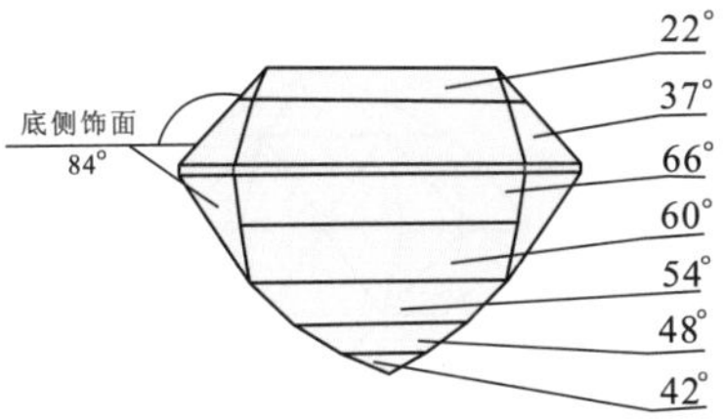 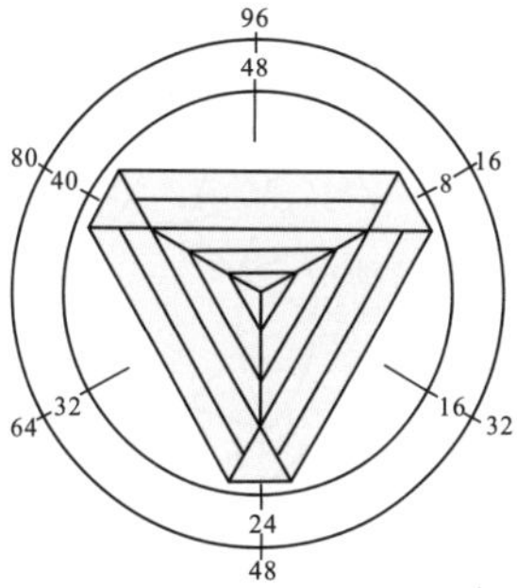
五角星形琢型	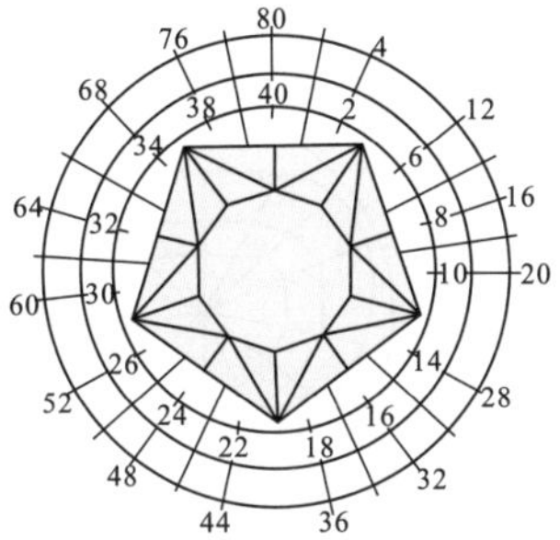 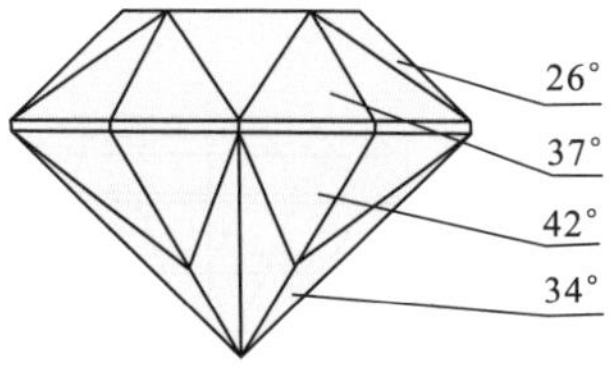 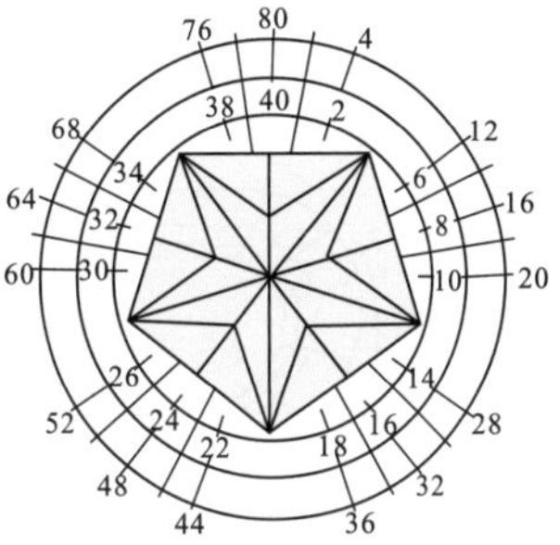
六角星形琢型	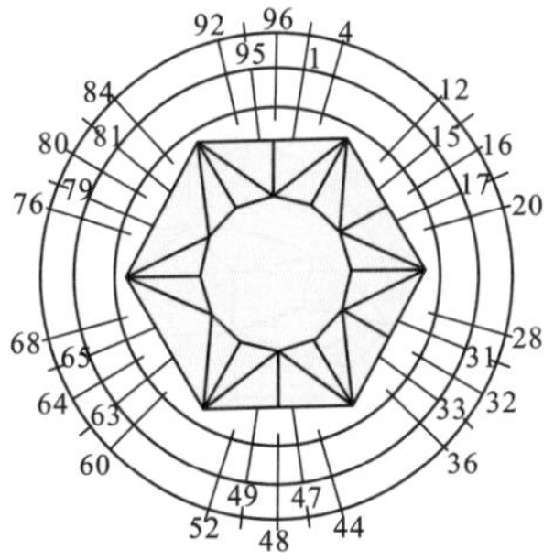 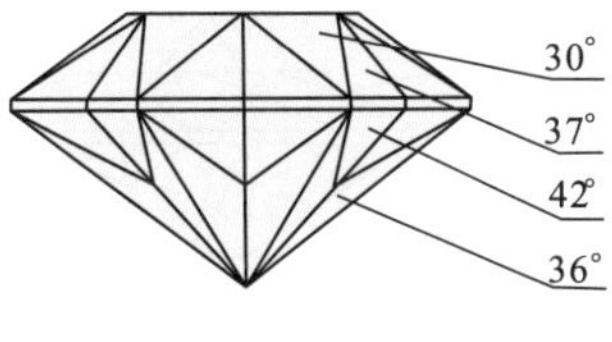 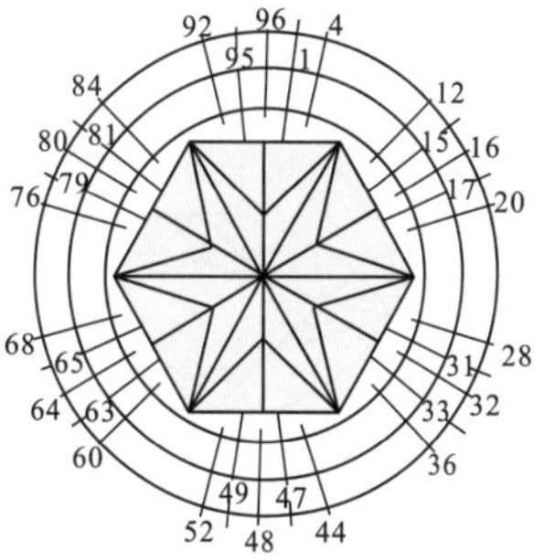
八角星形琢型	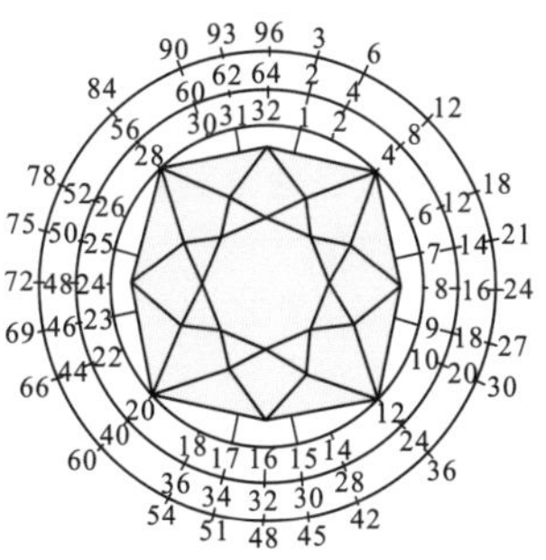 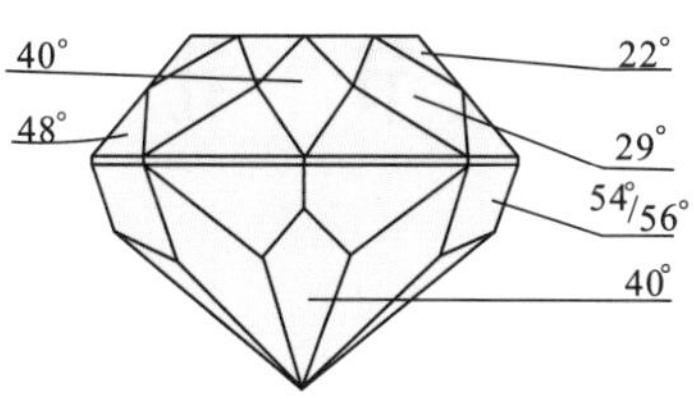 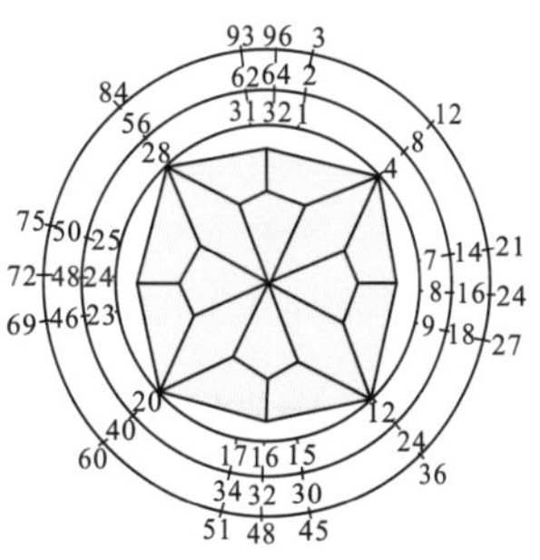

表9-9（续）

双玫瑰琢型		

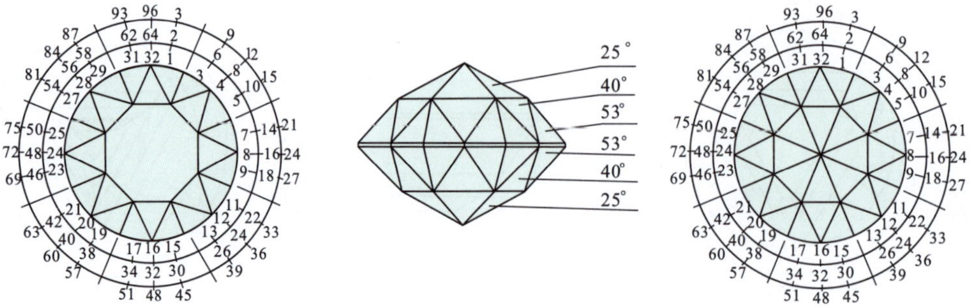

心形阶梯琢型		

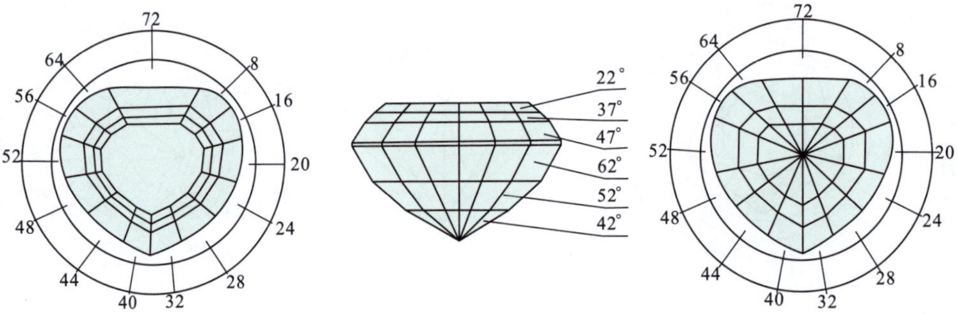

橄榄形琢型		

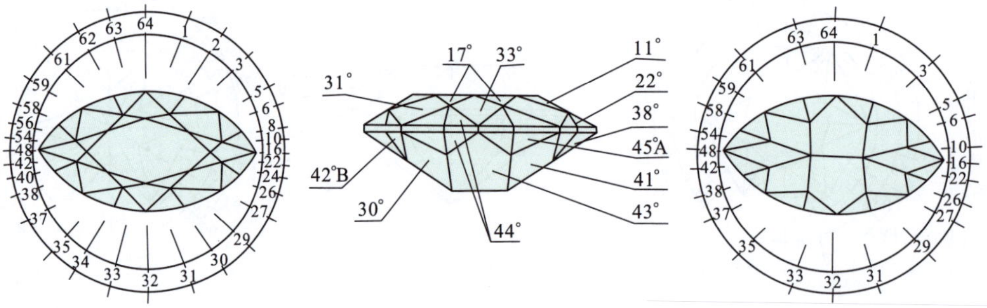

第九节　托帕石

一、材料性质

1. 化学成分

托帕石的矿物名称为黄玉，是一种铝氟硅酸盐矿物，其成分为 $Al_2(F,OH)_2[SiO_4]$，

F 和 OH 之间可以互相替代,随 F 的增加,密度增大,折射率降低。

2. 晶体习性

托帕石属斜方晶系,柱状结晶习性,往往由多个菱方柱和菱锥相聚而成,为典型的具有菱形横截面的柱状晶体,柱面上有纵纹。晶体沿 C 轴延长呈短柱状,通常一端为锥形,另一端常因解理面破裂成平面而终止。晶形良好的单晶最大直径可超过 1m,也可见不规则粒状或呈水蚀卵石。托帕石的晶形结构和原石晶体分别如图 9-40 和图 9-41 所示。

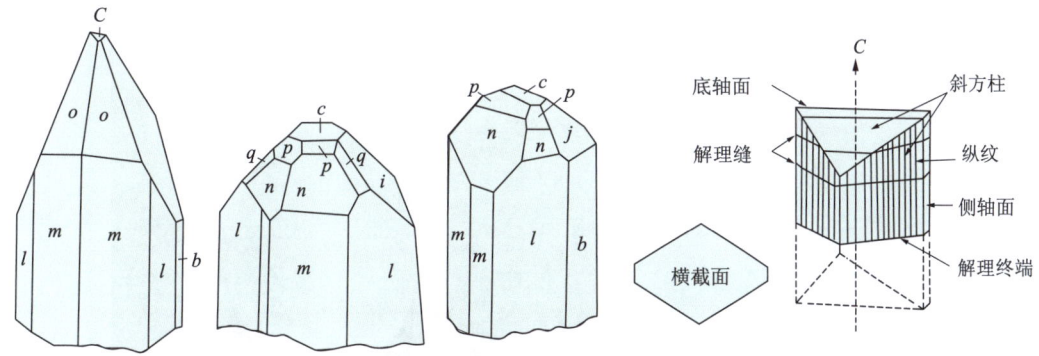

图 9-40　托帕石的晶形结构

图 9-41　托帕石原石晶体

3. 力学性质

托帕石有平行于底轴面的完全解理,因而性脆,易沿解理面裂开;摩氏硬度为 8,是硅酸盐宝石中硬度最大者。

4. 光学性质

托帕石一般呈黄棕色至褐黄色、浅蓝色至蓝色、红色、粉红色及无色,极少数呈绿色,具玻璃光泽,透明至半透明;折射率为 1.61～1.64,双折射率为 0.008～0.010,色散值为 0.014;具弱至明显的多色性,最好的颜色常出现在 C 轴方向上。

5. 特殊效应

托帕石的晶体内部常含有沿平行于 C 轴方向分布的线管状包裹体,排列密集者加工成圆珠型或弧面型宝石后可产生猫眼效应,如图 9-42 所示。

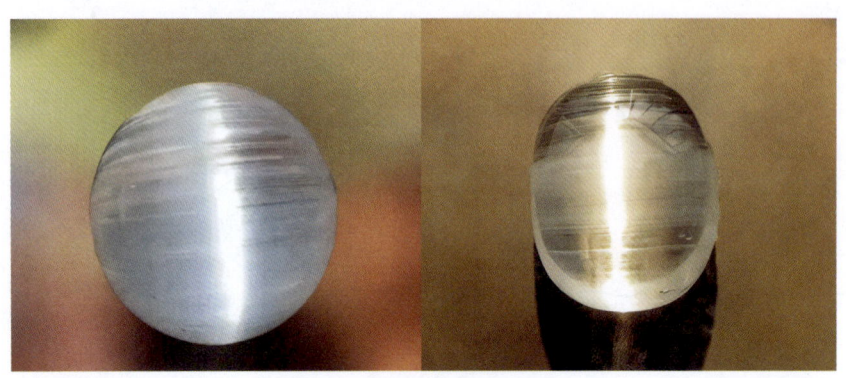

图 9-42　托帕石的猫眼效应

二、工艺要求

托帕石一般要求颜色深艳、纯正。以优质的紫红色最为珍贵,价值最高;其次是粉红色、深黄色;再次是蓝色、黄色和褐色;无色的托帕石容易被误认为水晶,故价值最低。目前市场上许多颜色较好的托帕石都是通过辐照和热处理方法获得的。如褐黄色、橙色及黄褐色的托帕石颜色经热处理可变成粉红色至紫红色,无色托帕石经过辐照和热处理后可变成亮蓝色至深蓝色。市场上各种常见的托帕石颜色品种如图 9-43 所示。

原石晶体要求透明。但对于深色的托帕石原石,肉眼看多数表现为半透明,加工后由于个体变小而变为透明。因此检查透明度时,必须考虑原石的大小,并使用聚光光源,最好的方法是进行加工试磨,然后确定其工艺性能。一般来说,在聚光光源的照射下,显得内部粗糙和近于不透明的原石,都不能利用。

托帕石原石常见有较大的晶体,但优质品少见。宝石级托帕石要求是裂纹和解理不发育、瑕疵少的晶体,对于优质品,其质量一般应大于 0.7ct。

三、宝石设计

1. 琢型选择

品质较优的托帕石一般都加工成刻面型宝石。过去常选择加工成圆形明亮琢型和混合琢型,并常在这类琢型上增加些刻面,以凸显其闪烁效果。现代加工则以标准圆钻琢型和祖母绿琢型为主,有时托帕石也被琢磨成椭圆形、梨形、橄榄形、心形等的明亮琢型,以及各种千禧工凹面琢型和格子面琢型等,如图9-43所示。

对于大晶体的托帕石原石,可以用来制作雕件。

图 9-43　托帕石的颜色和常见琢型

2. 琢型定向

托帕石由于发育完全的底轴面解理,如果琢型刻面平行于解理面则很难抛光;另外,如果将琢型边棱放在平行于解理面的位置,则在边角会出现一些细小裂纹。因此,在设计和加工时要注意定向。通常将宝石台面放在与底轴面解理面呈5°~20°的位置,同时也尽可能使其他小刻面不与解理面平行(图9-44)。琢型的台面或边角部位也不宜与解理面正交,以防发生破裂。

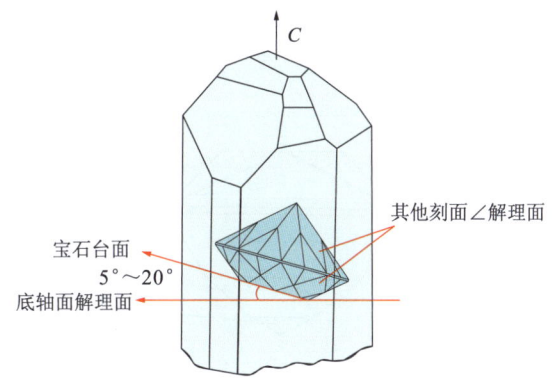

图 9-44　托帕石的解理与定向设计

托帕石的某些品种具有明显的多色性，一般垂直于解理面方向（即 C 轴方向）颜色较好，但由于上述原因，该方向不能作为台面方向。所以，托帕石的设计要把握好这两个方面。

四、加工要领

（1）托帕石发育有一组完全解理，易碎，在加工过程中应尽量避免振动和冲击。

（2）冲坯工序在碳化硅砂轮或金刚石砂轮上完成。分别用 260＃和 600＃的金刚石磨盘进行粗磨和细磨。用 W2.5 的金刚石粉在锡合金盘上抛光。

（3）抛光过程中施加的压力不应过大，抛光盘旋转要平稳。同时要避免发热过度，否则过热会使粘胶软化、宝石移位，或上抛光面出现烧灼痕。

（4）理想的琢型台宽比为 54%，冠角 43°，亭角 39°。

托帕石常用各种琢型的加工角度和分度的具体数据见表 9-10。

表 9-10　托帕石常用琢型的加工角度和分度（顶视图、侧视图、底视图）

标准圆钻琢型

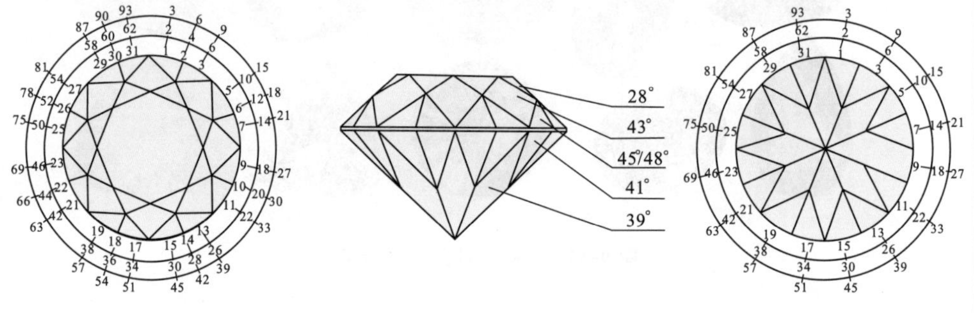

祖母绿琢型

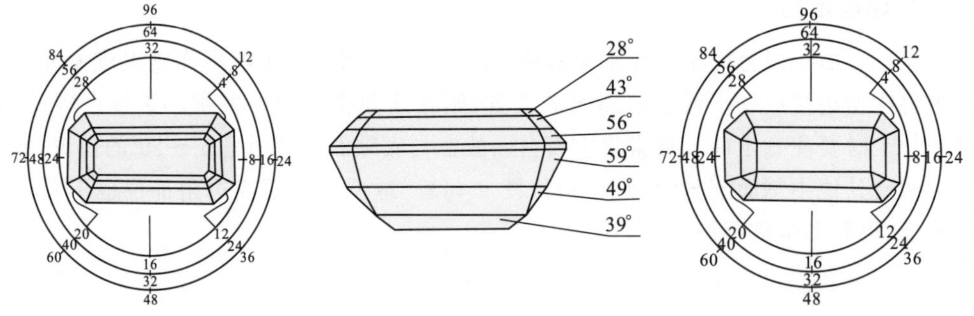

四角星形琢型

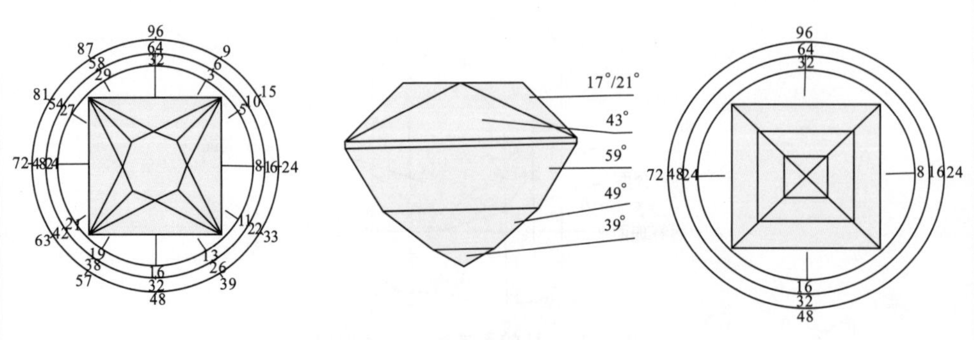

表9-10（续）

类型	顶视图	侧视图	底视图
三角形阶梯琢型		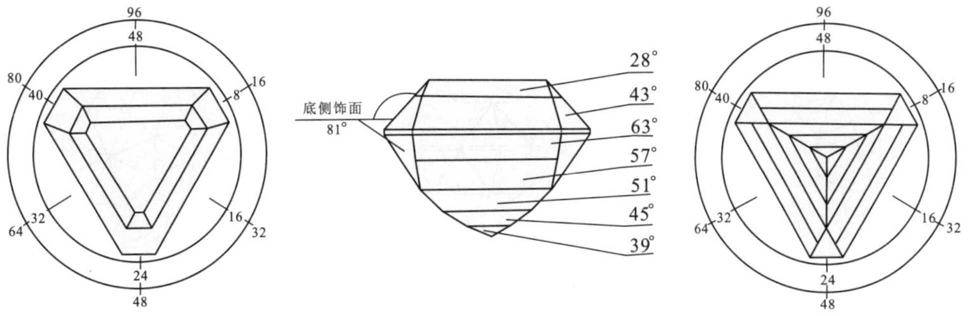 底侧饰面 28°/43°/63°/57°/51°/45°/39°, 81°	
五角星形琢型		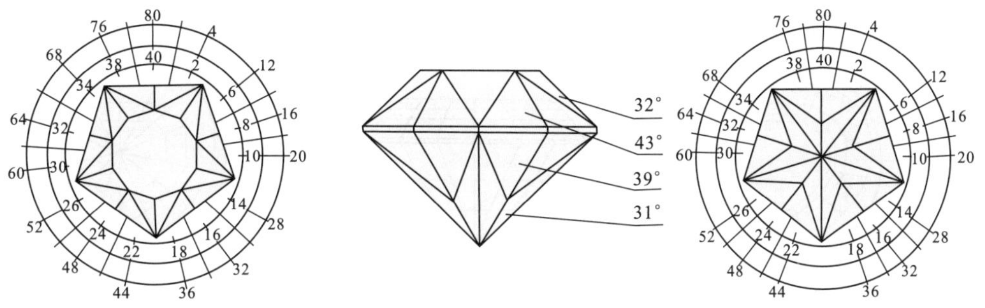 32°/43°/39°/31°	
六角星形琢型		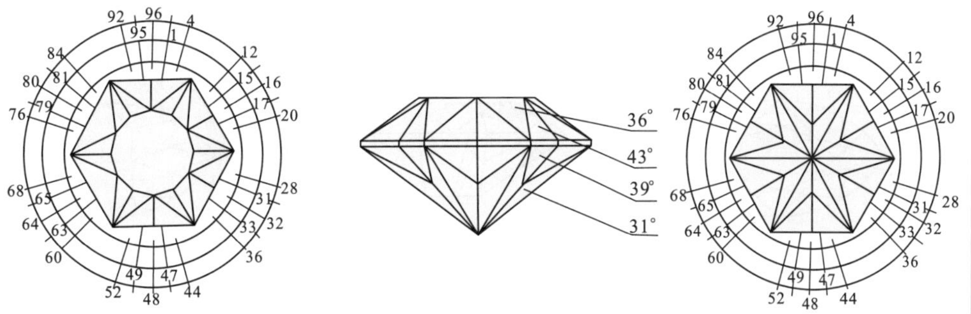 36°/43°/39°/31°	
八角星形琢型		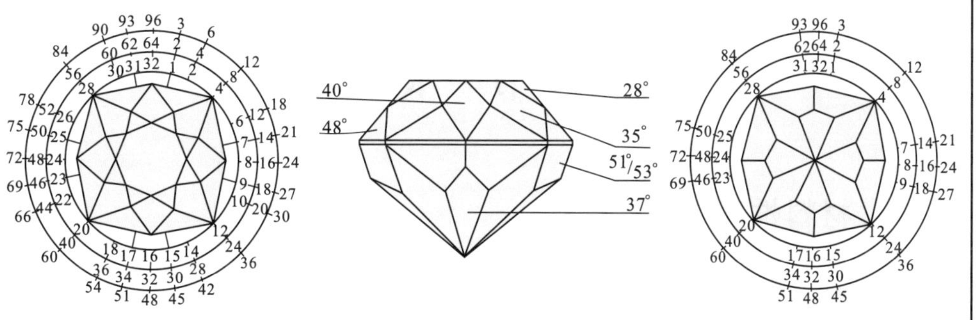 40°/48°, 28°/35°/51°/53°/37°	

表9-10（续）

双玫瑰琢型		
心形阶梯琢型		
橄榄形琢型		

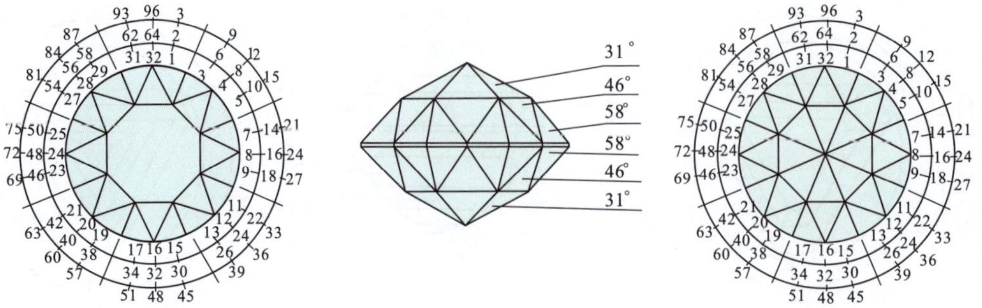

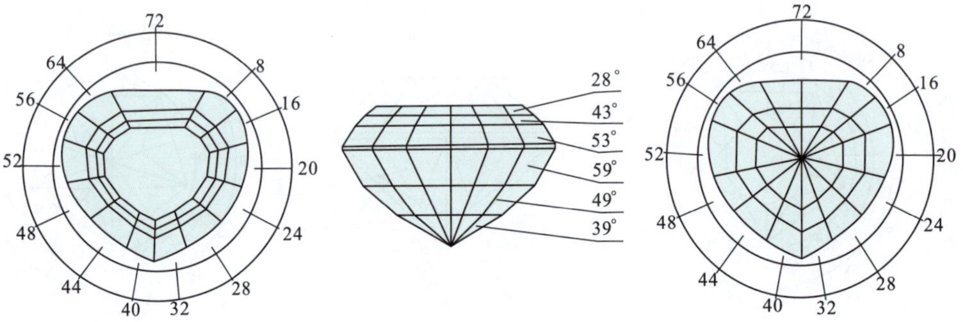

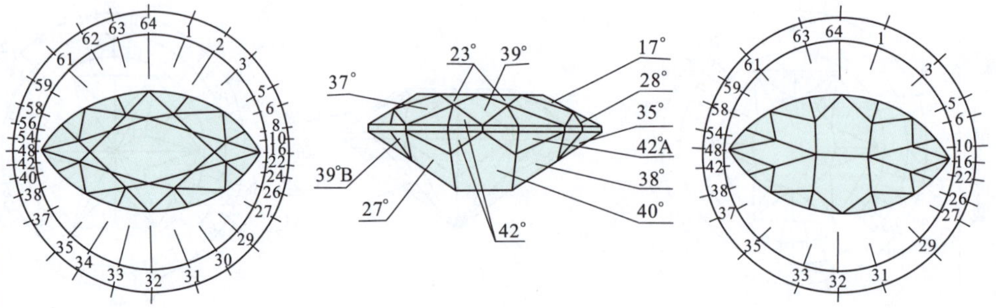

第十节 长　石

一、材料性质

1. 化学成分

长石为长石族矿物的总称，是钾、钠、钙的铝硅酸盐，成分中类质同象转换现象普遍，从而形成各种长石。它主要分为钾长石和斜长石两类。钾长石($K[AlSi_3O_8]$),包括正长石、微斜长石和透长石3个同质多象变体;斜长石,是成分界于钠长石($Na[AlSi_3O_8]$)和钙长石($Ca[Al_2Si_2O_8]$)端元组分之间的类质同象系列,包括钠长石、奥长石、中长石、拉长石、培长石和钙长石。

在长石族中,主要宝石品种有月光石、日光石、天河石和拉长石。月光石是正长石的一个主要宝石品种,由钾长石和钠长石组成;日光石是奥长石的一个宝石品种;天河石是微斜长石的一个宝石品种;拉长石是斜长石的一个宝石品种,由钠长石和钙长石组成。长石族主要宝石品种关系如图 9-45 所示。

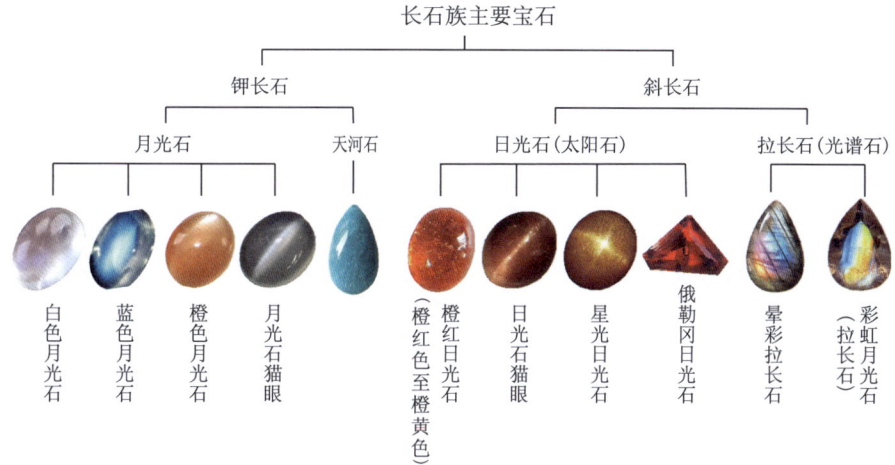

图 9-45 长石族主要宝石品种关系图示

2. 晶体习性

正长石和透长石属单斜晶系,其他为三斜晶系。一般为柱状晶体,聚片双晶发育。完好晶体少见,大多呈块状产出。长石族部分宝石品种的原石特征如图 9-46 所示。

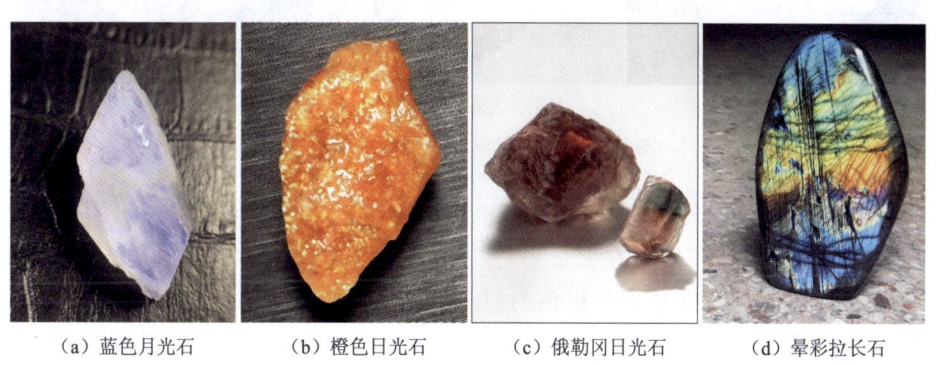

(a) 蓝色月光石　　(b) 橙色日光石　　(c) 俄勒冈日光石　　(d) 晕彩拉长石

图 9-46 长石族部分宝石品种的原石

3. 力学性质

长石一般发育有两组以相互呈直角和近于直角相交的完全解理,性脆,易沿解理面破裂,摩氏硬度为 6～6.5。

4. 光学性质

长石的光学性质随品种不同有很大变化,一般为玻璃光泽,透明至不透明。月光石的颜色有无色、白色、蓝色、黄色、橙色和灰色等;天河石呈蓝色和蓝绿色;日光石一般为橙红色、橙黄色至橙棕色,美国俄勒冈州产出的日光石呈透明的无色、黄色、橙黄色、红色、浅粉色、浅蓝色或浅绿色及双色等;拉长石有蓝色、黄色、紫色、灰色至黑色,以及透明的彩虹色等。月光石、日光石、天河石的折射率为 1.52～1.53,拉长石的折射率为 1.560～1.568。

5. 特殊效应

(1) 月光石的特殊光学效应。月光石具有月光效应,以泛美丽的蓝色或白色浮光晕色为特征。这是由于其内部由两种薄层的钾长石和钠长石的层状隐晶平行相互交生构成,折射率稍有差异,对可见光发生散射,当有解理面存在时,可伴有干涉或衍射,长石对光的综合作用使长石表面产生一种蓝色的浮光效果。如果层较厚,产生灰白色,浮光效果要差些,或呈白色浮光。月光石按体色和浮光晕色可分为白色月光石(体色和晕色均为白色)、蓝色月光石(体色为白色,晕色为蓝色)、橙色月光石(体色为橙色)等品种。此外,某些月光石中含有大量定向排列的针状包裹体,可产生猫眼效应或星光效应。月光石的原石及月光效应和猫眼效应如图 9-47 所示。

(a) 月光石原石　　　(b) 月光石的月光效应　　　(c) 月光石的猫眼效应

图 9-47　月光石原石及特殊光学效应

(2) 日光石的特殊光学效应。日光石也称太阳石,以显示砂金效应为特征。其原因一般是在无色的奥长石基质中有大量平行排列的红色和橙色的针铁矿或赤铁矿的细小片状包裹体,反射出呈金黄色或红褐色的似金属光泽的闪光。有少量日光石除具有砂金效应外,还因含大量定向密集排列的针状包裹体,可产生星光效应或猫眼效应,如图 9-48 所示。而美国俄勒冈州产出的日光石比较独特,主要呈各种透明的红色、黄色、双色及无色等,也具有相对稀疏的砂金效应,系内部所含呈星点状分布的细小自然铜薄片包裹体对光反射所致。

（a）日光石的砂金效应　　　　（b）日光石的星光效应　　　　（c）日光石的猫眼效应

图 9-48　日光石的特殊光学效应

（3）拉长石的特殊光学效应。拉长石也称光谱色石,因其可以闪现出七彩光芒的晕彩效应而得名。拉长石产生晕彩是其内部聚片双晶面或平行方向薄层析离体,或微细的定向排列的空隙与包裹体对光的不同吸收和干涉,而呈现出蓝、绿、黄、紫等的晕色。一般,宝石级拉长石大多不透明,在灰色或黑色的基体上闪现出各种颜色的晕彩[图 9-49（a）],按晕彩主要颜色可分为蓝色、黄色、紫色、黑色等品种。然而,近年来出现了另一种所谓的"彩虹月光石",这种宝石的体色为无色透明,表面却呈现出多色晕彩,与月光石的单色晕彩有明显差异,经检测研究这种宝石实际是拉长石,其"彩虹"色也属于晕彩效应[图 9-49（b）]。

（a）拉长石的晕彩效应　　　　（b）"彩虹月光石"(拉长石)的晕彩效应

图 9-49　拉长石的特殊光学效应

二、工艺要求

1. 月光石的工艺要求

月光石一般要求宝石近于透明或半透明,并具有乳白色至蓝色的光彩,以质地细腻、无裂纹或蜈蚣状包裹体、蓝彩明显的为佳。

2. 日光石的工艺要求

日光石一般要求宝石透明度较高,砂金效应明显(在光照下能从晶体中闪现出金星般的耀眼闪光），颜色以色深、鲜艳、明亮的橙黄色至金黄色为好。

3. 拉长石的工艺要求

拉长石一般要求晕彩效应明显，以呈似波浪状显示的蓝色、绿色至黄绿色的晕彩最佳，次为黄色、粉红色及红色。

4. 其他长石的工艺要求

对于其他品种的长石，一般要求透明。各种透明的长石均可以加工成刻面型宝石，但对于半透明或不透明的长石，只要颜色美丽或具有特殊光学现象，也可琢磨成弧面型宝石利用。

长石类宝石常有较大晶体产出，宝石级长石的原石块度一般要求在3mm以上。

三、宝石设计

1. 月光石的设计

月光石一般都加工成椭圆弧面琢型，也可根据原石形状选择相适合的圆形、梨形、心形等弧面琢型。此外，月光石还常加工成圆珠或用于浮雕材料，如雕刻成各种动物或人像。具有月光、猫眼或星光效应的月光石都必须加工成弧面型，并且要注意定向，宜选择中凸型或高凸型琢型，这样有利于其光线向弧面中央部位聚集，增强光学效果，同时还可以避免宝石因解理发育和琢型边缘太薄而破损。

对于仅具有月光效应的月光石的定向，要做到琢型的底面或腰棱与结构层面平行，才能保证浮光聚集在弧面宝石的中心位置，如果因定向不准造成浮光在宝石中移位、歪斜，将严重地影响其价值；而对于具有猫眼效应的月光石的定向，要使弧面宝石的底面与结构层面垂直，才能保证猫眼光带集中在弧面型宝石的顶部中央。这两种光学效应的月光石的定向关键，都是要准确找到互层结构的层面方向。在设计和加工中寻找结构层面进行宝石定向取料的具体方法是：利用边角部位出现微小解理层纹判断结构层方向；借用10×放大镜观察剥削部位暴露出的解理面判断结构层方向；在坯料的几何方向上试磨一小面，观察结构层方向。

2. 日光石的设计

一般的日光石大多透明度较低，呈半透明至微透明状，宜选用各种形状的中凸或高凸弧面琢型。同时要注意定向，使弧面型宝石的底平面与片状矿物包裹体延伸方向一致。

对于具有猫眼效应或星光效应的日光石，要注意通过试磨和强光照射观察，寻找内部针状包裹体的排列方向和光带显示的最佳方向，如果加工成椭圆弧面型，还应使光带与椭圆长轴方向一致。

对于透明度较高的日光石，也可以加工成各种刻面琢型。例如，俄勒冈日光石的透明度较高并具砂金效应，常被加工成圆形、椭圆形、梨形、三角形等的明亮琢型和祖母绿琢型，如图9-50所示。

图 9-50　加工成刻面型的俄勒冈日光石

3. 拉长石的设计

透明的黄色拉长石常加工成刻面型宝石,主要采用圆形明亮琢型和阶梯琢型,但该品种比较罕见。对于具有晕彩效应的拉长石,因其透明度一般较低,只适合加工成弧面琢型,如各种形状的中凸和低凸弧面琢型,块度较大但裂纹较多者常被制作成摆件或手玩件工艺品。

将晕彩拉长石加工成弧面型宝石时要注意定向,应使弧面型宝石的底面与聚片双晶方向一致,这样才能有利于在宝石正面呈现出最佳的晕彩。在强光源下检查宝石可以迅速准确地进行定向。

被称为"彩虹月光石"的拉长石,因其透明度普遍较高,既可以加工成弧面琢型,也可以加工成刻面琢型,而且后者效果更佳,价值更高。无论加工成哪种琢型,都要注意按上述方法检查定向,尽可能使最佳的晕彩出现在宝石的正面,如图 9-51 所示。

图 9-51　"彩虹月光石"(拉长石)原石及琢型

四、加工要领

(1) 长石易裂,不耐热,因此,在加工过程中要注意避免机械振动和过度发热。

(2) 研磨工序在碳化硅砂轮或金刚石砂轮上完成,砂轮转动不能有任何偏摆,以防止宝石受侧向碰擦发生破裂,并注意保持用水冷却。

(3) 刻面宝石分别用 260# 和 800# 的金刚石磨盘进行粗磨和细磨,用刚玉粉或氧化铈、氧化铬在有机玻璃盘或铅合金盘上抛光。理想的台宽比为 52%,冠角 42°,亭角 43°。

(4) 弧面型宝石用 180# 和 600# 的碳化硅砂布或石英砂布进行粗磨和细磨,用红宝石粉或玛瑙粉、氧化铬粉在皮盘和毛呢盘抛光均可获得较好的抛光效果,但要注意温度不能过高。

长石类宝石常用刻面琢型的加工角度和分度数据见表 9-11。

表 9-11 长石类宝石常用琢型的加工角度和分度(顶视图、侧视图、俯视图)

表9-11（续）

类型			
三角形阶梯琢型	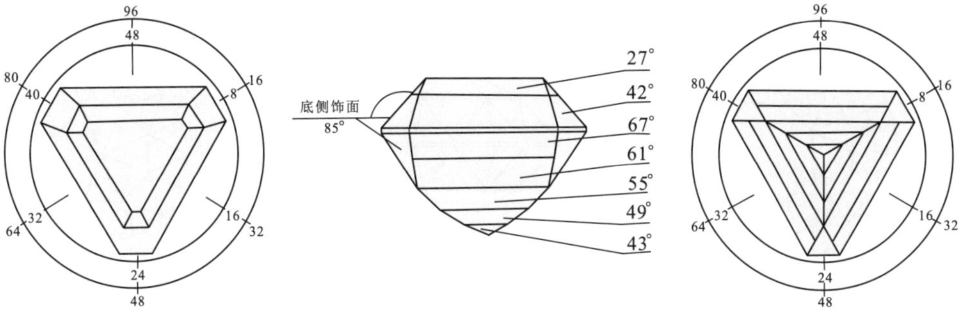	底侧饰面 85° 27° 42° 67° 61° 55° 49° 43°	
五角星形琢型	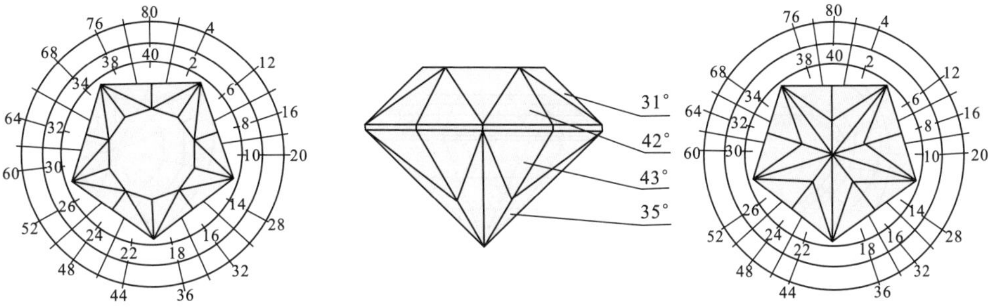	31° 42° 43° 35°	
六角星形琢型	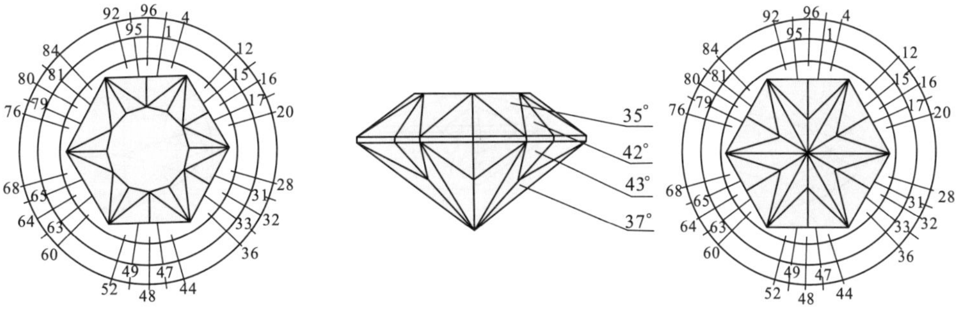	35° 42° 43° 37°	
八角星形琢型	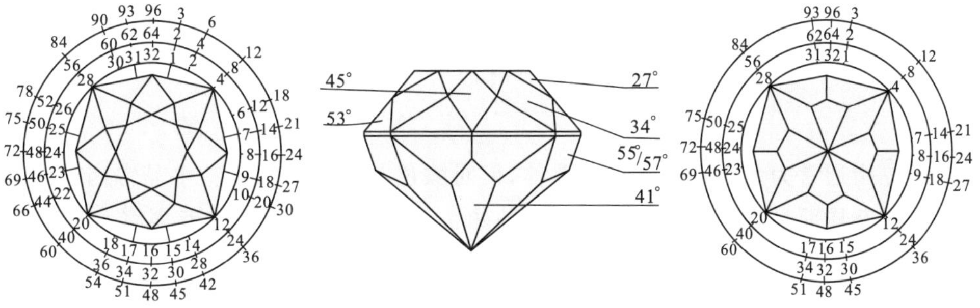	45° 53° 27° 34° 55°/57° 41°	

表 9-11（续）

双玫瑰琢型			
心形阶梯琢型			
橄榄形琢型			

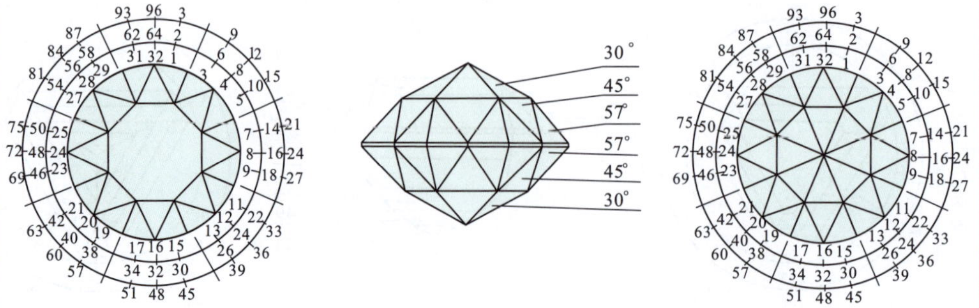

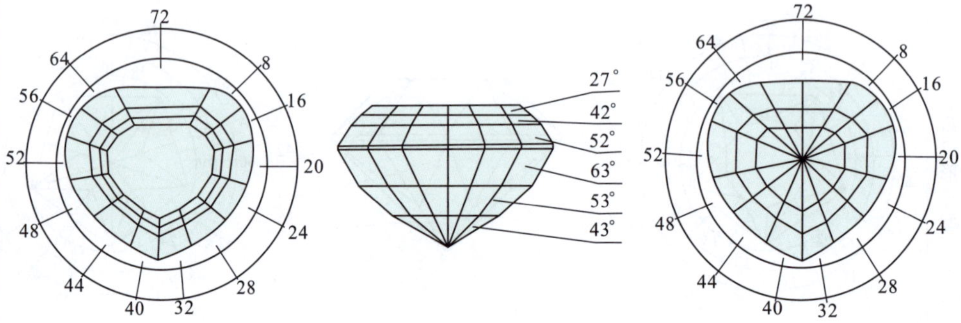

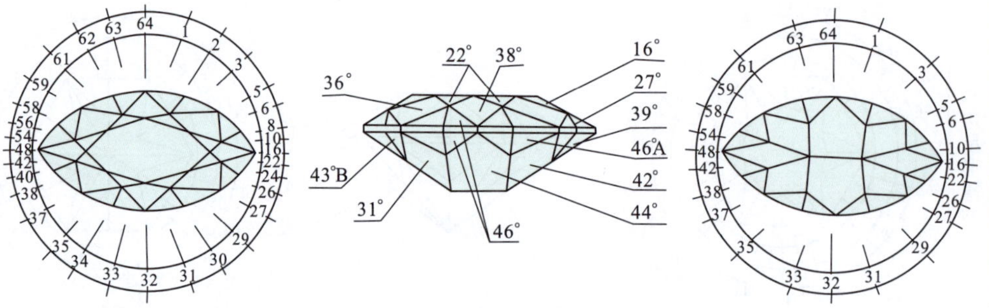

第十一节 水 晶

水晶指通常为无色透明的石英晶体，但对颜色并无严格限定。水晶常因含有其他色素离子或杂质而呈现各种颜色，并且各种颜色的水晶都有自己的专属名称，如紫晶、黄晶、烟晶、芙蓉石等。

一、材料性质

1. 化学成分

水晶的成分为 SiO_2,常含 CO_2、H_2O、$NaCl$、$CaCO_3$ 等气液包裹体。若成分中含 Fe、Mn、Ti、Al 等杂质,可使无色水晶出现颜色。

2. 晶体习性

水晶属三方晶系,柱状结晶习性,晶体常呈六方柱与六方双锥的聚形,柱面有横纹。常呈晶簇、块状及磨圆卵石状产出。水晶原石晶体如图9-52所示。

1.无色水晶;2.紫晶和紫黄晶;3.黄晶和发晶;4.茶晶;5.烟晶;6.墨晶;7.芙蓉石。

图 9-52　水晶原石晶体

3. 力学性质

水晶的摩氏硬度为7,无解理,韧性较好。

4. 光学性质

水晶有无色、紫色、黄色、粉红色、烟黄色至深褐色等多种颜色,紫晶中常有色带现象;透明至半透明,具玻璃光泽;折射率为1.544～1.553,双折射率为0.009,色散值为0.013;多色性较弱。

5. 内含物

水晶中常含有气液两相包裹体。部分透明的水晶含有发状、丝状、针状等形态的矿物晶体包裹体,肉眼清楚可见,称为发晶。

能成为发晶包裹体的矿物很多,如金红石、电气石、阳起石、石棉等,由于这些矿物包裹体的颜色各有不同,因而形成不同颜色的发晶。市场上,一般将含金色或黄色发状、丝状和针状金红石发晶称为"金发晶",含金色长片状金红石发晶称为"钛晶",含黑色发状和针状电气石发晶称为"黑发晶",含绿色发状和针状阳起石发晶称"绿发晶"等,如图9-53

所示。

(a) 金发晶(含金红石)　　(b) 钛晶(含金红石)　　(c) 黑发晶(含电气石)　　(d) 绿发晶(含阳起石)

图 9-53　几种含不同包裹体的发晶

6. 特殊效应

(1) 星光效应：主要见于芙蓉石，因含有定向排列的针状金红石或矽线石包裹体所致[图 9-54(a)]。

(2) 猫眼效应：仅见于少数半透明的水晶，因含有大量沿平行于主晶方向排列的细长金红石或石棉纤维或管状空穴所致[图 9-54(b)]。

(3) 晕彩效应：常出现在一些无色纯净的水晶中，因含有大量细裂纹，导致对光产生干涉作用而呈现美丽的光谱色[图 9-54(c)]。

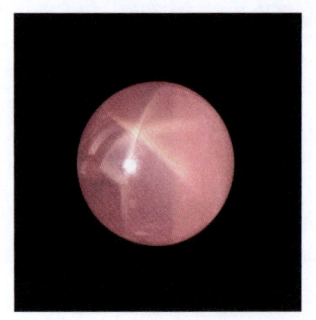  

(a) 星光芙蓉石　　　　　(b) 水晶猫眼　　　　　(c) 晕彩水晶

图 9-54　水晶的特殊光学效应

二、工艺要求

1. 对无色水晶的要求

无色水晶一般要求透明洁净，无肉眼可见的气液包裹体，无裂纹或绵纹等瑕疵。水晶晶体通常较大，但晶体的中下部常发育大量的绵纹状瑕疵，使用时需要大量切除。无色水晶经辐照处理后可变成茶晶或墨晶。

2. 对有色水晶的要求

有色水晶一般要求颜色深艳、均匀。一般来说，有色水晶按颜色从优到劣依次为紫晶、黄晶、茶晶、墨晶。各品种水晶均以颜色深艳、明亮、均匀且透明洁净者为佳。芙蓉石透明洁净的较少，大多数呈雾状并含大量微细包裹体和裂隙，以透明度好的深蔷薇红色为佳，透明度差或色淡的粉红色为次，但具有星光效应的芙蓉石则较珍贵。

3. 对发晶的要求

发晶要求晶体透明度好，发丝状包裹体清晰可见，不含或含少量其他脏色杂质包裹体。最珍贵的是金丝发晶，次为钛晶，再次为其他颜色的发晶等。

三、宝石设计

1. 琢型选择

无色水晶、茶晶、烟晶和墨晶主要用于加工成圆珠型或多面型链珠、水晶眼镜、水晶球和水晶雕刻品。紫晶和黄晶主要用于琢磨成刻面型宝石。芙蓉石中比较透明洁净的也可琢磨成刻面型宝石，透明度较差的主要用于加工成珠型宝石和雕件。发晶可以加工成弧面型戒面、吊坠和珠链。有星光效应和猫眼效应的水晶都应琢磨成椭圆弧面型宝石。

无色水晶用作戒面料时，常常采用标准圆钻琢型。紫晶、黄晶、茶晶等多采用椭圆形明亮型、阶梯型或混合型等琢型，以及近年来流行的千禧工凹面琢型和格子面琢型（图9-55），对于颜色较浅者常用加厚琢型比例的方法来加深宝石颜色。

发晶可以用于加工成各种形状的弧面型戒面、吊坠、链珠、发晶球和手镯等饰品。

图 9-55　紫晶和黄晶的常见琢型

2. 琢型定向

对颜色不均匀的有色宝石进行琢型设计时要注意定向。如紫晶常发育有与晶面平行的角状色带，每个色带之间的颜色差别比较大，设计和加工时应该使其最好的颜色位于宝石的冠部，台面或腰棱与色带平行，这样，从台面方向观察宝石时就会显现出比较浓郁的颜色。

有星光效应的芙蓉石,因晶体中的3组针状金红石包裹体沿相交成120°并垂直于C轴分布,故应使弧面型宝石的底平面与C轴垂直,这样才能在弧面上显示六射星光。但芙蓉石常呈块状产出,原石上见不到晶形特征,往往难以判断C轴方向,可以通过试磨的方法来定位方向。

有猫眼效应的水晶,其内部的针状金红石或石棉纤维或管状包裹体平行于晶体C轴方向排列,故应该使弧面型宝石的底平面与包裹体排列方向(C轴方向)平行,同时还要注意使猫眼光带出现在椭圆形琢型的长轴方向上。

发晶用作戒面料时,如果发状、丝状或针状包裹体排列比较整齐,应使弧面琢型的长轴方向与包裹体的排列方向近于一致,这样会显得比较美观;如果包裹体排列不仅整齐而且还很细密,也可使弧面琢型的长轴方向与包裹体的排列方向垂直,这样可能产生猫眼效应。

四、加工要领

由于水晶不存在解理,韧性较好,对热也不敏感,因而其加工比较容易,没有特别的注意事项,只需按一般的操作方法进行则可。

(1) 研磨工序一般用碳化硅砂轮进行,也常使用金刚石砂轮,后者效率较高。

(2) 对于刻面型宝石应分别用260♯和800♯的金刚石磨盘进行粗磨和细磨。一般用氧化铬、氧化锌或氧化铁等抛光剂,在锡合金盘、有机玻璃盘或聚氨酯盘上抛光,效果都比较好。现在也普遍采用金刚石微粉(<W3.5)抛光剂对水晶进行抛光,抛光盘宜选用锌锡合金盘。这种方法具有抛光效果好、抛光速度快、效率高的优点,虽然金刚石抛光剂的价格较高,但用量很少。

(3) 对于弧面型宝石,应分别用100♯和400♯的碳化硅砂轮进行粗磨和细磨。用刚玉粉、氧化铬粉或氧化锡粉在皮盘或毛呢盘上抛光,都可获得满意的效果。

水晶刻面琢型的理论冠角为42°,亭角为43°,其常用刻面琢型的加工角度和分度数据见表9-12。

表9-12 水晶常用琢型的加工角度和分度(顶视图、侧视图、底视图)

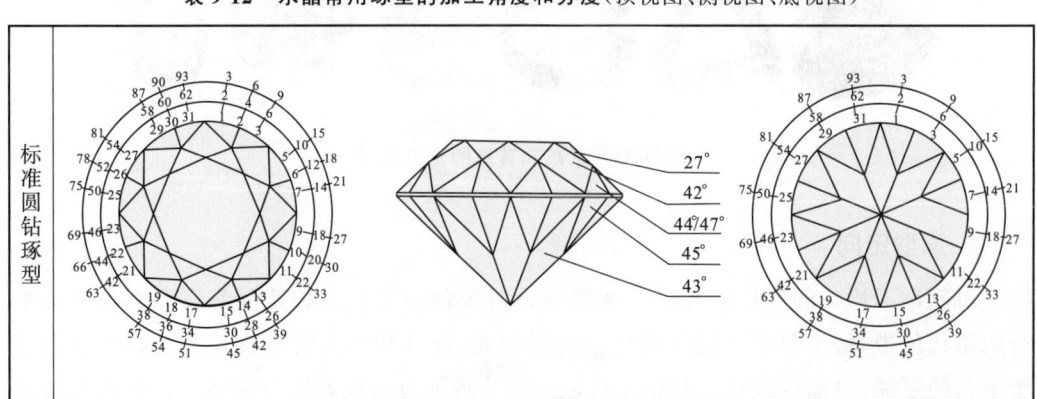

第九章 常见宝石的设计及加工要领

表9-12（续）

琢型	冠部	侧视	亭部
祖母绿琢型		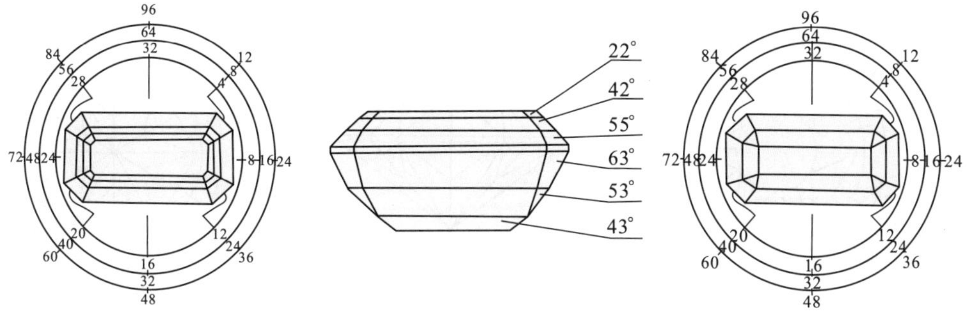 22°/42°/55°/63°/53°/43°	
四角星形琢型		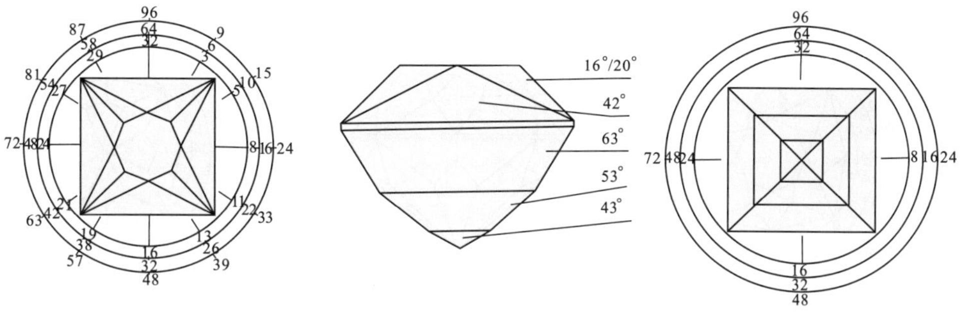 16°/20°/42°/63°/53°/43°	
三角形阶梯琢型		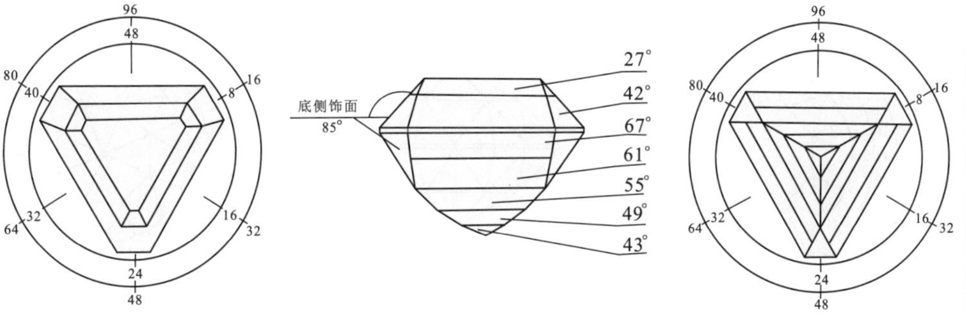 底侧饰面 85° / 27°/42°/67°/61°/55°/49°/43°	
五角星形琢型		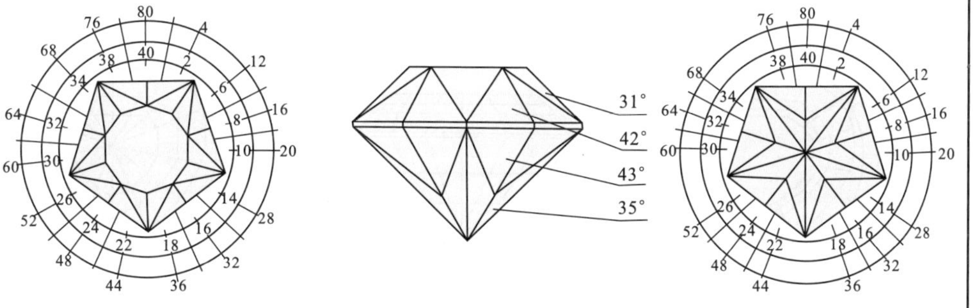 31°/42°/43°/35°	

275

表 9-12（续）

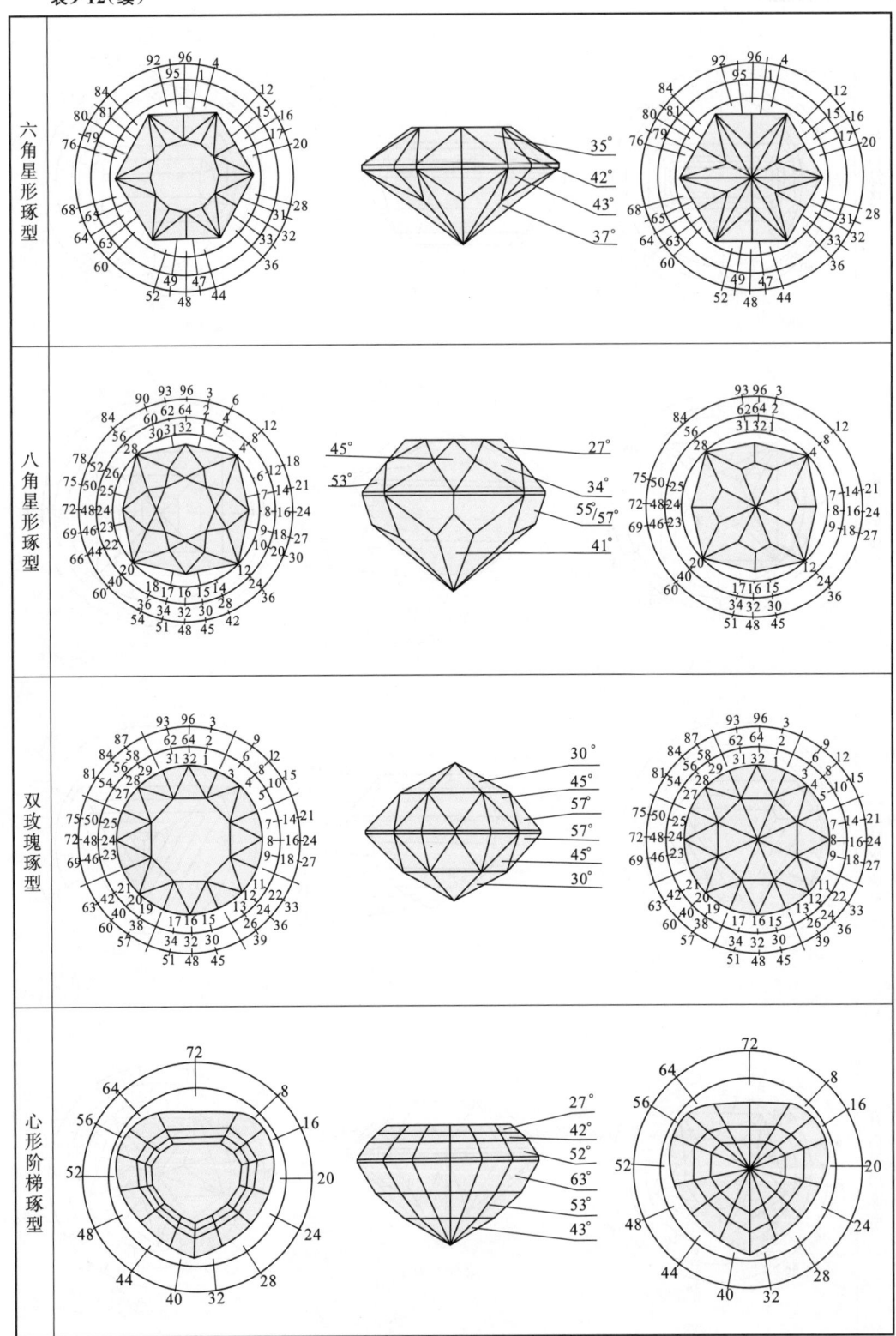

表9-12（续）

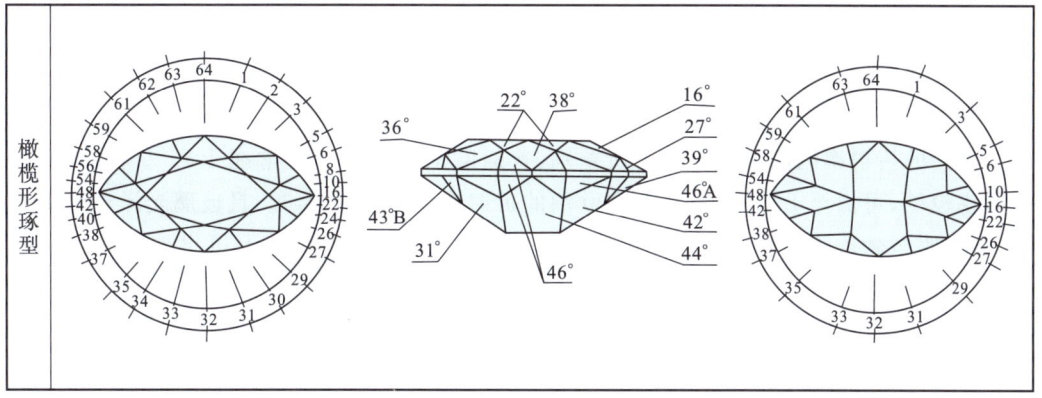

橄榄形琢型

第十二节 欧 泊

一、材料性质

1. 化学成分

欧泊属于蛋白石矿物，分子式为 $SiO \cdot nH_2O$，含水量在 $6\%\sim10\%$ 之间。

2. 结构形态

欧泊为非晶质结构集合体，由二氧化硅小球粒组成，球粒之间常由空气和水等物质充填。集合体常呈不规则脉状或团块状产出（图9-56）。欧泊内部的二氧化硅球粒在三维空间上呈规则状排列，球粒大小相等，因而形成变彩；而普通蛋白石内部的二氧化硅球粒大小不等且形态各异，故无变彩现象。

图9-56 欧泊的原石毛料

3. 力学性质

欧泊无解理,性脆,摩氏硬度为 5.5～6.5。

4. 光学性质

欧泊的折射率因品种不同而有所差别:普通欧泊的折射率通常在 1.45 左右;火欧泊折射率较低,可低至 1.37;黑欧泊和白欧泊的折射率为 1.44～1.46。具玻璃光泽至油脂光泽,半透明至微透明。基底颜色主要有白、蓝、黑 3 种,在基底颜色上可出现多种色彩的闪光,即变彩效应。

5. 特殊效应

欧泊具有典型的变彩效应,特点是在同一宝石表面呈现出多种多样的光谱色,呈不规则的各种彩片分布,色彩随着宝石转动而变幻,即"色随光变,彩从影动"的特殊光学现象。

关于欧泊的变彩效应形成原理,在第三章中已有简单介绍,这里再作进一步补充。扫描电镜测试结果证明,欧泊由直径在 150～400nm 范围内的非晶质 SiO_2 球粒呈六方或立方紧密堆集而成,空隙中常由水和空气充填,同一彩片范围内的球粒大小相等,球粒间的空隙形状相同,距离相等,构成可以衍射可见光的空间格子。如图 9-57 所示,当自然光照射到规则排列的层状球粒上时,球层对自然光发生衍射作用,使之变成波长相同的光。球粒的大小决定着衍射光的波长,当球粒大时,衍射光的波长就长。如由小球组成的彩片衍射出波长较短的紫色光,而由大球粒组成的彩片衍射出波长较长的红色光。于是,各种不同大小球粒的彩片衍射出不同波长的单色光(表 9-13),因而在宝石表面就同时呈现出多种不同颜色的彩片,形成斑斓耀眼的变彩。

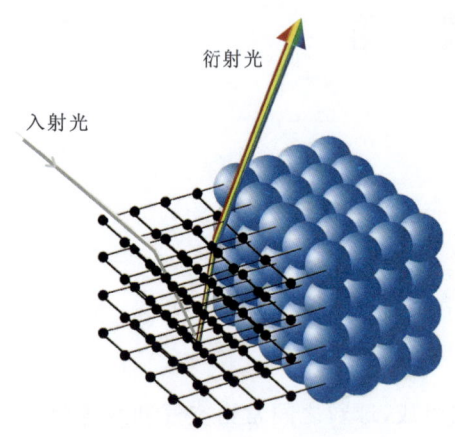

图 9-57 欧泊变彩成因示意图

表 9-13 各种单色光波长及频率

颜色	波长/nm	频率/THz
红色	625～740	480～405
橙色	590～625	510～480
黄色	565～590	530～510
绿色	500～565	600～530
青色	485～500	620～600
蓝色	440～485	680～620
紫色	380～440	790～680

根据衍射定律布拉格公式 $n\lambda = 2d\sin\theta$（n 为波长的整数倍数，d 为平行原子平面的间距，λ 为入射光波长，θ 为入射光与晶面之间的夹角），可解释欧泊中的颜色变化，当欧泊结构中二氧化硅颗粒在一定范围内呈较大的球形且均匀堆积，球体间距大概在138～241nm之间时，光线发生衍射，光谱中所有波长的单色光可全部通过，并在一定范围内随球体间隙的增大，所呈现颜色的波长也随之增大，随着宝石的转动，形成迷人的全彩虹色欧泊。

二、工艺要求及品种分类

欧泊的原石必须具有变彩，以变彩丰富和强烈者为佳。

欧泊一般按基色（体色）和透明度划分品种，主要品种如图 9-58 所示。

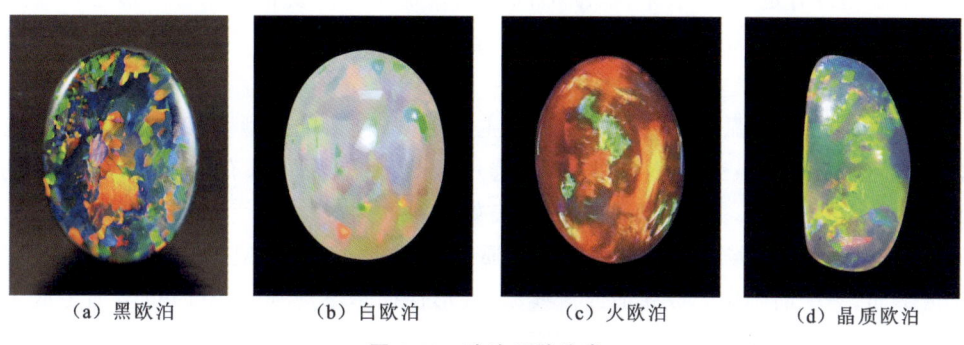

（a）黑欧泊　　（b）白欧泊　　（c）火欧泊　　（d）晶质欧泊

图 9-58　欧泊品种分类

首先，按基色分为3种类型：①黑欧泊，指基底为蓝色、黑色或绿色的欧泊，其变彩效果多样；②白欧泊，指基底为白色、乳白色或灰色的欧泊；③火欧泊，指基底为红色、橙红色或淡黄色的欧泊，其变彩通常较少。

然后，再根据欧泊质地的透明度不同进一步分为：①乳质欧泊，主要指透明度较低，基底的种质比较干，因乳色厚重而混浊，变彩不能很好体现的白欧泊；②晶质欧泊，指透明度较高，基底的种质明亮的欧泊，又称水晶欧泊；③果冻欧泊，指透明度较好，具有蜂蜜色和像果冻一样的质地，但变彩的色块之间比较分立，且变彩呈现不强烈的欧泊。

不同基色品种欧泊的价值从高到低依次为黑欧泊、白欧泊和火欧泊。在黑欧泊中，以基底为深蓝色到黑色的最佳，蓝色或绿色的次之。在白欧泊中，以质地纯净透明、亮度高、变彩丰富的晶质欧泊为佳，而质地不透明、呈灰白色或乳白色的乳质欧泊较差。火欧泊及果冻欧泊虽然透明度较好，但通常因变彩很少，价值较低。

欧泊原石的质量一般要求在 0.5ct 以上。由于欧泊主要产于砂-泥质沉积岩或者玄武岩、安山岩、流纹岩、凝灰岩等火山岩的裂隙中，系地表水淋滤作用或者火山后期低温热液作用，将水中的二氧化硅胶体沉积、充填到地表岩石裂隙中形成，多呈薄层状、细脉状产出，因而欧泊原石厚度一般不大，再因欧泊性脆易破，所以通常可以连同其附近的围岩（作为衬底）一起利用。

三、宝石设计

1. 变彩方向的选择

由于欧泊的变彩往往在不同方向上存在差异性,因而在切磨取向时需要注意变彩方向的选择,尽可能选用变彩效果最佳的方向作为宝石顶面。如澳大利亚产出的欧泊,其变彩一般在侧面为佳,对于厚度较大的欧泊脉体或块体,可以取这一方向作为宝石顶面。但是对于脉层厚度较薄的欧泊片料,变彩方向的选择将会受到限制。

2. 琢型及加工方式的选择

在对原石加工之前,首先必须确定原料是应该加工成实体欧泊还是拼合石欧泊。欧泊的加工琢型没有定规,一般来说,欧泊的琢型及加工形式要根据原石的形态及变彩的分布来选择,多以低凸型和扁平型为佳,加工设计时要因材取形,不要因琢型款式而影响变彩效应。

(1) 弧面型宝石:弧面型为欧泊加工的主要琢型,包括单凸型和双凸型,在腰部造型上多选用椭圆弧面型。弧面不宜过高,应选用低凸型或扁平型,有利于突出变彩效应。弧面要均匀,抛光要好,并且外形轮廓具有良好的对称性。

(2) 随型宝石:市场上的欧泊特别是优质欧泊也常加工成随型,将其中一面作为底面加工成平面,另一面则抛光成弧面或流线型,腰形往往是不规则的,有时也会加工成蛋形或水滴形,主要为了便于镶嵌作为首饰用。

(3) 刻面型宝石:透明火欧泊可以加工成刻面型,圆形明亮琢型是其常用琢型。

(4) 雕刻品:块度较大的欧泊,包括分布在泥砂岩基质中的大量细脉状欧泊,不适宜切开,可以连同围岩一起用于雕刻,以提高整块欧泊的价值。

(5) 化石欧泊:指欧泊化的动植物残骸化石,即由富含二氧化硅胶体的流体渗入动植物残骸空腔中逐渐沉积,形成石化的欧泊。如澳大利亚闪电岭产出的各种贝壳、蜗牛、动物牙齿、骨骼及植物果实等化石欧泊。对于一些分布在化石中的欧泊,一般情况下将整件化石进行加工,以显示欧泊的变彩,同时也要保持化石的形态。

(6) 欧泊拼合石:由于欧泊常呈细脉状产出,且欧泊薄片十分脆弱,所以通常在其琢型背面粘上其他材料作支撑衬底,制成二层石,常用的衬底材料有泥铁矿、普通欧泊、玻璃或塑料等深色材料,二层石多为低凸型或扁平型,但也有中凸型或高凸型的[图 9-59(a)]。还可以在二层石上粘一层弧面型的透明玻璃或水晶顶层即构成三层石,上覆的玻璃或水晶顶层可起到增强欧泊的耐磨能力、防止脱水和放大变彩色斑的作用,三层石多为中高凸弧面型[图 9-59(b)]。

四、加工要领

1. 欧泊加工的注意事项

欧泊常有绺裂,加工前应先将绺裂去掉,以避免在加工时裂隙扩大而造成材料的损

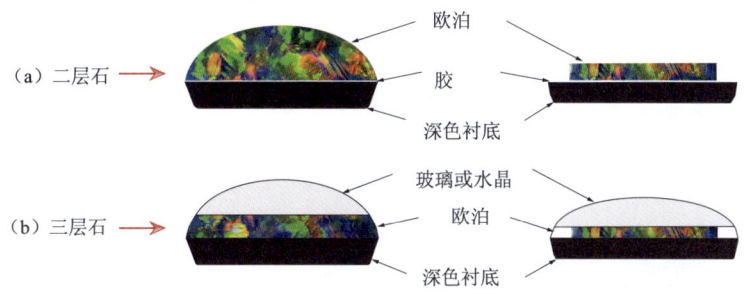

图 9-59　欧泊拼合石结构示意图

失。欧泊是以克拉计算价值的,切割时要用薄型的刀具,以减少材料的浪费。欧泊性脆,加工过程中尽量避免任何振动和冲击。欧泊不耐热,突然升温和降温会使其裂开,过高的温度会使其脱水而失去变彩,因此,在加工过程中要始终处于冷加工状态——宝石粘胶上杆时切忌加热,可使用环氧树脂或 502 速干胶为黏结剂。琢磨时要保持充分的水冷却,切忌干磨。抛光时持续时间不宜过长,以免产生高热。

2. 欧泊的磨抛加工技术要领

对欧泊进行研磨、抛光时手要轻巧,施加的压力要轻微。造型工序可以在细碳化硅砂轮上进行,但砂轮转动时一定要平稳,无偏摆和振动,比较安全的办法是在金刚石砂轮上完成初步造型。对于刻面型宝石,应分别用 320♯ 和 800♯ 的金刚石磨盘进行粗磨和细磨,用氧化铈粉或氧化铝粉在沥青盘或尼龙盘上抛光,亦可用金刚石微粉在紫铜盘上抛光。对于弧面型宝石,应分别用 180♯ 和 400♯ 的石英水磨砂纸进行打磨,可以用氧化铈粉或氧化铬粉在皮盘或毡盘上抛光,也可以用硅藻土粉或氧化锡粉配合皮抛光工具进行抛光,效果较佳。抛光后的厚欧泊可投入酒精中用牙刷进行清洗。

3. 欧泊二层石的加工方法

欧泊二层石可以用两种不同的方法来制作(图 9-60),具体选用哪种方法,要视所夹欧泊的围岩性质而定。

如果围岩是较松软的岩石,如泥砂岩,不能用作衬底材料,可以采用如图 9-61(a)所示的加工方法。首先,将欧泊夹层一侧的围岩剥离去掉,磨平裸露面,再将一块用玉髓或玻璃或劣质欧泊等材料制成的衬底部分粘接上去。黏结剂常用黑色泥青,因为它既可以为欧泊提供黑色背景,使变彩醒目,又可以永不完全硬化,为欧泊薄片提供了一个防碎的软垫。然后,再将欧泊另一侧的围岩剥离去掉,把粘接好的欧泊连同衬底纵向锯成两段,各自修理成型,琢磨出顶面和底面,制成欧泊二层石。

如果围岩是较致密坚硬的岩石,如富铁火山岩,可以用作衬底材料,则采用如图 9-61(b)所示的加工方法。首先,同样将欧泊夹层一侧的围岩剥离去掉,再在另一侧的围岩中距欧泊边界较远的部位切磨去掉多余的围岩,仅保留适当厚的部分作为衬底。然后,再将欧泊连同保留的围岩衬底纵向锯成两段,各自修理成型,琢磨出顶面和底面,制成自然的欧泊二层石。

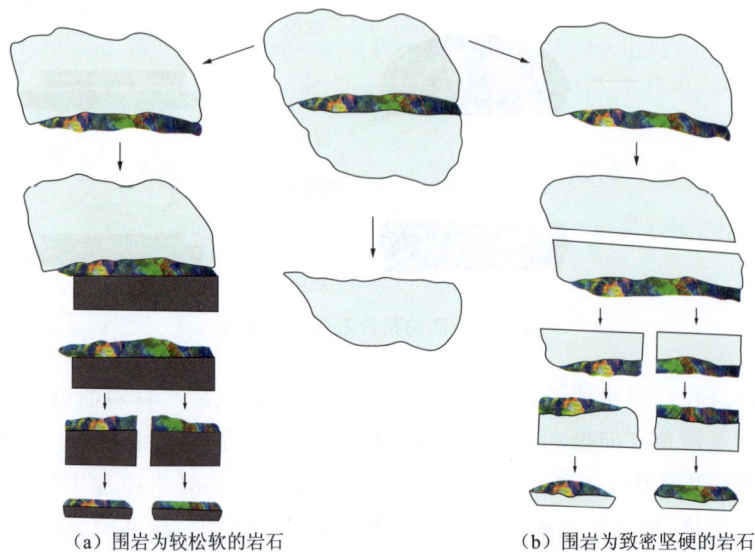

（a）围岩为较松软的岩石　　　　（b）围岩为致密坚硬的岩石

图 9-60　欧泊二层石加工方法示意图

第十三节　黑曜岩

黑曜岩是一种天然玻璃，由酸性的流纹质岩浆快速冷却而成，即酸性玻璃质火山岩，俗称黑曜石。由于黑曜岩不仅有黑色，亦有其他颜色，并有些还能产生特殊光学效应，加之经过近十年来的市场炒作，黑曜岩已成为比较热门的宝石之一。

一、材料性质

1. 化学成分

黑曜岩的成分以 SiO_2 为主，含有少量 Al_2O_3 及其他氧化物。

2. 结构形态

黑曜岩为非晶质块体，有时可见流纹状结构，常有白色的方钠石包裹体及气孔。由于黑曜岩在快速冷却过程中形成而使其内部出现弯曲裂隙网，然后又沿着这些裂隙破碎成较圆滑的碎块，故黑曜岩原石形态常呈泪滴状、浑圆状、似球状，以及不规则的块状。

3. 力学性质

黑曜岩的摩氏硬度为 5，性脆，断口呈贝壳状。

4. 光学性质

黑曜岩一般呈黑色，具玻璃光泽，半透明至不透明；均质体，单折射，折射率为 1.49～

1.52；颜色除通常的黑色外，也可见棕色、灰色、红色、蓝色和绿色，可能带有条纹或斑点。赤铁矿（氧化铁）的存在会使黑曜岩产生红色及褐色变种（称为桃红黑曜岩）；有些内含物令黑曜岩产生一种似流沙般的金属光泽（称为金沙黑曜岩）；内部若有气泡或结晶，则会产生一种"雪花"效果（即雪花黑曜岩），有些具有灰色、绿色、黄色、红色、紫色等彩色的条纹或斑块（称为彩虹黑曜岩）。各种黑曜岩的原石外观特征见图9-61。

(a)纯黑黑曜岩；(b)雪花黑曜岩；(c)彩虹黑曜岩；(d)桃红黑曜岩；(e)金沙黑曜岩。

图 9-61　各种黑曜岩的原石毛料

5. 内含物

黑曜岩内部常含有许多细小的雏晶和气泡。雏晶一般呈圆形、棒形及扭曲的发状，气泡多呈球形或鱼雷形。有时珠雏晶或气泡成串平行排列，可使某些黑曜岩泛彩。

二、工艺要求及品种分类

一般，用作宝石的黑曜岩原石必须颜色黑亮，透明度高，不含或少含气泡和杂质矿物包裹体。检查黑曜岩原石的透明度时要注意块度的大小，块度大者会看似不透明，但若厚度在1～2cm时，能达到半透明至近透明者即符合要求。

黑曜岩在自然界分布广泛，但优质的宝石级黑曜岩并不多见，大部分产自北美和墨西哥，墨西哥称之为国石。目前我国市场中的黑曜岩，大部分是从美国进口。

在珠宝市场上，通常根据黑曜岩的颜色、花纹、透明度及成品的特殊光学效应，将黑曜岩划分为多个工艺品种（图9-62），其价值有较大差异。

(1) 乌金黑曜岩：顾名思义，指纯黑色的黑曜岩，通体呈亮黑色。由于这种黑曜岩比较普遍，产量最大，故价值最低。

(2) 冰种黑曜岩：指透明度较高（近透明至半透明），多呈浅黑色、浅灰色至浅棕色的黑曜岩，其价值相对较高。

(3) 雪花黑曜岩：为一种内含一些白色斑状矿物包裹体，经过磨抛后在黑色的背景上呈现出似雪花状外观的黑曜岩。有些斑状矿物包裹体带有红色调，而呈现出不同的雪花效应。此外，黑曜岩由于气泡和雏晶的存在也可不同程度地显示出雪花效应。雪花黑曜岩属于比较小众的品种，价值相对较高。

(4) 金丝红黑曜岩：即桃红黑曜岩，因内含赤铁矿（氧化铁）而呈红色至褐色的条纹或

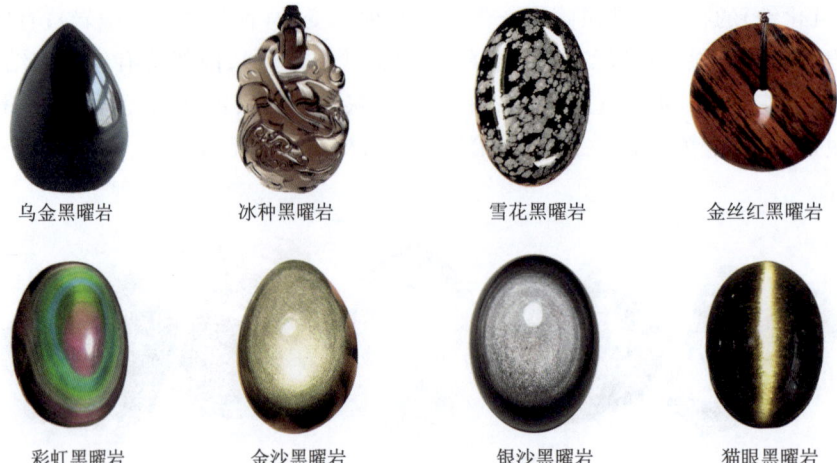

图 9-62 黑曜石主要工艺品种

斑块。如果红色部分占比很大,常简称"红曜岩"。该品种比较稀少,价值较高。

(5)彩虹黑曜岩:指因所含成分不同而形成不同颜色的彩色纹理,打磨后可呈现出彩虹般外观的黑曜岩。如果平行于纹理方向加工成弧面型或珠型,可呈现出似眼睛状的同心环状彩色纹理图案,称为彩虹眼黑曜岩。其中,有些只是在凸面型或珠型宝石的一面出现彩虹眼效应,有些可在正反两面都出现彩虹眼效应,分别称为单彩虹眼黑曜岩和双彩虹眼黑曜岩。如果垂直于彩虹黑曜岩的纹理方向加工成弧面型或珠型,则在凸面型或珠型宝石的表面可能出现单一或多彩色的眼线效应,分别称为纯彩眼黑曜岩或猫彩眼黑曜岩。

彩虹黑曜岩属于比较特殊的品种,以同心环彩色纹理越丰富越好,且以红色、绿色、紫色为佳,白色、灰色为次;双彩虹眼黑曜岩的价值比单彩虹眼黑曜岩的价值高;对于透明度较高者可称为冰种彩虹眼黑曜岩,因其彩虹眼效应更显灵动,价值更高。至于纯彩眼黑曜岩和猫彩眼黑曜岩,同样以红色、绿色、紫色的彩眼为佳,白色、灰色的彩眼为次。

(6)金沙黑曜岩:简称金曜岩,是一种内含亮金色细粒状包裹体物质的黑曜岩,有的原石表面像裹着一层金沙,有的在加工成成品后,在光照下呈现出沙子状金点点闪光。金曜石因产量很少,是黑曜岩中的珍贵品种,价值比其他黑曜岩普遍要高。

(7)银沙黑曜岩:简称银曜岩,是一种内含银白色细粒状包裹体物质的黑曜岩,在光照下呈现出沙子状银白色点点闪光,也属于黑曜岩中的珍贵品种,但价值一般比金曜岩低。

(8)猫眼黑曜岩:包括彩虹黑曜岩中的纯彩眼黑曜岩和猫彩眼黑曜岩,金沙黑曜岩中的猫眼金曜岩,银沙黑曜岩中的猫眼银曜岩。其中,以猫眼金曜岩最为珍贵,其猫眼效应的成因一般分析认为是内部含有密集定向排列的裂隙所致,加工成凸面型或珠型宝石后,在光照下,呈现出金点点的闪光连成光带,即猫眼效应,异常美观。猫眼金曜岩属于黑曜岩宝石中的极品,价值最高。

三、宝石设计

色深或透明度较差的乌金黑曜岩,常加工成凸面型宝石、雕件饰品以及摆件工艺品。

透明度较好的冰种黑曜岩,可加工成刻面型宝石、手链和雕件饰品。若加工成刻面型戒面,琢型的选择和设计要着眼于力量的显示,宜选用外形棱角分明的长方形、方形、剪刀形、菱形、三角形、风筝形等琢型,并且尺寸要尽量大,如长方形为 9mm×11mm、10mm×12mm、10mm×13mm 等规格尺寸,以粗犷、豪迈、棱角分明来象征其拥有者的力量。黑曜岩对光的吸收性较强,当厚度大于 2mm 时,其表面呈锃亮的黑色。因此,要使黑曜岩戒面各小面均呈现出锃亮的黑色,则须保证各小面透射光线路径大于 2mm。若须加工成标准琢型,以冠角 40°~45°、亭角 35°~40°、台宽比 50% 为宜。

雪花黑曜岩和金丝红黑曜岩,主要用于加工成手链、雕件饰品和摆件工艺品,对于花纹细密的材料也常加工成弧面型宝石戒面。

彩虹黑曜岩常用于加工成圆珠手链、雕件和摆件,有些也可以加工成弧面型戒面。选料加工时要注意定向,应使弧面琢型或雕件的底面平行于彩虹纹理的方向,这样才能在弧面琢型和雕件的正面显示出同心环状的彩虹眼图案;同时还要注意取料部位,在彩虹纹理细密部位取料,有利于增加彩虹眼图案的色彩纹理层次,更显美观。

金沙黑曜岩和银沙黑曜岩,常用于加工成圆珠型手链、弧面型戒面和吊坠、圆球形摆件等。对于能产生猫眼效应的金曜岩和银曜岩,应选用高凸型,同时要注意定向设计,应使弧面琢型或吊坠的底面与宝石内部所含的密集定向排列的裂隙方向平行,而琢型长轴方向与包裹体排列方向垂直,这样有利于产生眼线明亮、灵动、协调美观的猫眼光带。

四、加工要领

下面按一般步骤介绍黑曜岩的加工方法和技术要领。

1. 开料

(1) 磨除外壳。黑曜岩原石形态常呈泪滴状、浑圆状、似球状等不规则形状。外壳由于长期受风蚀作用而呈蜂窝状结构,不能利用。风化外壳的厚度不一,形状不规则。加工时,应先用砂轮磨去外壳,以便确定实际能用材料部分的大小和形状。一般使用 120# 砂轮即可,研磨时注意要加水冷却,不能干磨,否则原石易受热开裂。

(2) 锯切毛坯。除去外壳后,再根据设计的款式和尺寸要求进行切割。由于黑曜岩性脆易裂,切割时宜选用厚度为 0.2~0.3mm 的薄锯片,进料速度不要太快,以防过热而导致原石破裂。

2. 圈形

由于黑曜岩具有均质性,故一般只需根据所设计的款式及尺寸切割毛坯即成粗样。粗样的尺寸可比设计尺寸大 0.5~1.5mm,粘胶上杆后,再在圈形机上进一步精制获得接近成品的腰形。圈形所用的磨盘使用 600# 粒度。

3. 研磨

黑曜岩内部常有不规则分布的白色雪花点方钠石包裹体及气孔。由于黑曜岩色深，难以判断内部情况，因而研磨加工过程常因包裹体或气孔暴露到表面的数量太多或面积太大而不得不半途而废。为了避免这种情况，在研磨时要用湿水法仔细检查，根据近磨面的雪花点及气孔的分布情况决定是否继续研磨。

由于黑曜岩的硬度较低且性脆，故研磨刻面宜使用 800♯～1200♯ 的细磨盘，这样既可以在一定程度上避免磨面边缘崩裂，同时还便于在较平滑的磨面上检查气孔及包裹体的分布情况。

4. 抛光

黑曜岩的抛光，宜选用合金盘配合金刚石粉抛光剂，这种方法速度快且效果好。亦可使用有机玻璃盘配合氧化铬抛光剂，或使用锡盘配合氧化铬抛光剂，但这两种方法的抛光速度较慢且有一定污染。

由于黑曜岩质软，受热易开裂，抛光时要求：尽量保持接触面湿润，抛光剂宜稀；抛光时间宜短；宝石应尽量置于抛光盘中部，线速度愈小愈好；上光时用力可改向下压力为向前推力，以防抛面边崩裂或出现划痕等现象；如果抛光不理想，可采用氧化铬抛光剂与皮质或木质抛光盘进一步处理。

第十四节　虎睛石

虎睛石是一种硅化青石棉，因为它的纹理、颜色似木，所以俗称为木变石。其主要矿物成分为石英，属于石英质玉石。

一、材料性质

1. 化学成分

虎睛石是由二氧化硅交代青石棉纤维而成的隐晶质-显晶质石英集合体。青石棉的化学式为 $Na_2Fe_5Si_8O_{22}(OH)_2$，由于受热液交代作用，热液中的 SiO_2 替代了石棉，故虎睛石的化学成分主要为 SiO_2，含有部分氧化铁（针铁石、赤铁矿）等杂质。

2. 结构形态

虎睛石具有平行纤维状结构，由非常细小的石英晶粒组成。集合体呈板状块体，并常具有平行条带层状构造，内部的纤维方向一般与条带层垂直或呈波纹状斜交关系，有的因受构造作用而出现杂乱无章的扭曲或交切现象。虎眼石的原石及结构形态如图 9-63 所示。

3. 力学性质

虎睛石的摩氏硬度为 6.5～7，韧性好。

图 9-63　虎睛石的原石毛料

4. 光学性质

虎睛石的颜色多样，主要有黄色、黄褐色、褐色、褐红色、蓝色、蓝绿色和蓝灰色等，不透明，具强丝绢光泽。

5. 特殊效应

虎睛石常能琢磨出猫眼效应，其特点是呈一系列平行交替出现的亮黄色带状闪光和暗色条带（黄色虎睛石），或者亮蓝色带状闪光和暗色条带（蓝色虎睛石），猫眼效应明显。

二、工艺要求

虎睛石按颜色不同可以分 3 类：①以黄色调为主，包括黄色、黄褐色、褐色至褐红色的，都称为黄色虎睛石；②以蓝色调为主，包括蓝色、蓝绿色、蓝灰色、蓝黑色的，都称为鹰睛石；③由褐色与蓝色等多种颜色斑杂在一起的，都称为斑马虎睛石。一般来说，虎睛石颜色以蓝色为佳，次为黄褐色。

虎睛石的内部质地通常不均一，纤维粗细不等，常存在孔洞、细缝、松软的点斑或丝斑（俗称鬃眼）等，这些现象大多与硅化交代作用不完全有关，此外还常见充填有杂质（石膏、方解石、褐铁矿、泥土）斑块。用于制作首饰的原石应结构致密和有较强的丝绢光泽，以纤维结构细长、致密细腻，无显著扭曲、无杂斑、无孔洞和缝隙者为佳。

观察虎睛石原石的品质优劣主要看其纤维平顺面的光泽，在光照下以有金黄色明闪闪的丝绢光泽为好，有宽黑色带的较差；鹰睛石以闪现明快的蓝色活光为好，暗蓝色的较差。在断口面上以断口平坦无纤维粗纹理为好，有纤维粗纹理的部位容易出现鬃眼。

我国市场上的虎睛石原料主要来自巴西，其品质较好。我国河南淅川也产虎睛石，除黄褐色外，也有灰蓝色及暗紫色的；此外，贵州也发现有虎睛石，呈少见的绿色。但总体来看，我国产的虎睛石原料在品质上大多次于巴西虎睛石。

三、宝石设计

1. 琢型选择

品质较好的虎睛石可加工成弧面型宝石，琢型以椭圆弧面型为宜。虎睛石原料也常用于加工成各种形态的链珠、玉扣、吊坠、板指、手镯等，尤其是结构、纤维杂乱无章的原石只适合于加工成圆珠型。大块的虎睛石原料可用于制作雕件,属于中档玉器原料。小块的边角料也可以用于加工成随型项链,使原料得到充分利用。市场上常见的虎睛石加工饰品如图 9-64 所示。

图 9-64　常见的虎睛石饰品

2. 琢型定向

将虎睛石加工成弧面型宝石时需要对琢型进行定向设计。要使猫眼效应的光带方向与纤维结构走向垂直,且同时使宝石底平面与纤维结构层(条带层)垂直,椭圆形长轴与光带方向一致,如图 9-65 所示。

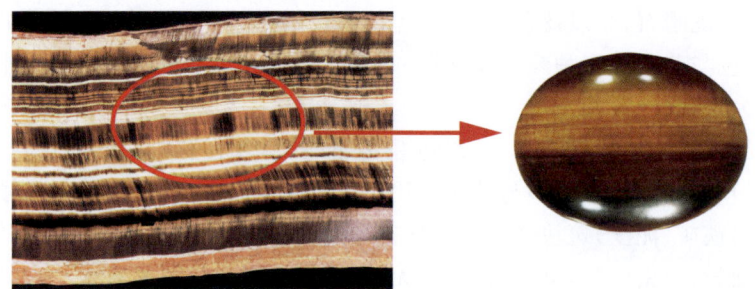

图 9-65　虎睛石弧面型宝石的定向设计示意

四、加工要领

(1)在切割下料时要注意选料,尤其是用作戒面料时,一定要选用虎睛石中纤维结构细腻、丝绢光泽明亮的部位,同时要注意定向切割取料。

(2)研磨工序在碳化硅砂轮上完成,用刚玉粉在皮盘或毛呢盘上抛光。

(3)由于虎睛石内部结构不紧密,在平行于纤维方向存在孔隙,研磨时,磨削方向应当与纤维方向垂直,抛光也如此。

(4)因虎睛石的内部结构孔隙较多,加工过程中不要用易污染颜色的抛光剂(如氧化铬粉、氧化铁粉),用刚玉粉或玛瑙粉最合适。

(5)抛光后,要将宝石清洗干净,然后进行过蜡处理,以填充孔隙,增强表面光泽。

第十五节 翡 翠

一、材料性质

1. 矿物成分

翡翠是以硬玉为主要矿物成分的多晶集合体,常含有钠铬辉石、绿辉石、霓石、角闪石、钠长石等矿物。硬玉的化学成分为 $NaAl[Si_2O_6]$。但天然产出的翡翠中的硬玉常含有少量 Cr、Fe、Mn 等杂质元素,导致翡翠产生不同的颜色。此外,翡翠的矿物组成不同,对其物理性质也有较大影响。

2. 结构形态

翡翠的结构形态复杂多变,其内部由许多微小的矿物晶体相互交织而成,通常为纤维状交织结构、粒状纤维交织结构,致密块状集合体。原生料呈不规则块状,外表新鲜,无明显氧化外皮;次生料呈砾石状,表面常有一定厚度的氧化外皮,如图 9-66 所示。

图 9-66　翡翠原石

3. 力学性质

翡翠的块体致密且较坚硬,韧性强,摩氏硬度为 6.5～7(此值为翡翠的主要组成矿物硬玉的硬度值)。需要说明的是,硬玉晶体的硬度具有异向性,平行于 C 轴方向的硬度小于垂直于 C 轴方向的硬度,而翡翠中其他矿物的硬度又大都比硬玉低。矿物颗粒的硬度差异以及在排列方向上的软硬差异,常会导致翡翠的表面抛光不均匀,出现起伏不平的橘皮效应。

4. 光学性质

翡翠的颜色丰富多彩,涵盖了从绿、红、黄、紫至白、灰、蓝、橙等多种色调;透明至不透明,具玻璃光泽至油脂光泽,折射率在 1.66 左右。结晶颗粒较粗的翡翠,在光照下可见到组成矿物的解理面呈雪片状、蚊子翅状或沙星状的闪光,俗称翠性,它们分别由粗短柱状、细长柱状和纤维状的硬玉颗粒造成。

二、工艺要求

翡翠玉料的品质评价及工艺要求主要考虑块度、颜色和质地3个方面，并主要根据颜色和质地划分品种及档次。

1. 块度

翡翠是玉器的主要原料，优质翡翠也用于首饰石镶嵌品。用作玉器的翡翠原料块度越大越好，质量一般按克或千克计算。首饰石翡翠原石一般也以克计量，优质品可按克拉计量，原石质量要求在 0.5ct 以上。但翡翠成品则通常以件论价。

2. 颜色

翡翠的颜色多种多样，对色彩大类而言，从优到劣依次为绿色、紫色、红色、黄色等，各类色彩均以浓艳均匀者为佳，白色翡翠的价值较低。

翡翠最有价值的颜色是绿色，有绿和无绿的翡翠价值悬殊。优质翡翠的绿色要达到"正、阳、浓、匀"的要求，即绿色要纯正、饱和度高、鲜艳明亮、分布均匀且所占面积较大。翡翠的绿色差别变化很大，受蓝色、黄色、褐色或灰黑色等色调的叠加影响，可以产生各种色调的绿色。根据绿色的色调特征，可以将绿色翡翠划分为翠绿、阳绿、豆青绿、瓜青绿、浅绿（苹果绿）、淡绿、暗绿（菠菜绿）、油青 8 种级别。此外，还可根据绿色部分的形状和分布特征有其他一些颜色称谓，如点点绿、疙瘩绿、丝丝绿、靠皮绿、地张绿等。各种绿色翡翠的颜色级别和特征参见图 9-67 和表 9-14。

图 9-67 绿色翡翠的色调

表 9-14　翡翠的颜色分级（据袁心强，2004）

颜色	级别	特征
翠绿	1	达到正、浓、阳的绿色，绿色浓郁，稍有暗的感觉
阳绿	2	色调比翠绿略微偏黄，浓度稍浅，绿色鲜艳
豆青绿	3	稍带蓝的绿色，浓度中等，绿色较鲜明
瓜青绿	4	带蓝色调的绿色，并可带有少量的灰褐色调，颜色较暗，不够鲜艳
浅绿	5	各种色调的浅绿色，如苹果绿。常为偏黄的绿，也可带少量灰褐色调，偏黄的绿较为明快，带灰褐色调的浅绿则较为沉闷，较前者为差
淡绿	6	各种色调的淡绿色，一般作为底色，但带灰褐色调的与油青接近，较差
暗绿	7	带灰色调的绿色，如同菠菜叶颜色，颜色更深时称为黑绿色
油青	8	灰绿色、灰蓝绿色、灰褐绿色

翡翠的底色对翡翠颜色也有较大影响。一般来说，底色的色调与体色越接近越好，底色不宜太浓，底色的透明度较高为好。底色为无色、白色、浅绿色及淡黄色时，可以使绿色显得更为浓郁；而黄褐色、黄灰色、褐色、褐灰色、灰色等底色，通常对绿色有不利影响，从而会降低翡翠的价值。

3. 质地

翡翠的质地是指翡翠的结构与透明度的组合，其中透明度是影响翡翠质地的主要因素，结构特征（主要是颗粒大小）是辅助因素。一般来说，透明度越好，颗粒越细，质地越好。优质的翡翠不仅要求颜色浓郁，同时要求透明度较高、质地细腻均匀。

翡翠质地从优到劣划分为玻璃地、冰地、化地、冬瓜地、水粉地、水豆地、粉地、豆地、瓷地和石地，各种翡翠质地的级别和特征参见图 9-68 和表 9-15。

图 9-68　翡翠的质地

---

① 粗豆地：指具粗粒结构的豆地。

表 9-15 翡翠质地级别和特征（据袁心强，2004）

质地类型	级别	质地特征
玻璃地	优	透明（3分水以上），细—微粒结构，外观上质均细腻，无云雾感，无石花、石纹等杂质，如同玻璃
冰地	优	透明（3分到3分水以上），细—微粒结构，有时其粗粒结构使外观略有云雾感，可有不明显的石纹等杂质
化地	好	亚透明（2分到3分水），中—细粒结构，外观呈云雾状，如泡开的藕粉，包括传统的蛋清地等
冬瓜地	好	半透明（2分到3分水），粗料结构，外观如同煮熟的冬瓜，透明度可以较高，但粒度大，晶粒较明显
水粉地	好	半透明（1分到2分水），细粒结构，质地细腻，无粒状感，仅透明度比化地差
水豆地	中等	半透明（1分到2分水），中—粗粒结构，可见晶粒，但界线模糊，似大米稀饭
粉地	中等	半透明（1分水），细粒结构
豆地	差	介于半透明到微透明之间（1分水），中—粗粒结构，外观上晶粒明显可见
瓷地	差	微透明（半分水），粗—细粒结构，粒度虽可较细，但透明度不好，如同瓷器
石地（干豆地）	差	微透明到不透明，多为粗粒结构，矿物颗粒和边界清楚，结构也较为松散

注：透明度俗称"水头"，透光 3mm 称"1分水"，透光 6mm 称"2分水"，透光 9mm 称"3分水"。

4. 品种及档次

翡翠的品种通常称为"种"，主要依据颜色、质地和净度等因素来划分。常见翡翠品种的名称和特征参见图 9-69 和表 9-16。根据这些种的划分，可以将翡翠粗略地分为高、中、低 3 个档次：高档翡翠（值万元）的品种有老坑种、金丝种、部分花青种和蓝水种；中档翡翠（值千元）的品种有花青种、蓝水种、豆种、豆青种、丝瓜种、铁龙生、芙蓉种、紫罗兰种、部分白底青种、漂蓝花种和马牙种；低档翡翠（值百元）的品种有八三新种（简称八三玉）、干青种、磨西西、雷劈种、白底青种、油青种等。

图 9-69 翡翠的种质

表 9-16 常见翡翠品种的特征（据袁心强，2004）

品种名称	特征
老坑种	颜色符合正、浓、阳、匀，质地细腻，透明至半透明。透明度高者称为老坑玻璃种，为翡翠中的最高档品种
豆青种	具粒状结构，颜色为豆青绿且分布比较均匀，为绿色翡翠中的常见品种
花青种	颜色较浓艳，但分布不均匀，呈不规则的花片状，透明至不透明。按质地又可划分为冰地花青、糯地花青、豆地花青等
瓜青种	颜色为瓜青色的翡翠，通常具豆地或水豆地的质地类型
芙蓉种	颜色为中至浅绿色，半透明至亚透明，中至粗粒结构，但颗粒边界模糊，质地较为细腻。分布有不规则且较深的绿色色带者称为花青芙蓉种，透明度更高者称为冰地芙蓉种
金丝种	颜色鲜艳翠绿，呈丝状分布，按绿色丝状纹理可细分为顺丝（丝定向、平行）、乱丝（丝杂乱）、片丝（丝片平行）、黑丝（翠绿中有黑色纹伴生）等不同类型。一般呈冰地到冬瓜地（亚透明至半透明）
马牙种	颜色绿且鲜艳，粒度虽小但不透明，呈瓷性，在绿色中往往有很细的白丝，是中档偏低的翡翠品种

表9-16（续）

品种名称	特征
白底青	质地较干,底色白,绿色艳,呈绿至黄杨绿颜色,并呈圆形状团块,分布在白色的地子上,为一种常见的翡翠品种
油青种	颜色为带有灰色加蓝色或黄色调的绿色,颜色沉闷,但透明度较好,一般为半透明,结构较细,颗粒边界不清
干青种	颜色深绿,但透明度差,质地很干,具细至粗粒结构
漂蓝花	在亚透明至半透明的无色翡翠中分布彩带状的蓝灰色、灰绿色色带的翡翠
铁龙生	为新山料,呈翠绿色,水头差,微透明至不透明,但绿色多且较均匀,常为满绿。铁龙生即为缅甸语满绿色的意思
雷劈种	指各种颜色和透明度但带有细密的平行裂纹或者其他形式密集裂纹的翡翠
磨西西	一种鲜绿色,半透明至不透明,矿物成分多样复杂的翡翠,因其产地而得名
八三新种	一种灰白色,质地粗且疏松,不透明,常含有数量不等的角闪石的翡翠山料。因于1983年开始大量开采而得名,通常用来制作B货

三、宝石设计

翡翠的应用很广泛,可用于各种首饰和玉器品种。

1. 首饰石的选料及设计

首饰石是指用玉料制作的诸如戒面、玉扣、吊坠、手镯、串珠、花饰等首饰品。首饰石重在利用翡翠的色,所用颜色要求鲜艳明快,其中最重要的是绿色,次为红色和紫色。具体用法要根据原石的色彩及色形等特点来进行合理选用和设计。

（1）戒面:绿色、紫色、红色的玉料都可用于制作戒面,但以绿色最好,要选用优质的玉料。通常加工成椭圆弧面型,单凸或双凸的均较常见,弧面的高度视材料的颜色和透明度而定。透明度好,但颜色较淡的可以加工得厚一些。颜色深暗且透明度差的可以加工得薄一些,或使用凹凸弧面琢型,有利于改善其透明度,并且使其颜色由沉闷变得明快。此外,翡翠也可加工成圆形、心形、梨形、橄榄形、马鞍形等的弧面琢型。各种类型戒面的理想比例见表9-17。

表9-17 翡翠戒面的理想比例

类型	椭圆形弧面型	心形弧面型	梨形弧面型	橄榄形弧面型	马鞍形弧面型
长宽比	(1.2～1.5):1	(0.8～1.0):1	(1.2～1.7):1	(1.7～2.0):1	(2.0～3.0):1
宽厚比	(0.5～0.7):1	(0.2～0.3):1	(0.3～0.5):1	(0.5～0.8):1	(2.0～3.0):1

(2) 手镯：绿色、紫色、红色、白色等各色玉料都可用于制作手镯，但质地（地子）要干净，没有绺裂。手镯的设计包含外形、条子和圈口3个因素。外形指手镯的外部形状和轮廓，有圆形和椭圆形两种，多数情况下被加工成圆形，椭圆形手镯比较少见。如果受原料形状和大小限制，或是为了保留颜色，或是为了使颜色出现在外圈部位，则可设计成椭圆形。条子指手镯横截面的宽度和厚度，有圆条、扁条和方条之分，但后者少见。圆条手镯的横截面宽度一般在10～12mm之间；扁条手镯的横截面一般为外凸弧形，内圈近于平直，宽度和厚度要相适应，宽度较大则厚度也适当增大。圈口指手镯内径的尺寸，常见的手镯内径尺寸有52mm、54mm、58mm、56mm、60mm、66mm、68mm等。

(3) 玉扣、素坠、戒箍、马鞍戒：要选用各色优质的玉料。

(4) 串珠：用料一般较次，多用底色料做。

(5) 花饰：指有纹饰的吊坠、串珠等首饰品，一般选用有绺裂或有脏色的玉料，用花纹来托绿遮绺、去绺或去脏。

翡翠首饰石分高档、中档和低档。高中档的用料好，在取料和造型设计上要认真对待，要根据色形的特点考虑如何取料和造型，使其得到最充分的利用，尤其是对高级别的绿色部分，不可随意切割和琢磨，对加工的技术条件要求也较高。低档的用料可按一般的方法加工制作。

对于颜色不均匀的玉料，设计时应尽量将颜色浓、阳的部分凸显出来，即放在饰品的显眼部位，而有脏色斑点或斑块瑕疵的部位，若不能去掉则应放在不显眼的位置。

2. 玉雕件的选料及设计

玉雕件一般选用块度较大的多色玉料。在具体用法上重在俏色，要依据色彩和色形的分布特点来设计玉件造型题材。如玉件人物多用白底青翡翠，白色部分做人物，陪衬绿色作俏色；玉件鸟和花卉多用白底青和杂色料，可用绿色和红色部分作俏，通过琢磨通透的孔眼把脏绺去掉。对于颜色深暗或透明度差的玉料，如油青种、干青种、铁龙生等，可以做镂空的雕件，使其透明度提高，颜色鲜艳。

四、加工要领

下面主要介绍首饰戒面的加工要领。

(1) 研磨工序在碳化硅砂轮或金刚石砂上完成。

(2) 分别用100♯和400♯的碳化硅砂布或金刚石砂盘进行粗磨和细磨。

(3) 一般用氧化铬粉在软盘上抛光，但宝石表面易产生橘皮效应，用金刚石粉或刚玉粉在硬毡盘或软木盘上抛光可以避免这种现象。

(4) 翡翠在近于干抛光时效果最好，但干抛光过度易导致宝石表面因过热而变得暗淡，这种现象称为"发闷"，采用低速抛光技术并施加较大的压力，可以获得较好的抛光效果。

第十六节　绿松石

一、材料性质

1. 化学成分

绿松石是一种含水的铜铝磷酸盐矿物,成分为 $CuAl_6[PO_4]_4(OH)_8 \cdot 5H_2O$,其中的铝离子($Al^{3+}$)可部分被亚铁离子($Fe^{2+}$)置换;含水量可达 18%～20%,水的存在对绿松石的颜色鲜艳度有很大影响。

2. 结构形态

绿松石属三斜晶系,但几乎都以隐晶质集合体产出,呈结核状、葡萄状集合体或脉状形式产于围岩中。其表面往往包裹一层很薄的黑色、土红色或灰白色的外皮,使绿松石团块相互胶结,呈现出龟背状、网状、脉状的花纹(图9-70)。

图 9-70　绿松石的原石

3. 力学性质

绿松石的摩氏硬度为 5～6,但随质地致密程度的不同而有很大变化;性脆,断口呈贝壳状至粒状。有些绿松石具有炸性,即在加工过程中易炸裂,其炸裂面一般光滑平整,方向性不强,这可能是内部结构应力造成的。

4. 光学性质

绿松石的颜色有天蓝色、蓝绿色、绿蓝色、绿色、黄绿色、绿黄色、灰白色等;不透明,具蜡状光泽,折射率在 1.62 左右。

二、工艺要求

工艺上要求绿松石具有鲜艳的天蓝色,次为深蓝色、蓝绿色,质地致密细腻,无白脑、筋、糠心、杂斑等缺陷,块度大。

一般在评价和区分绿松石品质时要注意以下几种情况。

(1) 瓷松:指色泽艳丽、质地坚硬的绿松石,摩氏硬度为 5.3～6,断口呈贝壳状,因似瓷器断面而得名,属于优质的绿松石。

(2)硬松:指质地比较致密坚硬的绿松石,摩氏硬度为4.5～5.3,断口平坦,或有丝状的毛茬。这也是品质较好的绿松石。

(3)面松:指质地松软、色浅的绿松石,摩氏硬度在4以下,断口呈粒状,用指甲能划动,属于较劣质的绿松石,有的块料可用。

(4)泡松:指质地比面松更为松软的绿松石,断口粗糙,孔隙度大,属于劣质料。

(5)铁线:指夹杂在绿松石团块中呈各种线状花纹分布的黑色或黄褐色的脉石物质,多为碳质、泥质和褐铁矿等混合物。铁线大体分为两种:一种表现为黑色纤细、胶结牢固、质坚硬、能与绿松石形成一体,构成自然美观的花纹效果,有利用价值;另一种表现为对绿松石胶结不牢固、质软松散,称为泥线,没有利用价值。

(6)糠心:指绿松石的外表为瓷松,而内部为灰黄褐色的软心。这种料一般只能用作观赏石,而不宜用作首饰石和雕件。

(7)白脑:指在绿松石中出现的白色或月白色斑点或斑块,其成分有的是较硬质的石英,有的是较软质的方解石或多水高岭石等,其存在会降低绿松石的品质。

(8)筋:指绿松石中呈细脉状分布的白色或浅色纹路,其成分多为石英等矿物质,由于有筋的部位往往较硬,因而绿松石质地不均匀,软硬不一致,难以磨抛平整,对品质有一定影响。

根据颜色、光泽和质地等因素可将绿松石分为3个级别。

一级:呈天蓝色,颜色鲜艳均匀,无杂色,光泽强,质地致密、细腻、坚韧,块体完整,无铁线或其他缺陷。

二级:呈深蓝色、蓝绿色,颜色比较鲜艳,无杂色,光泽较强,质地致密、坚韧,可有很少的铁线或其他缺陷。

三级:呈浅蓝色、浅绿色、绿白色、黄绿色等,光泽暗淡,质地致密程度稍差,有明显铁线,或有较多的白脑、糠心、杂斑等缺陷。

此外,呈淡蓝至灰白色的面松、泡松为次等料。目前通常采用注胶处理的方法,改善其颜色、质地和韧性,从而使这种料也能得到利用。

三、宝石设计

绿松石的天然产出形态比较独特,要根据原石的块度、形状、质地等特点进行选用和设计。绿松石常见的加工饰品如图9-71所示。

小块的绿松石大量用于首饰制品,如戒面、吊坠、玉扣、指环、跑环、串珠手链和项链等。其中特别好的用于制作戒面、吊坠,一般的用于制作串珠。绿松石戒面多琢磨成椭圆的中凸弧面型,串珠多加工成正圆的珠型。

中到大块的绿松石主要用于玉雕制品。要先去皮、去泥线、去黄,然后依料形设计玉雕造型,一般不要轻意分割料,缩小其体积。

对于夹杂有黑线、黑斑或围岩的绿松石,要注意分清这些脉石物质的分布状态,能去的则去,不能去净的也可以利用,但不能把它们作为设计的主体。

图 9-71　绿松石常见的加工饰品

对于由小粒的结核聚集在一起的大块葡萄状绿松石，如果自然形态较好，可以不需雕琢而用作观赏石摆件。

总之，绿松石要综合用料，根据原石的特点进行设计，分门别类地制作产品。

四、加工要领

（1）绿松石硬度较小，磨耗快，因此，研磨工序可在粒度较细的碳化硅砂轮上进行。用 180♯ 和 400♯ 的碳化硅砂布完成研磨工序，也可在石英质水磨砂纸上加工。抛光则可选用玛瑙粉在软毡盘或毛呢上进行。

（2）圆珠的加工应尽量避免材料的损失，国内的做法是逐个加工。由于其韧性较差，机械加工时不用钢质窝珠盘，而用硬木或塑料窝珠盘，可以减少材料的破损。用黑色碳化硅做磨料，选用 120♯～180♯ 的磨料。窝珠时间一般只需 20～30min。抛光可以使用振动抛光机进行，抛光材料用刚玉粉、橄榄皮和玛瑙碎片，加适量水混合，要注意振动幅度不能过大。

（3）绿松石为多孔隙宝石，吸附性较强，因此，加工过程中应保持宝石干净，避免与油脂、染料接触，以防止污染宝石，抛光时不能用氧化铬、氧化铁等易造成污染的抛光粉。

（4）绿松石结构中含水，过热会使宝石失水而变黄，加工过程中应始终注意冷却，尤其是在抛光时，应经常向抛光盘上添加抛光剂与水的悬浮液，只是在抛光结束前，可以将宝石略加干抛，提高光洁度，但须掌握好干抛的时间。

（5）绿松石化学性质不稳定，易与酸碱发生反应，加工过程中应避免接触这些物质，以防损伤宝石。

（6）为了掩盖结构缺陷，增加绿松石的光洁度，绿松石加工还有一道必不可少的工序——上蜡。

第十七节 青金石

一、材料性质

1. 化学成分

青金石是一种多矿物岩石,是由青金石、方钠石、蓝方石和黝方石等为主要矿物组成的集合体。青金石属方钠石族,化学成分主要为$(NaCa)_8[AlSiO_4]_6[SO_4,S,Cl]_2$。另外还含有方解石、黄铁矿,以及少量透辉石、角闪石和云母等矿物。

2. 结构形态

青金石玉料为粒状结构,致密块状集合体。

3. 力学性质

青金石摩氏硬度为5～5.5,性脆,受外力作用容易破碎,断口呈不规则的参差粒状,多有片状绺裂。

4. 光学性质

青金石的颜色为深蓝色、天蓝色、紫蓝色、绿蓝色等,常因含黄铁矿而出现"金星"现象,以及因含方解石而出现白色团块或斑点,微透明至不透明,具玻璃光泽至油脂光泽。青金石原石形态如图9-72所示。

图9-72 青金石的原石

二、工艺要求

工艺上要求青金石玉料中的青金石矿物含量越高越好,一般在90%以上,不含或少含方解石和其他杂质矿物,但可以含有少量星点状黄铁矿,优质者可含黄铁矿3%～5%;颜色要求浓艳、均匀,青金石的颜色从优到劣依次为深蓝色、天蓝色、紫蓝色、绿蓝色、浅蓝色;质地要求致密细腻,无绺裂,块度大。

根据矿物成分、颜色、质地等因素,可以将青金石分为4个等级。

一级：青金石矿物含量很高（＞95％），无黄铁矿和方解石等杂质矿物，质地致密，呈浓艳、均匀的深蓝色至天蓝色。

二级：青金石矿物含量高（90％～95％），含有稀疏的星点状黄铁矿和少量其他杂质矿物，但无白斑，质地致密，呈比较浓艳、均匀的深蓝色、天蓝色、藏蓝色。

三级：青金石矿物含量较低（＜90％），含有较多而密集的黄铁矿，有方解石白斑或白花，杂质显著增多，质地较致密，呈深蓝色、天蓝色、藏蓝色、浅蓝色等，但颜色不够浓艳和均匀。

四级：青金石矿物含量低，一般不含黄铁矿，但方解石等杂质矿物较多，质地粗糙，呈蓝色和白色相混杂的杂斑状。

一级和二级青金石属于优质玉料，既可用于制作玉器也可作首饰石；三级和四级青金石属于品质较差的玉料，一般只适合用于玉器。

三、宝石设计

青金石是一种比较名贵的玉石，它与绿松石一样都是以颜色为特点的美石，流行于世界各国，尤其受到阿拉伯人民的欢迎。

1. 首饰石设计

青金石常见的加工首饰品如图 9-73 所示，小块的青金石玉料常用于加工成戒面、指环、扳指、吊坠、玉扣、玉佩、串珠手链和项链等，较大的玉料也常加工成手镯。质纯色好的优质青金石常被加工成弧面型的戒面、吊坠，有的也加工成方形平板戒面用作男性饰品。弧面型戒面宜选用中—低凸椭圆形琢型。平板戒面的造型相当于祖母绿琢型的冠部，但一般只琢磨一层或二层的阶梯形刻面。

2. 玉雕件设计

大块的青金石玉料多用于加工成玉雕制品。青金石颜色给人以稳重感，非常适于表现古色古香的庄重物品，如在人物造型中适于制作佛，在器皿造型中适于制作仿青铜器物，用它雕刻的龙、狮等形象也很古朴雅致。因而在设计题材的构思上要充分注意这个特点。

图 9-73　常见的青金石加工饰品

四、加工要领

(1) 青金石的韧性不强,抗折断能力较差,又由于色深和不透明,有裂纹不易看出,因而在产品的加工制作过程中容易出现损坏现象。因此,在设计时要注意这一特点,不宜追求纤巧和穿枝过梗的造型,加工制作过程中也不能施力过猛。

(2) 对于青金石戒面的加工,由于青金石的硬度较低,磨耗快,故冲坯工序应选用在粒度较细的碳化硅砂轮或金刚石砂轮上进行,可以分别用 180♯ 和 400♯ 的水磨砂纸进行粗磨和细磨,并且在整个磨削过程中都要小心,谨防局部磨削过量。

(3) 青金石比较容易抛光,用氧化铬、红宝石粉在布盘、皮盘或毡盘上抛光,均可获得理想的抛光效果。在抛光过程中要密切注意抛光的进程,一旦达到应有的光度,应立即停止作业。因为青金石是由多种矿物组成的,不同矿物的硬度差异很大,若抛光时间过长,会使本已光滑的表面变得不光滑,黄铁矿包裹体凸出表面。

(4) 青金石属高档材料,加工时应尽量避免材料的损失。加工青金石圆珠时,一般做法是逐颗加工。由于其韧性较差,一般选用硬木或塑料窝珠盘,这样可以减少材料的磨损。由于其硬度低,窝珠一般只需 20～30min。用软盘抛光机抛光效果好。

(5) 在青金石饰品的加工过程中要避免发热。过热可能使宝石破裂,同时还会使其中的黄铁矿氧化形成黑斑。

(6) 在青金石饰品加工过程中要避免与酸接触,因为酸会与玉石中的黄铁矿和方解石等矿物发生化学反应,造成材料的腐蚀损坏。

第十八节　孔雀石

一、材料性质

1. 化学成分

孔雀石为铜的碳酸盐矿物,化学成分为 $Cu_2[CO_3](OH)_2$,并常含 Zn、Ca、Fe、Mn、Si 等。

2. 结晶习性

孔雀石属单斜晶系,单晶为柱状或针状,但罕见。通常为钟乳状、葡萄状、肾状、皮壳状、结核状、同心环带状、纤维状、放射状等集合体。

3. 力学性质

孔雀石的摩氏硬度为 3.5～4.0,性脆,常出现与条带花纹平行的半球状裂纹(俗称"洼子绺")及千层板状裂纹(俗称"片绺")。无裂纹的块体断口平坦或呈贝壳状,有裂纹的块体断口呈台阶状。

4. 光学性质

孔雀石因其呈似孔雀尾羽的绿色而得名,一般具有深浅绿色相间的同心环状或云带状的花纹,不透明(图9-74)。致密的块体一般呈玻璃光泽,纤维状或放射状集合体显丝绢光泽。

5. 特殊效应

某些呈纤维状集合体的孔雀石,琢磨成弧面型宝石后可出现猫眼效应。

图 9-74　孔雀石的原石

二、工艺要求

工艺上一般要求孔雀石颜色鲜艳、纯正,花纹美观,光泽较强,质地致密细腻,无裂纹,块度较大。

根据孔雀石的特点,对原石进行评价时主要注意两点:一是块度要大,质地要致密,块体要完整,无洼子绺、片绺、蜂窝瘤等现象;二是颜色要正,绿色的多、暗绿或黑绿的少,花纹要富于变化、美观秀丽。

三、宝石设计

1. 首饰石的选料和设计

孔雀石作为首饰石价值中等,可用于制作戒面、各种吊坠、玉扣、勾玉、扳指、手镯、耳饰、串珠手链和项链等,但要选用质地致密、绿色鲜艳、同心环状花纹明显的孔雀石来制作。孔雀石常见的加工首饰品如图 9-75 所示。

对于孔雀石戒面的设计要注意定向和定位。孔雀石不透明,多加工成椭圆形弧面型宝石。加工设计时,要尽可能选取条带花纹相对较为平直的部位,为了表现纹理的完整性,应将宝石制作得较为宽大些;同时还要注意使条纹层与弧面型的底面垂直,条纹的延长方向与琢型长轴方向一致。

而对于具纤维结构的孔雀石原石,有时可见丝状闪光现象,琢磨成弧面型可成为孔雀石猫眼。加工时必须沿垂直于纤维结构的方向切磨,即使椭圆形弧面型的长轴与纤维方向垂直。

图 9-75　孔雀石常见的加工首饰品

2. 玉雕件的选料和设计

孔雀石可用于制作各种造型的玉雕件,如兽、器皿、人物、花卉等。

由于孔雀石具有独特的花纹,而质地不够坚韧,性脆,因而设计时不宜追求纤细和玲珑的效果,而要注意利用它的同心环带状花纹,即把漂亮的纹理用在大面上,使人一眼就能看到花纹的美丽效果。

另外,孔雀石还常用作图章石的材料。要选择较厚的原石,经过设计画线、切磨、抛光可制成方章和圆章。由于孔雀石花纹多变,加工设计时应尽量使图章石的 4 个面显示各不相同的花纹,充分显示其个性特点。对于具纤维结构的孔雀石材料,在加工成印章时应平行于纤维方向切割,这样可使切面上出现珍奇的游彩和平面猫眼效应。目前,国内只有湖北铜绿山的孔雀石可用作图章料,材料损耗较大。

四、加工要领

（1）孔雀石硬度低,加工中磨耗较快,造型工序宜在 180♯ 的碳化硅砂轮上进行,分别用 180♯ 和 400♯ 的砂布进行粗磨和细磨,使用玛瑙粉或硅藻土粉在毛呢抛光盘上抛光。

（2）孔雀石性脆,加工过程中应尽量避免机械振动,同时还应连续不断地保持冷却,中断冷却很可能使宝石发生破碎或产生裂纹。

（3）孔雀石含水,在使用皮革、毛呢或绒布等抛光盘抛光时,要注意避免过热,否则会使孔雀石脱水变黄甚至破裂。抛光可以采用间歇法,即每次连续抛光的时间不要太长,稍停歇后再抛光,这样能有效地控制发热程度。

（4）孔雀石是碳酸盐矿物,易与酸起反应,加工过程中应避免与任何酸性物质接触。

第十九节 琥珀

一、材料性质

1. 化学成分

琥珀是石化的天然植物树脂,由树脂、酸和挥发性油等多种有机物组成。不同种属的植物分泌的树脂不同,分子式可大致表示为 $C_{10}H_{16}O$,除主要成分 C、H、O 外,还含有 S、N、Ca、Mg、Fe、Mn、Cu、Zn 等微量元素和 10 多种氨基酸。

2. 结构形态

琥珀为非晶质体,主要由细小的胶粒堆积而成,可局部结晶。外形多种多样,有肾状、结核状、瘤状、鼓状、饼状、团块状、卵石状等。琥珀原石形态如图 9-76 所示。

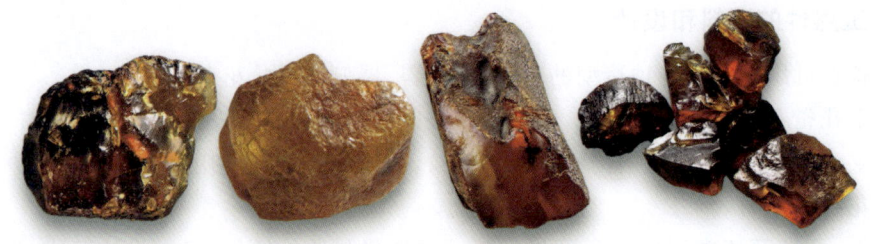

图 9-76 琥珀的原石

3. 力学性质

琥珀的摩氏硬度为 2~2.5,用小刀可轻易刻划;质地较脆,受外力撞击容易碎裂,断口呈贝壳状。

4. 光学性质

琥珀有多种颜色,常见呈金黄色、黄色至黄褐色、浅红色至橙红色、黑色等,有时也可见到蓝色、浅绿色、淡紫色等;具树脂光泽,透明、半透明至不透明;折射率为 1.54 左右。

5. 其他性质

琥珀加热至 150℃即软化,在 250~300℃熔融,产生白色蒸汽,并散发出松香气味;易溶解于硫酸和硝酸,部分溶解于乙醇、乙醚、汽油、松节油中。

6. 内部特征

琥珀内部常可见各种包裹体,如植物的叶片、种子、草根、树皮、甲虫、苍蝇、蚊子、蚂蚁等昆虫,圆形、椭圆形的气泡及液体,以及黑色、褐色的含碳质、铁质或锰质的泥土、砂粒等杂质(图 9-77)。

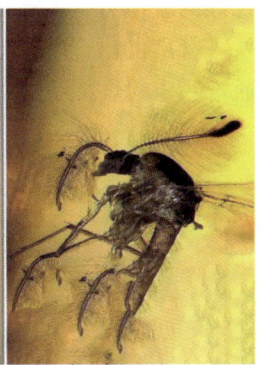

图 9-77　琥珀中的动植、物包裹体

二、工艺要求

琥珀的工艺要求及品质分级主要考虑块度、颜色、透明度、包裹体、裂纹等因素。

（1）块度：一般而言，块度越大越好，大料可用于摆件饰品和玉雕品，小料可用于镶嵌首饰、串珠、吊坠等。

（2）颜色：要求颜色浓艳、纯正、均匀，以血红色、金黄色、翠绿色、蓝紫色为好。

（3）透明度：一般要求越透明越好。透明度高、晶莹剔透者为上品，透明度较低者为下品，但是对于蜜蜡等特殊品种，由于其具有独特的色泽和质感，尽管透明度低，也备受人们的喜爱。

（4）包裹体：含植物、动物化石包裹体较多且完整者为上品，而含动物包裹体断腿残肢个体不完整者则较差。

（5）绺裂、杂质：琥珀中的裂隙、裂纹、杂质越少越好。

根据上述因素可将琥珀原料划分为 4 个等级。

特级：块度大小不分，颜色呈红色、金黄色，透明度很高，含动、植物化石包裹体，无裂纹和杂质。

一级：块度大小不分，颜色呈黄色、蜜黄色，透明，含有少量动、植物化石包裹体，无裂纹和杂质。

二级：块度较大，颜色呈黄色，半透明，极少含昆虫等化石包裹体，有少量裂纹。

三级：块度一般，颜色呈浅黄色、黄褐色，微透明，不含化石包裹体，有裂纹和杂质。

三、宝石设计

大块琥珀比较少见，用于雕件较适宜，以增加其装饰与观赏价值。一些半透明和不透明的琥珀也多用来作雕刻品。但由于受块度限制，琥珀一般只适合雕刻成一些较小型的物件，造型多为人像、小兽、小瓶、烟嘴、纽扣、带扣等。有些琥珀在同一块体上出现多种颜色，设计和制作时要注意作俏色处理，尤其是对红色、鲜红色部分要珍惜利用。

小块琥珀出产量较大，可用于首饰石，多用作项串珠饰，优质的原石也可以加工成戒面。其中透明度高的琥珀可以琢磨成刻面型宝石，一般冠角 40°～50°，亭角 40°～43°；颜色好的琥珀可以琢磨成弧面型宝石，一般腰形宽度较大。

含昆虫化石的琥珀非常珍贵，可以用作宝石戒面和吊坠，造型设计和制作中要注意通过一定的烘托手法凸显昆虫现象。常见的琥珀加工饰品如图9-78所示。

图9-78　常见的琥珀加工饰品

四、加工要领

琥珀硬度低，质地较软，一般用普通工具（如小刀、砂纸）就易于切割和磨制成型。弧面型琥珀应分别用240#和400#的石英砂纸进行粗磨和细磨，但刻面型琥珀宝石须用金刚石磨盘或其他磨具精细研磨，在砂磨中要注意加水保持冷却。琥珀宝石抛光宜采用湿式法，以防止发热，抛光剂用氧化铬粉、氧化铝粉或硅藻土粉，在布盘、皮革盘或毡盘上抛光均可获得好的抛光效果。

珠型和随型的琥珀制品可以放在滚磨机中进行研磨加工，加工方法有如下两种。

（1）首先用砂轮对毛坯进行打磨，然后将其装入滚磨桶，再在石蜡油中处理168h。但这种方法的处理周期较长，生产效率低，制品表面还会破裂和产生磨痕。

（2）将研磨混合物（占比10%～20%）和被加工的琥珀制品（占比80%～90%）放在滚磨机中，以转速为20～60r/min旋转研磨24h。研磨混合物可以采用粒径模数为1～1.5的天然砂和木屑，其中天然砂占比20%～30%，木屑占比60%～70%，水分占比10%～20%。然后将研磨好的琥珀制品与混合物在振动筛上进行分离，再采用厚棉抛光轮进行抛光。这种方法不仅加工效率很高，同时由于研磨混合物中的木屑是一种弹性载体，可以避免制品之间及制品与容器壁的硬碰撞而出现破裂，从而也提高了加工质量。

第二十节 珊 瑚

一、材料性质

珊瑚是海洋生物中的一种低等腔肠动物珊瑚虫的骨骼堆积物,常呈树枝状产出。珊瑚的种类较多,在海洋中的分布也很广泛,但形成于浅水海域的珊瑚多为造礁珊瑚,如大部分白珊瑚,由于质地疏松只能作观赏石;而宝石级珊瑚大多是形成于深水海域的较小的分枝群体珊瑚,如红珊瑚等,是重要的宝石材料。

1. 化学成分

珊瑚的主要成分是碳酸钙($CaCO_3$),其含量占比为 82%~87%。此外还含有少量的硫酸钙、氧化铁和有机质等。

珊瑚中的碳酸钙主要是方解石或文石矿物,随珊瑚的品种不同有别。如红珊瑚的矿物成分主要是方解石,而大部分白珊瑚的矿物成分是文石。

2. 结构形态

珊瑚的形态多呈树枝状,也有的呈笙状、扇状、蜂窝状等。在放大镜下,可见珊瑚的横切面表现出同心圆及放射状结构,而纵表面可见明显的颜色和透明度稍有不同的平行条带,显示其内部的纵向脊状构造特点(图 9-79)。对珊瑚表面进行磨抛加工后,可使珊瑚特有的脊状构造平行线呈现出来。

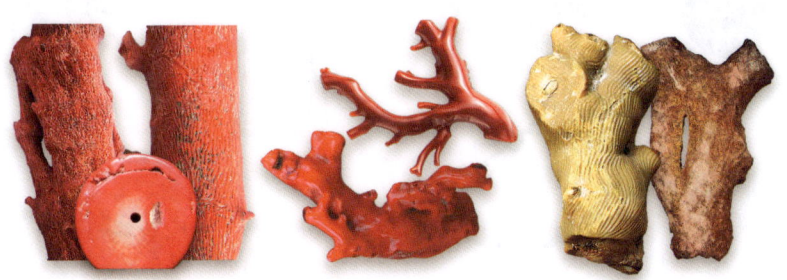

图 9-79 珊瑚的原石

3. 力学性质

珊瑚的摩氏硬度为 3.5~4.2,性脆,断口平滑。

4. 光学性质

常见珊瑚多为白色,其次为深浅不同的红色,蓝色、金黄色,黑色珊瑚极少见。珊瑚具玻璃光泽至油脂光泽,不透明至半透明,折射率为 1.49~1.65。

用作宝石的珊瑚主要是红珊瑚,也称贵珊瑚。红珊瑚根据颜色可以分为很多品种,常见的红珊瑚有以下几种,如图 9-80 所示。

(1)阿卡珊瑚(Aka coral):产自日本及中国台湾地区水深150～300m的海域,颜色呈深红色到暗红色,略微泛紫,按深浅不同俗称赤贫血红、牛血红、净牛血红及正红色,具玻璃质感,光泽度强,通常有白芯和虫眼,生长纹不明显。阿卡珊瑚一般加工成小圆珠串和弧面型首饰,成品光泽强,其中牛血红色、白芯少的价格较昂贵。

(2)沙丁珊瑚(Sadin coral):产自地中海西海岸水深30～250m的海域,颜色和阿卡珊瑚接近,珊瑚枝较小,颜色均一,没有白芯,市面上常见的是正红色。

(3)Momo珊瑚(Momoirosango coral):产自日本及中国台湾地区水深150～300m的海域。颜色多呈橘红色、桃红色、粉红色,没有阿卡珊瑚和沙丁珊瑚颜色艳丽,珊瑚个头较大,常有明显的同心圆生长纹及白芯。

(4)Miss珊瑚(Miss coral):也称MISU,生长于水深280～700m的海域,颜色为淡粉色、粉白色,质地较疏松,该品种材料多用于雕刻小件饰品。

(5)天使肌珊瑚(Angel skin coral):生长于水深170～550m的海域,颜色呈淡粉红色、粉白色,很均匀,质地细腻,有微透明的玻璃质感。

(6)孩儿面珊瑚(Baby face coral):生长于水深170～550m的海域,颜色与天使肌珊瑚相似,呈粉红色、粉白色,但质地瓷度不如天使肌珊瑚。

(7)深水珊瑚(Deep sea coral):指生长在水深1000～2000m海域的珊瑚,一般颜色没有阿卡珊瑚和Momo珊瑚那样艳丽,呈浅粉红色或像五花肉一样粉白相间的颜色,有花斑,背部可以看到压力纹,没有虫洞,质地致密细腻,有比天使肌珊瑚更加通透的玻璃质感。

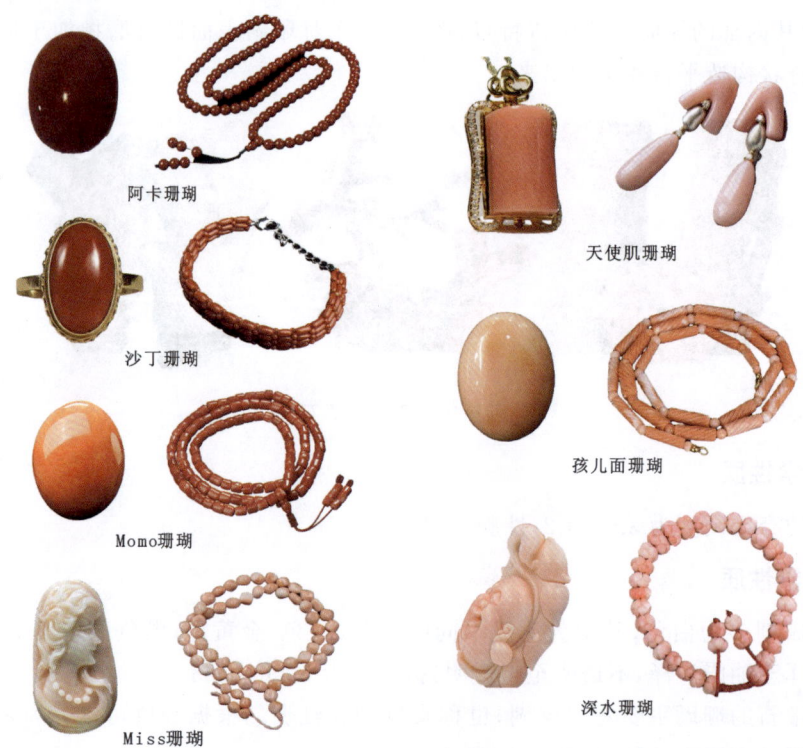

图9-80 红珊瑚的分类

5. 其他性质

珊瑚的主要成分是碳酸钙，易与盐酸反应，可利用这一性质在加工时用弱酸对珊瑚进行表面处理。同时，由于珊瑚具有特殊的结构，很容易染成各种颜色。

二、工艺要求

工艺上对珊瑚的要求一般是颜色艳丽、质地细腻、单体完整、造型美观、块度较大。

珊瑚中以红色品种为最佳，次为蓝色、黑色、白色的品种。红珊瑚中以红色鲜艳、纯正、均匀者为好，颜色从优到劣依次为鲜红色、红色、暗红色、玫红色、粉红色、橙红色等。白色珊瑚因质地疏松，大多只能用作观赏石，以纯白色、洁白色、瓷白色为好，带灰色调的则差。

珊瑚的块度越大越好，质地越致密、细腻、坚韧越好，有虫洞、多孔者质差。

根据颜色、块度、致密度等因素，可将红珊瑚分为以下 4 个等级。

（1）特级：深红色、艳红色，色均匀，质地致密，块度大而完整，高度大于 0.9m。

（2）一级：红色、鲜红色，色均匀，质地较致密，块度较完整，高度 0.6～0.9m。

（3）二级：粉红色，色不太均匀，有少量虫洞，高度大于 0.15m，块度不完整。

（4）三级：浅红色、橙红色、褐红色，色不均匀，有较多的虫洞，高度小于 0.15m，有残缺、断枝。

三、设计要领

大的树枝状珊瑚可以用来做天然工艺品或加工成玉雕工艺品。小块、残枝和断枝的料通常加工成首饰工艺品。珊瑚常见的加工首饰品如图 9-81 所示。

图 9-81 珊瑚常见的加工首饰品

珊瑚的首饰品主要有项链、手链、戒指、吊坠、手镯等。珊瑚项链和手链一般由圆形珠组成，也有桶形珠、米形珠及随形珠等。珊瑚戒指和吊坠多为弧面型，弧面型戒面一般以中凸椭圆形琢型为佳，同时，因珊瑚颜色常不均一，内外有别，故在加工时要注意定向取料，应选择最佳颜色部位放在弧面表层。珊瑚手镯大多为拼接手镯，单枝手镯比较少见。

用于雕件的珊瑚主要是红珊瑚。设计时要注意充分利用原料，要根据枝体的形状灵活设计造型。小单枝的用作人物，大头用在上面，小头用在下面。枝叉多的用于人物、花卉，也用于其他造型。如果枝形不好，可以移枝，也可以分枝使用。

用珊瑚做人物造型，多选用仕女和佛像题材，因为珊瑚色美且枝形细长多变，可以与仕女、佛像的造型相得益彰，但如果珊瑚的颜色不均匀，找不出颜色一致、适合做脸的部位，就不宜做人物造型；对于有白芯者，在设计时要注意白芯的位置。

用珊瑚做花卉造型，题材范围较广，可以表现各种花卉草虫。在设计时要注意章法布局，突出主题，搭配适当。

四、加工要领

（1）红珊瑚颜色一般不均匀，最好的颜色常常在表面，因此加工时要尽量少磨削其表面或磨得不能过深。此外，珊瑚表面还有许多像树枝干上的"疖瘤"，常将"疖瘤"磨掉后暴露出蜂窝状"镂孔"；珊瑚枝干中心有的为空心状，有的为白芯。这些缺陷均需要在切割取料和研磨成型中处理好。

（2）珊瑚的硬度较低，因而研磨中应直接进行细磨，细磨完毕即可转入抛光工序。但要合理选用砂磨工具、抛光工具和抛光剂。一般采用600♯～1200♯砂磨具研磨，用布轮和红丹粉抛光，效果较佳。

（3）珊瑚圆珠的加工方法：将中细的珊瑚切割成圆桶状，用筛盘筛出大小相同的材料或用倒棱机磨去棱角，然后放入圆珠研磨机磨成圆珠，再放入振动抛光机抛光即可。如果需要打孔，应在抛光完成前取出打孔，再放入振动抛光机继续抛光。其他珠形状的珊瑚加工，除比较昂贵的材料外，一般经切割和成型机磨成所需形状后，也用振动抛光机抛光即可。

（4）珊瑚的雕刻工艺流程一般为选料、切割、琢磨大粗坯、绘图、琢磨粗坯、研磨细坯、抛光。在雕刻加工中，工具的使用直接影响造型的质量，推凿大型件可用錾砣和钆砣，要特别注意做细部时的工具形状和使用方法。部分珊瑚雕件经机械抛光后，还可以用稀盐酸液进行适当的浸泡表面处理，再用软布摩擦，使其表面变得更加光洁柔亮。

（5）在珊瑚的加工、存放和使用过程中都要避免与酸碱液体接触，如果需要用稀盐酸进行轻微表面处理，也一定要严格控制酸浓度和浸泡时间，以免处理过度造成珊瑚制品损坏。

主要参考文献

包德清,1995.实用宝石加工工艺学[M].武汉:中国地质大学出版社.

陈炳忠,邓小林,2012.宝石加工机械手机械结构的设计与实现[J].梧州学院学报,22(3):36-39.

陈炳忠,徐亚兰,沈才卿,等,2020.人工宝石加工工艺及生产设备发展历程:以梧州市人工宝石行业为例[J].中国宝玉石(3):86-92.

陈偲偲,李柳毅,2023.国内宝石加工技术及设备的发展概述[J].新疆有色金属,46(5):79-81.

陈兴汉,1996a.宝石加工工艺简介(一)[J].江西地质科技,23(2):84-93.

陈兴汉,1996b.宝石加工工艺简介(二)[J].江西地质科技,23(3):136-143.

陈兴汉,1996c.宝石加工工艺简介(三)[J].江西地质科技,23(4):185-191.

陈兴汉,1996d.宝石加工工艺简介(四)[J].江西地质科技,24(1):38-44.

陈兴汉,1996e.宝石加工工艺简介(五)[J].江西地质科技,24(2):89-95.

陈兴汉,1997.宝石抛光技术的发展及影响抛光效果和速度的主要因素探讨[J].江西地质科技,24(4):183-187.

陈钟惠,1999.珠宝首饰英汉-汉英词典(下册)[M].武汉:中国地质大学出版社.

范泽,2014.八角手孔-边组合方式与分度的关系研究[J].宝石和宝石学杂志,16(1):77-80,95.

黄凤鸣,陈美华,2000.托尔可夫斯基琢型的演化及其特点[J].珠宝科技(2):28-29.

金奎喜,1996.宝石的方向性特征与加工设计[J].浙江冶金(3):18-21.

雷威,2001.贵州某地虎睛石的宝石学特征及加工研究[J].桂林工学院学报,21(2):120-122,195.

雷威,季小红,1995.用活八角手:八角手变化孔边关系转换表、公式及应用[J].中国宝玉石(2):50-52.

李东升,宁广蓉,黄萌,等,2000.天然玻陨石的优化处理和款式设计与加工[J].宝石和宝石学杂志,2(4):47-50,70.

李荣清,1996.合成亚利山大石变色效应与结晶取向的关系[J].珠宝科技(4):44-45.

李向南,饶建华,王冲,等,2012.宝石磨雕机器人软件控制系统的设计和实现[J].制造业自动化,34(9):7-10.

李晓彪,1999.宝石款式设计的造型形式美法则[J].宝石和宝石学杂志,1(4):37-40.

廖有炜,1994.宝石的特性与加工工艺[J].新疆工学院学报,15(3):225-229.

林杰,周树礼,李东升,2003.如何掌握宝石加工中的关键所在——抛光[J].超硬材料与宝石(特辑),15(2),60-62.

刘儒,1991.宝石的抛光[J].中国宝玉石(1):18-19.

陆雷,1992.刻面宝石的琢磨工艺(2):切磨角度和比例的设计[J].中国宝玉石(2):10-11.

陆雷,1992.刻面宝石的琢磨工艺(3):款式与抛光[J].中国宝玉石(3):10-11.

吕林素,刘珺,李宏博,2006.红、蓝宝石的加工技法[J].宝石和宝石学杂志,8(1):22-25.

吕新彪,1994.宝石款式设计与加工工艺[M].武汉:中国地质大学出版社.

彭光菊,1991.小面型宝石戒面台面的确定[J].珠宝(2):28-30.

毛骞,徐海江,1994.欧泊加工技术[J].珠宝·科技(1):30-31.

彭光菊,1990.小面型黑曜岩戒面的加工工艺[J].珠宝(2):27-28.

彭光菊,1993.标准圆钻型琢磨入门[J].珠宝·科技(2):26-29.

彭花明,张莉萍,1997.宝石材料性质对宝石加工质量影响的研究[J].华东地质学院学报,20(4):384-388.

舒士韬,2000.关于饰面石材抛光的理论与试验[J].广东建材(1):8-10.

谭敏,1991.宝石抛光机制[J].中国宝玉石(5):36-37.

王慧峰,蒋广福,1992.宝石加工学[M].北京:地质出版社.

习计,2002.猫眼宝石及其加工[J].珠宝科技,14(1):19-21.

谢媛,金若雨,郝亮,等,2021.基于虚拟仿真实验平台的《宝石琢型设计与加工工艺学》课程的新型教学模式探讨[J].宝石和宝石学杂志(中英文),23(1):55-61.

徐亚兰,罗洁,陈炳忠,2020.宝石琢型课程中DBR教学模式的应用研究[J].中国宝玉石(5):50-57,49.

徐亚兰,陈炳忠,陈全莉,等,2016.梧州宝石加工业发展历程及技术变革探究[J].宝石和宝石学杂志,18(6):53-58.

严奉林,2002.水晶饰品的加工工工艺[J].珠宝科技,14(1):22-25.

杨中喜,刘晓鸿,陈军,1999.用电子显微镜研究花岗石的抛光机理[J].山东建材学院学报,13(4):308-310.

袁心强,2004.翡翠宝石学[M].武汉:中国地质大学出版社.

袁心强,1998.钻石的分级原理与方法[M].武汉:中国地质大学出版社.

张险峰,郭宝罗,何亚荣,1994.宝玉石鉴定加工应用技术数据手册[M].北京:地质出版社.

张蕴韬,何雪梅,2006.八箭八心钻石的切工条件[J].宝石和宝石学杂志,8(1):33-35.

钟锐游,1995.也谈活用八角手[J].中国宝玉石(4):60-61.

钟山,张威,陈炳忠,等,2016.基于CAD/CAM的宝石加工设备控制系统设计与实现[J].组合机床与自动化加工技术(10):112-115.

周汉利,2001.宝石琢型电脑设计[J].宝石和宝石学杂志,3(3):39-45.

周汉利,许涛,张荣红,2003.碳酸盐质白玉的酸抛光研究[J].宝石和宝石学杂志,5

(4):24-27.

周树礼,1994.宝石款式设计及加工中的形式美法则[J].珠宝科技,6(3):50-51.

周树礼,2000.超大型刻面宝石抛光实践兼论抛光机制[J].桂林工学院学报,20(9):35-37.

周树礼,2002.欧泊的宝石学特征及加工技术[J].超硬材料与宝石,14(3):63-64.

SHMAKIN B M,Vassilyev A V,Zolotareva K V,2001.常见一轴晶宝石矿物加工定向研究[J].杨梅珍,译.宝石和宝石学杂志,3(1):27-30.